现代家政服务与管理专业创新型系列教材

烹饪技术与营养

主 编
　　王美芹（菏泽家政职业学院）
　　王　颂（菏泽家政职业学院）
　　吴　彤（同济大学）

副主编
　　李清洁（菏泽家政职业学院）
　　刘会云（河北工业职业技术大学）
　　张馨木（长春健康职业学院）
　　孙锦锦（菏泽家政职业学院）
　　刘香娥（菏泽家政职业学院）

参 编
　　黄　瑶（川南幼儿师范高等专科学校）
　　陈　宇（菏泽家政职业学院）
　　曹凤雷（菏泽家政职业学院）
　　秦桂美（菏泽家政职业学院）
　　刘保国（菏泽市牡丹区卫健职业培训学校）

北京理工大学出版社
BEIJING INSTITUTE OF TECHNOLOGY PRESS

版权专有　侵权必究

图书在版编目（CIP）数据

烹饪技术与营养 / 王美芹，王颂，吴彤主编. -- 北京：北京理工大学出版社，2023.5（2023.9 重印）
ISBN 978-7-5763-2432-7

Ⅰ.①烹… Ⅱ.①王…②王…③吴… Ⅲ.①烹饪 ②营养学 Ⅳ.①TS972.1 ②R151

中国国家版本馆 CIP 数据核字（2023）第 096686 号

责任编辑：李慧智　　**文案编辑**：李慧智
责任校对：周瑞红　　**责任印制**：施胜娟

出版发行	/ 北京理工大学出版社有限责任公司
社　　址	/ 北京市丰台区四合庄路 6 号
邮　　编	/ 100070
电　　话	/ (010) 68914026（教材售后服务热线）
	(010) 68944437（课件资源服务热线）
网　　址	/ http://www.bitpress.com.cn

版 印 次	/ 2023 年 9 月第 1 版第 2 次印刷
印　　刷	/ 唐山富达印务有限公司
开　　本	/ 787mm×1092mm　1/16
印　　张	/ 16.25
字　　数	/ 438 千字
定　　价	/ 59.80 元

图书出现印装质量问题，请拨打售后服务热线，负责调换

前　言

党的二十大报告把"发展质量"摆在更突出的位置，经济、社会、文化、生态等各方面都要体现高质量发展的要求。"民以食为天"，饮食是生存的基础，烹饪是为人类更好地饮食服务的。随着我国经济的发展和居民收入水平的提高，人们对食物的要求，已从温饱、味觉型转到了营养、健康、养生型的更高层次，越来越多城市消费者在食品选择方面开始追求绿色、营养和健康。因此高质量烹饪既是时代的要求，也是人民的期待。

我国的烹饪源远流长，有关烹饪的书籍琳琅满目，但少有将食材、烹饪与营养知识系统化并集成化的，更难以深度涉及营养学、化学等科学知识。目前现代家政服务与管理、健康管理、医学营养药膳与食疗等专业均开设烹饪课程，但缺乏一本完全满足这些专业较高要求的教材。随着生活质量的提高，人们对食品营养与安全的要求越来越高，在烹调时，不仅要考虑食物的口感（味），还要讲究食品的营养与美化，尽可能地使食品色、香、味、型俱佳。我国传统的高温烹饪方法不仅容易破坏食物营养成分，而且容易产生一些丙烯酰胺、苯并芘等致畸、致癌物质，故难以满足高端家政服务及其烹饪质量的需要。因此亟需一本兼顾技术和营养的烹饪书籍。

《烹饪技术与营养》一书由绪论、技术篇和营养篇三大模块组成。"绪论"主要介绍了烹饪的起源与发展以及中国烹饪的特色与八大菜系；"技术篇"包括食材（分类、选购、保鲜与储藏）、烹饪前处理（清洗、切配技术、保护性加工等）、菜肴烹饪技术（热菜冷菜烹饪、制汤技术）、主食制作技术；"营养篇"包括主要营养物质、烹饪储藏技术、膳食平衡与烹饪安全。三大模块之间理实交融、相互交织、前后贯通。书中不仅详细阐明了烹饪过程的具体操作技术，而且配以大量的实际操作视频，同时还解析了烹饪技术和营养成分之间的关系，使读者既"知其然"，也"知其所以然"，为烹饪的科学化提供了理论依据。它既可作为家政及烹饪相关专业学生的教材，也可作为家庭烹饪手册和饮食科普读物。

本书是在国务院特殊津贴专家、原教育部教学指导委员会委员吴庆生教授指导下，在北京理工大学出版社、菏泽巾帼职业培训学校（企业）和菏泽市健康管理师协会的大力帮助与支持下，由山东省教育科学规划学科专家、山东省科普专家、菏泽市最美科技工作者王美芹教授协同同济大学、菏泽家政职业学院、河北工业职业技术大学、长春健康职业学院、川南幼儿师范高职专科学校等一批专家学者编著而成。

由于编者水平有限，书中疏漏和错误之处在所难免，恳请读者批评指正。

编　者

目　　录

绪论 1

模块一　技术篇 7

项目一　食材 7
任务一　了解食材的分类与选购 7
任务二　熟悉食材与食品的保鲜与储藏 33

项目二　烹饪前处理 44
任务一　了解食材清洗 44
任务二　掌握食材切配技术 55
任务三　熟悉食材的保护性加工 73
任务四　掌握食材的初熟处理 79

项目三　菜肴烹饪技术 92
任务一　掌握热菜的烹饪 92
任务二　掌握冷菜的烹饪 133
任务三　掌握制汤技术 142

项目四　主食的制作技术 152
任务一　了解主食的分类 152
任务二　掌握主食制作技术 155
任务三　研学家庭主食制作实例 168

模块二　营养篇 187

项目五　主要营养物质的一般知识及其烹饪储藏的技术 187
任务一　认知水的形态、营养价值 187
任务二　掌握蛋白质组成、分类、性质、生理功能 195
任务三　掌握糖的组成、结构、分类及生理功能 203
任务四　认识油脂 209
任务五　了解维生素的分类、储藏及摄入 216
任务六　了解矿物质的种类、加工及储藏 223

项目六　膳食平衡与烹饪安全 230
任务一　熟悉膳食平衡 230
任务二　掌握烹饪安全 250

参考文献 254

绪　论

绪论

党的二十大报告把"发展质量"摆在更突出的位置，经济、社会、文化等各方面都要体现高质量发展的要求。饮食是人类赖以生存和改造身体素质的首要物质基础，也是社会发展的前提。烹饪是为人类更好地饮食服务的。因此高质量烹饪既是时代的要求，也是人民的期待。

"民以食为天"，《礼记》中写到"饮食男女，人之大欲存焉"。传说中的中华民族之始祖三皇（燧人氏、伏羲和神农）也都对人类的饮食做出了重大贡献。燧人氏钻木取火"创造"了烹饪，伏羲结绳为网发明了渔猎，神农尝百草丰富了先民的"菜篮子"。烹饪是为人类更好地饮食服务的。同时，烹饪对人类文明的发展和社会的进步也产生了巨大的促进作用。烹饪与人们的生产、生活及社会经济发展息息相关，烹饪文化是中华优秀传统文化的重要组成部分，源远流长、博大精深。

一、烹饪的起源与文化

烹饪对于人类从蒙昧进入文明曾有过重大的影响。中国的烹饪源远流长，历史上始终被追赶，却从未被超越。中国烹饪不但历史悠久，而且内容丰富，它是中华民族勤劳智慧的结晶，是祖国传统文化中一束绚丽的奇葩。

（一）烹饪的起源与发展

1. 生食阶段——烹饪的萌芽期

自从劳动创造世界、洪荒大地出现人类之后，"饮食"这个人体与其生活环境进行基本物质和能量交换的生活现象也就产生了，人类只有不断地吃，才能继续生存和繁衍。在远古时期，先民们居于洞穴中或树上，集体出猎，共同采集，吃的是植物的种子、根茎、山果和野兽的生肉，喝生水、动物鲜血，过着茹毛饮血、活剥生吞的生食生活。在生食阶段，人们只会对产品进行简单的混合和组合（微小转化），此时烹饪处于萌芽状态。

2. 火与熟食——烹饪的形成期

茹毛饮血的生食状况维持了100多万年。大约在50万年前，先民们学会了人工取火，火创造了烹饪。远古时代的森林，时常因雷电或火山爆发而引起大火。等大火熄灭后，原始人返回森林，发现许多被烧死的动物毛光肉焦，食用后发现滋味比生肉鲜美。经过无数次惊险的尝试和失败，原始人群终于懂得了利用自然火，并逐渐学会了保存火种、控制火种、创造火种（钻木取火），走上了熟食的道路。用火熟食，这是人类烹饪的第一阶段。利用火烧烤出的鱼和野兽肉，就是最早的菜肴，而"烧烤"也就是人类最早的烹饪方法。

3. 陶器的使用——烹饪的发展期

人类最初学会用火煮食物时，并没有炊具，也不懂得其他的烹饪方法，所掌握的只是把鱼和兽肉直接放在火上烧烤，即燔肉法；后来又发明了较新的熟食方法，"加物于燧石之上"或"以土涂生物"放在火上烧烤，或把灼热的石块投入有食物的水中，直到水沸，食物煮熟为止。但这些"炮生为熟"的方法仍然很不方便，直到学会烧制瓦陶（约距今六千年前）用具后，火才在烹饪中真正发挥了威力，烹饪技术也才有了明显的发展。

人类在长期的生产和用火实践中，逐渐掌握了黏土可塑性的特点，发觉经捏制或定型后的黏土胚具，经高温烧制后，十分坚硬、不漏水、耐火，且其导热能力远优于石材。中华饮食器具经历了天然物品的改造、陶瓷器具的发明创造、金属饮食器具的发明创造等发展阶段，表现为对

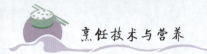

制造原材料的不断追求与改良，形成了饮食器具文化。

4. 盐的利用——烹饪的成熟期

用火熟食是烹饪的开端，在用火熟食的基础上，再加调味就是真正的烹饪了。

先民饮食是单调的，仅仅是把食物烧熟而已，所尝到的仅是食物的本味，不知调味。最早发现的调味品是盐。生活于海滨的先人将猎得的食物放在海滩上，偶然沾上一些盐的结晶，在将其烧熟后食用时，感觉滋味特别鲜美。经过无数次的重复，人们渐渐懂得了这些白色小晶粒能够起到增加食物味道的作用，于是最简单的调味也就开始了。

盐的使用，不仅增强了人类的消化能力，而且增强了人类的体质。另外，盐的利用也促进了酱、醋、酒等调味品的产生，它使烹饪活动成熟，也对烹饪技术的发展进步有着极为重要的意义。

5. 现代科学技术的利用——烹饪的繁荣期

在用火熟食的基础上，加盐调味使烹饪走向成熟。近现代历史时期，随着科学技术的不断进步和发展，烹饪也进入了创新开拓的繁荣时期。例如：利用现代科学技术制造的高压锅、微波炉、空气炸锅等不仅创新了熟食的烹饪方式，而且丰富了菜肴的风味。目前中国烹饪已经构建了现代中国烹饪体系，形成了现代风味流派。

（二）烹饪文化

1. 烹饪与烹饪文化的概念

（1）烹饪

广义地说，烹饪是指人们为了满足心理和生理的需求，将食材转化为即食食物的加工过程，通过该过程使食材成为色、香、味、形、质、养兼具的和安全无害、利于吸收、益人健康、强人体质的即食食物；狭义地说，烹饪是指饭菜的制作，对食材进行热加工，将生的食物原料加工成熟食品的加工过程。

（2）烹饪文化

在烹饪发展的历史长河中，烹饪和饮食与许多自然的、社会的因素有着密不可分的关系，与人类文化要素相互作用、相互影响，从而使烹饪和饮食从口味到心享都有了深厚的精神文化内涵。

烹饪文化是指人们从事烹饪原料的生产、加工和进食的方式。从精神文化角度讲，烹饪文化是指人们在烹饪原料的生产、加工和进食过程中的社会分工及其组织形式、价值观念、分配制度、道德风貌、风俗习惯和艺术形式等。

烹饪文化是饮食文化的一个重要分支。饮食文化是指食物原料开发利用、食品制作和饮食消费过程中的技术、科学、艺术，以及以饮食为基础的习俗、传统、思想和哲学，是人类在烹饪与饮食的历史实践中创造和积累的物质财富与精神财富的总和。打上了时代和地域烙印的烹食习俗和礼仪体现了不同人群的生理和心理特征，饮食造就了中华文明，中华文明又发展改进丰富了饮食的技术与艺术。

2. 中国烹饪文化

随着人类物质生产和精神文化的发展与进步，因地域、气候、物产的差异，以及文化、经济等各种交流的频繁程度和对饮食的不同态度，使人类大致相同的原始烹饪发生分化，逐渐形成了多姿多彩、难以胜数的饮食风俗、烹饪方式及菜肴品种，出现了不同的烹食文化。中国烹饪文化主要表现为以"味"的享受为核心、以"饮食养生"为目的的和谐与统一。味觉是中国美食的核心所在，在诸多感官享受因素中，味觉享受是主要的，然后才是色、形、香等视觉和嗅觉享受。

"和""齐"成为中国烹饪活动独有的文化内涵。"和"是价值（感受）问题，"齐"是技术（方法）问题。"和齐"源于先民们对农业的认识，"天时地利人和"，"齐穗"是农耕生活中人与自然相和谐的结果。人们把在农事中体会出的"和齐"的精神实质融入烹饪与饮食等日常生活中。

（1）和

"和"与"香"相通。"香"是芬芳的气味，庄稼秋熟后会散出芬芳气味，故后来"香"被人们引申为调和出的美味。"五味调和百味香"，"和"的实质就是美味，是人们从饮食对象中体味出来的美好感受；"香"的实质就是美味的外化，是"和"的结果。

哲学上，"和"即矛盾的统一，是指一种东西同另一种东西互相配合、互相克制，在多样和差异中经过调节达到适中与平衡，给人的感受是和谐而完美。

烹饪之"和"是指在参与烹饪的诸多要素（如火与水，甘与苦，酸与碱，主料与配料，主食与副食等）之中，寻求适中与平衡，以达到整体的最佳效应。"和"体现了烹饪的总特点，是美味的最高表现，是中国烹饪所追求的最高、最美的境界。要达到"和"的高标准，必须经过协调。同质之物叠加在一起不会产生新的事物，也就不能生长或发展；同一滋味不能使人满足，当然也就不能产生美感，如在烹饪活动中，以盐加盐，结果都是咸；以醋兑醋，结果还是酸。这是因为没有矛盾的对立面，就无"和"可言，当然也就不会有美味出现。

五味调和方有美味。"和"是中国烹饪的灵魂，除美味之外，在色、形、质、意等方面也体现着"和"的艺术效果，"和"统率于烹饪活动的全过程，贯穿于饮食活动之始终。"和"也反映了华夏民族含蓄平和的处世心态及以"和"为贵的价值观。

（2）齐

"齐"繁体字为"齊"，字形如平齐的谷穗。整齐、平齐等"齐"之诸义皆为与感官感受相关，源于人们对农业生产中的"齐穗"的感受。

"齐"也读"jì"，有配伍、调配之义。配伍之道，旨在调和；调和之术，必依尺度。"齐"是美味的量化准则，是实现菜肴色、香、味、形、质等和谐之美的科学手段，即怎么做、做到什么程度才能达到"和"。

中国传统烹饪中，"齐"的量化准则一般表现为感觉经验，是一种对"技"的超越，与西方烹饪所强调的量化标准及精密的科学思辨相异较大。这也正是中国烹饪实现"和"的关键所在。烹饪文化的高尚境界在于食客可以通过某一菜肴认识一个人、一个地方或一个民族、一个观念。

二、中国烹饪的特色与菜系

（一）中国烹饪的特色

中国烹饪以"味"为先，追求"齐和"之美。"齐之以味"，美味在于"和"而不在于"同"。中国菜肴沿着求"和"去"同"的道路，通过不断寻找新的配方、调整与之相应的烹调方法，利用不同味型的原料构成之整体，创造出数量众多的菜谱，形成了不同风格、难以计数的地方风味菜、传统菜等。

随着我国经济的发展和居民收入水平的提高，人们饮食已从温饱、味觉型转到了营养、健康、养生型的更高层次。在烹调食物时，不仅要讲究食物之味，还要考虑食物的营养成分与美化，尽可能使食品色、香、味、形俱佳，以愉悦饮食者心情、增进食欲、提高生活质量。

（二）地方菜系

我国幅员辽阔，物产丰富、气候各异，民族、风俗习惯不同。我国的烹饪在长期发展中，形成了许多有着鲜明地区特色的地方风味菜系。其中最有影响的当属人们常说的"八大菜系"，即鲁菜、川菜、粤菜、苏菜、浙菜、徽菜、湘菜、闽菜。从原材料的准备、烹饪方法、调味手段上来说，不同菜系都有自己独特的风格，绚丽多彩，在国际上享有盛名。

1. 鲁菜

鲁菜位居"八大菜系"之首，是黄河流域烹饪文化的代表，具有历史悠久、技法丰富、烹饪难度较高的特点，最为考验厨师的功力。经过从古至今长期的演变，鲁菜既包括以博山菜为代表的鲁中菜、以胶东地区为代表的胶东菜，还有济南菜、孔府菜以及星罗棋布的地方菜和地方特色小吃。宋代以后，鲁菜更是成为"北食"的代表。

山东省气候温和，物产丰富，粮食、果蔬、肉类、水产丰富，为鲁菜提供了大量的原材料。

鲁菜的烹调方法全面、讲究火候。以爆、扒、熇、拔丝为特色，其中爆、扒尤为世人称道。爆还分油爆、汤爆、葱爆、水爆等。"爆"的技法充分体现了鲁菜在火上的功夫，自古就有"烹饪之道，如火中取宝。不及则生，稍过则老，争之于俄顷，失之于须臾"之说。爆的烹饪方法能有效保护原料的维生素和蛋白质不受损失，还能保持原料特有的嫩脆质感。健康烹调所推崇的大火、少油、快炒，便是来源于鲁菜的这一做法。

鲁菜的口味特点以咸鲜为主，善用葱、姜、蒜调味，丰满实惠、雅俗皆宜。葱、姜、蒜是鲁菜必不可少的调味品。无论是炒锅、做馅、拌菜、蘸菜、拌汁，都习惯借葱、姜、蒜来改善菜的风味。著名的胶东八大拌就是将葱、姜、蒜、糖、醋拌成汁，再将海鲜拌成菜肴，深受食客的喜爱。在传统医学中，葱、姜、蒜对人体非常有益，有强身健体、祛风散寒、增进食欲的作用。

鲁菜精于制汤，善用高汤调味。虽然现在调味品五花八门，但是在传统鲁菜中，高汤是鲜味的来源。高汤分为奶汤和清汤两种，均是由老母鸡、鸽子、猪骨等熬制而成。从专业角度看，肉类经过长时间的熬煮，分解出游离的氨基酸和核苷酸，使高汤鲜味扑鼻，烹调出的菜肴令人食指大动。

代表性的鲁菜有油爆双脆、九转大肠、德州扒鸡、葱烧海参、葱烧蹄筋、糖醋黄河鲤鱼、干烧鲤鱼、博山豆腐箱、炸酥肉等。

2. 川菜

川菜是四川菜的简称，包括蓉派川菜、盐帮菜、重庆菜三大流派，是中华料理集大成者。川菜风味代表城市有成都、眉山、重庆、自贡等。

川菜中有不少野味山珍，特别是竹、木、菌等植物类的山珍，美味适口，对人体有多种保健作用，是不可多得的营养食品。

"清鲜醇浓、麻辣辛香、一菜一格、百菜百味"是川菜系最大的特点。川菜的复合味是八大菜系中最多的，除了麻和辣外，还有酸、甜、苦、咸，共6种基本味型。常见口味有鱼香、家常、麻辣，还有纯甜、红油、陈皮、蒜泥、芥末、姜汁、怪味等24种口味。食欲不好的人非常适合吃一些川菜，微辣的复合味有助于促进唾液分泌，增进食欲。但川菜一般口味较重，经常吃可能会引起肠胃不适。因此，麻辣口味的川菜最好和一些清淡的菜肴搭配来吃，以免味道太重。

代表性的川菜有宫保鸡丁、鱼香肉丝、夫妻肺片、辣子鸡、毛肚火锅、水煮鱼、口水鸡、麻婆豆腐、回锅肉等。

3. 粤菜

粤菜即广东菜，是中国"八大菜系"中国际知名度最高的菜系（与法国大餐齐名，这与广东海外华侨数量最多有很大关系），包括广府菜、潮汕菜、客家菜。

粤菜的主要烹调方法有煎、煲、炝、炸、扒等，追求色、香、味、形，具有清而不淡、鲜而不俗、嫩而不生、油而不腻的特点。粤菜的口味还会随着季节的变化而变化，夏秋力求清淡，冬春偏重浓郁。这种特色符合现代营养学的要求，营养搭配十分合理，是一种科学的饮食文化。

用各种材料煲成的汤是粤菜中最著名的菜品之一。由于广东省气候炎热，因此，清火、润燥、排毒、滋补的汤最为常见。当归乌鸡汤、猪肚汤、党参麦冬瘦肉汤、白果南杏生鱼汤、枸杞猪肝瘦肉汤等，常见的食材搭配上中药材，经过长时间熬制，端上餐桌便成了广东人最爱的美食。粤菜中的汤味道浓郁却不油腻，具有较高的营养价值，利于消化，非常适合老年人饮用。但是，煲汤时间过长这点却是不可取的，长时间的炖煮不仅会破坏营养物质，还会溶出较多的嘌呤，长期摄入会引起痛风。如果想保持汤的营养，熬制的时间最好不要超过一个半小时。

代表性的粤菜有白切鸡、蜜汁叉烧、清蒸东星斑、烧鹅、沙茶牛肉、佛手排骨、梅菜扣肉、客家酿豆腐等。

4. 苏菜

苏菜由淮扬、金陵、苏锡、徐海等地方风味菜肴组成，以淮扬菜为主体。淮扬菜的特点是选料严谨、刀工精细、色调淡雅、味道清鲜、突出主料、强调本味、造型新颖、咸甜适中，故受到广泛的欢迎。

江苏自古以来就是鱼米之乡，境内湖泊河流众多，物产丰富。因此，苏菜中所用食材多为水产品和禽类。苏菜所用到的食材富含多种维生素和优质动物蛋白，又富含不饱和脂肪酸，既可为人体提供足够的营养，又可避免因摄入过多脂肪而发胖。新鲜的鱼肉禽蛋和时令蔬菜互相搭配，从而达到营养的均衡。

苏菜的主要烹调方法有蒸、炒、焖、炖，这些烹饪手段尽可能地保留了食材原有的风味，减少了营养成分的破坏和流失。

代表性的苏菜有南京板鸭、松子肉、松鼠鳜鱼、镜箱豆腐、清蒸鲥鱼等。

5. 浙菜

浙菜主要由杭州、宁波、绍兴三个地方风味组成，对中国菜的影响是巨大的。

浙菜食材原料十分广泛，富含多种营养成分，对身体健康十分有益，涉及海鲜、河湖鲜、山珍等多种原料，还有不少水中和山地植物，注重原料的新鲜、合理搭配，以求味道的互补，营养均衡，充分发掘出普通原料的美味与营养。杭菜中的湖上帮和山里帮两大风味技术体系都强调原料鲜嫩、现取现做。

浙菜讲究清鲜爽脆，对各种菜的制法因时而异。烹饪方法形式各异。以制作精细、变化多样、口味清鲜见长，主要烹饪方法有爆、炒、烩、炸等，根据不同季节而采用不同的烹饪方法，有效地保存了食物的美味和营养。

浙菜在调味中讲究轻而不淡，注重复合味道，大菜小炒都让人食过留香，后味很足。有不少菜肴制法并不繁杂，但口味十分独特，如南北熟知的"西湖醋鱼""东坡肉""西湖牛肉羹"等，都是鲜香浓郁，别具风味。

6. 徽菜

徽菜是具有浓厚地方特色的中国内陆菜系，最早起源于古徽州（今安徽省境内）。

安徽省气候温和，土地肥沃，雨量充沛，物产丰富，给徽菜提供了丰富的原材料。徽菜讲究就地取材，以鲜制胜。

徽菜根据原材料的不同和菜品风味要求，选择大火、中火、小火进行烹饪。徽菜中讲究烧、炖、蒸。徽菜中的红烧，重油、重色、重火，红烧的颜色主要来自冰糖，且芡大油重。炖菜讲究软糯可口，蒸菜要求汤醇味鲜，熟透酥烂。蒸菜做到原汁原味，爽口宜人。患有高血压、高血脂、冠心病等疾病的人，应当选择其中油脂较少的汤菜、炖菜食用，避免因油脂摄入过多而导致健康问题。

徽菜中有许多美味的菜肴是利用天然发霉的食物的特殊味道精心烹饪而成。著名的臭鳜鱼和臭豆腐干已经成为徽菜的一大特色。在霉变发酵的过程中，大分子的蛋白质被分解成许许多多小分子氨基酸，对人体相当有益。但烹饪时一定要彻底加热，以免引起腹泻等不适。

代表性的徽菜有火腿炖甲鱼、黄山炖鸽、清蒸石鸡、腌鲜鳜鱼、香菇盒、问政山笋、双爆串飞、虎皮毛豆腐、香菇板栗等。

7. 湘菜

湘菜即湖南菜，由湘江流域、洞庭湖区、湘西山区三大地方风味组合而成。湘江流域菜系是湖南菜系的主要代表，以长沙、衡阳、湘潭为中心。

湖南省位于中南腹地，境内湖泊河流众多，是名副其实的鱼米之乡，境内亦多山，有着丰富的水产和山珍野味。湘菜制作精良、材料广泛、种类繁多，特点是口味干辣，注重酸辣、鲜香、软嫩。

湘菜烹饪方法以炒、煨、蒸、炖见长，其中蒸是湘菜中的常用手段。八大菜系中，湘菜是蒸法使用比例最高的菜系，湖南街头随处可见浏阳蒸菜。传统湘菜中熏腊、干制原料很多，这些原料既要加工熟，又要保持其水分，上锅蒸是最好的方法。食材在蒸制过程中可以最大限度地保持原有的风味和营养，避免了煎、炸等烹饪手段造成的营养物质的破坏和有害物质的生成。

辣味和腊味是湘菜体系的共同风味。湘菜特别注重原料的入味，强调主味的突出和内涵的细腻。调味过程随着食材质地的不同而不同。湘菜的味道调制深入细枝末节，调味品种类繁多。湘菜的辣与地理位置有关。湖南大部分地区地势低洼，气候温暖湿润，古称"低湿之地"。辣椒具有生热、开胃、祛湿、祛风的功效，深受湖南人的喜爱。泡椒经乳酸发酵后，具有开胃养胃的功效。

代表性的湘菜有剁椒鱼头、辣椒炒肉、湘西外婆菜、吉首酸肉、牛肉粉、衡阳鱼粉、栖凤渡鱼粉、东安鸡、金鱼戏莲、永州血鸭、九嶷山兔、宁远酿豆腐、腊味合蒸等。

8. 闽菜

闽菜由中原汉族文化和当地古越族文化混合而成，起源于福建的闽侯县，后逐渐演变为福建菜的代表。闽菜主要由福建、闽南、闽西三大风味流派组成。

闽菜最为突出的烹调方法有醉、扣、糟等，其中最具特色的是糟，有炝糟、醉糟等。闽菜中常使用的红糟，由糯米经红曲发酵而成，糟香浓郁、色泽鲜红，是迄今为止烹饪界公认的最稳定的纯天然食用色素。此外，糟味调料本身也具有很好的去腥膻、健脾肾、消暑火的作用，非常适合在夏天食用。

闽菜既重鲜嫩，又兼顾浓醇。鲜嫩菜肴保持原料的本色、本味、本质，维生素和蛋白质很少受到破坏；浓醇菜肴大都带汤汁，炖煮恰到好处，使原料的营养成分溶入汤中，原料互相协调而使鲜香进一步提升。

代表性的闽菜有佛跳墙、鸡汤氽海蚌、淡糟香螺片、醉排骨、肉米鱼唇、金茸鸡丝笋、荔枝肉等。

1. 中国烹饪经历了哪几个发展阶段？各阶段有何特点？
2. 什么是烹饪文化？中国烹饪文化有何特点？
3. 简述中国八大菜系的特点及代表菜。

模块一　技术篇

项目一　食　材

【项目介绍】

食材是指制作食物时所需使用的原料。随着人类社会和科学的进步，食材种类亦越来越多，如各种养殖畜禽肉、水产品，非转基因或转基因的粮食、果蔬，各类动植物油脂、加工油脂和口味丰富多样的调味料等。种类繁多的食材极大地丰富了人们的生活，但不同食材的成分、营养价值、卫生安全性等都有所不同，因此，了解食材营养组成，知道如何选购食材、合理储藏食材成了我们日常生活中的"必修课"。

食材

【学习目标】

1. 了解家庭常见食材的分类。
2. 熟悉家庭常见食材的组织、结构以及可食用部分。
3. 掌握食材的品质鉴别和选购方法。
4. 让学生运用所学知识，学会鉴别与选购食材，掌握合理储存食材的技能，减少浪费，节约开支。

任务一　了解食材的分类与选购

人类的烹饪食材种类繁多，性质复杂，科学的分类便于大家系统地了解食材相关知识，指导大家对食材的选择、鉴别、储藏等实践操作,提高对食材的合理加工,促进烹饪技术的不断提高。

一、食材的分类

食材应符合安全卫生、具备营养价值、具有可接受的感官性状这三个基本要求,才可称之为"食材",而这三个基本要求中安全卫生应放在第一位。食材分类方法有多种,人们可根据食材的质地、结构、生长习性等对食材进行分类,也可根据食材的来源、加工工艺和在菜肴中的作用等进行分类。

按来源,食材可分为动物类食材、植物类食材;按加工工艺与特点,食材可分为油脂、加工粮、半成品类食材、干制食材等;按在菜肴中的作用,食材可分为主料、辅料、调料、装饰料。

(一)动物类食材

动物类食材是烹饪中的重要食材之一,此类食材的含糖量一般较低,是人体优质蛋白质、脂类、维生素A、维生素B族和矿物质(铁、锌、硒、磷和氯等)的主要来源。

1. 水产类食材

水产类食材种类繁多(如鱼类、甲壳类、软体动物类、棘皮类、腔肠类等),营养丰富,含有较多的优质蛋白质和多种矿物质,不同来源(淡水、咸水)的食材,其营养成分也略有不同。

(1)鱼类

根据生长环境、生活习性的不同,鱼类可分为淡水鱼类、咸水鱼类、溯河性鱼类。淡水鱼和咸水鱼所含的营养成分基本相同,但其含量多少会有所差异。总的来说它们的营养价值都很高:蛋白质含量高,所含必需氨基酸的比值和数量均符合人体需要,消化吸收率极高;脂肪含量较少,且多由不饱和脂肪酸组成,有降胆固醇、预防心脑血管疾病的作用;富含矿物质,如铁、磷、钙等。

在烹饪中,鱼肉运用较多,某些鱼类的副产品经过加工处理也能成为高级食材,如一些鱼类的鳔和鱼骨;大马哈鱼、鲟鱼的鱼子可以制成鱼子酱。刀工整理后的边角余料,如鱼鳞、鱼皮、鱼头、鱼尾,通过合理加工都可食用。

①淡水鱼。我国有淡水鱼800多种,体型大、食用价值高、产量高的经济淡水鱼有50多种,其中有20多种已成为主要的养殖对象。如青鱼、草鱼、鲢鱼、鳙鱼、鲤鱼、鲫鱼、乌鳢、鲶鱼、鳊鱼、鳜鱼、黄鳝、鲍鱼和泥鳅等。淡水鱼如图1-1所示。

图1-1 淡水鱼

模块一　技术篇

【四大家鱼】

青鱼、草鱼、鲢鱼、鳙鱼是我国的四大家鱼,同属于鲤形目鲤科,肉质细嫩洁白,营养丰富,味道鲜美,其中鳙鱼(也叫胖头鱼、花鲢)头大肉厚,是制作"剁椒鱼头""帝王鱼头"的优质食材。鲤科鱼类一般适宜于熘、烧、炖、焖、蒸、煮等烹调方法。

【鲤鱼】

鲤鱼是我国重要的经济鱼类之一,含有多种营养,具有催乳、健胃、利尿的功效。鲤鱼肉质丰满细嫩,肉多刺少,滋味鲜美,一般适宜于烧、炸、炖、焖、蒸、熘等烹调方法。

【鲫鱼】

鲫鱼是我国重要的养殖鱼类之一,营养丰富,蛋白质含量较高,可治脾胃虚弱、酸懒无力、食欲不振。鲫鱼肉少骨多,但肉嫩而鲜美,一般适宜于烧、熘、氽、炖、炸、煎等烹调方法。

【乌鳢】

乌鳢俗称黑鱼,是一种经济价值较高的鱼类,营养丰富,是滋补佳品,有健脾利水、通气消胀的功效。乌鳢肉多刺少,肉质细嫩,味道鲜美,一般适宜于熘、炒、烧、炖、煮等烹调方法。

【鳝鱼】

鳝鱼营养丰富,含脂肪较高,熟食具有补虚损、除风湿、强筋骨的功效。鳝鱼肉味鲜美,肉质细嫩,肉多刺少。一般适宜于炒、烧、爆、炖、烩等方法。

【泥鳅】

泥鳅营养丰富,含蛋白质较多,有补中气、祛湿邪的功效。儿童多食有助于生长发育,也是男子滋补佳品,能强精壮体,迅速恢复体力。常食用泥鳅能起到保健养颜、防止衰老、润滑皮肤、青春美容的作用。泥鳅骨多肉少,肉质细嫩,滋味较美,一般适宜于炸、炖、蒸、烧等方法。

②咸水鱼。我国的咸水鱼种类较多,有3 000多种。咸水鱼主要是海鱼。烹饪中常用的咸水鱼有带鱼、蓝点马鲛鱼、黄花鱼、比目鱼、鲈鱼、石斑鱼、鲳鱼、比目鱼、鳗鱼等。咸水鱼如图1-2所示。

图1-2　咸水鱼

【我国四大海产经济鱼】

我国四大海产经济鱼是大黄花鱼、小黄花鱼、带鱼、鲫鱼。

大黄花鱼肉质细嫩,味道鲜美,不仅含有丰富的蛋白质和维生素,还含有丰富的微量元素硒,适宜烧、熘、蒸、烤、烩等烹调方法。

小黄鱼肉质鲜嫩,营养丰富,是优质的食用鱼,富含蛋白质、糖、脂肪、矿物质、维生素A等多种人体所需的营养成分,适宜烧、熘、炸、煎、烤等烹调方法。

带鱼肉质肥嫩鲜美，肉多刺少。一般适宜于烧、蒸、炸、煎等烹调方法。

鳓鱼滋味鲜美，肉质细嫩肥美，但细刺较多，其鳞下脂肪丰富，新鲜时烹制可不去鳞，适宜于蒸、焖、烧、炖等烹调方法。

【蓝点马鲛鱼】

蓝点马鲛鱼又称鲅鱼，对年老、久病的人有补益强壮的功效，其肉质细嫩，肉色发红，肉多刺少，肉味鲜美，腥味比鲐鱼小，一般适宜于蒸、烧、焖、炸、腌、制馅等烹调方法。

【鲈鱼】

鲈鱼在我国沿海及通海的淡水水体中均产，东海、渤海较多，目前已成为海产养殖鱼，鲈鱼可治水气、风痹并能安胎。鲈鱼肉质细嫩，肉色洁白，肉味鲜美，肉多刺少。一般适宜于蒸、炖、烧、焖、熘等烹调方法。

【鲳鱼】

鲳鱼是我国的食用经济鱼类。大多数种类的鲳鱼生活在海洋中，个别种类生活在淡水中。鲳鱼肉质鲜嫩、洁白、刺少，烹制过程中易于成熟，一般适宜于烧、煎、蒸、炖、熏、炸、烤等烹调方法。

【鳕鱼】

鳕鱼俗称大头鱼、明太鱼，鳕鱼鱼肝中含油量高，并富含维生素A和维生素D，可制药用鱼肝油，鳕鱼为低脂肪食物。鳕鱼的肉质细嫩洁白，刺少肉多，肉味稍差，一般适宜于炸、蒸、烧、熘等烹调方法。

③溯河性鱼类。溯河性鱼类生活在海洋中，性成熟后溯至江河的中上游进行繁殖。我国的溯河性鱼类有大马哈鱼、银鱼、中华鲟、鲥鱼、凤鲚等。其中银鱼含有丰富钙质，是高蛋白质、低脂肪的鱼类，可以不去鳍、骨，属"整体性食物"，营养完全，有利于提高人体免疫力。银鱼体型小，味鲜质嫩。一般适宜于烩、炸、蒸、煮等方法。溯河性鱼类如图1-3所示。

图1-3 溯河性鱼类

知识拓展

软骨鱼和硬骨鱼的区别

（2）甲壳类

甲壳类动物是节肢动物门中的一个重要的纲，有26 000余种。甲壳类动物的身体一般分为头胸部和腹部，头胸部一般有坚硬的头胸甲来保护柔软的内部组织；身体外骨骼中含有许多色素细胞（虾青素），遇高温后外骨骼会变为红色；肌肉发达，肉色洁白、细嫩，持水力强，滋味鲜美。甲壳类动物含蛋白质、脂肪、维生素A、烟酸、钙、甲壳质等多种营养成分，其中甲壳质是动物性膳食纤维物质，具有降低胆固醇、调节肠内代谢和调节血压的功效。

①虾。虾的种类很多，以海产虾的种类居多，常见或食用价值较高的海产种类有龙虾、对虾、白虾、毛虾、虾蛄、琵琶虾等，常见的淡水虾种类有沼虾、螯虾、罗氏虾等。虾类具有补肾壮阳、通乳、解毒的功效。虾类的主要食用部位是腹部。虾如图1-4所示。

图 1-4　虾

②蟹。我国蟹类有 600 余种，亦是以海产种类居多，食用价值较高的海产蟹有梭子蟹、青蟹、蟳等，淡水蟹主要是中华绒螯蟹。我国著名的品种是中华绒螯蟹，俗称大闸蟹。蟹的头胸部盖以头胸甲，腹部有附肢，雌蟹腹部呈圆形，称为"圆脐"，雄蟹的腹部呈三角形称为"尖脐"。雌蟹的消化腺和卵巢统称为"蟹黄"，雄蟹发达的生殖器（精巢）统称为"脂膏"。蟹的主要食用部位是蟹黄、脂膏和蟹肉。蟹如图 1-5 所示。

图 1-5　蟹

（3）软体动物类

软体动物类含有丰富的蛋白质和微量元素，还含有较多的维生素 A、维生素 E，脂肪和碳水化合物含量较低，蛋白质中含有全部的必需氨基酸，其中酪氨酸和色氨酸含量较高。贝类肉质中还含有丰富的牛磺酸，且普遍高于鱼类，尤其是海螺、毛蚶和杂色蛤的牛磺酸含量最高。软体动物的硒含量突出，其次是锌、碘、铜等。

软体动物的结构一般分为头、足、内脏团。软体动物的外套膜可向外分泌物质产生贝壳，产生螺旋状单个贝壳的一般以足作为主要食用部分；产生贝壳为两片、左右合抱的多以闭壳肌柱为食用部分；贝壳退化为内壳的，如乌贼，以肌肉质的外套膜和足作为食用部分。

①贝类。贝类肉质鲜嫩，滋味鲜美，风味独特，一般适用于蒸、煮、炒、涮、爆、烩等烹调方法。我国常见的贝类有蛤蜊、贻贝、蚶、扇贝、牡蛎、蛏、鲍鱼、河蚌等，其中河蚌也称背角无齿蚌，是我国淡水中分布最广的贝类。海产贝类中的鲍鱼是我国珍贵的软体动物之一（被誉为海产"八珍"之一），具有益精明目、滋阴清热、温补肝肾的食疗价值。贝类如图 1-6 所示。

图 1-6　贝类

②螺类。螺类肉质脆嫩，滋味鲜美，一般适宜于煮、蒸、烧、炖、爆等烹调方法。我国常见的海产螺类有红螺、瓜螺、锥螺等，常见的淡水螺类是田螺，也称中国圆田螺。螺类如图1-7所示。

图1-7　螺类

③头足类。头足类是常见的海产食材，包括乌贼（墨鱼）、枪乌贼（鱿鱼）、章鱼（八爪鱼）等。头足类如图1-8所示。

图1-8　头足类

【乌贼】

乌贼肉质细嫩，色泽洁白，滋味较鲜美。乌贼肉质中含有一种可降低胆固醇的氨基酸，可防止动脉硬化，但是其本身含胆固醇也较多，一般适宜于炒、爆、炝、拌、焗、熏等烹调方法。

【枪乌贼】

枪乌贼俗称鱿鱼。鱿鱼体稍长，呈圆锥状。鱿鱼具有养血滋阴、补心通脉的功效，但含胆固醇较多。鱿鱼肉质细嫩，色泽洁白，滋味鲜美，一般适宜于炒、爆、烧、烤、烩、蒸、拌、炝等烹调方法。

【章鱼】

章鱼肉质软嫩，肉色洁白，滋味较鲜美。一般适宜于腌制、炒、烩、卤、熏等烹调方法。

2. 畜禽类食材

畜禽类食材是指自然界中能满足人们营养需求和口感、口味要求的，同时不违反我国相关动物保护法的兽类和鸟类动物。人们将动物中经过人工驯养的兽类和鸟类动物分别称为家畜和家禽，如猪、牛、羊、马、驴、骡、兔、鸡、鸭、鹅等。畜禽类食材是人体蛋白质、脂肪、维生素及无机盐的重要来源。

（1）家畜类

在我国商业屠宰的家畜主要有猪、牛、羊，其中猪占有首要地位。除上述3种家畜外，也屠宰一些马、骡和驴等，但所占比重较小。近些年来，兔肉因其蛋白质含量高而脂肪含量低而受到人们的喜爱。

①猪。我国猪的品种很多，比较有名的有浙江的金华猪、重庆的荣昌猪、湖南的宁乡猪、广东的梅花猪、山东的莱芜黑猪等。这些猪的猪肉质量较好，皮较薄，肉质较嫩。此外，我国还有一些从国外引入的猪，如大白猪、巴克夏猪、仑德累斯猪等，这些猪的特点是早熟，生长快，头蹄小，出肉率高。

一般将猪肉分为以下几部分：一号肉（颈肩肉、前颊肉），瘦肉为主，结缔组织多，但吸水能力强，适宜制馅、茸泥和烧制菜肴；二号肉，肥瘦相间，俗称五花肉；三号肉指大排、通脊、瘦肉较嫩，成菜一般突出细嫩口感；四号肉为后腿肉，瘦肉多、脂肪少，在烹饪中最常用；血脖是指颈肉、槽头肉，肉质较差，一般用于制馅。其他部分，如猪的头、蹄、尾、心、肝、肚、肺、肠都可用来做菜。

【金华猪】

金华猪原产于浙江省金华市，头、臀、尾为黑色，身体、四肢为白色，所以又称"两头乌"。金华猪脚细，皮薄，肉质好，著名的金华火腿就是以此为原料制作而成。

【梅花猪】

梅花猪，有的地方也称"大花白猪"，原产于广东北部。梅花猪毛色为黑白花型，生长快，皮薄，肉质嫩美，骨细小，粤菜大多用此种猪肉制作。

②牛。我国食用的牛过去绝大多数为丧失役用或繁殖能力的黄牛、水牛或牦牛。现在我国也进口和培育了一批良种肉用牛，经屠宰排酸处理后的牛肉在各地已有销售，这种牛肉色泽红润，口感细嫩。牛如图1-9所示。

图1-9 牛

一般市场上将牛肉分为以下几部分：里脊，烹饪中称为牛柳，是牛肉中最嫩的部位，适宜炒、煎、爆、烤等；外脊，此部位的肉细嫩，均为瘦肉，适宜炒、爆、涮等；眼肉，适宜炒、爆；上脑，肉色红白相间，质地嫩，常做肉干、肉脯或烧制菜肴；胸肉，适宜做灌肠制品、卤制、酱肉、煨汤等；嫩肩肉，适宜短时间加热成菜；腱子肉，肌肉紧凑，质老，适宜长时间加热，如烧、卤、炖、煨；腰肉，嫩而瘦，适宜炒、爆、炸等；臀肉，适宜炒、爆、烤、制馅；膝圆，适宜炖、制馅；大米龙、小米龙，又称牛臀尖，肉质厚嫩，适宜炒、爆、烤、炸等；腹肉，筋膜厚，适宜烧、煮、煨等。牛的头、蹄、尾、心、肝、胃等均可用来做菜。

我国常见牛的品种有秦川牛、南阳牛、鲁西牛、延边黄牛、牦牛等。

③羊。羊分为绵羊和山羊两大类，绵羊肉质较山羊细嫩、无膻味。公山羊肉膻味较重，但瘦肉较多。

市场上一般将羊肉分为以下几部分：颈肉，质地较老，颜色深红，适宜制馅、烧、炖等；胸下肉，适宜烧、溜等；肩胛肉，肉质较嫩，适宜爆、炒、涮等；肋肉，肉质嫩，适宜炒、爆、炸、煎、涮等；腰肉，适宜烧、炖、煮等；后腿肉，瘦肉较多，质地较嫩，适宜炒、涮、炸、溜等。另外，羊的头、蹄、心、肝、肺、肚、肠都可用来做菜。

我国常见的优质羊品种有小尾寒羊、新疆哈密山羊、蒙古阿白山羊、成都麻羊、菏泽青山羊等。

(2) 家禽类

家禽是人类为了经济目的或其他目的而驯养的鸟类，主要为了获取其肉、卵和羽毛等。一般为雉科和鸭科动物，如鸡、火鸡、鸭、鹅等，也有其他科的鸟类如鸽子、鹌鹑等。家禽类如图1-10所示。

①鸡。根据鸡的养殖方式可以分为散养鸡和圈养鸡。

散养鸡常采用林地放养的方式进行养殖，其肉质坚实，口感筋道，肉味醇香，皮下脂肪较少，体重较轻，营养价值较高。圈养鸡就是在鸡棚或栅栏内等较小空间养殖的鸡，圈养鸡又有肉鸡、蛋鸡之分。肉鸡一般饲养时间较短，肉质细，除种鸡外，一般在还未成熟时即成为商品鸡出售；蛋鸡则主要用来产蛋，肉质没有肉鸡细嫩，且肥度也不及肉鸡。

图1-10　家禽类

【散养鸡与圈养鸡外观区别】

从外观上看，散养鸡的头通常较小、体型紧凑、肌肉健壮、有精神，圈养鸡则头和躯体较大、精神较差，不够活跃；散养鸡羽毛紧凑、光亮整齐，圈养鸡羽毛蓬松、杂乱，毛色暗淡；散养鸡的嘴一般粗糙不平，圈养鸡的嘴尖锐光滑；散养鸡鸡爪一般有磨损和厚茧，较细长，圈养鸡的爪较粗大；散养鸡皮肤偏黄，鸡皮较薄且紧实，毛孔细，圈养鸡皮肤发白，鸡皮较厚且松弛，毛孔粗大。

【鸡肉营养价值】

鸡肉有温中益气、健脾胃、活血脉、补虚填精、强筋骨等功效。鸡肉对营养不良、乏力疲劳、月经不调、畏寒怕冷、贫血、虚弱等有很好的食疗作用，但痛风症患者不宜喝鸡汤。除了鸡肉外，鸡的头、爪、心、肝、肫、肠等都可单独成菜。

我国常见的优良品种有清远三黄鸡、白耳黄鸡、北京油鸡、惠阳鸡、桃源鸡、狼山鸡、溧阳鸡、泰和乌鸡、寿光鸡等。

②鸭。鸭肉中含有蛋白质、脂肪、B族维生素、钙、磷、铁等营养物质，性味咸平，容易消化，有滋阴养胃、利水消肿的功效，对身体虚弱、病后体虚的人有很好的滋养作用；鸭肉中含有的B族维生素对皮肤有益，能够保护皮肤健康，延缓衰老，预防脚气及多种皮肤炎症。除了鸭肉外，鸭的头、掌、心、肝、肫、肠等都可以入菜。

我国本土常见的优良品种有北京鸭、高邮鸭、绍兴鸭、巢湖鸭等。其中北京鸭是世界著名品种，北京烤鸭就是用北京鸭制成的。

③鹅。鹅肉中含有优质蛋白质，脂肪含量较低，不饱和脂肪酸的含量很高，特别是亚麻酸含量均超过其他肉类，对人体健康有利，还具有益气补虚的功效，适宜营养不良、身体虚弱、气血不足的人食用。除了鹅肉外，鹅的掌、心、肝、肫、肠等都可以入菜。

我国常见的优良品种有太湖鹅、狮头鹅、皖西白鹅、雁鹅等。其中狮头鹅是我国最大的鹅种，也是世界著名的大型鹅种。

④鸽子。鸽肉易于消化，具有滋补益气、祛风解毒的功能，对病后体弱、血虚闭经、头晕神疲、记忆衰退有很好的补益治疗作用。鸽肉的蛋白质含量高，还含有较多的钙、铁、铜等元素及维生素A、维生素E等。鸽肉中还含有丰富的泛酸，对脱发、白发和未老先衰等有很好的疗效。乳鸽含有较多的支链氨基酸和精氨酸，可促进体内蛋白质的合成，加快创伤愈合。鸽子营养价值较高，对手术患者、老年人、体虚病弱者、孕妇及儿童非常适宜。烹制时以清蒸或做汤最好，这样能让营养成分完好地保存下来。

⑤鹌鹑。鹌鹑是补益佳品。鹌鹑是雉科中体型较小的一种，是珍贵食品和滋补品，有动物人参之称。长期食用鹌鹑对血管硬化、高血压、神经衰弱、结核病及肝炎有一定的疗效。鹌鹑肉能补五脏，实筋骨，消结热。

（3）野生动物类食材

野生动物是指非经人工饲养而生活于天然自由状态下，或者来源于天然自由状态的虽然经短期驯养但还没有产生进化变异的各种动物。捕猎后作为烹饪食材的野生动物，人们习惯称之为"野味",野味食材也是药膳中常用的食材。目前可供我们食用的野味很少。野生动物的肉质与家畜、家禽相比,营养组成基本相同,但质地相对较粗一些,有些还带有异味、土腥味等。有些野生动物由于猎杀的时间过长,或是被农药毒死等,应注意它的卫生问题,以免发生食物中毒等意外事故。

《中华人民共和国野生动物保护法》规定:禁止猎捕、杀害国家重点保护野生动物。

3. 蛋奶类食材

（1）蛋类食材

人们日常所食用的蛋类有鸡蛋、鸭蛋、鹅蛋、鸽蛋、鹌鹑蛋等。蛋类营养价值大致相同,但也有各自的特点。其中鸡蛋的氨基酸组成与人体需要最接近,蛋白质的利用率也最高;鸭蛋中维生素 B_1 含量略高一些;鹅蛋的钙、铁含量较鸡蛋高,脂肪含量亦较高;鹌鹑蛋营养全面,尤其是维生素 A 和维生素 D 含量较高;鸽蛋的蛋白质和脂肪含量相对较低,钙含量却较高。蛋类除烹制菜肴外还可以制馅、做配料,还是挂糊、上浆的主要原料,亦可用于制作冷拼。

①蛋清。鸡蛋中的蛋清主要由蛋白质组成,其中的卵白蛋白属于完全蛋白,容易被人体消化吸收,除蛋白质外蛋清中还含有较多的维生素 P 和维生素 B2。

②蛋黄。鸡蛋的蛋黄中含有脂肪、蛋白质、维生素和磷、铁等,维生素主要包括 A、D、E 等。蛋黄中的蛋白质主要是卵黄磷蛋白,人体吸收率可达 100%。其脂肪中的卵磷脂等成分是人脑及神经组织发育所必需的物质,因此蛋黄营养价值较高,适宜儿童、青少年、孕妇、老年人及体弱者食用。蛋黄中含有较多的胆固醇,高血脂、肥胖及胆固醇指标较高者应适量食用。

（2）乳类食材

乳制品是指以生鲜牛（羊）乳及其制品为主要原料,经加工制成的产品。乳制品包括液体乳类（杀菌乳、灭菌乳、酸牛乳、配方乳）、乳粉类（全脂乳粉、脱脂乳粉、婴幼儿配方乳粉、其他配方乳粉）、炼乳类（全脂无糖炼乳、全脂加糖炼乳、调制炼乳、配方炼乳）、乳脂肪类（稀奶油、奶油、无水奶油）、干酪类（原干酪、再制干酪）、其他乳制品类（干酪素、乳糖、乳清粉等）。

液体乳的主要成分由水、乳脂肪、磷脂、蛋白质、乳糖、无机盐等组成。不同的液体乳其营养结构和消化吸收率是不一样的,受动物的种类、年龄、泌乳的季节、气候、饲料等因素的影响。在我国,最常见的液体乳是牛乳,有些地方也饮用羊乳和马乳。牛乳的组成中含有人体生长发育所必需的绝大部分营养物质,所以牛乳的吸收率很高。

（二）植物类食材

植物类食材的种类很多,在烹饪中常见的植物类食材有粮食类、果蔬类、藻类等。粮食类食材中的谷物类及薯类食品主要提供淀粉、膳食纤维、蛋白质和 B 族维生素;坚果、豆类及其制品主要提供蛋白质、脂类、膳食纤维、B 族维生素和矿物质;蔬菜水果类食品主要提供膳食纤维、维生素 C、胡萝卜素和矿物质。藻类食品富含糖分和蛋白质,可以补充人体所需的各种微量元素及多种氨基酸,食用藻类食品还可预防碘缺乏症。

1. 粮食类食材

粮食类食材在我国的烹饪应用中极为广泛,粮食主要用于制作主食,如米饭、馒头等,也可以制作糕点小吃,如元宵、汤圆、各种面点等,亦可做菜肴的主配料和制作调味料。

（1）谷类

谷类包含稻谷、小麦、玉米、大麦、小米、高粱、薏米等,富含淀粉、B 族维生素、植酸、木酚素、生物碱以及植物甾醇等营养成分。谷类中除稻米和小麦被称为主粮外,其他均称为杂粮。

谷类的蛋白质含量为 7%～10%,主要为谷蛋白和醇溶蛋白。谷类中的糖类主要为淀粉,约占 70%,还含有钙、铁、锌、磷等矿物质。谷类所含的维生素主要为 B 族维生素,如硫胺素、核黄素、烟酸、泛酸等,虽在加工过程中维生素损失较多,但谷类仍是我国居民硫胺素和烟酸的主要来源。

①稻谷。稻谷是我国种植面积最大的谷类作物。我国的栽培稻可分成籼稻、粳稻，籼稻和粳稻又分为早稻、中稻、晚稻和水稻、旱稻等不同类型。大米是由稻谷脱壳而成的。

②小麦。在我国，小麦的地位仅次于水稻。小麦按播种期，有冬小麦和春小麦之分，以冬小麦为主，仅某些非常寒冷的地区种植春小麦。春小麦的蛋白质含量较高。小麦的籽粒去皮后可煮食，籽粒经过研磨、过筛后可制成面粉。

③大麦。大麦也是我国主要种植作物之一，与小麦的营养成分相似，但纤维素含量略高。因为大麦含谷蛋白量少，所以不能做多孔面包，可做不发酵食物。大麦籽粒去皮后可加入汤内煮食，也可用于生产啤酒、麦芽糖或磨成粉制作饼等食物。

(2) 豆类

豆类主要包括大豆、红豆、绿豆、蚕豆、豌豆、刀豆、扁豆、四季豆、毛豆等，通常是以鲜豆或干豆用作副食品。豆类含有丰富的蛋白质、脂肪和糖类。豆类食物的蛋白质含量为20%～40%。豆类含有谷类所缺乏的赖氨酸和色氨酸，且氨基酸种类齐全，比例适当，因此具有很高的营养价值。多数豆类脂肪含量较低，但大豆脂肪含量高，达35%左右，且含有亚油酸和亚麻酸。豆类含有丰富的钙、磷、铁等无机盐和多种维生素，它们是B族维生素的最佳来源，发芽的豆类还含有丰富的维生素C。

①大豆。大豆俗称黄豆，种子含蛋白质40%左右，远高于其他豆类，且含有较为齐全的氨基酸。大豆富含亚油酸及维生素E，是制取植物油的重要原料。食用方面，可将大豆粉与玉米面或小米面配合制成杂面，也可把大豆粉掺入面粉中，制成面包、饼干及甜饼等。大豆可制成多种豆制品，如豆腐、豆腐脑、豆腐乳、豆腐干、豆浆、酱油和豆酱等。

②绿豆。我国是世界上绿豆种植最多的国家，绿豆籽粒富含蛋白质、糖类。绿豆宜作粉丝用，粉丝质量极好。绿豆可制作豆芽，也可用于煮粥。

③豌豆。豌豆籽粒富含蛋白质和糖类，还富含矿物质和B族维生素。豌豆籽粒有较好的煮软性，可用于煮饭熬汤。发芽的豌豆种子中还含有丰富的维生素E。鲜豆可制罐头。鲜嫩茎梢、豆荚含25%～30%的糖分、大量的蛋白质、多种维生素和矿物质，是优质美味的食材。

④蚕豆。蚕豆又名胡豆，是高蛋白作物，糖类、维生素B1、维生素B2及不饱和脂肪酸含量较高。新鲜的嫩蚕豆是烹饪佳肴。老熟的种子可做粮食，可煮食，也可磨粉制成粉皮、粉丝、豆酱、酱油及各种糕点。

(3) 薯类

薯类包括马铃薯、甘薯、木薯、芋艿、菊芋等。薯类的块根和块茎是食用的主要部分，含有以淀粉为主的糖类和丰富的维生素及矿物质。

①马铃薯。马铃薯又称土豆，是重要的粮食、蔬菜兼用的作物，淀粉含量较高，可制作土豆淀粉，其含有的蛋白质是完全蛋白质，而且赖氨酸、胡萝卜素等的含量也较高。马铃薯可用于蒸、煮、炸、煎、烤、炒等多种烹调技法。

②甘薯。甘薯又称红薯，其必需氨基酸含量高，特别是赖氨酸的含量丰富。维生素A、维生素B1和维生素B2、维生素C、烟酸的含量都比较高，钙、磷、铁的含量也较高。此外，甘薯还是一种碱性食品，摄入后，能中和肉、蛋、米、面被人体消化代谢后产生的酸性物质。甘薯除用于蒸、煮、烤以外，还可用于制作淀粉、粉丝、粉条，嫩茎叶亦可食用。

2. 果蔬类食材

(1) 蔬菜类

蔬菜是人们日常生活所必需的副食品，它是指可供食用的草本植物的总称，也包括一些木本植物的嫩茎、芽、叶和食用菌类等。

蔬菜的主要成分是水、无机盐、维生素等。无机盐种类较多，如钙、镁、钠、钾、锌、铜、锰、铝、磷等。维生素主要有胡萝卜素、维生素C以及多种B族维生素。蔬菜中糖类和蛋白质含量一般较低。

蔬菜的烹饪应用十分广泛，概括起来主要有：制作主食、小吃，如南瓜、马铃薯、芋头等含淀粉较多的食材；作为菜肴的主料或配料，如白菜、萝卜、甜椒、芹菜、蒜薹等；用于菜点的调味，如大蒜、芫荽、葱等；作为菜肴重要的装饰、点缀食材，如黄瓜、番芫荽、芹菜叶、番茄等；作为食品雕刻的主要食材，如冬瓜、南瓜、萝卜、魁芋等；用于面点馅心的制作，如韭菜、香菇、白菜等；可用于腌渍、干制、糖制等，也可用于各种酸菜、咸菜、干菜、蜜饯等的制作。

蔬菜可分为叶菜类、茎菜类、根菜类、果菜类、花菜类、食用菌类等。

①叶菜类。叶菜类蔬菜是指以植物的叶片、叶柄或嫩梢作为食用对象的蔬菜。叶菜类蔬菜由于富含叶绿素、胡萝卜素而呈现绿色、黄色，是人体无机盐及维生素的主要来源。尽管叶菜类含水分多，但其持水能力差，多适用于快速烹制或生食、凉拌。叶菜类如图1-11所示。

图1-11　叶菜类

叶菜类又分为普通叶菜、结球叶菜、香辛叶菜、鳞茎叶菜等。

【普通叶菜】

有油菜、生菜、菠菜、豌豆苗、蕹菜（空心菜）、塌棵菜、叶用芥菜、豆瓣菜、香椿、荠菜（芨芨菜）、莼菜、茵陈蒿、蒲菜、苦苣菜等。

【结球叶菜】

有大白菜、结球甘蓝（卷心菜）、结球莴苣（结球生菜）、包心芥菜等。其中大白菜是我国北方量产最大的蔬菜，大白菜质地柔嫩，味鲜美，钙、锌和维生素B2、维生素C的含量较高。烹饪应用极为广泛，常用于炒、拌、扒、熘、煮等，亦可制作馅心；可腌、泡制成泡菜、酸菜，或制干菜。在筵席上作为主辅料时，常选用菜心。

【香辛叶菜】

有芹菜、芫荽（香菜）、韭菜、葱、茴香等。香辛叶菜味道奇特，香气浓郁。

【鳞茎叶菜】

有蒜、洋葱、百合等。鳞茎类蔬菜含丰富的糖类、蛋白质、矿物质及多种维生素，大多还含有白色油脂状挥发性物质——硫化丙烯，从而具有特殊的辛辣味，并有杀菌消炎的作用。

②茎菜类。茎菜类是指以植物的嫩茎或变态茎作为食用部分的蔬菜。按照可食用部位和生长环境，分为地上茎类蔬菜和地下茎类蔬菜。

【地上茎类蔬菜】

有竹笋、茭白、茎用莴苣（莴笋）、芦笋、蕺菜（又名鱼腥草、折耳根）、球茎甘蓝、茎用芥菜、仙人掌等。此类蔬菜有的是食用肥大的变态茎，如球茎甘蓝、茎用芥菜等；有的是食用其嫩茎或幼芽，如茭白、茎用莴苣、竹笋、芦笋。

【地下茎类蔬菜】

有马铃薯、薯蓣（山药）、菊芋（洋姜）、荸荠、慈姑、芋（芋头）、藕、姜，其中马铃薯、薯蓣、菊芋属于块茎蔬菜，块茎蔬菜含有大量的水分和淀粉，富含维生素C和一定量的蛋白质、矿物质。

③根菜类。根菜类是以植物膨大的变态根作为食用部分的蔬菜,其变态根作为植物的营养储藏器官,含大量的水分、糖类、一定量的维生素和矿物质以及少量的蛋白质。根菜类蔬菜收获后处于休眠期,储藏时间较长。

根菜类蔬菜在烹饪前,有的无须去皮,如萝卜、胡萝卜、根用芥菜等;有的则需去掉较厚的、具有纤维的外皮,如牛蒡、豆薯、根甜菜等。在烹饪运用中,根菜类可生食、熟食、制作馅心,可用于腌渍、干制,或作为雕刻的原料。

根菜类分为肉质直根类和肉质块根类。

【肉质直根类】

有萝卜、胡萝卜、根用芥菜、芜菁甘蓝和根甜菜等。萝卜在烹饪中应用较多,常吃萝卜对人体健康有益。

【肉质块根类】

有牛蒡、豆薯、甘薯等。

④果菜类。以植物的果实或幼嫩的种子作为食用部分的蔬菜称为果菜类。果菜类分为3类,即豆类蔬菜(荚果类蔬菜)、茄果类蔬菜和瓠果类蔬菜。

【豆类蔬菜】

是指以豆科植物的嫩豆荚或嫩豆粒供食的蔬菜,如菜豆(芸豆)、豇豆、刀豆、扁豆、青豆(毛豆)、嫩豌豆等。豆类蔬菜富含蛋白质及较多的糖类、脂肪、钙、磷和多种维生素。除鲜食外,还可制作罐头和脱水蔬菜。

【茄果类蔬菜】

又称浆果类蔬菜,是茄科植物中以浆果供食的蔬菜,此类果实的中果皮或内果皮呈浆状,是食用的主要对象,富含维生素、矿物质、糖类及少量的蛋白质等。可供生食、熟食、干制及加工制作罐头。茄果类蔬菜的产量高,供应期长,在果菜中占有很大的比重,常见的有茄子、番茄、辣椒等。

【瓠果类蔬菜】

又称瓜类蔬菜,富含糖类、蛋白质、维生素和矿物质,可供生食、熟食及加工制作罐头,亦是食品雕刻的常用原料。常见的瓠果类蔬菜有黄瓜、西葫芦、笋瓜、丝瓜、苦瓜、瓠瓜(葫芦)、冬瓜、南瓜、节瓜、佛手瓜、蛇瓜等。

⑤花菜类。以植物的花、花茎等作为食用部分的蔬菜,即为花菜类。花菜类蔬菜质地柔嫩或脆嫩,具有特殊的清香味。常见的花菜类有青花菜(西兰花)、花椰菜、金针菜、菜薹等。

⑥常见的食用菌类。食用菌类又称为"菇""蕈",指以肥大子实体供人类作为蔬菜食用的某些真菌。食用菌类的子实体中的蛋白质含量占干重的20%~40%,富含谷胱甘肽、氨基酸等,有特殊的鲜香风味。某些品种如香菇、猴头菇等因含有特殊的多糖类物质,有增强免疫力、防癌抗癌的功效,各种维生素、矿物质的含量也比较丰富。市场上常见的食用菌类有木耳、银耳、香菇、平菇、金针菇、草菇、猴头菇等。毛木耳与木耳相似,但其肉质比木耳肥厚,口感爽脆,但味道稍差,需注意鉴别。食用菌类如图1-12所示。

松茸

竹荪

羊肚菌

图1-12 食用菌类

在食用菌类时要避免误食毒菇，一般有毒菌类大多颜色鲜艳，伞盖和伞柄有斑点，表面常有一些黏液状物质，表皮易脱落，破损处有汁液流出，且很快会变色，外形丑陋。可食用的菌类多为白色或棕黑色、金黄色，肉质厚实，表皮干滑有丝光。在野外，不认识的菌类千万不要采摘、食用。

【木耳】

木耳含有较多的蛋白质、糖类及磷、铁等矿物质。烹饪中可作为主、配料，可与多种食材搭配，适于炒、烩、拌、炖、烧等，也可做菜肴的装饰料。食用鲜木耳会引起皮肤炎症，所以不宜食用鲜木耳，而干制木耳涨发后则可以放心食用。

【香菇】

香菇在烹饪中鲜、干均可食用。可作为主料，也可作为配料，可炒、炖、煮、烧、拌、做汤、制馅及拼制冷盘，也常用于配色。

【平菇】

平菇在烹制中常用鲜品，也可加工成干品、盐渍品。可采用炒、炖、蒸、拌、烧、煮等方法成菜、制汤。

【金针菇】

金针菇滋味鲜甜，质地脆嫩黏滑，有特殊的清香。选择时以形体完整、色正味纯、鲜嫩者为佳。烹饪上可凉拌、炒、扒、炖、煮汤及制馅等。

【松茸】

松茸是名贵的野生食用菌，肉质肥厚致密，口感鲜嫩，甜润甘滑，香气尤为浓郁，其风味和香味在食用菌中居于首位，被誉为"蘑菇之王"。松茸适于鲜食，烹饪中可用于烧、炒、煎、做汤，或与肉合烹，也可干制或腌渍，还可制取菌油，给菜肴增香。

【羊肚菌】

羊肚菌是一种优良的食用菌，食药兼用，表面似翻转的羊肚，其质地嫩滑，富有弹性，味道鲜美，营养丰富，可鲜食，也可干制，适用于炖、烧、煮汤或制馅等。

【竹荪】

竹荪对预防和治疗高血压、神经衰弱、肠胃疾病等有一定的作用，其肉质细腻，脆嫩爽口，味鲜美，选择时以色正、质地细嫩、形状完整者为佳，烹饪上常用烧、炒、扒、焖的方法，尤适于制清汤菜肴，并常用其特殊的菌裙制作工艺菜。

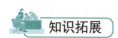 知识拓展

无公害食品、绿色食品、有机食品的概念与区别

(2) 果品类

果品是指能够直接供人们食用的植物的果实或种子的统称。果品类可分为鲜果和干果两大类。果品类食材绝大多数无须烹饪加工，可以直接食用，也可作为餐前开胃菜，或用于餐后鲜食。但果品在烹饪中也有很大的作用，有的可作为菜肴、羹汤的主料、配料，有的可用于菜点的装饰与配色，如橘子、草莓、樱桃等常用于围边以及蛋糕的点缀，还有的可制作馅心、雕刻，甚至是保健品。果品类食材是人们日常生活中不可缺少的，含有丰富的蛋白质、脂肪、无机盐、维

生素等营养成分。

①鲜果。在烹饪中常见的鲜果有苹果、香蕉、橘子、樱桃、葡萄、梨、山楂、菠萝、荔枝、草莓等。由于鲜果酸甜味突出，含水分多，维生素 C 丰富，色泽鲜艳，多用于甜味菜肴的制作，并采用快速成菜法，以保水、保色、保护维生素 C。

②干果。干果包括鲜果的干制品、坚果等。干果由于含水量少，本味不突出，所以适用于以咸、甜为主味的菜点中。坚果营养丰富，常食对心脏病、癌症、血管病有一定的预防和治疗作用，还可明目健脑。常用于烹饪的坚果有核桃仁、花生仁、瓜子、杏仁、松仁、莲子、栗子等。

【花生】

花生，干、鲜均可食用，富含蛋白质、脂肪等营养素。花生的功效是调和脾胃，补血止血，降压降脂。花生及花生油中含有丰富的植物固醇，具有预防心脏病及肠癌、前列腺癌和乳腺癌的功效。花生可制成多种炒货、花生糖、花生酥等，可加工成花生蛋白乳、花生蛋白粉等营养食品，可用于腌渍，制作酱菜，可制作佐餐小菜、面点馅心或甜、咸菜肴。

【杏仁】

杏仁，干、鲜均可食用，含有丰富的淀粉、脂肪与蛋白质。甜杏仁可食用，或作为食品工业的优良食材，或用于制作糕点馅料、腌制酱菜，或制作多种杏仁味的甜、咸菜式。苦杏仁因含有毒的苦杏仁苷，只有焙炒脱毒后方可入药使用。

【莲子】

莲子，干、鲜均可食用，鲜品清利爽口，可生食，或做菜肴的配料；干品主要用于制作甜味菜肴，制成莲蓉后可做糕点馅料及甜、咸菜品的配料。

（3）花卉类

花卉类食材是指可用于烹饪的观赏花卉、果树花卉或具有药理作用的可食草本植物等的统称。这类食材具有艳丽的色泽、芳香的气味、柔软的质感，甚至还有功能各异的疗效。

花卉可为菜肴增色，赋予菜点清香的风味，而且还含有丰富的蛋白质、淀粉、脂肪和矿物质等。某些鲜花含有多种芳香油，如柠檬油、百里香油、肉桂油等，从而具有多种医疗和保健功效。

常见的花卉类食材有牡丹花、槐花、桃花、菊花、荷花、玉兰花、玫瑰花、月季花等。此外，可供食用的花朵还有许多，如桂花、杜鹃、芍药花、栀子花、紫藤花、珠兰花、晚香玉等，均可采用多种烹调方法进行烹制。

3. 藻类食材

藻类一般比较微小，多数是鱼类的主要饵料，部分体型较大，可供食用，如海带、紫菜、发菜、海白菜等。

藻类中的营养成分主要为糖类，占 35%~60%，大多为具有特殊黏性的多糖类。藻类中含有蛋白质，紫菜中蛋白质的含量最高，可达 39%。藻类中还含有丰富的胡萝卜素、B 族维生素，如视黄醇、硫胺素等，以及钾、钠、钙、镁、铁等无机盐。海产藻类含有丰富的碘，是人体摄取碘的重要来源。

①海带。海带具有较高的营养价值，富含多糖类成分、碘质、褐藻氨酸、藻胶酸、昆布素、甘露醇等。此外，粗纤维、胡萝卜素和烟酸以及钙、磷等含量也很丰富。海带适宜烧、拌、酥等方法，如凉拌海带丝、海带烧肉等。

②紫菜。紫菜富含蛋白质、碘、磷、铁、钙和胡萝卜素，核黄素的含量也较高。紫菜味道鲜美、柔软，有特殊海味的香气，一般适宜于氽汤、拌、涮，如制作紫菜蛋花汤等菜品。

③鹿角菜。鹿角菜是一种天然生长的海藻，属于褐藻门。鹿角菜含有丰富的无机盐，还含有维生素、蛋白质和糖类等。鹿角菜质地脆嫩滑爽，味道鲜美，一般适宜于拌、氽、烩等方法。

④发菜。发菜是一种野生陆地藻类，细长如头发。发菜一般生长在荒漠或半荒漠地区，风干后变成黑色，涨发后变为褐绿色，气味清香，美味可口，质地柔软滑嫩。一般适宜于烩、蒸、拌等方法，常与鲍鱼、虾米、干贝等鲜味食材一起烹制，我国西北地区常将其与鸡蛋同蒸或凉拌。

⑤浒苔。浒苔含有蛋白质、大量藻胶、脂肪和钙、磷、铁等，味道鲜美，色泽碧绿，具有特殊的香味，一般适宜于炸、氽汤、拌等方法。

⑥昆布。昆布含有丰富的褐藻酸、蛋白质、甘露醇和碘等营养成分，昆布质地鲜嫩，风味与海带相似，但质地略粗，一般适宜于煮、炖、氽等方法。

(三) 加工类食材

1. 油脂

油脂是油和脂肪的总称，食用油脂在烹饪中是良好的传热介质，是菜品制作工艺及形成菜点风味特色不可缺少的辅助原料。根据食用油脂的制作方法及来源可分为植物油脂、动物油脂、改性油脂等。

（1）植物油脂

植物油脂主要是从植物的种子或果实中提取出来的，常温下的成品植物油呈液态。植物油脂的制取方法一般采用压榨法（物理方法）和浸出法（化学方法）制取毛油，毛油含有多种杂质，需要再经脱色、脱胶、脱酸、脱臭等精炼程序制成成品油，烹饪中常用的植物油有以下几种：

①豆油。豆油是从大豆中提取的，是我国北方主要的食用油之一。豆油的不饱和脂肪酸含量高达85%，其中亚油酸约占50%，亚麻酸占10%，必需脂肪酸含量高。豆油的消化率可高达98%，因含有较多的磷酸酯和维生素E等，不易酸败。

②花生油。花生油是用花生加工榨出的植物油。花生油的营养价值较高，不饱和脂肪酸含量为80%，其中亚麻酸含量为25%。此外，还含有丰富的维生素E、B族维生素及微量元素锌、硒等，在烹饪中广泛用于炒、煎、炸等技法。

③菜籽油。菜籽油是用油菜或芥菜等菜籽加工榨出的植物油，具有菜籽的特殊气味和辛辣味。菜籽油的亚油酸含量较低，营养价值一般，但消化率可达99%。其凝固点较低，稳定性能好，烹饪中运用广泛。

④芝麻油。芝麻油又称为香油，是用芝麻的种子加工榨出的植物油。芝麻油中含有的芝麻酚，有抗氧化作用，所以较稳定，不易酸败。芝麻油在烹饪中常作为调香料，起去腥、增香、增味以及滋润菜品的作用。

⑤葵花籽油。葵花子油有一种特殊的清香气味，以颜色淡、清澈明亮、味道芳香、无酸败者为佳。葵花子油的亚油酸含量较高，植物固醇及磷脂的含量也较高，还有丰富的维生素E、B族维生素及胡萝卜素等，是一种高级的营养食用油脂，消化率可达98%。但葵花子油含有的天然抗氧化剂较少，不宜久贮。

⑥米糠油。米糠油是从米糠中提取的，我国米糠制油提取方法主要为压榨法和浸出法。压榨法主要有液压冷榨、液压热榨和螺旋压榨法，螺旋压榨制油是现代油脂工业经常采用的方法之一，是将米糠经过清洗、蒸炒、做饼、压榨、过滤、回榨等工艺流程制成米糠原油。经过精炼的米糠油色泽清淡，气味芳香，无异味，熔点低，热稳定性好，最适合高温煎炸食品。米糠油的滋味纯正，也适于凉拌菜肴。米糠油中含不饱和脂肪酸高达80%，油酸和亚油酸的含量也比较高，此外还含有丰富的维生素E和B族维生素，消化率极高，是营养价值最高的食用油之一。

⑦橄榄油。油橄榄鲜果可以榨油，榨出的油称为橄榄油。橄榄油非常利于人体健康，橄榄油中含有油酸、亚油酸、亚麻酸、棕榈油酸、棕榈酸和硬脂酸，其中油酸的含量最高，可以降低低密度脂蛋白的水平，并且可以减少心脑血管疾病的发生率。

⑧玉米油。玉米油是从玉米胚中提取的,色泽淡黄透明,香气浓郁,滋味纯正,稳定性较好,适于高温煎炸。玉米油凝固点较低,低温下色泽清亮,而且滋味和香味不变,是一种良好的凉拌油。亚油酸的含量较高,消化率可达97%,营养价值高,稳定性较好,不易酸败。

(2) 动物油脂

食用动物油脂通常是从动物脂肪组织中提取而来的,常温下是固态或半固态。动物油脂一般采用蒸汽熬炼和高温熬炼两种方法制取。烹饪所用的动物脂肪主要是猪油、牛油和鸡油。

①猪油(脂)。猪油以猪板油提炼的猪油质量最好,常温下为白色或浅黄色固体。猪油的饱和脂肪酸含量可达45%,油酸的含量可达50%,还含有较高的胆固醇。猪油可塑性强,起酥性好,在烹饪中广泛用于炸、炒等菜肴及酥点的制作。猪油含有的天然抗氧化剂很少,易被氧化,不宜久贮。

②牛油(脂)。牛油是从牛的脂肪组织中提炼出来的油,颜色为淡黄色或黄色,含有大量饱和脂肪酸,在常温下是固体状态。牛油口感不太好,而且消化吸收率较低,烹饪中一般不直接利用牛油来制作菜肴和糕点,但可作为人造奶油、起酥油的原料。

③鸡油。鸡油是从鸡腹内的脂肪中提炼而成,色泽金黄,油质清澈,鲜香味浓,常温下为半固态状,其不饱和脂肪酸含量在动物油脂中是较高的,亚油酸、亚麻酸含量很高,消化率也高。烹饪中常作为作料,增加菜肴的色泽及滋味。

(3) 改性油脂和油脂加工品

天然油脂中含的杂质较多,对其进一步改良加工,优化其化学组成和物理性质,使油脂具有更良好的可塑性、起酥性、口溶性和稳定性,使食品品质获得最佳效果的油脂,称为改性油脂。

①色拉油。色拉油可由豆油、菜籽油等植物油精炼而成。成品颜色浅,味道清淡,适于高温烹饪。色拉油可生食,是用于凉拌、人造奶油和家庭调制沙拉的优良油脂。色拉油由于除掉了油脂中的有害物质,所以提高了食品安全性,也提高了氧化稳定性,能较长时间贮存,高温下不易发生氧化、热分解、热聚合等质变。

②氢化油。氢化油又称为硬化油、人造脂肪,是指以豆油、花生油等液态油脂为原料经催化加氢,使其不饱和程度降低而制得的半固态或固态油脂。氢化油色泽为蓝白色或淡黄色,无臭、无异味,其可塑性、起酥性、乳化性和稠度都比一般的油脂好。氢化油性质稳定,不易变质,不含胆固醇,常代替猪脂、牛脂等动物脂肪。

2. 加工粮

(1) 面粉

小麦的籽粒通过碾磨过筛,胚和麸皮与胚乳分离,面粉由胚制成。按照面粉中的蛋白质含量可以分为高筋面粉、中筋面粉、低筋面粉。常见的各类面粉及其用途如下:

【高筋面粉】

蛋白质含量在12%~15%,湿面筋含量在35%以上,颜色较深,较有活性且光滑,手抓不易成团,是制作高档面包和一些高档发酵食品的优质原料。

【中筋面粉】

蛋白质含量为9%~11%,湿面筋含量在25%~35%,颜色乳白,适宜作为家庭用粉,具有多种用途,可用于家庭中制作饺子、馒头、面条。

【低筋面粉】

蛋白质含量在9%以下,湿面筋含量在25%以下,颜色较白,手抓易成团,由于面筋含量低,筋性弱,所以是制作饼干、糕点的良好原料。如果利用它制作面包、面条,效果不好。

(2) 大米

大米是由稻谷脱皮加工所得,大米中含有糖、蛋白质、脂肪及丰富的B族维生素。大米根据稻谷分类的方法分为籼米、粳米和糯米。籼米是制作米线的主要原料，粳米主要用于制作米饭，糯米主要用于制作粽子、点心，也可酿制米酒。

另外香米、黑米等特殊的大米也深受人们的喜爱。黑米呈黑色或黑褐色，营养丰富，食、药用价值高。黑米中的蛋白质、赖氨酸比普通大米高46%~66%，还含有普通大米所缺乏的胡萝卜素、叶绿素、维生素C等，黑米除煮粥外还可用于制作各种营养食品和酿酒。

3. 干制类食材

干制类食材是将鲜活食材用自然脱水或加工煮制脱水的方法，使食材达到干爽易保藏的目的。

干制类食材，根据加工食材的种类以及食材来源和性质的不同，一般可分为陆生植物性干制品、陆生动物性干制品、动物性海味干制品、植物性海味干制品和菌类干制品等几大类。根据干燥前的预处理方法和干燥方法的不同，又可分为盐干制品、淡干制品、煮制干制品、焙烘干制品和熏制干制品等几类。

（1）陆生植物性干制品

陆生植物性干制品是指陆地上生长的植物性食材，经脱水干制而成的干品。烹饪中经常使用的陆生植物性干制品有以下几种：

①脱水蔬菜。脱水蔬菜是将新鲜蔬菜经过洗涤、烘干等加工程序，脱去蔬菜中大部分水分后而制成的一种干菜。蔬菜原有色泽和营养成分基本保持不变，既易于贮存和运输，又能有效地调节蔬菜生产的淡旺季节。食用时只要将其在清水中浸泡片刻即可复原，并保留蔬菜原有的色泽、营养和风味。

常见的脱水蔬菜有笋干、胡萝卜干、秋葵干、黄花菜、万年青、梅干菜、豇豆干等。

②脱水果品。脱水果品是将外形完整、无病虫害、肉质肥厚的果品进行清洗、去皮、去核、切分，再进行干燥处理制成的水果干品。脱水果品在风味和营养方面相较于鲜果来说稍差一些。常见的脱水果品有枣干、苹果干、柿饼、菠萝干、芒果干、草莓干等。

③滋补药草。采收的药草，除了少数种类可用鲜品入药外，其他多需要经干制加工以便储藏。药草的烘干过程是影响中药材质量的重要环节，烘干效果直接影响干制品的使用。传统干燥方法有晒干法和阴干法等，现代工艺有红外加热干燥法、微波干燥法和冷冻干燥法等。

烹饪中常见的滋补药草有人参、枸杞子、当归、黄芪、杜仲、天麻等。

（2）陆生动物性干制品

陆生动物性干制品是指陆地上饲养的畜禽类食材及两栖爬行类的某些部位，经脱水干制而成的干品。陆生动物性干制品最常见的就是脱水肉制品，脱水肉制品就是利用人工烘干或自然风干方法，将肉类食材本身的水分蒸发，让肉的体积变小变轻，便于携带更利于保存。这类肉制品呈小的片状、条状、粒状、团粒状、絮状。脱水肉制品主要包括肉干、肉脯和肉松等。

①肉干、肉脯。肉干、肉脯是两种形状不同的脱水肉制品，肉干、肉脯富含蛋白质、矿物质和维生素，既可补充人体营养，又可调节口味。不仅可作为零食，也可在筵席上作为冷菜使用，或作为花式冷盘的点缀、配色料。

②肉松。肉松营养丰富，味道鲜美，对于体弱、久病者有益，具有易消化、易吸收的特点。肉松入烹，除直接作为小菜食用外，也可作为筵席冷盘或作为花色冷盘的垫衬料、围边料、组拼料及花色热菜的瓤馅料。

（3）动物性海味干制品

动物性海味干制品是指海水中生存的动物性食材，经脱水干制而成的干品，统称为动物性海味干制品。烹饪上经常使用的动物性海味干制品分为鱼干制品和其他水产干制品两大类。

①鱼干制品。鱼干制品的制作方法可以分为腌干制品和淡干制品，腌干制品主要是加盐腌制脱水，淡干制品是采用风干、晒干或人工干燥而成。鱼干制品在制作过程中会造成部分营养成

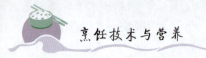

分的损失，但保存时间长，风味独特。

我国常见的鱼干制品有鱼肚、鱼骨、鱼皮等，还有江南地区常把鱼类制成如黄鱼鲞、台鲞、鳗鲞、银鱼干等产品。

②其他水产干制品。

【鱿鱼干】

鱿鱼干是将枪乌贼从腹部剖开经加工后晾干或晒干制成的干品，以肉壁厚、个体大、无异味、色鲜艳、半透明、表面有白霜者为佳品。

【虾干、虾仁、虾皮】

虾干是中国对虾、长毛对虾等养殖的基围虾沸水煮制再晾干而成的干品。虾仁是白虾等中型海虾，经煮制晾干，去除虾头和虾壳而成的干品。虾皮是毛虾等小型海虾直接晒干而成的干品。这三类海产品以个体大、均匀干爽、无异味、无虫蛀、色泽鲜艳为佳品。

【干贝】

将鲜江珧捕捞后取其后闭壳肌，干制后即为干贝，以色泽浅黄、个体大、坚实、无虫蛀、形状整齐、无异味、无杂质、表面有白霜者为佳品。

【淡菜】

淡菜是在贻贝捕捞后，取出贻肉，自然晾干或煮制后晾干而成的干品，以色泽鲜艳、坚实、肉肥、无异味、无虫蛀、表面有白霜者质量较好。

【海螺干】

海螺干是在海螺捕捞后，取出螺肉，再经洗涤、煮制、晾干而成的干品，以色泽青褐坚实、无异味、无虫蛀、表面有白霜者质量较好。

【干海参】

海参又称海鼠，根据加工工艺的不同，合格的海参一般指盐干海参和淡干海参，以个体大、坚硬、无虫蛀、无杂物为佳品。某些海参表面带有白霜。

4. 半成品类食材

半成品类食材是指在烹饪制作前，已经过初步处理和加工的食材，有些品种从风味和质地上较原材料发生了很大变化的一类食材。这部分食材，既可以用来制作主食，又能当主、配料使用，同时还能制作各式各样的小吃。

（1）粮食制品

粮食制品是人体植物蛋白质的重要来源。粮食制品主要分为谷制品、豆制品。

①谷制品。

【饺子】

饺子是我国传统食物，面制品，皮薄馅嫩，味道鲜美，形状独特，百食不厌。制作饺子的馅心食材种类繁多，采用蒸煮法可保证营养素较少流失，并且符合我国饮食文化的内涵。馅心（有三鲜、虾仁、蟹黄、鱼肉、猪肉、牛肉、羊肉等）可荤可素、可甜可咸，成熟方法可采用煮、蒸、烙、煎、炸等。

【汤圆与元宵】

汤圆是把馅心用糯米面包裹后团成圆形，元宵则是把馅心做好在糯米面中滚粘而成。二者主要成分都是糯米，黏性高不易消化，而馅心属于高热量食材，所以患有胃肠道疾病、肾病、消化能力较差的老年人、儿童和体重超重者应少食。

【面筋】

面筋是面粉加水后和成团，去除淀粉和麸皮后剩下的胶状物，其主要成分是麦胶蛋白和麦谷蛋白。面筋既可作为主料，又可作为配料，其本身没有什么味道，可与多种食材搭配。面筋通过烧、烤、煨、卤汁、软炸、干煸等方法可以制作出风味各异的菜肴。

【米线】

米线是大米经浸泡、磨粉、蒸煮、压条、成型、干燥加工制成的，含有丰富的碳水化合物、维生素、矿物质及酵素等。米线主要用来制作小吃或当主食，在烹饪中，常用来炒或者与汤同煮。

【凉粉】

凉粉是以豌豆、绿豆、玉米的淀粉为原料加水熬煮至黏稠、晾凉制成的，可直接用来做菜。新鲜凉粉呈白色或青色，质地细腻，透明度好，无任何不良气味，在菜肴制作中应注意调味。凉粉可采用拌、煎等烹调方法。

【粉皮】

粉皮是以绿豆或其他豆类、粮食的淀粉为食材，采用传统工艺制作而成的圆形薄片，其中以绿豆为原料生产的粉皮最好。质量好的粉皮色泽洁白，富有光泽，片形完整，厚薄均匀，韧性强，不易破碎。粉皮适宜拌、炒、炖等方法。

【粉丝】

粉丝是用绿豆淀粉或红薯淀粉与水混合后加热成薄糊，再用筛漏成细丝，经沸水凝固晾干而成。粉丝的营养成分主要是碳水化合物、膳食纤维、蛋白质、烟酸和钙、镁、铁、钾、磷、钠等矿物质。绿豆粉丝是粉丝中质量最好的，如山东的龙口粉丝色泽洁白，光亮透明，粗细均匀，弹性强，煮后呈透明状，久煮不会溶化，若与肉或鸡汤同煮，味道极佳。甘薯粉丝以甘薯为原料制作而成，品质特点是色泽灰黄，暗而无光，弹性小，韧性差，容易折断，久煮易糊，煮这种粉丝，不可盖锅，以防烂糊。粉丝可凉拌、炒食、蒸食。

②豆制品。

豆制品主要以大豆为原料制作而成。豆制品种类繁多，常见的有豆腐、腐乳、油皮、腐竹、豆芽、豆干、豆腐片等。豆制品如图1-13所示。

图1-13　豆制品

【豆腐】

制作豆腐的主要原料是大豆，制作过程首先是将大豆制成豆浆，然后过滤、加热，根据豆腐的制作方法不同可分别加入盐卤、石膏粉、葡萄糖酸-δ-内酯等凝固成形。豆腐是含有大量水分的凝胶体，含有丰富的蛋白质、钙、铁、钾、镁、B族维生素等，还含有大豆卵磷脂成分。豆腐具有降血脂、防止高血压等作用，有益于身体健康。豆腐的烹饪方式很多，可用蒸、炸、煮、煎、烩、烧等20余种方法进行烹制。

【腐乳】

腐乳是豆腐经发酵、加料等制成的产品。腐乳主要利用曲霉使大豆蛋白水解成多种氨基酸，再以黄酒、白酒、醪糟、红曲、砂糖等配成的汤料调味，从而使腐乳味道鲜美，营养丰富。腐乳主要有红腐乳、白腐乳和青腐乳。

【豆干】

豆干又称豆腐干，是将豆腐脑用布包成小方块，或盛入模具压制而成的。常见的有菜干、五香干、臭干等。质量好的豆干，表面较干燥，手感坚韧、质细、有香味。一般适宜炒、拌、制馅

等烹饪方法。

【油皮和腐竹】

　　油皮属于豆制品，将豆浆煮沸之后表面形成一层油膜，用筷子等工具挑起后晾干即可制成。油皮富含蛋白质和脂肪，是营养价值很高的干制品，可做成各种风味的菜肴。质量好的油皮色泽浅黄，富有光泽，皮薄透明，表面光滑。油皮可用于凉拌、炒食、涮、烤等。

　　腐竹是将油皮挑起后，卷成杆状，经充分干燥后制成的。质量好的腐竹，色泽浅黄，富有光泽，蜂孔均匀，外形整齐，腐竹常用烧、烩、炸等方法成菜，也可凉拌、炒等单独成菜。

【豆芽】

　　豆芽是将豆类种子在一定的湿度、温度条件下无土培育的芽菜的统称。常见的有黄豆芽、黑豆芽和绿豆芽。豆芽营养丰富，其生物效价和利用率较高，黄豆芽脆嫩清香，绿豆芽清脆鲜嫩，食用方法颇多，炒、拌、制馅都可。

　　（2）果蔬制品

　　以新鲜果蔬为食材，配以各种辅助材料或配料经加工而成的产品称为果蔬制品。果蔬制品具有独特的口感和风味，且耐储藏，可作为主配料使用，有些品种还可作为调料，如酱制蔬菜。

　　①腌酱制品。蔬菜的腌、酱、渍加工在我国有着悠久的历史，许多地方都有特产品种。如北京酱菜、四川榨菜、广东梅干菜、浙江杭州的萝卜干、山东济宁酱菜等。常见的主要品种有榨菜、萝卜干、雪菜、大头菜等。

　　②罐装制品和速冻菜。罐装制品是将新鲜果蔬经过分选、修整、热烫、抽空、装罐、灌汁、排气、密封、杀菌、冷却等工艺制作而成。目前使用的罐装容器有玻璃罐、铁罐、软罐等。常见的蔬菜罐装品种有黄豆、豌豆、蘑菇、芦笋、竹笋等。常用的水果罐装品种有菠萝、梨、苹果、橘子、桃等。

　　速冻菜是将蔬菜经筛选、初处理、加工、包装后放入 $-18\ ℃$ 的冷冻机中速冻而成，蔬菜的品种对冷冻加工的适应性有很大的差别。主要速冻产品有豌豆、蚕豆、黄豆、洋葱、甘蓝、菠菜、蘑菇等。一般应在烹饪前进行解冻，但不可解冻后长时间搁置，最好解冻后即刻入锅烹制。

　　③蜜饯和果脯。蜜饯是果品加糖煮制或加糖腌制而成。蜜饯是保持果实原形的高糖制品，有干态和湿态两种，前者糖制后晒干或烘干（称为果脯），后者糖制后保存于糖液之中（称为带汁蜜饯）。

　　（3）畜禽肉半成品

　　畜禽肉半成品是指人们将鲜肉用物理和化学的方法，配以适当的添加物、腌制、干制或烟熏等处理后的产品。肉制品按加工方法的不同，分为腌腊制品和灌肠制品等。

　　①腌腊制品。腌腊制品是腌制品和腊制品的统称。用食盐、香辛料等对肉类进行加工而成的制品称为腌制品，如再经过晾晒、烘烤或熏制加工的即成为腊制品。

　　金华火腿是浙江金华的传统特产。金华火腿采用猪后腿腌制而成，风味特殊，香气浓郁，咸淡适口，酥松柔软，鲜味独特，火腿含有丰富的蛋白质及矿物质。火腿可做主料和配料，在高汤制作中，可用于提香，还可以用于包粽子、制作月饼馅料。

　　②灌肠制品。灌肠制品是将肉绞碎或斩拌成肉糜，加入各种调味料、香辛料和增稠料后，制成的肉类制品。灌肠制品分为两大类，即香肠和灌肠。

【香肠】

　　我国习惯上把传统加工制作的肠类制品称为"香肠"。香肠因在生产过程中需要晾挂和日晒，水分被大部分脱去，故产品具有浓厚特殊的香味，可保存较长的时间。一般肉制香肠的品质特征是肥多瘦少，肉质红白分明，咸淡适口，味道鲜美。

【灌肠】

灌肠制品种类较多，可根据使用的食材和加工方式的不同分为许多种，一般分成4类，即鲜灌肠、水煮灌肠、烟熏水煮灌肠和熏灌肠。基本上所有畜、禽、鱼肉都能作为灌肠的原料。

（4）水产制品

水产制品是用不同的水产品，采用不同的加工方法制作而成的，通常采用腌制、冷冻、熏制等方法制作，所用食材极其广泛，鱼、虾、蟹及贝类等都可用来加工。

①鱼糜制品。在鱼肉碾碎的肉馅中，添加2%~3%的食盐后，搅打上劲，即为高黏度的肉糊，这种肉糊就叫作"鱼糜"。鱼糜制品以鱼为基本原料，其营养价值较高，特别是经加工后，原有营养能很好地保存下来，而且消化吸收率更高。鱼糜制品的常见品种有鱼丸、鱼糕、鱼肉香肠、鱼卷、鱼面等。

②罐头制品。我国能用于罐藏加工的鱼、虾、蟹、贝类有70多种，鱼类约50种，甲壳类及贝类约20种，水产罐头制品分为清蒸类、调味类、油浸调味类和油浸烟熏类。

【清蒸类】

将处理好的水产食材经蒸煮脱水后装入罐内，再加入精盐、味精等制成的罐头产品称为清蒸类水产罐头制品，又称原汁水产罐头。此类罐头保持了食材特有的风味和色泽，常用鲭鱼、鳓鱼、蓝点马鲛鱼、对虾、蟹肉、蛏等作为加工食材。在烹饪时可根据需要适当调味。

【调味类】

将处理好的食材油炸或盐渍脱水后，装入罐内并加入调味料而制成的罐头称为调味类水产罐头制品。这类罐头又可分为红烧、葱烤、茄汁、五香、酱油等几种，产品各具独特的风味，常用来做冷碟或与蔬菜一起烹制。常见的品种有豆豉鲮鱼罐头、凤尾鱼罐头、鲜炸鱿鱼罐头、辣味带鱼罐头等。

【油浸调味类】

油浸调味是鱼类罐头所特有的加工方法，是将生鱼肉装罐后，直接加注精制植物油或者将生鱼肉装罐经蒸煮脱水后，加注精制植物油。这种方法制成的鱼类罐头称为油浸调味类罐头。

【油浸烟熏类】

经烘干和烟熏方法处理后装罐，再加入精制油制成的鱼类罐头，称为油浸烟熏类水产罐头制品。这类罐头经储藏成熟，使色、香、味调和后再食用，其味更佳。常见的有油浸鲅鱼罐头、油浸烟熏鳗鱼罐头、油浸烟熏带鱼罐头。

③水产腌制品。水产腌制品有悠久的历史，品种较多。常见的品种有咸带鱼、广东酶香鳓鱼、咸鲑鱼卵、糟鱼等，还有利用泥螺、辣螺等添加盐、糖、酒等制作的腌制品。

④冷冻制品。水产冷冻制品是水产制品中的一大类。按对水产食材处理方式的不同，可分为生鲜水产冷冻制品和调味冷冻制品，一般采用快速冻结方式，使用前只需简单地加热或烹制即可食用。常见的品种有冷冻海鳗片、冷冻鳌虾仁、冷冻扇贝柱、冻墨鱼片等。

（四）调料类

调料又称作料，泛指在烹饪过程中用量较少，但对菜肴的色、香、味起重要作用的一类原料。

我国的调料种类繁多，每种调料都具有独特的感官特征。按其来源，可分为天然调料和人工合成调料两类；按其在烹饪过程中的作用，可分为调味料和调香料两大类。

1. 调味料

调味料是指在烹饪过程中用于调和食物口味的原料的统称，用量少，但使用频次较多。调味料包括咸味调味料、甜味调味料、酸味调味料、辣味调味料、鲜味调味料、麻味调味料等。

（1）咸味调味料

咸味是基本味的主味，又是各种复合味的基础味。在烹饪中常用的咸味调味料主要有食盐、酱油、酱、豆豉等。

①食盐。食盐为咸味的主要调味料，呈味成分为氯化钠。食盐在烹饪中具有重要作用：一是具有提鲜、增本味的作用；二是具有防腐脱水的作用，用盐腌制的食材能较长时间贮存；三是有嫩化的作用，加少量的食盐可提高肉的保水性，增加菜肴的脆嫩程度；四是制作泥、茸、馅心时加入适量的食盐，能加大吸水量，使馅心的黏着力提高；五是作为传热介质可加工和烹制风味独特的菜品。食盐的贮存保管应注意放置在清洁、干燥的环境中。以不添加抗结剂（亚铁氰化钾）的食用盐为佳。

②酱油。酱油是烹饪中仅次于食盐的咸味调味料，它能代替食盐起到确定咸味、增加鲜味的作用，还有去腥解腻的作用。使用酱油时，要注意菜肴的口味及色泽的特点。一般色深、汁浓、味鲜的酱油用于上色的菜品，而色浅、汁清、味醇的酱油多用于炒、拌等烹调方法。酱油加热时间过长会变黑，保色的菜品应慎用。

③酱。酱是以豆、面、米为原料，利用微生物的生化作用而酿制的一种发酵调味料。酱类调味料在烹饪中具有改善色泽、口味，增加菜肴酱香味的作用。酱可以用来码味、调味和蘸食。在热菜烹制时宜先将其炒香出色。常见的酱包括大豆酱、蚕豆酱、甜面酱等。

④豆豉。优质的豆豉以色泽黑亮，咸淡适中，味香浓郁，颗粒饱满，油润质干，无霉变无异味为佳。在烹饪中起提鲜、增香的作用，适用于炒、烧、爆、蒸等烹调技法。

（2）甜味调味料

甜味调味料是除咸味外唯一能独立调味的基本味，其在烹饪中的作用仅次于咸味调料，主要调味品有蔗糖、饴糖、蜂蜜等。甜味调味品在烹饪中除起到增甜的作用外，还可起到增鲜以及抑制辣味、苦味、涩味、酸味的作用。在某些菜点中还有着色、增色的作用。

①蔗糖。蔗糖是自然界中分布最广、最重要的二糖，由一分子葡萄糖和一分子果糖脱水缩合而成的糖苷，属于非还原糖。甘蔗和甜菜中蔗糖含量最高。纯净的蔗糖是白色的晶体，具有吸湿性，易溶于水，难溶于乙醇，甜度仅次于果糖。

由于蔗糖甜度较高，在医药上可用作矫味剂，制成糖浆应用，还可用作药品、食品的防腐剂；在烹饪中可做重要的甜味剂，也可用于着色。按外形和色泽可以分为白砂糖、绵白糖、冰糖和红糖。

白砂糖色泽洁白明亮，晶体呈均匀小颗粒状，水分和杂质的含量很低。白砂糖易结晶，在烹饪中用于挂霜类菜品的制作效果最佳。

绵白糖是呈粉状白糖的总称，又称为细白糖，晶粒细小均匀，颜色洁白，质地绵软细腻，因含有少量的转化糖，结晶不易析出，在烹饪中更适于制作拔丝类的菜肴。

冰糖是白砂糖的再制品，把白糖加热至适当温度除去水分，得到的无色透明块状大晶体即冰糖，其纯度最高，味甜、鲜，常用于甜羹类的菜肴。

红糖呈赤红、赤褐、黄褐等色泽，其晶粒易结块，易溶化，在烹饪中应用较少。

②饴糖。饴糖又称为糖稀，是麦芽糖的粗制品。麦芽糖主要存在于发芽的谷粒和麦芽中，多数麦芽糖是淀粉在淀粉酶的催化下水解得到的。麦芽糖是白色晶体，易溶于水，甜度约为蔗糖的三分之一。饴糖在烹饪中主要用于面点小吃和烧、烤类菜肴，它可使成熟后的点心松软不发硬，可使菜肴色泽红亮有光泽，并着色均匀。食材若刷上饴糖再烤，在高温作用下，可变成诱人的红棕色。

③蜂蜜。蜂蜜又名蜂糖。蜂蜜的主要成分是葡萄糖、果糖和少量的蔗糖，并含有蛋白质、有机酸等。在烹饪中主要用来调味，具有矫味、增白、起色的作用。主要用于制作面点、甜品、蜜

钱。蜂蜜具有较大的吸湿性和黏着性，烹饪时若使用过多，制品易吸水变软，相互粘连。

（3）酸味调味料

酸味是有机酸及其酸性盐特有的味道。人们日常摄取的酸味有醋酸、琥珀酸、酒石酸、柠檬酸等有机酸。酸味不能独立成味，但酸味是构成多种复合味的基本味，具有去腥解腻、刺激食欲、增加风味、帮助消化、促进钙质分解等多种作用。

①食醋。食醋的主要成分是醋酸，有酿造醋和人工合成醋两大类。酿造醋有米醋、麸醋、酒醋等，以米醋质量最佳，除醋酸外，一般还含有乳酸、葡萄糖酸、琥珀酸、糖、钙、磷、铁、维生素 B2 等。人工合成醋是用食用冰醋酸加水、食用色素配制而成，口感、营养都较差。

②番茄酱。番茄酱中的酸味物质主要是苹果酸等有机酸，色泽红润，酸而回甜，清香浓郁。番茄酱是从西餐烹饪中引入的，目前在中餐的制作中也较为常见，主要用于酸甜味的复合味型菜品中。

（4）辣味调味料

辣味主要是由辣椒素、椒脂碱、姜黄酮、姜辛素、芥子油及蒜素等产生的。辣味在烹饪中不能单独使用，须与其他调料配合使用。辣味在烹饪中有增香、解腻、压异味的作用。同时它能增加淀粉酶的活性，刺激食欲，帮助消化。辣味调味料主要有干辣椒、辣椒粉（面）、胡椒、芥末等。

①辣椒。辣椒是常见的辣味调味料，根据其形状和制备方法可分为干辣椒、辣椒粉、泡辣椒等。干辣椒是各种新鲜尖头辣椒的干制品；辣椒粉（面）是将干辣椒研磨成粉末状的调料，是制作辣椒油的主要原料，也是各种辣味小吃的调拌料之一。泡辣椒又称泡椒，是将新鲜的辣椒加盐、酒和调香料，经腌渍而成的一种辣味调味料。泡辣椒是调制鱼香味型不可缺少的调味料。

②胡椒。胡椒的主要成分为胡椒碱、胡椒脂碱、挥发油等，胡椒分为黑胡椒和白胡椒两类。用胡椒调味，具有提味、增鲜、增香、去异味的作用，用于鲜咸肉类菜肴及汤羹、面点、小吃，也常用于调馅。

③芥末。芥末含有芥子苷、芥子碱等，具有强烈刺鼻的辛辣味，在烹饪中起提味、刺激食欲的作用，是制作芥末味型的重要调味料，多用于凉菜的制作，如芥末三丝、芥末鸭掌等，以及面点、小吃的制作。

（5）鲜味调味料

鲜味调味料又称为风味增强剂，呈味成分主要有核苷酸、氨基酸、酰胺、肽、有机酸等物质。鲜味不能独立成味，必须在咸味的基础上才能发挥作用。在使用时应以不压制菜品的本味为宜。鲜味调味料主要有味精、鸡粉（精）、蚝油、鱼露、虾油等。

①味精。味精是无嗅无色的晶体，易溶于水，其主要成分为谷氨酸的钠盐，此外还含有少量食盐和矿物质。味精具有强烈的鲜味，特别是在微酸的水溶液中更能突出其鲜味。

②鸡精。鸡精是一种复合鲜味剂，鸡精中除含有谷氨酸钠外，还含有多种氨基酸，它是一种既能增加食欲，又能提供一定营养的调味料。鸡精的使用范围很广泛，适量加入菜肴、汤羹、面食中都可以达到提鲜的效果。

③蚝油。蚝油是利用鲜牡蛎加工干制时的煮汁浓缩制成的一种浓稠的液体鲜味调味料。蚝油含有鲜牡蛎浸出物中的多种呈味物质，具有浓郁的鲜味。蚝油在粤菜中应用比较广泛，在烹饪中可作为鲜味调味料和调色料进行使用，具有提鲜、赋咸、增香、补色的作用。

（6）麻味调料

麻味是一种震动感而不是味觉，刺激的是我们的震动感受器。麻味调料在烹饪中不能单独使用，须在咸味的基础上表现，并常与辣味合用，是一种较为突出的味道。

麻味调味料较少，主要的调味料就是花椒。花椒有浓郁持久的香麻气味，在烹饪中有除异味、去腥去腻、增香提鲜的作用，可用于各种食材的腌制，也可在炒、烧、炝、烩、卤等技法中使用，常与其他调料配合使用制成椒盐、椒麻等不同的味型。花椒以粒大均匀、果实干燥、果肉不含籽粒、外皮色红、香味浓、麻味足者为佳。

2. 调香料

调香料是指具有浓厚的香气，并可增加菜肴香味，去除异味的一类调料。根据香味类型的不同可分为芳香料、苦香料和酒香料3类。

（1）芳香料

芳香料是香味的主要来源，广泛存在于植物的花、果、籽、皮及其制品中，且含有挥发油，芳香浓郁，在烹饪中起除异味、增香味、促进食欲的作用。

常见的芳香料有八角、桂皮、茴香、丁香、香叶、孜然等。芳香料在烹饪中的使用要适量，不宜太多，如丁香，有强烈的香气，味辛辣，使用时如过量，会影响菜品的质量。

（2）苦香料

苦香料是含有生物碱、糖苷等苦味成分和挥发性芳香成分的调香料。在烹饪中可除异味、增香味，并与其他调香料配合使用形成特殊风味。

常用苦香料有陈皮、草果、肉豆蔻、草豆蔻、山柰、荜拨、白芷、砂仁等。苦香料通常有特异的香气，味辛、微苦，常与其他调香料配合使用，使用时注意不要过量，否则会影响菜肴口感。

（3）酒香料

酒香料是指含有乙醇的调香料，加热时能分解食材中的腥膻气味，并被挥发，所含的香味成分能增加菜肴的香味。

常用的酒香料有黄酒、葡萄酒、酒酿、香糟、白酒和啤酒等。其中黄酒应用极为广泛，黄酒含有糖、糊精、氨基酸、高级醇等多种成分，香气浓郁，口味甘顺，醇度适中，可用于食材加工时的腌渍码味，也可在菜品的烹制中起去腥、解腻、增香、入味的作用。

二、食材品质的鉴别与选购

（一）食材品质的感官鉴别

感官鉴别就是凭借视觉、嗅觉、味觉、听觉、触觉等人体自身的感觉器官鉴别食材的方法。感官鉴别食材质量要素可分为3类，即外观、质构和风味。外观包括形状、大小、完整性、透明度、光泽、色泽和稠度等。质构包括手感和口感体验到的柔软度、坚硬度、多汁度、沙砾度及咀嚼性等。风味包括舌头能尝到的口味，如甜味、咸味、酸味等，也包括鼻子闻到的香味。

1. 视觉与食材的外观

视觉鉴别就是利用人的视觉器官鉴别食材的形态、色泽等外观。食材的外观形态和色泽对于判断食材的新鲜程度、成熟度等有重要意义。例如，新鲜的蔬菜大多脆嫩、饱满、茎挺直、光亮，不新鲜的蔬菜会呈现干缩萎蔫的状态。

2. 嗅觉与食材的气味

嗅觉鉴别就是利用人的嗅觉器官来鉴别食材的气味，食材大多有其正常的气味，当食材发生腐败时，就会产生不同的异味。比如，肉类变质后产生尸臭味，西瓜变质后会带有馊味等。在进行嗅觉鉴别时应在15~25 ℃的常温下进行，因为食材中的挥发性物质常随温度而变化。在鉴别液态食材时，可将其滴在清洁的手掌上进行摩擦，以加快气味的挥发；在鉴别畜肉等大块食材时，用尖刀或牙签等工具刺入深部，拔出后嗅闻其气味。

3. 味觉与食材的滋味

味觉鉴别是利用人的味觉器官来鉴别食材的滋味，从而判断食材品质的好坏。味觉鉴别不但能品尝到食材的滋味，也可以敏锐地察觉食材中极轻微的变化。味觉鉴别的准确性与食材的温度、鉴别者均有关，在进行味觉鉴别时，最好使食材处在 20~45 ℃ 的温度范围内。

4. 触觉与食材的质感

触觉鉴别就是通过手的触觉鉴别食材的重量、弹性、硬度、膨松状况等质感，从而判断食材的质量，这也是常用的感官鉴别法之一。例如根据猪肉的硬度和弹性，来判断猪肉的新鲜程度。利用触觉检测食材的硬度或稠度时，要求食材温度在 15~20 ℃。

（二）常见食材的选购

选购食材首先要看其生产日期和保质期，而后鉴别其品质。食品保质期指预包装食品在标签指明的贮存条件下保持品质的期限，在此期限内，产品完全适于销售，并保持其特有风味。生鲜食品的保质期较短，应注意鉴别。

1. 粮食类

（1）影响质量的因素

影响粮食类食材质量的主要因素包括微生物污染、农药残留、工业"三废"污染、仓储害虫的污染、自然陈化、杂物污染、人为掺杂掺假等问题。在粮食的运输、储存过程中，每年由仓储害虫造成的粮食浪费达世界粮食总产量的 5%~10%；微生物污染主要是由细菌、霉菌造成的，霉菌污染可导致粮食变质甚至产生毒素；人为掺杂掺假，如在新米中掺入陈米、发霉米等行为，或是在一些粮食制品中使用吊白块、荧光增白剂等。

（2）选购

不同品种的粮食都具有固有的色泽及气味，选购时可通过外观、色泽、气味等进行鉴别。

①大米。选购大米时，从外观来看，应选择米粒细长，外观整洁、漂亮、透明、无碎米、无虫眼和粘连现象。嗅闻时，无霉味。

②小麦。选购小麦时，从外观来看，小麦应饱满、完整、大小均匀，组织紧密，无害虫和杂质，外表有光泽。嗅闻时，无异味和霉味。

③面粉。优质的面粉呈白色或微黄色，不发暗、无杂质，用手捻时，无粗粒感，无虫子和结块的现象，放在手中紧握松开后不成团。嗅闻时，无不良气味，无霉味。优质面粉还可采用咀嚼的方法来鉴别，嚼之味道微甜可口，无不良滋味。

④豆类。选购豆类时，主要看其外观，优质的豆类一般形态饱满，干豆通常坚实、无发芽现象，无虫眼及粘连现象，豆粒完整，无杂质。

2. 畜禽类

畜禽类食材的品种范围有鲜、冻畜禽的肌肉、内脏及腌腊肉、火腿等肉制品，这些肉制品易受致病菌和寄生虫的污染，因此必须重视和加强畜禽类食材的卫生管理。

（1）影响质量的因素

影响畜禽类食材质量的主要因素包括腐败、死因或来源不明、药物残留等。腐败是畜禽肉受到细菌等微生物的侵入而引发的变质，肉的腐败变质主要表现为发黏、发臭、发绿等；死因不明或来源不明的动物肉不可食用，若是病死或中毒死亡的畜禽，误食后会对人体产生危害；药物残留的主要原因是饲养者会给畜禽注射或喂食一些药物，如抗生素、生长促进剂、抗寄生虫药、激素等，这些药物会在畜禽肉、奶、蛋中有一定的残留，残留量较大时会危害人体健康。

（2）选购

①鲜肉。新鲜的肉，其颜色一般由肌肉和脂肪组织的颜色来决定，也和动物种类、性别、年龄、肥度、经济用途、宰前状态、放血、冷冻等情况有关。通常新鲜畜肉的颜色呈红色，但不同的肉类色泽、色调有差异，一般幼畜肉色泽较浅；新鲜禽肉的颜色分为红色和白色，一般腿肉是红色，胸脯肉是白色；冻肉则不易通过颜色来判断其新鲜度。

出现下列现象时，表示肉质不新鲜，不可再购买和食用：肉质呈灰白色或浅绿色，外表潮湿而带黏性，无光泽，肉质松软无弹性，指压后凹陷处不能复原，表面及深层均有浓厚的腐臭味。

②内脏。当畜禽类的心、肺、肝、胃、肠等内脏存在颜色异常、肉质松软、无弹性、有异味等现象时不可食用。

③火腿。出现下列现象时，代表火腿不可再食用：肌肉切面呈酱色（正常为深玫瑰色或桃红色）并有各种颜色的斑点，脂肪切面呈黄色（正常时为白色），且组织松软、有氨味。

④腊肠。出现下列现象时，代表腊肠不可再食用：肉质呈灰暗色（正常呈红色），无光、脂肪呈黄色（正常时呈乳白色），表面有霉点，肉质发软，没有弹性，手指按压的凹痕不恢复，脂肪明显腐败，有氨味或异臭味。

3. 鱼类

（1）影响质量的因素

影响鱼类食材质量的主要因素包括重金属污染、农药污染、病原微生物污染、寄生虫感染、腐败菌污染等。由于鱼类营养丰富、水分含量高，因此会比畜禽肉类更容易变质。鱼类死亡后容易被微生物侵入，在酶和微生物的共同作用下鱼体很快会腐败变质；鱼类对重金属的耐受性较强，能在体内蓄积重金属，若生存水域被污染，则鱼体内的重金属含量会比较高；在自然环境中，鱼、螺、虾、蟹等是很多寄生虫的中间寄主，人在生食或烹制过程中没有杀死寄生虫时，有可能感染寄生虫。

（2）选购

①鲜鱼。新鲜的鱼类（指现杀或死后不久的鱼）主要表现为眼球饱满，鳃部呈鲜红色，肉质紧实有弹性，鱼体表面有光泽，无破损，鳞片完整无脱落，闻之无腐臭味。

②冻鱼。选购冻鱼时，应选鱼鳞完整、眼球突起、角膜清亮、体表无破损、肛门完整、外形紧缩不凸起的鱼。

4. 蛋类

（1）影响质量的因素

影响蛋类食材质量的主要因素包括微生物污染、储存不当、药物残留等。蛋类食材，如鸡蛋、鸭蛋、鹌鹑蛋等，一般在冰箱冷藏区储存可延长保鲜期，若在室温下储存不当，会受到致病性微生物等多种微生物污染，导致保鲜期缩短，甚至腐败变质。而在禽类的养殖过程中，饲养者不规范地对养殖禽类使用抗生素、激素等药物时，会造成蛋类食材的药物残留超标。

（2）选购

①良质鲜蛋。蛋壳上有白霜，完整清洁，对着灯光观察可见气室较小，看不见蛋黄或呈红色阴影，无斑点，如图 1-14 所示。

图 1-14　良质鲜蛋

②裂纹蛋、硌窝蛋。蛋壳破裂有缝或凹陷，但壳膜未破，蛋清未流出，这样的蛋如无异味应在短期内食用。

③流清蛋。如果蛋壳严重裂纹，壳膜亦破裂，蛋液外流，蛋黄完好，无异味、未腐败的流清蛋应及时高温加热后食用。

④散黄蛋。打开后呈现蛋清、蛋黄混在一起，如无异味，蛋液黏稠，可食用。

⑤贴皮蛋。因保存时间过长，蛋黄膜韧性变弱，蛋黄紧贴蛋壳，贴皮处如是红色，还可食用，但一般不建议再食用；若贴皮处呈黑色且有异味则不能再食用。

⑥其他蛋制品。如果咸蛋、皮蛋等蛋制品存在严重污染、霉变、有异味等情况，不可再购买食用；如果冰蛋存在霉变或溶化后有严重异味、臭味等情况，不可再选购和食用。

5. 果蔬类

（1）影响质量的因素

影响果蔬类食材质量的主要因素包括细菌及寄生虫污染、工业"三废"污染、农药残留、自身含有的有害物质等。果蔬的农药残留问题较为严重，比如韭菜，为了防治迟眼蕈蚊及其幼虫，菜农通常使用大量高浓度农药，韭菜根部吸收大量的有机磷农药，就会造成韭菜农药残留超标。

（2）选购

①新鲜蔬菜。新鲜果蔬外观应质地脆嫩、饱满、水分充足，有光泽，无虫眼、无黄叶。嗅闻时，有新鲜蔬菜的特殊气味，无腐烂异味。如果出现萎蔫、疲软、干缩等现象，说明其品质已有所下降。

②新鲜水果。新鲜水果选购时，可以从其成熟度、酸甜度、新鲜度几个方面来鉴别。优质的水果一般口感较好，酸甜适中，外观无机械损伤，无虫眼、无霉烂现象，外表有光泽，水分充足，无干缩。

6. 食用油脂

食用油脂的品质鉴别方法，可从气味、滋味、色泽、透明度、沉淀物、水分和杂质等方面进行观察鉴别。

从气味方面鉴别，可以嗅其气味，优质的食用油脂都具有各自特有的气味，无异味、未酸败的油脂品质较好。

从滋味方面来鉴别，可以品尝一下，质量好的油脂无异味，变质的油脂常会有酸、苦、辛辣的滋味。

从色泽方面来鉴别，注意观察食用油脂的颜色。来源不同的油脂常常有不同的色泽，这主要取决于原料中色素的含量、加工的方法、精炼的程度及储藏过程中的变化。一般色泽越浅的油脂质量越好。

从透明度方面来鉴别，优质的食用油脂应是透明的，当油脂中含有碱脂、类脂、蜡脂或含水量较大时，就会出现混浊，使透明度降低。除小磨香油允许微浊外，其他植物油脂要求清亮透明，无悬浮物。

从沉淀物方面来鉴别，油脂在加工过程中混入的机械杂质和碱脂、蛋白质、脂肪酸黏液、树脂、固醇等非油脂物质，在一定的条件下沉入油脂的下层，称为沉淀物。优质的食用油脂一般应无沉淀物。

从水分和杂质方面来鉴别，油脂中的磷脂、固醇和其他杂质能吸收水分，形成胶体物质悬浮于油脂中。油脂中的水分和杂质过多时，不仅会降低其品质，还会加速油脂水解和酸败。

任务二　熟悉食材与食品的保鲜与储藏

保鲜是指在保证安全的基础上，灭杀食材、食品中存在的微生物和酶（或者钝化酶），阻止微生物的污染及其在食物中的繁殖,从而保持食物的营养、色泽、质地和风味等。从化学科学的角度上讲,保鲜就是中止或抑制食材、食品的物质变化。

随着人们对食物品质需求的不断提升,科学家们根据食物化学成分的变化规律等,研究出许多控制食物腐烂变质的新方法、技术。现在应用于食物保鲜与储藏的手段,据其原理可分为物理法和化学法两类。物理法是对储存的食物进行辐照或将其客观环境转化为低温、真空等状况(如冷藏、气调、干燥等);化学法则是添加一些防腐剂等化学材料或者涂抹隔离层等来达到防腐效果。但无论采取何种先进技术储存,食物的保质期都是有限的。

一、储藏保鲜的物理方法

一般情况下,食物含水量越低、代谢活动强度越低,其耐贮性越强。常见的食物储存保鲜的方法有低温、腌渍、干燥等。

(一) 低温保鲜与储藏

温度是影响食物保鲜的最重要因素,通过适当地调节温度能够有效保存食物的品质,延缓其变质等。

低温储存就是指采用冷藏、冷冻的方法降低食物的温度,并维持低温水平或冷冻状态,以减弱或抑制微生物的生命活动,以及食物内酶的活性,使食物各种生理代谢反应速率下降,从而达到防止或延缓食物腐败变质,达到长期储存的目的。

低温保鲜的效果虽然十分显著,但不同品种的食物对低温的敏感性不同,耐受能力也有差异。选择适当的温度进行储藏是十分关键的,根据保鲜采用的温度不同,低温保鲜又可以分为冷藏保鲜和冷冻保鲜。

1. 冷藏保鲜与储藏

冷藏是指将食物置于 0~10 ℃尚不结冰的环境中储存。冷藏的食物不发生冻结的现象,能较好地保持食物的风味品质,但在此温度下,仍有微生物活动,所以冷藏保鲜的贮存时间较短,一般为数天或数周。

食物内酶活性适宜的温度一般为 30~40 ℃,微生物最适宜生长的温度一般为 20~40 ℃。在 10 ℃以下酶的活性会大大降低,大多数微生物也难以生长繁殖,所以冷藏保鲜的温度一般设定在 0~4 ℃范围内,适合于果蔬、鲜蛋、牛奶等食物的储存,以及鲜肉、鲜鱼等动物性食材的短时间储存。

对于植物性食材,各种果蔬对低温的敏感性不同,所以不同的果蔬其冷藏温度是不同的,原产地属于温带的苹果、梨、大白菜、菠菜等适宜的冷藏温度为 0 ℃左右;原产地在亚热带、热带的果蔬由于适应了较高的环境温度,储存温度也应较高。另外,成熟度不同,冷藏温度也不同。例如绿熟番茄冷藏的适宜温度为 8 ℃左右,完全成熟的番茄冷藏的适宜温度为 0~1 ℃,香蕉是热带水果,冷藏的适宜温度为 13 ℃。

2. 冷冻保鲜与储藏

冷冻保鲜法就是先将食物降温到冰点以下,使其内部水分部分或全部成冻结状态,并维持在零度以下低温状态进行储藏的一种保鲜方法,适用于肉类、禽类、鱼类和部分果蔬的储存。冷冻储存的动物性食物在储存前,一般要经过初加工处理,如鸡、鸭、鱼需要去除内脏,并清洗干净,家畜肉需分档切割好。

冷冻会对食物的品质造成较大的影响,冷冻造成的冰晶极易刺破食物的细胞,破坏食物的质构。研究发现:降温速度越快、冻结的温度越低、冻结的时间越短,对食物的破坏越小。快速冷冻可较好地保持食物的品质是因为在快速冷冻时,食物中的水会形成微细的冰晶,均匀地分布在食物细胞组织内,细胞不会发生大的变形和破裂。当食物解冻时,其细胞液不会严重流失。较好的解冻方法是用温度较低的水流缓慢解冻或者在空气中放置缓慢解冻。

知识拓展

速冻食品的安全性

（三）气调保鲜与储藏

气调保鲜（又称为"CA 保鲜"），是指在低温储藏的基础上，人工改变储藏环境中的气体成分，主要是控制氧气和二氧化碳的浓度，使食物保持新鲜并达到延长储藏目的的保鲜方法。气调储藏主要是调节储藏环境中的气体成分，降低环境中的氧气含量至 2%～5%，二氧化碳的含量提高为 5%，这样就能够抑制微生物的生命活动和酶的活性，保持食物的新鲜度。与冷藏相比，气调保鲜技术更有利于延长食物的品质，且无污染。

气调包装技术（MAP）又称为充气包装，常用的气体有氧气、二氧化碳和氮气。氮气是一种惰性气体，不影响食物的色泽，可以防止食物的氧化酸败、霉菌的生长和寄生虫侵害。

（四）真空保鲜与储藏

真空状态下食物保鲜时间可延长，是因为食物变质的条件发生了改变。首先，真空环境中微生物很难生存，需要很长时间才能达到微生物滋生的要求；其次，真空状态下，容器内的氧气含量极低，各种化学反应无法完成，食物不会被氧化，也使得食物可以长期保鲜，因而可以存放更长时间。

真空保鲜技术主要包括减压储藏和真空冷却。

1. 减压冷藏

减压冷藏常称为减压储藏，又称为低压储藏、真空储藏。在气体始终流动的低压、高湿环境中，压力低至 2.7 千帕以下时，能有效抑制呼吸作用和乙烯的产生；能有效抑制微生物，尤其抑制霉菌生长；能杀死食物内外成虫、幼虫、蛹和卵。

2. 真空冷却

真空冷却又称为真空预冷，其基本原理是在真空环境下部分潮湿空气迅速蒸发而冷却，比传统的冷却技术快。按用途分为果蔬真空快速冷却和熟食品真空快速冷却两类。

（五）辐照保鲜与储藏

食物的辐照保鲜与储藏是指利用 x、β、γ 等高能射线照射，以达到抑制发芽、杀虫、灭菌，保持食物的鲜度和卫生状况，延长储藏期和货架期，从而达到减少损失、保存食物目的的一项技术。

x、β、γ 等高能射线可以杀死微生物、抑制乙烯的产生和过氧化酶等酶的活性。经过照射的食物在能量的传递和转移过程中，产生理化效应和生物效应，抑制或破坏其新陈代谢和生长发育，甚至使细胞组织死亡，从而达到消毒灭菌、延长食物储藏时间、减少损失的目的。

辐照食物保鲜的优点：

①处理过程对食物产生的热量极少，可最大程度保存食物的品质特性，即使在冷冻状态下也能进行处理，是一种"冷"灭菌法。

②杀死微生物效果显著，使用剂量可根据需要调节。

③射线的穿透力强、均匀、瞬间即逝，与其他方法相比，辐照过程可精确控制。

④处理后的食物不需要再加入添加剂等化学成分。

⑤在灭菌时不必打开包装，杜绝了二次污染。

⑥辐照技术处理成本低，能耗少。

（六）干制保鲜与储藏

1. 干制技术的原理

干制是在自然或人工控制条件下促使食材水分蒸发脱除的工艺过程。干制储藏是将食材中的水分降低到可以防腐的程度，只要保持储藏环境阴凉、干燥，就可以达到长期储藏的目的。微生物的活动需要水分，而食材内的各种化学变化也需要水分的参与或以水来作为介质。降低食材中的水分含量，可以有效地降低微生物活力，食材内的不良化学反应也会延缓。

2. 食材干制机制

在干制过程中，食材中的水分受热，由液态转为气态（即蒸发），食材中水分的蒸发主要依赖两种作用，即水分的外扩散作用和内扩散作用。干制初期，首先是食材表面的水分吸收能量变为水蒸气大量蒸发。表面积越大，空气流速越快，温度越高，以及空气相对湿度越小，则水分外扩散速度越快。当食材中的水分蒸发掉一半左右时，此时表面水分低于内部水分，这时水分就会由内部向表面转移，称为水分内扩散。这种扩散作用的动力，主要是湿度梯度，使水分由含水分高的部位向含水分低的部位移动。湿度梯度越大，水分内扩散速度就越快，在干燥过程中如外扩散速度过多地超过内扩散速度，也就是食材表面水分蒸发太快，表面就容易形成一层硬壳，使食物发生开裂现象，会降低干制食材的品质。

3. 食材的干制方法

（1）自然干制

自然干制就是指在自然条件下干制食材的方法，包括晒干、晾干、阴干等方法。自然干燥与温度、湿度、风速等相关，我国北方和西北地区的气候适合自然干制。

①晒干。晒干就是把食材放置于晾晒场所，直接暴露在阳光和空气中，随着温度的升高，食材中的水分也随之蒸发，直到食材中的水分含量降低到与空气温度、湿度相适应的平衡水分为止。

②阴干和晾干。阴干和晾干就是指在气候干燥、空气湿度相对较低的地区，不直接暴露在太阳下，而是利用风让食材水分自然蒸发，如葡萄干的生产就是采用阴干的方法。

（2）人工干制

人工干制就是指在人工控制条件下干制食材的方法，可以克服自然干制的某些缺点，不受气候的限制。人工干制的方法有空气对流干燥法、辐射干燥法、接触干燥法、真空干燥法、冷冻干燥法等。

食品干燥剂

二、储藏保鲜的化学方法

（一）化学保鲜与储藏的基本方式

1. 外层防护法

（1）涂膜法

涂膜保鲜剂通常是将蜡、天然树脂、脂类、明胶等成膜物质制成适当浓度的水溶液或乳化液，采用浸渍、涂抹、喷洒等方法涂敷于果蔬的表面，风干后形成一层极薄的保护膜，一是可以增强果蔬表皮的防护作用，适当堵塞表皮气孔，抑制呼吸作用，减少营养损耗，提高外观品质；二是抑制水分蒸发，防止皱缩萎蔫；三是抑制微生物侵入，防止腐败变质；四是一定程度上可以减轻表皮机械损伤。

涂膜剂主要有蛋白质沉淀溶液涂膜剂、食用脂肪涂膜剂和化学涂膜剂三大类。其中化学涂膜剂是以海藻酸钠、壳聚糖、蔗糖酯等化学物质按一定比例与水混合均匀而制成，是目前应用较多、使用方便的一类涂膜剂。在化学涂膜剂中加入抗生素或防腐剂，如山梨酸、富马酸二甲酯、对羟基苯甲酸乙酯等制成复合涂膜剂，可提高涂膜剂的抗菌作用。

涂膜保鲜剂其作用类似单果包装，但与单果包装相比，具有价格便宜、适合大批量处理，能增加果蔬表面光泽，提高商品价值等优点。涂膜的果实与普通冷库贮存的果实相比，出库后货架期可延长 1~2 周。

（2）吸附法

①乙烯吸收剂。随着果蔬的成熟，乙烯的生成量迅速增加，诱发果蔬的呼吸强度升高，促使果蔬的衰老。若能及时除去环境中的微量乙烯，则其呼吸强度随之下降，果蔬的生理活动就能维持在较低的代谢水平上。因此，可以通过降低果蔬乙烯的释放量或降低外部环境中乙烯的含量，达到延缓果蔬衰老的目的。

乙烯物理吸附剂主要成分为活性炭、矿物质、分子筛及合成树脂等物质。

乙烯化学反应剂是指能与乙烯反应，使外源乙烯脱除的一类物质，包括催化反应型反应剂、氧化型反应剂、加成反应型反应剂。其中，氧化型反应剂主要有高锰酸钾、二氧化氢及过氧化钙等。用高锰酸钾等混合制成的氧化型乙烯脱除剂应用量很大，广泛地用于猕猴桃、苹果、香蕉、葡萄、青梅、柿子等果蔬的储藏保鲜。

②吸氧剂。目前已经应用的吸氧剂的共同特点是以氧化还原反应为基础的，即这些吸氧剂与包装中的氧化合生成新的化合物，从而消耗氧气，达到脱氧的目的。吸氧剂必须具备无毒无害、与氧气有适当的反应速度、无嗅无味、不产生有害气体和不影响食物品质的性质，以及价格低廉的特点。常用的吸氧剂主要有抗坏血酸、亚硫酸氢盐和一些金属，如铁粉等。

（3）溶液浸泡法

溶液浸泡法主要是通过浸泡、喷施保鲜药剂等方式达到防腐保鲜的目的，其作用有的是能够杀死或控制果蔬表面、内部的病原微生物，有的可以起到调节果蔬采后代谢的作用。例如在新鲜食用菌的保鲜方法中，可用 0.6% 食盐水浸泡约 10 min，沥干后装入塑料袋内储藏，能保鲜 5~8 天；用 0.2% 氯化钠和 0.1% 氯化钙制成混合浸泡液，浸泡食用菌约 30 min，在 15~25 ℃ 下可保鲜 5 天左右，5~10 ℃ 下可保鲜 10 天以上。

（4）保鲜膜

保鲜膜是一种塑料包装制品，通常以乙烯为主要原料通过聚合反应制成，保鲜膜在微波炉食物加热、冰箱食物保存、生鲜及熟食包装等方面，以及在家庭生活、超市、饭店及工业生产的食物包装领域都有广泛应用。保鲜膜可分为三大类：

第一种是聚乙烯，简称 PE，这种材料主要用于食物的包装，日常超市里的果蔬包装用的就是这种保鲜膜；

第二种是聚氯乙烯，简称 PVC，这种材料也可以用于食物包装，但它对人体的健康有一定的影响；

第三种是聚偏二氯乙烯，简称 PVDC，主要用于一些熟食、火腿等产品的包装。

从物理角度出发，保鲜膜都有适度的透氧性和透湿性，调节被保鲜品周围的氧气和水分的含量，阻隔灰尘，从而延长食物的保鲜期。因此，不同食物选用不同的保鲜膜是必要的。

2. 掺入渗透法

（1）传统的储藏保鲜方法——醋藏、盐藏、糖藏和烟熏

①醋藏原理。醋藏，就是把食物保藏在醋酸溶液中。醋具有良好的抑菌作用，当保藏液中醋酸浓度达0.2%时，即可阻止微生物生长繁殖；浓度达到0.4%时，就能对各种细菌起到良好的抑制作用；浓度达到0.6%时，就能对各种霉菌发挥优良的抑菌作用，而此时的食物风味、品质最佳。

②高盐高糖腌渍原理。腌渍原理就是利用食盐或食糖溶液产生的高渗透压和降低水分活度的作用，使微生物难以生长繁殖，从而达到储存食物的目的。根据所使用的腌渍液不同，可分为盐腌和糖渍两大类。盐腌是利用食盐来腌制食物，主要用于腊肉、板鸭、咸蛋、咸鱼、火腿及腌酱菜等的制作。糖渍主要利用食糖来腌渍食物，适用于蜜饯、果脯、果酱等。

③发酵腌渍原理。发酵储藏的原理就是促进能形成乙醇和有机酸的微生物生长并进行新陈代谢活动，使其产生乙酸和有机酸来抑制细菌的活动。

乳酸发酵是储存食物的重要措施。乳酸发酵在缺氧条件下进行，发酵时食物中的糖分几乎全部形成乳酸。乳酸菌也会因为酸度过高而死亡，因此乳酸发酵会自动停止。

利用发酵原理可用来制作酸奶、奶酪、泡菜、酸菜、腐乳、醪糟、酒、醋、酱、酱油等。

④烟熏制品原理。烟熏制品能够产生诱人食欲的烟熏气味，还可以防止食物腐败变质，提高食物的保存期，并在食物表面形成特有的烟熏颜色。

烟熏是利用没有完全燃烧的熏材产生的熏烟来熏制食材，使成品获得熏制肉特有的茶褐色和烟熏风味。

烟熏制品因受热其脂肪外渗产生润色作用，并使肉色带有光泽。在烟熏过程中，酚类和羰基化合物等会渗透、蓄积在肉中，有杀菌作用，其杀菌的效果因烟熏方法、微生物的种类、状态及存放的环境不同而不同。同时在烟熏过程中，食材中的水分也在蒸发，食材变得干燥，不利于细菌的繁殖。

（2）添加防腐剂、保鲜剂、抗氧剂

食物化学保鲜的主要作用就是保持或提高食物品质和延长食物保藏期，其优点在于，食物中添加少量的化学制品（如防腐剂、生物代谢产物及抗氧剂等物质）后，能在室温下延缓食物的腐败变质，与其他食物保藏方法（如罐藏、冷冻保藏、干制等）相比，具有简便、经济的特点。一般来说按照化学保藏剂保藏机理的不同，大致可以分为3类，即防腐剂、抗氧剂和保鲜剂。

（二）化学储藏保鲜的常用试剂

1. 防腐剂

（1）防腐剂的概念

食品防腐剂是指天然或合成的，对微生物的生长和繁殖具有抑制作用的化学物质，主要用于加入食品、药品中，以延缓食物因微生物生长或化学变化引起的腐败。

（2）防腐剂的作用机理

防腐剂种类较多，其作用机理也各不相同。一般来说，其作用机理主要有以下几个方面：一是使微生物蛋白质凝固和变性，干扰其生长和繁殖，如山梨酸；二是改变细胞膜和细胞壁的渗透性，微生物体内的酶和代谢物逸出细胞，使细胞失活，如对羟基苯甲酸脂类；三是抑制微生物体内酶的活性，干扰破坏其正常代谢，如苯甲酸；四是对微生物细胞原生质遗传机制产生影响等。

（3）防腐剂的类别

我国目前批准了32种允许使用的食品防腐剂，且都是安全性较高、低毒的品种。只要食品生产厂商所使用的食品防腐剂品种、数量和范围严格控制在国家标准规定的范围之内，就不会

对人体健康造成损害。比如，在市场上所见到的食品通常会添加山梨酸钾、苯甲酸钠等防腐剂，这些应用最广泛的防腐剂被人体摄入后，一般会随着尿液排出体外，并不会在人体内蓄积。

防腐剂据其来源可分为天然和人工合成两大类。人工合成的防腐剂常称为化学防腐剂。化学防腐剂主要包括一些有机酸及其盐类，如：乳酸及其钠盐、苯甲酸及其钠盐、山梨酸及其钾（钠）盐、乙酸、甲酸、磷酸盐、亚硝酸盐和二氧化硫等。

2. 杀菌剂

杀菌剂通常是指天然或化学合成的化学制剂，可以有效地控制或杀死微生物。杀菌剂是防治各类病原微生物的药剂的总称，随着杀菌剂的发展，又区分出杀细菌剂、杀病毒剂、杀藻剂等。

食品中常用的杀菌剂有臭氧、过氧化氢、亚硫酸及其盐、亚硝酸及其盐等。

（1）臭氧

臭氧也称为活性氧，是一种强氧化剂，也是良好的消毒剂和杀菌剂，可使果蔬等食材表皮的气孔变小，减少水分蒸腾和养分消耗；能够分解产生具有较强穿透力的负氧离子，能迅速穿过真菌、细菌等微生物的细胞膜，使其细胞膜受到损伤，继而渗透到膜组织内，使菌体蛋白质变性、酶系统破坏，导致菌体死亡。臭氧还能氧化许多饱和、非饱和的有机物质，破除高分子链、分解内源乙烯，抑制细胞内氧化酶，从而延缓果蔬的成熟和衰老。臭氧对大多数细菌、病毒都有较强的杀灭力，而且食品可直接使用臭氧杀菌，基本不产生污染物；因其使用方便、卫生安全，所以在食品工业中应用范围越来越广。

（2）过氧化氢

过氧化氢也称双氧水，是一种广谱、高效的杀菌剂，对细菌繁殖体、芽孢、真菌、病毒等有高度的杀灭效果，而且过氧化氢分解后为氧气和水，故在果蔬的保鲜储藏上逐步得以应用。

3. 抗氧化剂

抗氧化剂是指能防止或延缓食品成分氧化分解、变质，提高食品稳定性的物质，可以延长食品的储存期。某些食品中因含有大量脂肪，容易氧化酸败，因此，常使用抗氧化剂来延缓或防止油脂及富含脂肪食品的氧化酸败。

抗氧化剂根据其溶解特点可分为水溶性（如异抗坏血酸及其钠盐等）和脂溶性（如BHA、茶多酚等）两类，还可根据其来源分为天然抗氧化剂和合成抗氧化剂。我国现已批准使用的抗氧化剂有二丁基羟基甲苯、丁基羟基茴香醚、特丁基对苯二酚、没食子酸丙酯、植酸、迷迭香提取物、抗坏血酸（又名维生素C）、维生素E、竹叶抗氧化物等。

三、食品添加剂

（一）食品添加剂的类别与作用

1. 食品添加剂概述

（1）食品添加剂的概念

食品添加剂是指用于改善食品品质、延长食品储存期、便于食品加工和增加食品营养成分的一类化学合成或天然形成的物质。

（2）食品添加剂的种类

目前我国食品添加剂有23个类别，2 000多个品种，包括防腐剂、甜味剂、酸度调节剂、抗结剂、消泡剂、抗氧化剂、漂白剂、膨松剂、着色剂、护色剂、酶制剂、增味剂、营养强化剂、增稠剂等。

（3）食品添加剂的使用原则

食品添加剂使用的基本原则：一是不应危害人体健康；二是不应用于掩盖食品的腐败变质；三是

不应掩盖食品本身或加工过程中的质量缺陷，或以掺假、掺杂、伪造为目的而使用食品添加剂；四是不应降低食品本身的营养价值；五是在达到预期效果的前提下，尽可能降低在食品中的使用量。

在下列情况下可使用食品添加剂：保持或提高食品本身的营养价值；作为某些特殊膳食食品的必要成分或配料；提高食品的质量和稳定性，改进其感官特性；便于食品的生产、加工、包装、运输或者储藏。

2. 常见食品添加剂

（1）膨松剂

膨松剂又称为膨胀剂、疏松剂，是促使菜肴、面点膨胀、疏松或柔软、酥脆适口的一种添加剂。膨松剂一般是在食品加热前掺入食品中，原理是食品加热后，膨松剂受热分解产生气体，使原料起发，在食品的内部形成均匀致密的多孔性组织，使食品具有酥脆或膨松的特点。膨松剂通常可分为碱性膨松剂、复合膨松剂和生物膨松剂。

①碱性膨松剂。碱性膨松剂又称为化学膨松剂，是呈碱性的一类膨松剂，主要包括碳酸氢钠、碳酸氢铵和碳酸钠等。

【碳酸氢钠】

碳酸氢钠又名小苏打，加热到30~150 ℃即分解产生二氧化碳，从而使食品疏松。碳酸氢钠对蛋白质有一定的腐蚀作用，使老韧的肉质纤维吸水膨胀，提高含水量而形成质嫩的口感，所以适宜用来腌制老韧的肉类食品，如腌制牛肉等，但会破坏食品中的营养物质。一般腌肉用量为1 kg 食材添加10~15 g 碳酸氢钠。

【碳酸氢铵】

碳酸氢铵俗称臭粉，有氨臭味，其水溶液在70 ℃时分解出氨和二氧化碳，有促进食品膨松柔嫩的作用。在烹饪中主要用于面点的制作，也可用于部分菜肴。但会使糕点表面出现气孔，色泽较差，同时碳酸氢铵有少量残余，影响食品的风味，所以常和碳酸氢钠同时使用。

【碳酸钠】

碳酸钠又称为纯碱、食用碱等，为白色粉末或细粒。在烹饪中广泛用于面团发酵，起酸碱中和作用，可使面团增加弹性和延伸性，还可用于鱿鱼、墨鱼等干制食材的涨发。

②复合膨松剂。复合膨松剂是含有两种或两种以上起膨松作用的膨松剂，常用的有发酵粉和明矾。

【发酵粉】

发酵粉又称为焙粉，是由碱性剂、酸性剂和填充剂配制而成的一种复合化学膨松剂。发酵粉在烹饪中主要用于面点制作，如制作馒头、包子和糕点。

【明矾】

明矾多与碳酸氢钠配合使用，作为油条等油炸食品的膨松剂，可使食品膨松酥脆，但明矾用量过多会使食品带有苦涩味。

③生物膨松剂。生物膨松剂是指含有酵母菌等发酵微生物的膨松剂，可使面团内的葡萄糖分解成酒精和二氧化碳气体，从而达到膨松的目的。

【压榨酵母】

压榨酵母又称为面包酵母、新鲜酵母。先将纯酵母菌进行培养，然后再离心，最后压成块状，就能制成成品。按含水量分为鲜、干两种。压榨酵母不易产生酸味，使用时先用温水将酵母化开成酵母液，然后和入面团。

【老酵母】

老酵母又称为老面、发面，是将含酵母菌的面团发展成为一种带有酸性、含乙醇和二氧化碳的酵母面团。老酵母多用于民间家庭，用于各类发酵面点的制作，但由于含有大量的杂菌，在发酵的同时有产酸的过程，所以需加入少量的碱中和酸味。

(2) 甜味剂

甜味剂是指赋予食品以甜味的食品添加剂。

目前甜味剂种类较多，按其来源可分为天然甜味剂和人工合成甜味剂。理想的甜味剂应具有以下特点：安全性好、味觉良好、稳定性好、水溶性好、价格低廉。

①糖精钠。糖精钠是世界各国广泛使用的人工合成甜味剂，价格低廉，甜度大，其甜度相当于蔗糖的300~500倍，但缺点是使用量超标时有金属苦味。一般认为糖精钠在体内不被分解，不被利用，大部分从尿排出而不损害肾功能。我国规定，糖精钠的使用范围有冷冻饮品、芒果干、无花果干、果酱、复合调味料、配制酒等多种食品。

②阿斯巴甜。阿斯巴甜的甜度是蔗糖的100~200倍，味感接近于蔗糖，食用后在体内分解成相应的氨基酸，对血糖没有影响，也不会造成龋齿。我国规定，阿斯巴甜可广泛用于调制乳等乳制品、果酱、糕点、饮料、果冻、膨化食品等多种食品。

③糖醇类甜味剂。糖醇类甜味剂多由人工合成，糖醇类的甜度比蔗糖低。目前应用较多的是木糖醇、山梨糖醇和麦芽糖醇。

④安赛蜜。安赛蜜是一种新型高强度甜味剂，其口味酷似蔗糖，甜度为蔗糖的200倍。安赛蜜性质稳定、口感清爽、风味良好，无不良后味。安赛蜜与阿斯巴甜1∶1合用，有明显的增效作用，与其他甜味剂混合使用时能够增加30%~100%甜度。我国规定，安赛蜜可用于风味发酵乳和以乳为主要配料的即食风味食品，或其预制产品、糖果、水果罐头、杂粮罐头、饮料类、焙烤食品、调味品、果冻等食品中。

由于人工合成甜味剂产生的热量较少，对肥胖、高血压、糖尿病、龋齿等患者有益，加之又具有高效、经济等优点，因此在食品特别是软饮料工业中被广泛应用。

(3) 酸度调节剂

酸度调节剂是指用以维持或改变食品酸碱度的物质，改善食品的感官性状，增加食欲并具有防腐和促进体内钙、磷消化吸收的作用。

酸度调节剂包括多种有机酸及其盐类，有机酸大多存在于各种天然食品中，由于各种有机酸及盐类均能参与体内代谢，所以它们的毒性很低。我国现已批准使用的酸度调节剂有35种，其中柠檬酸、乳酸、酒石酸、苹果酸、枸橼酸钠、柠檬酸钾等均可按正常需要用于食品，碳酸钠、碳酸钾可以添加于面制食品中，醋酸及磷酸可以添加于复合调味品及罐头中，偏酒石酸可用于水果罐头中。

(4) 增味剂

增味剂是指可补充或增强食品原有风味的物质。增味剂可能本身并没有鲜味，但却能增加食物的天然鲜味。

增味剂可分为氨基酸系列、核苷酸系列。我国允许使用的增味剂有氨基乙酸（又名甘氨酸）、L-丙氨酸、辣椒油树脂、琥珀酸二钠和谷氨酸钠等，而糖精钠既是甜味剂，又是增味剂。

①谷氨酸钠。谷氨酸钠是味精的主要成分，属于氨基酸类增味剂，易溶于水，对光稳定，在碱性条件下加热发生消旋作用，呈味力降低。谷氨酸钠属于低毒物质，不需要特殊规定。

②核苷酸系列增味剂。核苷酸广泛存在于各种食品中，例如鱼、畜、禽类等食品含有大量肌苷酸，而香菇等菌类则含有大量鸟苷酸。核苷酸不但独有一种鲜味，而且增强风味的能力也较强，尤其是对肉特有的味道有显著影响，所以将其用于肉酱、肉饼、肉罐头、鱼酱等加工食品，其增味效率是味精的10倍。我国将5′-呈味核苷酸二钠、5′-肌苷酸二钠、5′-鸟苷酸二钠列入"可在各类食品中按生产需要适量使用的食品添加剂"名单。

(二) 食品添加剂的认识误区

现在很多人在选购食品时热衷于"零添加""纯天然"的产品，认为这样才对人体无害，但事实上,并非零添加剂的食品就是最好的,有时候零添加不一定就更安全、更健康。

以食品防腐剂来说,一些高蛋白食品的保存需要用到它,防腐剂可防止食品腐败变质,延长食品保鲜期、储存期。食品如果不使用防腐剂,危害会更大,不仅会因腐败造成大量的损失,还会因微生物大量繁殖造成食源性疾病。一些标注"不含防腐剂"的食品往往会通过添加较多的盐、糖来实现较长时间的保存,进食这些高盐、高糖的食物无疑会使高血压的患病概率增大,还容易引发肥胖,诱发糖尿病。

三聚氰胺奶粉、苏丹红鸭蛋、塑化剂、毒胶囊等事件让人们闻"食品添加剂"而色变,很多人感叹"现在不知道能吃啥"。其实,很多人以为加入了食品添加剂食品就不安全了,这是误解。如果没有食品添加剂,就没有现代化的食品加工企业。我国至今发生的食品安全事件,并非都是由食品添加剂引起的,而是不良商家在食品里加入了"非食品添加剂",让食品添加剂背了黑锅。

我国公布的非食品添加剂名单中有吊白块、苏丹红、瘦肉精、王金黄、三聚氰胺、美术绿、碱性嫩黄、工业用甲醛、工业用火碱、一氧化碳、硫化钠、工业硫磺、罂粟壳等。

一、单选题

1. 下列不属于我国四大家鱼的是(　　)。
   A. 鲤鱼　　　　B. 草鱼　　　　C. 鲢鱼　　　　D. 鳙鱼
2. 下列不属于我国四大经济鱼类的是(　　)。
   A. 大黄花鱼　　B. 小黄花鱼　　C. 带鱼　　　　D. 比目鱼
3. 下列属于溯河性鱼类的是(　　)。
   A. 蓝点马鲛鱼　B. 石斑鱼　　　C. 大麻哈鱼　　D. 鲶鱼
4. 有促进伤口愈合功能的畜禽肉是(　　)。
   A. 猪肉　　　　B. 牛肉　　　　C. 鱼肉　　　　D. 鸽肉
5. 新鲜的鸡胸肉颜色为(　　),新鲜的猪脂肪颜色为(　　)。
   A. 白色;黄色　B. 白色;白色　C. 红色;白色　D. 黄绿色;白色
6. 动物性食品在冷却储存情况下常用的储存温度是(　　)。
   A. 0~4 ℃　　　B. 4~10 ℃　　　C. 10~15 ℃　　D. 15~20 ℃
7. 下列哪项植物性食品可以冷冻储存(　　)。
   A. 四季豆　　　B. 香菜　　　　C. 韭菜　　　　D. 芹菜
8. 下列物质不属于甜味剂的是(　　)。
   A. 苯甲酸　　　B. 糖精钠　　　C. 阿斯巴甜　　D. 安赛蜜
9. 味精的主要成分和呈味物质是(　　)。
   A. 碳酸氢钠　　B. 碳酸钙　　　C. 谷氨酸钠　　D. 鸟苷酸
10. 下列物质属于抗氧化剂的是(　　)。
    A. 琥珀酸二钠　B. 邻苯酚钠　　C. 抗坏血酸　　D. 酒石酸
11. 目前我国食品添加剂有(　　)个类别。
    A. 21　　　　　B. 22　　　　　C. 23　　　　　D. 25

二、多选题

1. 为保证冷冻食品的品质,较好的解冻方法是(　　)。

A. 用温度较低的水流缓慢解冻　　　　　B. 微波炉解冻
C. 沸水中解冻　　　　　　　　　　　　D. 在空气中放置缓慢解冻
2. 下列属于市面上常见的保鲜膜品种的是（　　）。
A. PVDC　　　　B. PDVC　　　　C. PE　　　　D. PVC
3. 食品添加剂的功能主要有（　　）。
A. 改善食品品质　　　　　　　　　　　B. 延长食品储存期
C. 增加食品营养成分　　　　　　　　　D. 便于食品加工
4. 关于碳酸氢钠的描述正确的是（　　）。
A. 碳酸氢钠加热可产生二氧化碳　　　　B. 碳酸氢钠对蛋白质有腐蚀作用
C. 可以使食品变得疏松　　　　　　　　D. 会破坏食物中的营养物质

三、名词解释

1. 畜禽类食材
2. 野生动物
3. 调料
4. 保鲜
5. 食品防腐剂
6. 食品添加剂
7. 膨松剂
8. 酸度调节剂

四、简答题

1. 叶菜类又分为哪几种？每个品种再列举出3个常见叶菜类蔬菜的名称。
2. 简要说明畜禽类食品的主要卫生问题有哪些。
3. 请列举鱼类食品的主要卫生问题有哪些。
4. 请简述食品添加剂使用的基本要求。
5. 请简述辐照食品保鲜的优点。

项目二　烹饪前处理

【项目介绍】

烹饪前处理是指食材的清洗、宰杀、涨发、切配，以及食材的保护性加工和初熟等处理。烹饪前处理是为食材能呈现各种优美造型和良好口感而做的准备和铺垫。运用好各种烹饪前处理技术有助于食材的保水、保色、保营养，使食材达到最佳的烹饪效果。

烹饪前处理

【学习目标】

1. 了解食材的摘洗方法。
2. 熟悉如何在烹饪前处理过程中保护食材的营养素。
3. 掌握食材的上浆、挂糊等方法。
4. 让学生运用所学知识，可以根据菜肴的制作要求和原料特性，灵活、合理选择相应的初步熟处理的方式。

任务一　了解食材清洗

各种畜禽类、水产类、果蔬、干制品一般都不能直接烹制，要经过清洗等加工程序，才能确保食品的安全卫生，因此食材清洗是一个重要的工序，同时也是一项集知识性、经验性于一体的工作。

一、植物类食材的摘洗

在摘洗过程中要根据食材种类和菜肴的具体要求，采用不同的方法，合理地进行摘洗。

（一）果蔬类食材的摘洗

1. 新鲜果蔬食材摘洗的基本要求与方法

（1）新鲜果蔬摘洗的基本要求

①熟悉果蔬的基本特性。新鲜果蔬因可食用的部位不同而质地各异，在摘洗新鲜果蔬时应熟悉其质地，合理摘洗，从而获取卫生安全的食材，同时又不损失食材营养。

②根据烹调菜肴的要求，选取食材相应的部位，使之达到烹制菜肴的需求。

③清除虫卵、杂物。新鲜果蔬一般都夹杂着污物、杂质及虫卵等，应采取合理的加工方法予以去除，将其冲洗干净，以确保食材符合饮食卫生的要求。

④先洗后切。新鲜果蔬的加工宜先洗后切，目的在于防止新鲜果蔬在刀口处流失过多的营

养成分，也防止细菌污物的侵蚀。

（2）新鲜果蔬摘洗的方法

因新鲜果蔬的品种、产地、上市期、食用部位和食用方法不同，故摘洗加工方法各异。

①叶菜类蔬菜的摘洗。第一步：摘剔。在加工叶菜类蔬菜时，应将枯黄老叶、老根、老帮、杂物等不可食用的部分摘除，并清除泥沙等固态污物。第二步：洗涤。叶菜类蔬菜一般都采用冷水洗涤，也可根据具体情况而采用盐水或高锰酸钾溶液洗涤。将经过摘剔整理的蔬菜放入冷水中稍浸泡，洗去叶面上的泥沙等污物，再反复清洗干净、沥水、理顺即可。

夏秋季节上市的蔬菜叶面、菜梗和叶片间的虫卵较多，用冷水一般不易清洗掉，放入适当浓度的盐水中浸泡，则可使虫卵的吸盘收缩脱落，便于清洗干净。洗涤方法是将加工整理摘剔的叶菜类蔬菜先放入2%的盐水中浸泡5 min，再用冷水反复洗净。

②根茎类蔬菜的摘洗。不同根茎类蔬菜的摘洗方法亦不同。

冬笋、茭白等带毛壳和皮的食材。先将毛壳去掉、削去根须，再用刮皮刀削去表皮，然后再洗涤干净。

莴苣、土豆、山药等带皮的食材。用刀削去外皮，用清水洗净，浸泡在凉水中备用。

注意：根茎类的蔬菜大多含有鞣酸（单宁酸），所以在去皮后应立即置于冷水中浸泡，或去皮洗净后立即使用，防止褐变。

③花菜类蔬菜的摘洗。将花菜类蔬菜去蒂和花柄，留花朵，清洗时将花朵用冷水洗净即可。黄花菜在处理时还要注意要将花蕊去除。

④瓜类蔬菜的摘洗。冬瓜、南瓜等可去除外皮，由中间切开，挖去种瓤，然后洗净。南瓜嫩时清水洗净外皮即可，老南瓜时洗净后可将外皮去掉，再用清水洗净。

⑤茄果类蔬菜的摘洗。番茄，先洗净表皮，再用开水略烫后，剥去外皮。茄子，去蒂并削去硬皮，洗净即可。辣椒，去蒂、籽瓤后洗净。

⑥豆类蔬菜的摘洗。食用荚果的豆类蔬菜，应先掐去蒂和顶尖，撕去两边的筋，然后清洗沥水，如荷兰豆、扁豆等。食用种子的豆类蔬菜，应剥去外壳取出籽粒，冲洗干净，如豌豆等。

2. 果蔬食材去除农残的方法

随着人们对于水果、蔬菜需求量的日益增长，果蔬中的农药残留问题引起人们的关注，特别是现代物流的快捷以及低温冷链运输的发展，虽然便于果蔬的保存，但却不利于农药残留的降解。日常除了市场监管部门对果蔬中农药残留的监测之外，人们应注意在食用前进行恰当的操作以去除部分农残。

一般夏季害虫比较活跃，夏季果蔬农药残留会较高，而从市场上抽检的结果看：韭菜、菠菜、芹菜、豇豆等叶类蔬菜、豆类蔬菜农药残留检出率较高；检出农残较多的水果，常见的有苹果、葡萄、草莓等。

（1）果蔬农药残留的种类

按农药的性质可分为：有机磷农药、有机氯农药、氨基甲酸酯类农药、拟除虫菊酯类农药等；按酸碱性可分为：酸性农药、碱性农药、中性农药；按溶解性可分为：水溶性农药、脂溶性农药等；按农药的作用可分为：杀虫剂、杀螨剂、杀菌剂、除草剂等。

（2）清洗的原理

物理方法：通过冲洗，增加摩擦力和物理接触对农药进行洗脱；

化学方法：通过酸碱中和反应，分解后溶解洗脱；

生物降解法：日光照射、放置储藏。

(3) 家庭常用去除果蔬农药残留的方法

①浸泡水洗法：水洗能除去局部果蔬农残，是清除果蔬污物和去除农药的基础方法。一般先用清水洗掉外表污物，然后用清水浸泡 5~15 min，最后再用清水冲洗 3~5 遍。

使用果蔬清洗剂可增加农药的溶出，浸泡时可加入适量果蔬清洗剂。浸泡后再要用流水冲洗几遍。适用于各类叶类蔬菜，如菠菜、韭菜、生菜、香菜、白菜等。

②碱水浸泡清洗法：我国使用的农药主要是有机磷农药，大部分有机磷农药在遇到碱后，都会慢慢分解、失效，所以用碱水浸泡是去除农药残留的有效措施。

可先将果蔬外表污物洗干净，浸泡到小苏打水中（一般 500 mL 水中加入小苏打 5~10 g）15 min 左右，然后用清水冲洗 3~5 遍。适用于各类果蔬。

③开水漂烫清洗法：部分蔬菜上残留的农药可以通过加热的方法使其失效，把蔬菜放在开水中焯 30 s~3 min，然后再清洗干净，蔬菜上面的大部分农药也会失去效应。适用于菠菜、生菜、香菜、甘蓝、芹菜等蔬菜。

④淘米水浸泡清洗法：淘米水可以用来清洗蔬菜，因为淘米水呈弱碱性，而蔬菜上面残留的农药在遇到碱性的淘米水后，会慢慢分解、失效。

⑤盐水清洗法：使用 2% 的淡盐水清洗蔬菜不仅可以去除局部农药，而且可以除去肉眼难以发现的虫或虫卵。适用于大白菜、卷心菜、油菜等蔬菜，将蔬菜叶片放入盐水中浸泡 5 min，再将叶片捞出后清洗几遍即可。

⑥小苏打、面粉去除法：对于葡萄、樱桃、车厘子等水果，先将水果外表污物冲洗干净，在小苏打碱水中再加入一些面粉，提高水的黏稠度，浸泡 15 min 左右，然后用清水冲洗 3~5 遍，对清除残存农药、微生物、污物、杂质等非常有效。

⑦去皮法：果蔬外表农药量相对较多，所以削皮是一种较好的、简单实用的去除残留农药方法，这样果蔬表面残存的农药和虫卵就会被基本清除。适用于苹果、梨、桃、猕猴桃、黄瓜、丝瓜、冬瓜、南瓜、西葫芦、茄子、胡萝卜、土豆等。

⑧晾晒法：对于方便储藏、储藏期较长的蔬菜，可先放置几天再食用。适用于白菜、卷心菜等。

(4) 清洗时的注意事项

①清洗前尽量不要破坏其结构。这样可以有效避免农药在清洗时进入果蔬组织内部。如手撕卷心菜，应先清洗叶片，清洗干净后再撕成小片。

②合理控制浸泡时间。清洗浸泡时间不是越长越好。研究表明，浸泡时间在 5~15 min 时对各种农药去除率较高，浸泡时间过长会导致农药又重新吸附到果蔬上。

③清洗时不同类别的果蔬尽量分开。果蔬农药大多残留在外表，在清洗的时候要注意不同类别分开。如将荔枝与草莓一起清洗，可能产生交叉污染。还要注意已经去皮的和没有去皮的果蔬不要混放。

(二) 粮食类食材的清洗

1. 稻米的清洗

在自然环境中生长的水稻能够富集砷，所以我们日常食用的大米中常含有砷。但如果大米符合安全标准，其实不用太担心砷的危害，简单淘洗 2~3 遍即可。浸泡可除砷，通过浸泡的方式可进一步降低风险。把大米浸泡在 5 倍体积的水中一夜，然后冲洗，可以减少 80% 以上的砷。浸泡也会去除大米中的一些淀粉，但不会造成叶酸、铁、烟酸和硫胺素等营养素的损失，但在随后的清洗过程中，不要用手大力揉搓大米，否则会造成上述营养素的流失。

2. 豆类的清洗

豆类食材四步清洗法：除杂、过滤、浸泡、温煮。

清洗豆类食材，主要是为了去除杂质。首先把豆类食材放在较扁平的容器里，挑出隐藏其中的坏豆以及小石子、碎叶等杂物，然后把豆类食材用冷水漂洗。如果是干豆，还需要用温水浸泡，必要时要进行温煮，若直接烹制，干豆会很难熟透。

二、动物类食材的宰洗

(一) 新鲜水产食材的宰洗

水产品在烹饪之前，一般都须经过宰杀、刮鳞、去鳃、取内脏、洗涤等加工过程。但这些过程还必须根据不同的品种和具体的用途而定，水产品的宰洗基本要求有：

一是熟悉食材的组织结构。水产品的品种繁多，形状、品质各异，操作者应熟悉其组织结构，以便加工整理。

二是要除尽污秽、杂质。水产品在宰杀时，应按照卫生要求，保证加工食材的卫生质量。宰杀时，鱼鳞、内脏、鱼鳃、硬壳、砂粒、黏液等杂物必须去净。

三是根据用途和品种进行加工，水产品的品种和用途不同，宰杀的方法也不相同。如大多数的鱼都要进行刮鳞处理，但某些鱼类不需要去鳞。

四是合理使用食材。水产品在宰杀时，应按用途和成菜的要求，合理地使用食材的各个部位，尽可能防止浪费。如鲢鱼头可烹制，不应废弃，可用于制作"砂锅鱼头"；制作"红烧鱼尾"时，可选用青鱼的尾巴；形体较大的鱼可充分利用其中段出肉，加工成块、片、条、丝、茸等。

1. 鱼类食材的宰杀与清洗

鱼类食材的宰杀与清洗的步骤一般是：

第一步：击昏。一般采用的是将鱼摔打或用钝器敲打鱼的头部，将其击昏后再进行下一步操作。

鲫鱼的宰杀与清洗

第二步：刮鳞。将鱼表面的鳞片刮净，刮鳞时不能顺刮，要逆刮。有的鱼不需要去鳞，如带鱼、鲅鱼、小黄花鱼、鲥鱼、鲶鱼等，处理时只需把鱼体表面洗净即可。

第三步：去鳃。鱼鳃质地较硬，且夹带着污物，无食用价值，可用手、小勺或剪刀等将鱼鳃除去。

第四步：取内脏。应根据鱼的品种、大小和成菜的要求而定。一般可分为两种：一种是将鱼的腹部用刀划开取出内脏，此法主要适用于形体较大和出肉用鱼类的加工；另一种是从鱼的口腔中将内脏取出，方法是先在鱼的腹鳍与肛门之间剖开一刀口，将鱼肠割断，然后用两根筷子由口腔插入，夹住鱼鳃用力搅动，顺势将鱼鳃和脏器一同搅出，此法主要适用于形体较小且需保持完整鱼形的菜肴。

第五步：去腥腺。腥腺位于鱼体两侧的中间位置，腥腺不去掉会导致鱼腥味过重，影响食材的质量。去腥腺的方法是在鱼鳃下 2 cm 左右的地方剞一刀，再在离鱼尾 3 cm 左右的地方剞一刀，在鱼鳃下方的刀口处找到白色的点，并用左手轻轻揪住，右手拍打鱼体，用力均匀并缓慢地把腥腺从鱼体内揪出，鱼体另一面的腥腺也用此法处理。

第六步：清洗。清洗时重点清洗鱼体表面、鱼鳃部位和腹腔。鱼的腹腔血污较多，且一般池塘人工饲养的鱼类腹腔内附着一层黑膜，应将其清除干净，并用冷水将腹腔洗净。

2. 甲壳类食材的宰杀与清洗

（1）虾类的宰杀与清洗

用剪刀剪去额剑、触角、步足，挑出头部的沙袋和脊背的虾线，然后洗净即可；也可根据制作菜肴的要求，将虾壳全部剥去，留虾肉；或将虾头去除，留虾尾。

虾类的处理

(2) 蟹类的清洗

蟹类清洗加工方法一般是将附着在其体表及螯足（毛钳）上的绒毛和残留污物用软毛刷刷洗干净即可。

3. 软体动物类食材的宰杀与清洗

水产品中贝类的品种很多，主要有海螺、蛏子、鲍鱼、蛤蜊等，一般加工步骤为刷洗去泥、水养吐泥沙和洗涤。

蛤蜊的清洗加工工艺：将蛤蜊放入清水盆内，用细毛刷刷净泥沙，冲洗干净后静置于淡盐水（1 L 清水放 5 g 盐）中，使其吐出泥沙，最后用水冲洗干净即可。

蛤类原料的出肉有熟出与生出两种。熟出是将蛤类洗净后，放入开水锅内煮沸，待蛤类张口后即捞出，然后将肉剥出。生出是将大的蛤类用刀剖开，将肉取出；也可将蛤类洗净静养，待蛤类张口时即用刀将壳撬开，取出蛤肉。

海螺和田螺的出肉加工也有生出和熟出两种。生出是将外壳砸碎取出螺肉，揭去硬盖，摘去尾部，加盐、醋搓去黏液，洗净黑膜，生出螺肉适用于爆、炒、汆等方法。熟出是先将海螺或田螺放入冷水锅煮熟后，用牙签挑出螺肉，再除去尾部、洗净，熟出的螺肉适用于红烧、制馅等。

鲜鲍鱼的出肉较为简单。先用薄刀刃紧贴壳里层，将肉与壳分离，然后将肠等污物洗净即可。

4. 鳖的宰杀与清洗

鳖，常见的是中华鳖，又名甲鱼、王八。鳖肉可食用，且营养价值高，是一种高蛋白、低脂肪、味道鲜美、含有多种维生素和微量元素的滋补珍品，也是食疗、药膳的常用原料。鳖肉肉质细嫩，常用烧、炖、焖等方法成菜。

目前市场上的商品鳖主要以人工养殖为主。在不同的环境中生长的鳖，其肉味品质各有差异。一般背甲与裙边呈青绿色，表面润滑有光泽，特别是腹甲呈金属色、四肢基部呈黄色者为佳。

鳖的宰杀步骤：宰杀→烫皮→开壳→取内脏→洗涤。

先将鳖腹面朝下放在菜墩上，用刀在鳖的头与壳之间平刀片入其壳下 2/3 处，放尽血后，掀起背盖，去内脏，放入 70~80 ℃的热水中，烫泡 2~3 min 取出，洗净血污，搓去甲鱼周身的脂皮。将鳖的爪尖剁下，用清水将甲鱼肉洗干净。鳖的血和胆分别用白酒浸泡保留，肝、肠洗净备用。

（二）畜禽类食材的宰洗

1. 家禽宰杀与煺毛技术

家禽的宰杀加工比较复杂，加工处理的方法会直接影响菜肴成品的质量。

（1）家禽宰杀加工的基本要求

用于烹制菜肴的家禽主要有鸡、鸭、鹅、鸽等，其宰杀加工的要求如下：

①宰杀家禽时，血管、气管必须割断，血要放尽。如果血未放尽，会影响成菜的质量。

②煺毛时应控制好水的温度和烫泡的时间。根据家禽的品种、老嫩和季节的变化来灵活控制水的温度和烫泡时间。

③应符合卫生要求，防止交叉污染。加工禽类时应防止细菌、微生物的侵蚀，要分类加工，防止交叉污染。加工处理内脏时不要弄破胆囊，以免污染其肉质。洗涤禽类时必须用冷水冲洗干净，特别是禽类的腹腔必须反复冲洗，直至血污冲净为止。

④要注意节约，做到物尽其用。家禽的各部位在宰杀加工时不要随意丢弃，应充分合理地使用。

（2）家禽宰杀的步骤

第一步：宰杀。宰杀家禽的方法有放血宰杀和窒息宰杀两种方法。放血宰杀即用刀割断家禽血管、气管,随后倒置放尽血。现以鸡为例介绍宰杀方法:宰杀时左手握住一对鸡翅,小拇指勾住鸡的右腿。用拇指和食指捏住鸡颈皮并向后收紧,使手指捏到鸡颈骨的后面。在下刀处拔净颈部鸡毛,然后用刀割断气管和血管,随后将鸡身下倾倒置,放尽血液,使血液流入准备好的盛器内(盛器内放少许盐)。待血全部流尽后,用筷子将鸡血和盐水调匀。鸽子、鹌鹑在宰杀时不需要放血,一般采用窒息宰杀,窒息宰杀是将禽类闷死或用水呛淹致死。

第二步:浸烫、煺毛。家禽宰杀后即可浸烫、煺毛。这个步骤须在家禽停止挣扎,完全死亡而体温尚未完全冷却时进行。过早则会因家禽肌肉痉挛、皮紧缩而不易煺毛;过晚则家禽肌体僵硬,羽毛也不易煺净。浸烫、煺毛时水的温度要根据家禽的老嫩和季节的变化而定。大而老的家禽宜用 80~90 ℃的水温;小而嫩的家禽宜用 60~80 ℃的水温。浸烫时间以 3 min 左右为宜。浸烫后,要趁热将羽毛煺净,以煺净绒毛而不使家禽表皮破损为宜。

第三步:开膛取内脏。开膛取内脏的方法,可视家禽肉的用途和烹制的要求而定。常用的开膛取内脏有三种方法:腹开法、背开法和肋开法。

【腹开法】

先在家禽颈右侧的脊椎骨处开一刀口,取出嗉囊,再在胸骨以下的软腹处(肛门与肚皮之间)开一条 5~6 cm 长的刀口,由此处轻轻拉出内脏,洗净腹内血污,并将家禽内外冲洗干净即可。这种方法应用广泛,适用于一般的烹制方法。

【背开法】

在家禽的脊背处,沿背骨从尾至颈部剖开,取出内脏,用清水洗净腹中血污。背开法适用于整禽上席的菜肴,如"清蒸鸡""红扒鸡"等。一般用整只家禽制作的菜品,装盘时腹部朝上,可使成品上席后看不见刀口,使菜肴的外观显得丰满、美观。

【肋开法】

在家禽的右肋(翅腋)下开一刀口,然后从刀口处将内脏取出,同时取出嗉囊,将家禽冲洗干净即可。肋开法主要适用于"烤鸡""烤鸭"的制作,使家禽在烤制时不会漏油,成菜后的口味更加鲜美。

无论采用哪一种方法,操作时均应注意不要弄破家禽的胆囊。

第四步:洗涤、整理内脏。禽类的内脏除嗉囊、气管、食管和胆囊外,其他均可食用。洗涤整理的方法如下:

【肫】

先割去前段食肠,再从侧面将肫剖开,除去污物,再剥掉内壁的黄皮,冲洗干净即可。

【肝】

取出肝脏后,摘去附着在肝上的苦胆,用水轻轻漂洗干净即可。

【肠】

先洗去肠内污物,再用剪刀顺肠剖开并冲洗。用刀轻轻刮去依附在肠壁上的附着物,用盐、醋搓洗去肠壁上的污物、黏液。最后反复用清水冲洗干净,用开水略烫即可。

【血】

将已凝结的血块,放入沸水锅中煮熟后取出即可。煮时须注意火候,煮的时间过长,会使血块起孔,影响其质量。

2. 家畜肉清洗技术

(1)猪肉的清洗

清洗猪肉时如果简单地用流水进行冲洗,只是洗净了肉表面的一些污物,正确的洗肉方法是将肉和温淘米水(水温不可太低,温度太低猪肉表面的油脂容易凝固)一起放入容器中,浸泡 10 min 再用清水洗净。

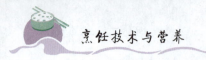

（2）牛肉的清洗

将牛肉放进40℃左右的温水中，水中放一勺盐、一勺碱面、一勺醋，浸泡5 min，然后用手揉洗，揉洗完后再用清水冲洗几遍，就可以把牛肉洗净，这样洗过的牛肉在炖煮过程中容易软烂。

（3）排骨的清洗

排骨清洗时应用水冲洗几遍，然后再放入沸水中焯2~3 min，撇去浮沫，捞出后再用凉水洗净即可。

3）家畜内脏及四肢清洗方法

家畜内脏和四肢泛指家畜的心、肝、肺、肚、肾、肠、头、蹄、尾等组织器官。由于这些食材带有较多的黏液、污物及油脂和脏腑异味，故在清洗加工时应选用恰当的方法进行加工处理，方能达到制作菜肴的要求。

常用家畜内脏及四肢的清洗加工方法有里外翻洗法、盐醋搓洗法、刮剥洗涤法、清水漂洗法和灌水冲洗法等。

（1）里外翻洗法

主要适用于家畜的肠、肚等内脏的洗涤加工，因为其里外均带有较多的黏液、油脂和污物，所以将外面洗净后，再将其翻转过来洗里面，将里外洗涤干净。

（2）盐醋搓洗法

主要适用于洗涤油腻且黏液较多的肠、肚等内脏。先将内脏的污物、油脂去掉，放入盆内加盐搓揉去除黏液，再加醋搓揉，除去异味，再用清水冲洗。

（3）刮剥洗涤法

主要用于去掉原料表皮上的污垢、残毛和硬壳。如猪爪的加工，须刮去爪间的污垢，拔净余毛，去壳，再入沸水中烫泡，洗刮干净。猪舌、牛舌一般先用开水焯一下，然后放入凉水中浸透，再刮去舌苔，清水洗净即可。

（4）清水漂洗法

主要适用于洗涤质嫩且易碎的原料，如家畜的脑、肝、脊髓等。此法是将原料置于清水中轻轻漂洗干净即可。

（5）灌水冲洗法

主要适用于洗涤家畜的肺和肠等内脏。家畜肺的洗涤方法有两种：

①将家畜肺的大小气管和食管剪开，用清水反复冲洗干净，再置于沸水锅中去其血污，捞出后冲洗干净。

②将家畜肺的气管套在水龙头上，冲洗数遍，直到血污冲净，肺叶呈白色，再置于沸水锅中余烫，捞出后冲洗干净。

（三）干制、烟熏动物类食材的清洗

1. 淡菜干（贻贝干）的清洗方法

将淡菜干用清水洗净，放在热水中浸泡1~2 h至涨发，摘去其中心带毛的黑色肠胃，在清水中再冲洗一遍。淡菜干的腮（小绒毛）腥气大而且有较多细小沙砾，应剥掉，这也是淡菜干清洗的主要工序之一。将淡菜干处理好之后，用清水洗净，就可以待用了。

2. 烟熏腊肉的清洗方法

第一步：先刷尘。烟熏腊肉是用熏柴熏制的，且晾晒时间长，因此腊肉上会沾有灰尘，应先用干净的刷子刷去表面灰尘。

第二步：火烤皮。将烟熏腊肉放在火上或用喷枪烤，注意只烤带肉皮的那一面，烤至腊肉的肉皮发黑且开始冒油即可。

第三步：刮肉皮。用刀刮净腊肉皮上的污物和烤煳的肉皮。

第四步：热水浸泡。放入稍微加热的淘米水中浸泡20 min。淘米水含有淀粉，可以吸取一部分油脂。淘米水不用烧开，加热至50 ℃即可。

第五步：刮洗。浸泡结束后再用刀刮净肉皮上残余污物，再把腊肉用清水冲洗干净，反复清洗几次。

第六步：水煮。把腊肉切块，放开水中煮20~30 min。煮过的腊肉变得干净了，烟熏味和咸味也减轻了很多，捞出放凉后备用。

三、干制类食材的涨发

鲜活的动植物性食材，为了便于储存和运输，采用晒干、风干、烘干、腌制等工序，使其脱水而成为干制类食材。干制类食材与鲜活食材相比，质地干、硬、老、韧，在烹制前必须经过一定的加工处理，使之重新吸收水分，恢复其原来的松软状态的过程，这个过程称为干制类食材的涨发。

（一）干制类食材涨发的目的和要求

干制类食材的涨发在烹饪中应用广泛，涨发效果可直接影响食材的烹制和菜品的质量，所以这一环节在菜肴制作中意义重大。

1）干制类食材涨发的目的

干制食材的涨发就是使之重新吸收水分，最大程度地恢复原有鲜嫩、松软、爽脆的状态，同时除去食材的异味和杂质，产生特殊风味。这不仅便于切配，又合乎食用要求，利于消化吸收。

2）干制类食材涨发的要求

干制食材涨发是一个较复杂的过程，尤其是高档的山珍海味，如鱼翅、燕窝、海参等干制食材，涨发的质量对菜肴的色、香、味、形、质起着决定性的作用。因此对干制食材涨发有较高的要求：

（1）熟悉食材的性质和产地

干制食材品种繁多，因产地气候、土壤、水质等自然条件和生态环境的不同，以及干制方法的不同，同一品种的食材，其质量和性质也有很大差异。如不了解食材的性质及产地等信息，则可能影响涨发的效果。

（2）了解食材的质量和性能

各种食材因产地、季节、加工方法的不同，在质量上有优劣之分，在质地上表现出老、嫩、干、硬的差别。准确地判断食材的质量和性能，是干制食材涨发的关键。

（3）熟练掌握涨发技术

干制食材的涨发，还必须熟悉和掌握各种涨发技术。正确操作才能获得良好的涨发效果，达到菜肴质量的要求。

（二）干制类食材涨发的常用方法

干制食材的涨发方法主要有水发、油发、碱发、盐发等，其中以水发、油发、碱发较常用。

1. 水发

水发是一种最基本、应用最广泛的干制食材涨发方法，适用于大部分动植物性、真菌类干制食材，即使经过盐发、油发、碱发的食材，也要经过水发的辅助过程。水发是将干制食材放入水中，通过食材毛细管对水的吸收作用，使之成为松软、鲜嫩食材的一种涨发方法。水发分为冷水发、热水发两种。

(1) 冷水发

把干制食材放入冷水中，使其自然吸水回软，并尽可能恢复到原有软嫩状态的涨发方法称为冷水发。

冷水发操作简单，并能基本保持干制食材原有的鲜味和香味。一般冷水发又有浸发和漂发两种方法。

①浸发。浸发是把干制食材用冷水浸没，使其慢慢吸水涨发。浸发的时间要根据食材的大小、老嫩和坚硬的程度而定。浸发一般适用于形小质嫩的食材，如香菇、黑木耳、黄花菜等。

②漂发。漂发是把干制食材放入冷水中，用工具或手不断挤捏或使其浮动，一方面达到涨发目的，另一方面可除去食材中的杂质、异味、泥沙等，适用于鱼皮、海蜇等。

(2) 热水发

热水发就是将干制食材放入热水中，经过煮、焖、泡或蒸制等加热方法，促使干制食材的分子加速运动，加快水分吸收，使其达到回软的涨发方法。热水发可分为泡发、煮发、焖发、蒸发四种涨发方法。

①泡发。泡发是将干制食材放入热水中浸泡而不再继续加热，使其慢慢涨发泡大的涨发方法。多用于形体较小、质地较嫩的干制食材，如发菜、粉丝等。木耳、黄花菜等也可在冬季或急用时采用热水泡发，以加快其涨发的速度。

②煮发。煮发是将干制食材放于水中，加热煮沸，使干制食材体积逐渐膨胀、质地变软的涨发方法。煮发多用于质地坚硬、体大且带有较重腥膻气味的干制食材，如海参、鱼翅、鲍鱼等。

③焖发。焖发是将干制食材加水煮沸，而后改用小火保温焖制一定时间，使沸水持久地加速运动，促使水分渗透扩散，使干制食材尽可能恢复到原有状态的涨发方法。有些动物性干制食材，如鱼翅、蹄筋、海参等，若长时间在沸水中煮，就会出现外烂里硬的现象，因此采用煮后再焖、焖煮结合的方法，可以使干制食材内外一起发透。

④蒸发。蒸发是将干制食材放入盛器内，加适量的清水或汤水，上笼屉蒸透，使干制食材恢复到原有状态的涨发方法。蒸发一般适用于体小、易碎而不宜煮发、焖发的食材，如蛤士蟆油、干贝、鱼骨、鲍鱼等，能保持干制食材的完整性。蒸发能保持食材的特定形态和特色风味，也可在蒸发时添加辅料或调味料，以增进食材的鲜美滋味。

热水发应视干制食材的性质、品种的不同而采用不同的涨发方法，热水发有一次涨发和多次反复涨发两种形式。如发菜、粉丝、梅干菜、银鱼干等，只要加上适量沸水泡上一段时间即可发透，而海参、鱼翅等，需要经过多次热水涨发过程。

2. 油发

油发就是将干制食材放入温油锅内，经过加热使其膨胀松脆达到涨发要求的方法。

油发是利用油作为传热介质的，干制食材受热后，所含胶原蛋白受热回软，同时其内的水分蒸发，形成小气室，达到膨胀的目的。这种方法主要用于含胶原蛋白较多的动物性干制食材，如蹄筋、鱼肚、猪肉皮等。油发后的干制食材还要经过碱液去油、水浸、漂洗等过程。

油发时，先要检查干制食材的干燥程度，如已变潮应先烘干，否则不易发透。一般将干制食材放入冷油或温油锅中逐渐加热，火力不宜过大，否则会使干制食材外焦里不透。若发现干制食材有小气泡鼓起，应降低火力或将油锅端离炉口，用温油浸发一段时间，再加大火力，逐渐提高油温，直至将干制食材涨发至内外膨胀松脆。油发后的食材沾有油脂，使用前先用热碱水洗去油腻，再用清水漂净碱液，然后浸泡在清水中以备用。

3. 碱发

碱发是将干制食材先用清水浸泡，然后放入预先配制好的碱液中，或沾上碱面，使干制食材涨发回软的方法。碱发适用于质地坚硬、表面致密的海产动物性食材，如鱿鱼干、墨鱼干等。碱发有碱水发和碱面发两种方法。

（1）碱水发

碱水发时，先将干制食材用清水洗净、浸泡，使食材初步回软。然后放入配制好的碱液中浸泡，使食材充分吸水、回软，再用清水漂洗，除去碱味并促使食材进一步涨发。

（2）碱面发

碱面发就是用清水先将干制食材浸泡回软，然后剞上花刀切成小块，再沾满碱面放置一段时间，使用前用沸水冲烫，烫制成形后用清水漂洗净碱粉。此方法的优点是沾有碱面的食材可存放较长时间，涨发方便、随用随发。

4. 盐发

盐发就是将干制食材埋入已炒热的盐中加热，利用盐作为传热介质，使干制食材受热膨胀松脆成为半成品的一种涨发方法。盐发的作用和原理与油发基本相同，一般油发的干制食材也可以采用盐发达到涨发目的。盐发适用于鱼肚、肉皮、蹄筋等胶原蛋白含量丰富的动物性干制食材。由于盐传热慢，加热时间长，且影响食材的形状和色泽，因此盐发不常用。

（三）常见的干制类食材涨发实例

1. 木耳的涨发

将干木耳加冷水浸泡，使其缓慢地吸水。待其膨胀发软后摘去根蒂，漂洗干净即成。涨发一般需 1~2 h，冬季或急用时可用温水泡发。1 kg 干制食材可涨发成 9~12 kg 湿料。

2. 香菇的涨发

将香菇浸泡在冷水中，待其涨发回软，内无硬芯，剪去根蒂，洗去泥沙即可。涨发香菇时，一般不用热水泡发，以免香菇的鲜香气味流失。香菇的涨发如图 2-1 所示。

图 2-1　香菇的涨发

3. 发菜的涨发

先拣去发菜中的杂质，然后用温水浸泡至回软。使用前用冷水浸泡片刻，再以冷水漂洗干净即成。

4. 玉兰片的涨发

玉兰片是笋干中较嫩的干制食材，不能用一般的笋干涨发法。可先将玉兰片放入淘米水中浸泡 10 h 以上至稍软，捞出放入冷水锅中煮焖至软，取出后片成片，放入盆中加沸水浸泡至水凉时再换沸水。如此反复几次，直到笋片泡开发透为止。最后捞出转用冷水浸泡备用。1 kg 干玉兰片可涨发成 5~6 kg 湿料。

5. 猴头菇的涨发

先用温水浸泡 3 h 左右捞出，去老根、洗去尘沙后放入容器内，加葱段、姜块（拍松）和料酒入笼蒸 2 h 左右即成。

6. 干贝的涨发

将干贝洗净，除去外层老筋后放入容器中，加冷水、葱、姜、料酒，上屉蒸 1 h 左右，以手指能捻成丝状为好。1 kg 干制食材可涨发成 2 kg 左右的湿料。

7. 猪蹄筋的涨发

将猪蹄筋放入冷油或温油锅中,油量宜多。将油温逐渐升高,同时用手勺不断搅动,待蹄筋漂起并有气泡产生时,将锅端离火口,用油的余热焐透蹄筋。待蹄筋逐渐缩小、气泡消失后,再继续加热,可反复几次,待全部涨发、松脆膨胀后捞出沥干油,放入热碱液中浸泡 15 min 左右,捞出漂洗干净即可。油发蹄筋涨发率高、时间短,但口感稍差。1 kg 干制食材可涨发成 4~5 kg 湿料。

8. 鱼肚的涨发

油发鱼肚时,要根据鱼肚个体大小、厚薄程度确定油温的高低与涨发时间的长短。体大质厚的先放入温油锅内,用小火浸焖 1~2 h,待其由硬变软时捞出剁成小块后再下锅。下锅后改用旺火,逐渐提高油温,并不断上下翻动,直至涨大、发足、松脆为止。体小质薄的鱼肚,可用温油下锅,逐渐加热。待开始涨发时再上下翻动,使其均匀受热、里外发透。将发好的鱼肚用温碱水洗去油腻,用冷水漂洗 4~5 次即可。1 kg 干鱼肚可涨发 3~4 kg 湿料。

9. 鱿鱼的涨发(碱水发)

将鱿鱼放入冷水中浸泡至软,撕掉外层衣膜和角质内壳,放入生碱水或熟碱水中,浸泡 8~12 h 即可发透。如涨发不透可继续浸泡至透,然后用清水漂洗 4~5 次再放清水盆中浸泡备用。鱿鱼的涨发如图 2-2 所示。

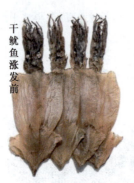

图 2-2　鱿鱼的涨发

10. 鱿鱼的涨发(碱面发)

将鱿鱼用清水浸泡至软,除去头部等,只留身体部分,按烹饪要求剞上花刀,再片成小块,沾匀碱面,放容器内置阴凉干燥处。一般经 8 h 即可取出,用开水冲烫至涨发,再漂去碱味即可使用。也可将沾满碱粉的鱿鱼存放 7~10 天,用时烫发漂碱即成。1 kg 干制食材可涨发成 5~6 kg 的湿料。

11. 猪蹄筋的涨发

将锅中粗盐用中火加热,焙干水分,放入猪蹄筋翻炒,蹄筋受热体积先慢慢缩小后又渐渐膨胀,听到轻微声响后改用微火翻炒,炒焖结合,直至全部鼓起并松脆后取出,用热碱水浸泡回软,再用温水漂净油腻和碱分后,浸泡在清水中备用。1 kg 干制食材可涨发 5 kg 湿料。

12. 干海参的涨发与清洗

干海参应在涨发的同时进行清洗,海参用水涨发时应泡煮结合,多泡、少煮,且视海参的品种与质地而定。可先将海参放入干净的陶瓷锅中,加沸水泡焖 12 h 后换一次沸水。待参体回软时,去掉海参的沙嘴,剪开海参的腹部去肠杂并洗净,放入沸水锅煮半小时后用原水浸泡 12 h,再换沸水烧煮 5 min,仍用原水浸泡。如此反复几次,直至涨发为止,一般 2~3 天即可发透。

热水瓶涨发法是一种简单易行的涨发方法,一般是将海参洗去灰尘,投入热水瓶中,中途换几次沸水,20 h 左右即可使用。热水瓶涨发法是急发的一种,宜选用体形较小的参。

任务二 掌握食材切配技术

食材的切配技术是烹饪前处理的两个不同的工序,包括刀工和调配,这两个工序缺一不可,刀工可以将食材形状、质地改变,而调配技术可以使菜肴锦上添花,让菜肴的色、香、味、形、质俱佳。

一、烹饪刀工与刀法

中国素有"烹饪王国"之称,美味佳肴驰名中外。美味可口、风味各异的菜品,不仅依靠烹制技艺来实现,更要求精湛的刀工与之相配合,才能制作出富有特色的各类佳肴。

(一)烹饪刀具

1. 刀具的种类和用途

刀具和菜墩是刀工操作的必要工具。刀具的优劣以及使用是否得当,都将关系到菜肴的美观和质量。

由于菜肴品种繁多,食材质地也不相同,只有掌握各种刀具的性能和用途,结合食材的质地,选用与之相适应的刀具,才能保证食材成型后的规格和质量。

按刀具的用途,一般分为四大类:片刀、砍刀、前片后剁刀和其他类刀。

(1)片刀(批刀)

片刀重500~750 g,轻而薄,刀刃锋利,适宜切、片无骨的动物性、植物性食材,刀背可用于捶茸。这类刀具形状很多,常用的有圆头刀、方头刀等。

(2)砍刀(劈刀、斩刀)

砍刀重约1 000 g以上,厚背、厚膛、分量较重,是砍劈工序中最常用的工具,专门用于砍骨或砍体积较大、坚硬的食材。主要有长方刀和尖头刀。

(3)前片后剁刀(文武刀)

前片后剁刀重750~1 000 g,刀刃的中前端近似于片刀,刀刃的后端厚而钝,近似于砍刀。前片后剁刀应用范围较广,刀刃的中前端适宜片、切无骨的韧性食材,也适宜加工植物性食材,后端适宜剁带骨的食材。这种刀具的形状也很多,常用的有以下几种:柳刀、马头刀、剔刀。

(4)其他类刀

其他类刀也有很多,重量在200~500 g,大多刀身窄小、刀刃锋利、轻便灵活、外形各异,用途多样,主要用于对食材的粗加工,如刮、削、剔、剞等。这种类型的刀具形状各异,用途也不尽相同,常用的有烧鸭刀、刮刀、镊子刀、牛角刀等。

2. 刀具的选择

刀具质量的好坏及使用是否顺手直接关系到菜肴外形的优劣和质量的好坏,并能影响操作者刀工效率的高低。

刀具的选购和使用需要考虑的方面很多,除要考虑刀的材质(主要有碳钢和不锈钢两种)、品牌、用途、型号、大小之外,还要注意以下几个方面:

①掂。手握刀柄感觉刀的重量是否适合操作者。

②试。右手握刀,小心地在空旷处模拟几下切食材的动作感觉是否顺手。

③扭。一手握住刀柄，另一手握住刀身，双手向相反的方向略用力扭动，感觉刀柄是否松动。如果刀柄松动，说明刀有瑕疵。

④看。看刀口是否平直，夹钢有无裂痕，刀身和刀背是否平滑无裂痕，是否有斑点。

知识拓展

刀具的保养

（二）刀工的作用和基本要求

所谓刀工，就是根据菜肴制作的要求，运用各种刀法，将食材加工成烹饪所需要的各种形状的技术。

1. 刀工的作用

刀工不仅能决定食材的形状，而且对菜肴有多方面的作用。

（1）便于食用，利于消化吸收

绝大多数食材都须经刀工处理，进行分割，使食材由大变小、由粗变细、由整变零，不仅适宜烹制，同时方便人们食用，促进人体的消化吸收。

（2）便于烹制，利于成熟入味

食材的形状与加热成熟的时间、调味品的渗透密切相关。形体较大、较厚的食材不便于成熟和调味。经刀工处理，将食材形状改小，或在食材表面剞上花刀，这样既便于加热成熟，也利于调味品渗透入味。

（3）美化形态，丰富菜肴品种

食材经刀工处理后，可呈现出各种形态，整齐、均匀的刀工成型不仅可使菜肴协调美观，而且可以增加菜肴的花色品种。

（4）合理施技，改善菜肴质感

菜肴质嫩的效果，除了依靠相应的烹调方法及挂糊、上浆等操作外，还需用到刀工技术，采用切、剞、捶、拍、剁等方法，使动物性食材纤维组织断裂或解体，扩大食材的表面面积，从而使更多的蛋白质亲水基团暴露出来，增加肉的持水性，再入锅烹制，即可取得肉质嫩化的效果。

2. 刀工的基本要求

通过刀工不仅可以改变食材的形状，而且能进一步美化菜肴的形态，因此在用刀处理食材时，要符合以下要求：

（1）清洁卫生

刀工操作中，从食材到各种用具，都要做到清洁卫生、生熟隔离、不污染、不串味，任何时候都要把食品安全放在第一位，还要尽量保持食材的营养，避免不当加工而造成营养损失。

（2）整齐划一，清爽利落

经刀工切制出的食材形状、花式繁多，各有特色。无论是丁、丝、条、片、块、粒或其他任何形状，都应做到粗细一致、长短一样、厚薄均匀、整齐美观、协调一致，以益于食材在烹制时受热均匀，并使各种味道恰当地渗入菜肴内部。

(3) 配合烹调，合理施技

刀工和烹调作为烹饪技术一个整体的两道工序，相互制约、相互影响。在处理食材时，应根据食材的质地、烹调方法的需要，采用不同的刀工技术。如熘、爆、炒等方法，要求加热时间短、旺火速成，这就要求所加工的食材形状以小、薄、细为好。焖、烧、炖、扒等方法，因加热时间长、火力较小，要求所加工的食材形状以粗、大、厚为宜。

(4) 用料合理，避免浪费

合理使用食材是烹饪的一条重要原则。在处理食材时，要充分考虑到食材的用途，落刀时要心中有数、合理用料，做到大材大用、小材小用，以免造成浪费。

（三）刀工的基本姿势

刀工的姿势是厨师的一项重要的基本功。其内容包括站案姿势、握刀手势、扶料手形。

1. 站案姿势

正确的站案姿势要求身体保持正直，自然含胸，头要端正，两眼要注视两手操作的部位，腹部与菜墩保持约 10 cm 的间距，菜墩放置的高度以操作者身高的一半为宜，以不耸肩、不卸肩为准，双肩关节要自感轻松得当。站案脚法的姿态有两种：一种方法是双脚自然分立，呈外八字形，两脚尖分开，与肩同宽；另一种方法是呈稍息姿态。这两种脚法，都要始终保持身体重心垂直于地面，重力分布均匀，有利于控制上肢施力的强弱和灵活用力的方向。

2. 握刀手势

握刀的基本方法通常是右手持刀，拇指与食指捏住刀箍处，全手握住刀柄，手腕要灵活有力。

3. 扶料手形

五指合拢，自然弯曲呈弓形，中指指背第一关节凸出顶住刀身，后手掌及大拇指外侧紧贴墩面或食材，起支撑作用，刀起落时，刀刃不能超过手指的中节，防止手指受伤。

（四）刀法

刀法是根据烹饪和食用的要求，将各种食材加工成一定形状时所采用的行刀技法。刀工的种类很多，各地的名称也都不同，但根据刀刃与墩面接触的角度和刀具的运动规律，大致可分为直刀法、平刀法、斜刀法、其他刀法四大类。

1. 直刀法

直刀法是指刀刃与墩面基本保持垂直运动的刀法。这种刀法按照用力的大小，可分为切、剁（斩）、砍（劈）等。

直刀法

（1）切

切是直刀法中刀的运动幅度最小的刀法，一般适应于无骨无冻的食材。由于食材的性质不同，行刀方法不同，切又有许多不同的手法。

①直刀切。又称跳切。这种刀法在操作时要求刀具与墩面垂直，刀具垂直上下运动，从而将食材切断。直刀切适合加工脆性食材，如白菜、油菜、荸荠、鲜藕、冬笋、萝卜等。

操作方法：左手按住食材，右手持刀，用刀刃的中前部位对准食材被切位置，刀垂直下落将食材切断。

操作要领：左手指自然弯曲呈拱形按住食材，随刀的起伏自然向后移动。要求刀距相等，两手协调配合、灵活自如。刀具在运行时，刀身不可里外倾斜，作用点在刀刃的中前部位。

②推刀切。推刀切适合加工各种韧性食材，如无骨的猪、牛、羊肉。对硬实性的食材，如火腿、海蜇、海带等，也适合用这种刀法加工。这种刀法主要是用于把食材加工成片的形状。

操作方法：左手扶稳食材，右手持刀，用刀刃的前部对准食材被切位置。刀具自上而下运动的同时，刀从右后方朝左前方推切下去，将食材切断。

操作要领：左手按牢食材，不能滑动，否则食材成型不整齐。刀体落下的同时，立即将刀向前推，把食材一次性切断。

③拉刀切。拉刀切是与推刀切相对的一种刀法。

操作方法：左手扶稳食材，右手持刀，用刀刃的后部位对准食材被切的位置。刀具由上而下、自左前方向右后方运动，用力将食材拉切断开。

操作要领：与推刀切基本相同。左手按住食材，一次切断。

④推拉刀切。推拉刀切是一种将推刀切与拉刀切连贯起来的刀法。主要适合加工韧性较弱的食材，如里脊肉、鸡脯肉等。

操作方法：左手扶稳食材，右手持刀，先将刀向前推，然后再向后拉，这样一推一拉，像拉锯一样将食材切断。

操作要领：首先要求掌握推刀切和拉刀切各自的刀法，再将两种刀法连贯起来。操作时，只有在将食材完全推切断开以后再做拉刀切，使用要有力，动作要连贯。

⑤锯刀切。锯刀切适合加工质地松软的食材，如面包等。对软性食材，如各种酱制的猪、牛、羊肉、黄白蛋糕、蛋卷、肉糕等也适合这种刀法加工。锯刀切主要是把食材加工成片的形状。

操作方法：左手扶稳食材，右手持刀，用刀刃的前部接触食材被切的位置。刀具在运动时，先向左前方运动，刀刃移至食材的中部位之后，再将刀具向右后方拉回，如拉锯般反复多次将食材切断。

操作要领：刀具与墩面保持垂直，刀具在前后运动时的用力要小，速度要缓慢，动作要轻，还要注意刀具在运动时的下压力要小，避免食材因受压力过大而变形。

(2) 剁

剁有单刀剁和双刀剁两种，两者的操作方法大致相同。操作时要求刀具与墩面垂直，刀具上下运动，抬刀较高，用力较大。这种刀法主要用于将食材加工成末的形状。

操作方法：将食材放在墩面中间，左手扶墩边，右手持刀（或双手持刀），用刀刃的中前部对准食材，用力剁碎。在剁的同时，还要适时地用刀将食材归堆，这样才能剁得比较均匀，达到烹饪所需要求。

操作要领：操作时，用手腕带动小臂上下摆动，挥刀将食材剁碎，同时要勤翻食材，使其均匀细腻。用刀要稳、准，富有节奏，同时注意抬刀不可过高，以免将食材甩出造成浪费。

(3) 砍

砍是直刀法中用力及幅度最大的一种刀法，一般用于加工质地坚硬或带有大骨的食材。砍有直刀砍和跟刀砍两种方法。

①直刀砍。直刀砍适合加工形体较大或带骨的韧性食材，如整鸡、整鸭、鱼、排骨、猪头和大块的肉，或冰冻食材等。

操作方法：左手扶稳食材，右手持刀，将刀举起，用刀刃的中前部，对准食材被砍的位置，用力向下砍，尽可能一刀将食材砍断。

操作要领：右手握牢刀柄，防止脱手，将食材放平稳，左手扶住食材并远离落刀点，以防伤手。落刀要有力、准确，尽量不重刀，将食材一刀砍断。

②跟刀砍。跟刀砍适用于质地坚硬、骨大形圆或一次性砍不断的食材，如猪头、猪爪、大鱼头、小型冻肉等。这种刀法主要用于将食材加工成块的形状。

操作方法：左手扶稳食材，右手持刀，用刀刃的中前部对准食材被砍的位置先直砍一刀，让刀刃紧嵌在食材内部；左手持食材并与刀同时举起，用力向下砍断食材，刀与食材同时落下。

操作要领：砍第一刀时，刀刃要紧嵌在食材内部，防止其脱落，随后食材与刀同时举起同时落下，向下用力砍断食材。一刀未断开时，可连续再砍，直至将食材完全断开为止。

2. 平刀法

平刀法是指刀与墩面平行运动的一种刀法。这种刀法一般适用于将无骨食材加工成片的形状，具体可分为平刀直片、平刀推片、平刀拉片、平刀推拉片、平刀滚料片、平刀抖刀片等。

平刀法

(1) 平刀直片

平刀直片适用于将无骨的软性食材片成片状，如豆腐、鸡鸭血、猪血、肉皮冻等。

操作方法：将食材放在墩面上，左手轻轻按住食材，右手持刀端平，使刀面与墩面平行，用刀刃的中前部从右向左片进食材，将食材片断。从食材的底部一层层向上片，是下片法；从食材的上端一层层往下片，是上片法。

操作要领：左手扶稳食材，刀身要端平，不可忽高忽低，保持水平直线片进食材，以免食材破碎。

(2) 平刀推片

使用平刀推片操作时要求刀身与墩面保持平行，刀从右后方向左前方运动，将食材一层层片开。这种刀法主要适用于脆性食材，如土豆、冬笋、生姜等；或韧性食材，如通脊肉、鸡脯肉等。

操作方法：平刀推片一般用上片法，将食材放在墩面里侧，左手扶按食材，右手持刀，将刀身放平，用刀刃的中前部对准食材上端被片位置。刀从右后方向左前方片进食材，将食材片开。

操作要领：刀要端平，自始至终动作要连贯紧凑。一刀未将食材片开，可连续推片，直至将食材片开为止。

(3) 平刀拉片

使用平刀拉片操作时要求刀身与墩面平行，刀从左前方向右后方运动，一层层将食材片开。平刀拉片适用于将无骨的韧性食材片成片，如猪肉、鸡脯肉、鱼肉等。

操作方法：平刀拉片一般用下片法。将食材放在墩面右侧，左手按住食材，右手放平刀身，用刀刃的后部对准食材被片的位置。刀从左前方向右后方运动，用力将食材片开。

操作要领：食材要按稳，防止滑动。刀在操作时用力要充分，食材一刀未被片开，可连续拉片，直至将食材完全片开为止。

(4) 平刀推拉片

平刀推拉片是一种将平刀推片与平刀拉片连贯起来的刀法。多用于加工韧性较强的食材，如颈肉、蹄膀、腿肉等，主要用于将食材加工成片的形状。

操作方法：先将食材放在墩面右侧，左手扶按食材，右手持刀，先用平刀推片的方法，起刀片进食材。然后，运用平刀拉片的方法继续片食材，将平刀推片和平刀拉片连贯起来，反复推拉，直至食材全部断开为止。

操作要领：要把食材用手压实并扶稳，运刀要充分有力，动作要连贯、协调。

(5) 平刀滚料片

平刀滚料片又称旋片，这种刀法可以把圆形食材加工成片的形状。适用于圆柱形脆性食材，如黄瓜、胡萝卜、竹笋等。

平刀滚料片可分为滚料上片和滚料下片两种操作方法。

①滚料上片。

操作方法：将食材放在墩面里侧，左手扶按食材，右手持刀与墩面平行。用刀刃的中前部对准食材被片的位置。左手将食材向右推翻食材，刀随食材的滚动向左运行片进食材，刀与食材在运行时同步进行，直至将食材全部片开为止。

操作要领：刀要端平，不可忽高忽低，否则容易将食材中途片断；刀推进的速度要与食材滚动保持相等的速度。

②滚料下片。

操作方法：将食材放在墩面里侧，左手扶按食材，右手持刀端平，用刀刃的中前部对准食材被片的位置。用左手将食材向左边滚动，刀随之向左边片进，直至将食材完全片开。

操作要领：刀身与墩面始终保持平行，刀在运行时不可忽高忽低；食材滚动的速度应与进刀的速度一致。

（6）平刀抖刀片

平刀抖刀片用于将质地软嫩的无骨或脆性食材加工成波浪片或锯齿片，如蛋糕、黄瓜、猪腰、豆腐干等。

操作方法：将食材放在墩面右侧，刀身与墩面平行，用刀刃上下抖动，逐渐片进食材，直至将食材片开为止。

操作要领：刀在上下抖动时，上下抖刀的幅度要一致，不可忽高忽低，进深的刀距要相等，以保证食材成型美观。

3. 斜刀法

斜刀法是一种刀与墩面呈斜角，刀做倾斜运动，将食材片开的刀法。这种刀法按刀的运动方向可分为斜刀拉片、斜刀推片等方法，主要用于将食材加工成片的形状。

斜刀法

（1）斜刀拉片

斜刀拉片又称为斜刀正片，一般适用于将软性、韧性食材加工成片状。斜刀拉片适合加工各种韧性食材，如猪肾、净鱼肉、大虾肉、猪牛羊肉等。

操作方法：将食材放在墩面里侧，左手伸直扶按食材，右手持刀，用刀刃的中部对准食材被片位置，刀自左前方向右后方运动，将食材片开。食材断开后，随即左手指微弓，将片开的食材向左后方移动，再按住原料的左端。如此反复斜刀拉片。

操作要领：刀在运动时，刀身要紧贴食材，避免食材被粘走或滑动；刀身的倾斜度要根据食材成型规格灵活调整。每片一刀，刀与右手同时移动一次，并保持刀距相等，以保持片的大小整齐、厚薄均匀。

（2）斜刀推片

斜刀推片又称为斜刀反片，适用于加工脆性、软性食材，如黄瓜、白菜梗、豆腐干等。

操作方法：左手扶按食材，中指第一关节微曲，并顶住刀身，右手持刀。刀身倾斜，用刀刃的中部对准食材被片位置。刀自左后方向右前方斜刀片进，使食材断开，如此反复斜刀推片。

操作要领：刀身要紧贴左手中指第一关节，刀与左手同时向左后方移动，并保持刀距一致。

4. 其他刀法

（1）拍刀法

拍刀法主要用于将脆性食材拍松，如大葱、蒜、鲜姜等，或将猪、牛、羊各部位的瘦肉、鸡脯肉等韧性食材拍成较薄的肉片或将大块食材改刀成块、末状。

操作方法：左手将食材放在墩面上，右手持刀，刀刃锋口朝右，以免伤手，将刀举起，用力拍击食材。当刀拍击食材后，顺势向右前方滑动，脱离食材，以免食材被吸附在刀上。

操作要领：操作时，拍击食材所用力道，要视不同情况具体掌握，以把食材拍松、排碎或拍薄为度。用力要均匀，一次拍刀未达到目的，可再次拍击。

（2）剖刀法

剖刀法又称花刀，是一种比较复杂的刀法，是在食材上切或片横竖交叉、深而不断的刀纹，这些刀纹经加热可呈各种形象美观、形态逼真的形状。用这种刀法制作出的食物，给人以美好的艺术享受，并为整桌酒席增添光彩。

①直刀剞。直刀剞与直刀法中的直刀切、推刀切、拉刀切基本相似，只是运刀时不完全将食材断开，而是根据食材的成型规格在刀进深到一定程度时停刀。适用于较厚的食材，呈放射状，挺拔有力。

②斜刀剞。斜刀剞有斜刀推剞和斜刀拉剞之分。斜刀推剞与斜刀推片法相似，斜刀拉剞与斜刀拉片相似，只是在运刀时不完全将食材断开。

(3) 滚料切

又叫滚刀切，滚料切主要用于把圆形、圆柱形、圆锥形的脆性食材，如萝卜、冬笋、莴笋、黄瓜、茭白、土豆等，加工成"滚料块"。

操作方法：右手握住刀柄，左手按住食材，每切一刀，将食材滚动一次。

操作要领：左手按扶食材，每完成一刀后，随即把食材朝一个方向滚动一次，每次滚动的角度都要求一致，才能使食材成型整齐划一。

(4) 铡刀切

铡刀切适合加工带软骨、细小的硬性食材，或形圆体小易滑的食材，如螃蟹、花椒、花生米、熟蛋等，这种刀法主要是把食材加工成末的形状。

操作方法：左手握住刀背前部，右手握刀柄，两手上下交替用力压刀。

操作要领：操作时左右两手反复上下抬起，交替用力压切，动作连贯。

(五) 烹饪食材的料型及其加工方法

食材料型的加工是运用不同的刀法，将食材加工成形状各异、适于烹饪和食用的形态。食材形态大体上可分为基本型、花刀型两大类，每类又可分为若干小类。

1. 食材的基本料型及其加工方法

基本料型是指工艺程序简单、易于切配的食材形态。基本料型是运用切、剁、砍、片等刀法加工完成的几何形状，其主要有以下几种：

(1) 块

一般是运用切、剁、砍等方法加工制成的。

①象眼块。象眼块又称菱形块，其形状类似大象的眼睛或菱形。一般大块边长约为4 cm，厚约为1.5 cm；小块边长约2.5 cm，厚约1 cm。象眼块的加工方法是先按高度规格将食材切成大片，再按边长规格将大片切成长条，最后斜切成菱形块。

②方块。方块通常是将大块的食材切成大片，再切成粗条，然后改刀成块状。因各地风味不同，方块的尺寸标准也不一样，大方块4 cm见方，小方块2.5 cm见方。

③长方块。长方块又称骨牌块。大块长约5 cm，宽约3.5 cm，厚1~1.5 cm；小方块长约3.5 cm，宽约2 cm，厚约0.8 cm。

④劈柴块。劈柴块因像烧火的劈柴而得名，多为长约3 cm、宽约1.5 cm的不规则形体，多用手掰制而成。

⑤滚刀块。一般用滚刀法将圆形、圆柱形的食材加工成滚刀块。一般多为长约2.5 cm、宽约1.5 cm的多棱体。

(2) 片

①月牙片。月牙片为直径约2 cm，厚约0.2 cm的半圆片。月牙片运用于呈圆柱形、球形的食材，如黄瓜、藕、土豆等。加工方法是先将整体食材切成两半，然后顶刀切成片。

②象眼片。象眼片又称菱形片，为厚度约0.2 cm的菱形薄片。一般由菱形块再切或片成菱形片，或由长方条斜切成菱形片。

③柳叶片。柳叶片呈薄而狭长的半圆片，状如柳叶，长5~6 cm，厚约0.2 cm。将圆形食材，如黄瓜、胡萝卜等从中间切开，再斜切成柳叶片。

④方片。方片的规格有多种，一般是先按规格将食材加工成段、条或块，再用相应的刀法加工成片。

(3) 条

首先将食材片成大厚片，然后再切制成条。粗条一般截面边长为0.6~0.8 cm，长5~7 cm；细条一般截面边长为0.4~0.5 cm，长约5 cm。

(4) 段

段比条粗，主要是运用切、剁、砍等刀法加工制成的。粗段截面边长约1 cm，长3~5 cm；细段截面边长约0.8 cm，长约2.5 cm。

(5) 丝

呈细条状，是用片、切等刀法加工而成的。成丝前，先将食材片成大薄片，再在此基础上切成丝状。粗丝一般截面边长约为0.3 cm，长6~8 cm；细丝一般截面边长小于0.3 cm，长4~6 cm。

(6) 丁

丁的形状近似正方体，它是通过片、切等刀法，将食材加工成大片，再切成条状，最后改刀成正方体的形状。丁分大、中、小三种。大丁边长约2 cm，中丁边长约1.2 cm，小丁边长约0.8 cm。

(7) 粒

粒是小于丁的正方体，它的成形方法与丁相同。大粒边长约0.6 cm，小粒边长约0.4 cm，米粒边长约为0.3 cm。

(8) 末

末的形状是一种不规则的形体，比粒更为细小。先将食材切成丁后，再通过直刀剁加工而成，主要用于制馅。

(9) 茸

茸的颗粒较末更为细嫩，加工方法与末略有不同。它是运用刀背捶击而成的。细茸需要过箩滤制；粗茸则不需滤制，但要用刀刃剁断其筋络。一般用精挑细选的净瘦肉、肥膘肉、净虾肉、净鱼肉或熟制的土豆、山药、红豆、豌豆等。

(10) 球

首先运用切的方法将食材先加工成粗段，再切成大方丁，最后削成球状；也可用球勺剜成不同规格的球状。大球直径约2.5 cm，小球直径为1.5~2 cm。

2. 食材的花刀料型及其加工方法

花刀型是指运用不同的刀法加工食材，使食材在加热后形成各种形象美观、形态别致的食材形状。其工艺程序复杂，技术难度较高，需经过不断实践才能领会掌握。

(1) 斜"一"字形花刀

斜"一"字形花刀是在食材上运用斜刀或直刀拉剞成斜一字形花纹的刀法。常用于黄花鱼、鲤鱼、青鱼、胖头鱼、鳜鱼等食材，适用于红烧、干烧、清蒸等方法，如"红烧鲤鱼""干烧鳜鱼"等。

(2) "人"字形花刀

适用于体表较宽的鱼类，如鲤鱼、草鱼等。操作时在鱼体肉厚处用刀尖从右上方向左下方剞一刀，再从刀纹中间位置开始，由左上方向右下方剞一刀，剞成"人"字形，鱼体背面同样也剞成"人"字形即可。

(3) 网格形花刀

又叫菱形花刀,适用于体大而长的鱼类,如鲤鱼、草鱼、青鱼等鱼类。操作时先用直刀推剞成一排排间距均等、与鱼体方向成一定角度的平行刀纹,再换一个角度,剞上一排排与原纹相交约为90°的刀纹。刀纹的深度及长度要根据鱼体的大小、肉质厚度的不同而变化,鱼背肉质较厚,刀纹应深些,鱼尾肉质较薄,刀纹宜浅些。

(4) 锯齿形花刀

适用于脆性食材,如鱿鱼、猪腰,操作时斜刀45°在食材表面剞上刀距约0.2 cm、刀深至食材的3/4的刀纹。再把食材横过来切成片,加热后像锯齿形状,也称鸡冠形、蜈蚣丝。

(5) 月牙形花刀

月牙形花刀是在鱼身上运用斜刀拉剞成月牙形刀纹的刀法,常用于黄花鱼、比目鱼、武昌鱼等,适用于蒸的烹调方法,如"清蒸鱼"等。

(6) 柳叶形花刀

柳叶形花刀是在鱼身靠近脊背的地方,从头部向尾部方向直刀剞一条刀纹,再以此刀纹为中线,在两边各剞上距离相等的刀纹,即成柳叶形,常用于鲫鱼、武昌鱼、胖头鱼等食材。一般适用于氽、蒸等方法,如"氽鲫鱼""清蒸鱼"等。

(7) 松鼠鱼花刀

松鼠鱼花刀的刀纹是运用斜刀拉剞、直刀剞等刀法制成的。先将鱼头去掉,沿脊骨用刀平片至尾根部,去掉脊骨,并片去胸刺,然后在两扇鱼肉上剞上直刀纹,刀距约0.5 cm,再斜剞上刀纹,刀距约0.3 cm,两刀相交构成菱形刀纹,经加热即成松鼠状。常用于黄花鱼、鲤鱼、鳜鱼等食材,适用于炸熘类的菜肴,如"松鼠鳜鱼""松鼠黄鱼"等。

(8) 其他花式料型

牡丹花刀:牡丹花刀做法是在鱼身两面每隔3 cm直刀或斜刀剞一刀,至脊椎骨时用平刀片进深2 cm。两面剞的刀纹要对称,加热后鱼肉翻起,如同牡丹花瓣的形态。常用于体大而厚的黄花鱼、鲤鱼、青鱼等食材,适用于脆熘、软熘等方法。

菊花形花刀:菊花形花刀的刀纹是运用两次直刀剞的刀法制成的。做法是在食材上剞上横竖交错的刀纹,深度为食材厚度的4/5,两刀相交为90°,改刀切成边长约3 cm的正方块,经加热后即卷曲成菊花形态。常用于净鱼肉、鸡鸭肫、通脊肉等食材。

麦穗形花刀:麦穗形花刀的刀纹是运用直刀剞和斜刀推剞的刀法制成的。通常做法是在食材内侧先用斜刀推剞法剞上平行刀纹,深度是食材厚度的2/3。再转一个角度直刀剞,剞上一条条与斜刀推剞刀纹相交成直角的平行刀纹,深度是食材厚度的2/3,最后改刀成块,经加热后刀纹即卷曲成麦穗形态。常用于墨鱼、鱿鱼、猪腰等食材。

二、食材调配的原则与方法

(一) 配菜常识

配菜是根据菜肴品种和质量要求,把经过刀工处理后的主料和辅料适当搭配,使之成为一个(或一桌)完整的菜肴原料。配菜实际上是使菜肴具有一定质量形态的设计过程。配菜与刀工密切相关,因此,人们往往把刀工和配菜连在一起,总称切配。虽然配菜与刀工的关系极为密切,但配菜并不属于刀工工序的范围,而是一道独立工序。要做好配菜工作,既要精通刀工、熟悉烹调方法,又要懂得所用食材的质地、用途,以及主、配料在质量、色泽、形状上的配合原则,同时也需具备必要的营养卫生、烹饪美学知识。

1. 配菜的目的和要求

单个菜肴的配菜,包括热菜的配菜和冷菜的配菜;整桌宴席菜肴的配菜是在单个菜肴配菜的基础上发展起来的,是配菜的最高形式,包括的范围非常广泛。

(1) 配菜的目的

首先是确定菜肴的质和量。菜肴的质是指一个菜肴构成的内容,即构成菜肴所用的食材。而菜肴的量,则是指一个菜肴中所包含的各种食材的数量,也就是一个菜肴的单位定量。这两者都是通过配菜确定下来的。

其次是确定菜肴的色、香、味、形、质。配菜时必须根据菜肴成品美化的要求,将各种相同形状或不同形状的食材适当地配合在一起,使之成为一个完美的整体。

第三是使菜肴的营养搭配合理。不同的食材所含的营养成分不同,而人体对营养素的需求是多方面的,所以,在菜肴中营养素的配合应力求合理而全面。

第四是有利于食材的合理使用。配菜时可以按菜肴的质量要求,把各种食材合理地配合起来,组成各种档次的菜肴以物尽其用。

第五是使菜肴的形态多样化。通过配菜将各种烹饪食材进行巧妙的组合,就可以构成形式各异的菜肴,创新为更多的品种。

(2) 配菜的基本要求

配菜在整个菜肴制作过程中所占的地位非常重要,其涉及面也很广。要做好这项工作,必须熟悉相关的业务知识。热菜配菜的具体要求如下:

第一要熟悉食材的特性。必须了解食材的质地,如软、硬、脆、嫩等。

第二是了解市场供应情况。配菜时要充分利用市场上供应充足的食材,适当压缩市场上供应紧缺的品种,开发并利用替代品,制作出新的菜肴品种。

第三要熟悉菜肴的名称及制作特点。我国的菜肴品种繁多,各地区都有各自特殊风味的菜,这些菜肴有一定的用料、成型标准和烹调方法,配菜时必须对各地区的风味菜肴名称及成品特点了如指掌,才能在配菜中有所比较,取长补短。

第四是精通刀工又要了解烹调的全过程。配菜是联系刀工和烹调的纽带,同时还必须懂得烹调对食材的影响以及各种烹调方法的特点等。

第五是掌握菜肴的质量标准。配菜时要熟悉菜肴的质量标准,并将主料、配料分别放置。因烹调时有些食材应先下锅加热,有些食材需后下锅。

2. 配菜的原则和方法

(1) 配菜的一般原则

配菜是否得当,关键是各种食材的搭配是否合理,主要是主料和配料的组配是否恰当。所谓主料,是指在菜肴中作为主要成分、起突出作用的烹饪食材。配料是指配合、辅佐、衬托和点缀主料的烹饪食材。因此,在配菜时必须突出主料,辅料要适应主料,衬托并点缀主料,同时,也是食物成分之间避免相克、产生有毒有害物质的有效方法,这是配菜最基本的原则。

①量的配合。按一定比例配置的各种食材的总量,就是一个菜肴的单位数量。每一个菜肴都有一定的数量,它通常用各种不同规格盛器的容量来衡量确定。配菜时,首先取出适应该菜肴所要求的盛器,然后将组成该菜肴所需搭配的净料,按照规定的比例分别放于配菜盛器中。

②色的配合。主、配料在颜色上的配合,一般也是配料衬托主料、突出主料。同时要考虑色调的均匀,不能配得过于复杂。既要美观、大方,又要具有一定的艺术性。通常采用的配色方法有:

一是顺色。即主料、配料都取用一种颜色。

二是花色。也就是主料、配料取不同的颜色组合成色彩鲜艳的菜肴。

③香与味的配合。菜肴的香与味有时经过加热和调味以后,才能表现出来,但大多数食材本身就具有各自特定的香与味,并不单纯依靠调味。因此,配菜时既要了解食材未成熟前的香与

味,又要知道食材成熟后香与味的变化,按食材特定的香与味进行合理搭配。香与味的配合方法大致有三种:

第一种是以主料的香与味为主,配料衬托主料的香与味,使主料的香与味更为突出。

第二种是用配料的香与味补充主料的不足。有些主料本身的香与味较淡,可用香与味较浓的配料进行弥补。

第三种是主料的香与味过浓或者过于油腻,应配以清淡的配料适当调和,使制成的菜肴味道适中。

④营养成分的配合。食材所含营养成分的合理搭配,是科学合理配膳的基本要求。不同食材的营养成分是有所区别的,在配菜时需要将不同的食材进行合理的组配,使食用者得到必要的营养,以促进身心健康。

⑤盛器的配合。菜肴烹制完成后,要盛装在器皿中,不同的盛器对菜肴质量会产生不同的效果。一个菜肴如果用合适的盛器盛装,可给人悦目的感觉,增添人们的食欲;反之,则会给人以不协调、不舒服之感。

(2) 配菜的基本方法

热菜可以分为一般热菜和花色热菜两类。配一般热菜比较简捷朴实;配花色热菜偏重技巧,对色彩和形态较为讲究。

①一般热菜的调配方法。按配菜时所用的食材多少来分,可分为三大类:

第一类由单一食材构成的菜肴,只要按照一个菜肴的单位数量配菜即可。

第二类以一种烹饪食材为主料,要求主料数量多于配料,主料、配料互相补充。

第三类主料是由几种烹饪食材(两种或两种以上)所组成的。这几种烹饪食材不分主料、配料,用量基本相等、不分主次。

②花色菜的调配方法。花色热菜在色、形方面比较讲究,是富于艺术性的一种菜肴。配花色热菜通常选料精细,造型美观,色、香、味、形和谐统一,合理配膳、富于营养;菜肴图案或形态富于艺术美感;适当运用食品雕刻技艺,手法娴熟、技法精湛。

配花色热菜的常用方法:

【叠】

把不同颜色、口味的食材,间隔地叠成相同的片状,中间涂一层加工成糊状或茸泥状的黏性食材,使其形成美观的形态。

【穿】

在整个或部分出骨的动物性食材(如鸡、鸭等)的空隙处嵌入其他食材。

【酿】

以一种烹饪食材为主,中间添酿上其他烹饪食材,如菜肴"八宝酿苹果"。

【扣】

把烹饪食材整齐地摆在碗内,成熟后整齐地覆扣在盛器内,如菜肴"梅菜扣肉"。

【扎】

又称为捆,是将主料加工成条或片,再用粉丝、黄花菜、海带丝等将主料成束地捆扎起来。

【包】

把整只或加工成丁、丝、片、条、块、茸、末、粒等形状的烹饪食材,用玻璃纸、豆腐皮、荷叶、粉皮、蛋皮、油皮、锡纸等包成各种形状。

(二) 食材调配技术

每道精美的菜肴其色、香、味、形、质等方面均有一定的差异,因此操作者应了解食材在烹饪前、后的色、香、味、形、质方面的特性，以便将食材制作成一道完美的菜肴。下面就从调色、调香、调味、形的搭配和调质五个方面介绍食材调配技术。

1. 调色技术

调色技术是指运用各种有色调料和调配手段，调配菜肴色彩，增加菜肴光泽，使菜肴色泽美观的过程。调色是风味调配技术之一，它与调味和调香并存，也有其特有的要求和操作方法。

（1）菜肴色泽的来源

菜肴的色泽主要来源有：食材本色、烹饪形成的色泽、调料的色泽、色素着色等。

①食材本色。食材本色即食材本身呈现的自然色泽。食材原料大都带有比较鲜艳、纯正的色泽，在加工时需要予以保持或者通过调配使其更加鲜亮。在植物性食材中有叶绿素、黄酮类色素、花色苷类色素、类胡萝卜素、脂类化合物、单宁和其他类色素，这些色彩正是食材自然美的体现。

②烹饪形成的色泽。在烹制食材的过程中，食材表面发生色变会呈现一种新的色泽，这是因为食材所含糖类与蛋白质等发生焦糖化反应、美拉德反应，以及食材所含色素遇热结构改变所致。如：虾、蟹经过高温加热后，原来的色素受到破坏而分解，只有红色素尚存；绿色蔬菜由于加热时间过长变成黄褐色；食材过度加热而变黑等。

③调料的色泽。调料种类繁多，不仅能赋予菜肴一定的滋味、气味和质感，还能改善或改变菜肴的色泽。常见的有色调料包括酱油（可调配褐黄、褐红色）、红醋、酱类（用于调配褐红色）、糖色（用于调配比酱油更鲜亮的红色）、番茄酱及红乳汁（用于调配鲜红色）、油脂（可增加菜肴光泽）等。

在烹制菜肴的过程中，尤其是烹制异味重的动物性食材时，一般在烹制之前都要经过预先调味或腌制，通常是使用酱油、醋、黄酒等有色调料进行预处理，这也是食材着色的过程。

④色素。烹饪中较为常用的着色剂主要包括天然色素和人工合成色素。其中天然色素分为以下几类：植物色素，如叶绿素、类胡萝卜素、花青素等；动物色素，如肌肉中的血红素、虾壳中的虾红素；微生物色素，如红曲色素。人工合成色素具有色泽鲜艳、化学性质稳定、着色力强的特点，但这类色素使用不当可能对人体有害，因此需要严格控制使用量。在烹饪中允许使用的人工合成色素主要包括苋菜红、胭脂红、日落黄、柠檬黄、靛蓝等。

（2）菜肴色泽的调制原则

为了调制好菜肴的色泽，在实施调色工艺时应遵循以下基本原则：

①遵守国家的法律法规。在调色过程中，要遵纪守法，讲究厨师行业职业道德，遵守《中华人民共和国食品安全法》等法律法规，严禁使用未经允许的食品着色剂。

②保护和突出食材的本色。烹饪时，菜肴调色应尽量保护食材自然的色彩，突出其本色，如蔬菜的鲜艳本色代表食材的新鲜程度，调色时应尽可能予以保护。例如：烹制绿色叶菜时，要旺火速炒，断生即可，烹制时间要短，不宜加盖烹制，尽量不用深色调料和改变绿色的酸性调料。

调色的主要目的是赋予菜肴色泽，而并不是所有的菜肴都需要赋色，如果食材味淡或是有异味的动物性食材，则需要使用有色的重味调料达到掩盖的目的。

③合理调色、相辅相成。有些食材的本色不够鲜艳，应加以辅助调色。如香菇，烹调时加适量酱油或蚝油来辅助，其深褐色就会变得格外鲜艳夺目。有些食材受热变化后色泽也需要用相应的有色调料辅助，如干烧菜肴中加入适量糖或番茄酱，可增色。

④先调色再调味。添加调料时，要遵循先调色后调味的基本程序。这是因为绝大多数调料既能调色也能调味，若先调味再调色，势必使菜肴口味变化不定，难以掌握。

烹制需要长时间加热的菜肴时，要注意运用分次调色的方法。若一开始就将色调好，菜肴成熟时，色泽必会过深，所以在开始调色阶段只宜调至七八成，在成菜前，再进行一次定色调制，使成菜色泽深浅适宜。

(3) 调色的方法

调色常用的方法有保色法、变色法、调和法以及浸渍法四种。

①保色法。保色即保持菜肴色泽。保色法就是保持和突出食材本色的调色方法。此法多适用于颜色纯正鲜亮的食材调色。蔬菜、肉类和虾蟹类食材的保色方法分别如下：

【蔬菜的保色】

蔬菜中的叶绿素属于镁卟啉类化合物，其结构与血红素相似，环中结合的是 Mg^{2+}。在酸性条件下加热，蔬菜容易变为褐色，是因为叶绿素中的 Mg^{2+} 被 H^+ 所代替所致。pH 为 6.8~7.8，中性或稍偏碱性，叶绿素较稳定。保护蔬菜鲜艳的绿色，一般可采用以下调色方法：

加碱（盐）保色：在稀碱条件下，叶绿素水解，其中的 Mg^{2+} 被 Cu^{2+} 或 Na^+ 取代生成鲜亮且稳定的铜叶绿酸盐（对光、热稳定）。因此可以利用这个原理，加热时提高所用传热介质（如水等）的 pH 或加盐来保护鲜艳的绿色，但 pH 不宜过高，否则对维生素 C 有破坏作用，同时焯水时间不宜太长，否则将丧失部分水溶性维生素；加盐量要适当，保存时间不能过长，时间放得越长，叶绿素被破坏得就越严重，其颜色就变得暗淡无光。

加油保色：可以在蔬菜的表面附着一层油膜，隔绝空气中的氧气，达到防止蔬菜氧化变色的目的。蔬菜焯水时，焯水锅中滴入几滴食用油，油会包裹在蔬菜的周围，在一定程度上阻止了水和蔬菜的接触，减少了水溶性物质的溢出，使其在一定时间内不会变色。

水泡保色：有些果蔬，如马铃薯、藕、苹果、梨等，去皮或切开后，短时间内就会变色。这是因为它们所含的多酚类成分在酶的催化下氧化形成褐色色素，称为褐变。上述食材去皮后泡在水中即可保色。此法只能在短时间内有效，如再在水中加适量的酸性物质则可抑制酶的催化作用，可较长时间防止褐变。如炒山药、清炒土豆时，放入适量的白醋能有效防止成菜后变色。

【肉类的保色】

畜肉的瘦肉多呈红色，受热则呈现灰褐色。烹饪中一般不直接按灰褐色出菜，给人以沉闷的不良感觉。有时在烹调时需要保持其红色本色，采用添加各种酱料和有色调料，如郫县豆瓣酱、老抽等，添加了老抽的"红烧牛肉"既提色又美味。

有时在烹饪时为了保持其本色，操作前加一定比例的硝酸盐或亚硝酸盐进行腌渍，可达到保色的目的。但此类发色剂有一定毒性，使用时应严格控制用量。

【虾蟹类的保色】

食用虾蟹时，一般选择蒸煮的方法。一方面是味美安全；另一方面是蒸煮后虾和蟹的壳呈现鲜艳的橘红色，让人很有食欲。

还有醉虾、醉蟹的生腌方法，不经过加热处理，充分保持了虾蟹鲜活时的颜色和鲜美的口味，受到部分食用者的推崇。但享受美味的同时，保证健康才更重要，食用海鲜、河鲜要尽量煮熟煮透。

②变色法。变色法，是利用有关调料或食材在加热过程中发生焦糖化反应或美拉德反应等化学反应来改变菜肴色泽的调色方法。此法多用于烤、炸等方法烹制的菜肴。按主要化学反应类型的不同，可分为焦糖化反应法和美拉德反应法两种。

【焦糖化反应法】

在没有氨基化合物存在的情况下，当晶体糖被加热到熔点（150~200 ℃）以上时，会由固体变为液体，并且会发生脱水与降解等化学变化，从而引发褐变现象。这是在烹饪过程中制造糖色、烹饪红烧类菜肴的依据。

焦糖化反应的发生温度需要低于 200 ℃，温度过高则糖会发生炭化。糖色生成，甜味基本消失，有焦香味。烹饪中焙烤、油炸、煎炒食品的着色，红烧肉、红烧鱼等红烧菜肴的上色均与焦糖化作用密切相关。糖色已成为食品的一种安全的着色剂、增进风味剂，被广泛使用。

烹饪中的焦糖化法是指将饴糖、蜂蜜、糖色、葡萄糖浆等糖类调料涂抹于食材表面，经高温处理产生鲜艳颜色的方法。糖类调料中所含的糖类物质在高温作用下主要发生焦糖化作用，生成焦糖色素，使制品表面产生棕红明亮的色泽，运用时火候掌控至关重要，温度要高，反应才能彻底。

【美拉德反应法】

美拉德反应是广泛存在于食品工业的一种非酶褐变，又称羰氨反应，是指在食品加工过程中，食品中的氨基化合物和羰基化合物在加热时发生的复杂化学反应，最终生成棕色或褐色甚至是黑色的大分子物质（类黑精或称拟黑素）。此反应最初是由法国化学家美拉德于1912年在将甘氨酸与葡萄精混合共热时发现的，故又称为美拉德反应。由于产物是棕色的，也被称为褐变反应。羰氨反应的结果是使食品颜色加深并赋予食品一定的风味。比如，面包外皮的金黄色、红烧肉的褐色以及它们浓郁的香味，很大程度上都是由于美拉德反应的结果。但是在反应过程也会使食品中的蛋白质和氨基酸大量损失，如果控制不当也可能产生有毒有害物质，所以应控制好火力的大小和时间长短，减少有毒有害物质的产生。

③调和法。调和法即调配菜肴的色泽，就是使用相关调料，以一定浓度或一定比例调配出兑汁，通过加热确定菜肴色泽的调色方法。多用于水烹法制作菜肴，如烧、焖、烩等菜肴的调色。调和法的关键是以浓度大小控制颜色深浅。

此法在菜肴调色中用途最广，主要是利用调料含有的色素，通过原料对色素的吸附能力来完成的。为了使食材很好地上色，可以在调色之前，通过过油、煸炒、控水等处理减少原料表层的含水量。如酱爆鸡丁和鱼香肉丝的兑汁中使用甜酱、黄酱和酱油等有色调料调配菜肴色泽。

④浸渍法。浸渍法就是将调料、油脂等添加在食材表面上，采用抓、搓、揉等手法，使调料及油脂浸渍渗透到食材中，使食材色泽油润光亮的调色方法。此法主要用于改善菜肴色彩的亮度，以增加美观性。

在制作滑炒、滑熘、软熘类菜肴时，制作前需要进行腌制。如鱼香肉丝、蚝油牛柳制作前，肉改刀后要用调味品腌拌入味，加入蛋清液、淀粉调和均匀，加入适量油脂，便于滑散，更有助于润泽菜肴的色泽。

2. 调香技术

调香技术，是指运用各种呈香调料和调制手段，使菜肴获得令人愉快的香气的过程。

（1）香气的类别

自然界中有气味的物质有40万种以上，由它们组合成的气味的种类更是难以计数。为了便于实践操作，食材固有的香气及其在烹制加工中产生的主要香气简述如下：

①食材的天然香气。天然香气是指在烹调加热前，食材原料自身固有的香气，主要有以下几种：

【清香气味】

一类清新宜人的植物性天然香气，如芝麻、果仁、青菜、食用菌等散发的清香气味。

【香辛气味】

一类有刺激性的植物性天然香气，有香辛气味的植物有葱、蒜、香菜、芹菜等。

【乳香气味】

一类动物性天然香气，包括牛奶及其制品的天然香气，以及其他类似香气，如奶粉、奶油等的香气。

【腥膻异香】

一种动物性天然气味，如牛脂、羊脂、鸡油的香气等。

②烹饪中产生的香气。食材在烹饪加工中产生的主要香气有：

【加热生成的气味】

某些食材本身没有什么香味，经加热可产生特有的香气，如煮肉、烤肉、煎炸等产生的香气。

【烟熏气味】

某些物质烟熏受热产生的香气，如烟熏肉、烤肉等的香气。

【腌腊气味】

经腌制的鸡、鸭、鱼、肉等所带有的香气，如火腿、腊肉、香肠、风干鸡、板鸭等的香气。

【酸香气味】

包括以醋酸为代表的香气（如各种食醋的香气）和以乳酸为代表的香气（如泡菜、腌酱菜等气味）。

【酱香气味】

酱品类的香气，如酱油、豆瓣酱、甜面酱等产生的气味。

【酒香气味】

以酒为代表，各种发酵制品的香气，如啤酒、米酒、白酒等的气味。

（2）调香的方法

主要是利用调料来消除和掩盖食材异味，配合和突出食材的香气。调和并形成菜肴风味的操作手段，其种类较多，主要有以下几种：

①抑臭调香法。此法是运用一定的调料和适当的手段，消除、减弱或掩盖食材带有的不良气味，同时突出并赋予食材香气。通常可以利用各种调料在烹饪前腌制、烹饪中调香、烹饪后补充等三种方法来调香。

②加热调香法。此法是借助热力的作用使调料的香气大量挥发，并与食材本香、加热香相交融，形成浓郁香气的调香方法。加热调香法有几种具体操作形式：一是炝锅助香，加热使调料香气挥发，并被油吸附，以利菜肴调香；二是加热入香，在煮制、炸制、烤制、蒸制时，通过热力使香气向食材内层渗透；三是热力促香，在菜肴起锅前或起锅后，趁热淋浇或粘撒呈香调料；四是酯化增香，在较高温度下，促进醇和酸的酯化，以增加菜肴香气。

③封闭调香法。此法属于加热调香法的一种辅助手段。为了防止香气在烹制过程中严重散失，将食材在封闭条件下加热，临吃时再开启，可获得非常浓郁的香气，这就是封闭调香法。烹制加工中常用的封闭调香手段有以下几种：容器密封，如加盖并封口烹制的汽锅炖、瓦罐煨、竹筒烤等；泥土密封，如制作叫花鸡等，可用面粉代替泥土；纸包密封，如制作纸包鸡、纸包鱼等；浆糊密封，上浆挂糊除了具有调味、增嫩等作用外，还具有封闭调香的功能；原料密封，如荷叶鱼、八宝鸭、烤鸭等。

④烟熏调香法。此法是一种特殊的调香方法，常以樟木屑、花生壳、茶叶、谷草、柏树叶、锅巴屑等作为熏料，把熏料加热至冒浓烟，产生浓烈的烟香气味，使烟香物质与被熏食材接触，并吸附在食材表面，有一部分还会渗入食材中，使食材带有较浓的烟熏味。烟熏，有冷熏和热熏两种，冷熏温度不超过 22 ℃，所需时间较长，但烟熏气味渗入较深，滋味浓厚；热熏温度一般在 80 ℃左右，所需时间较短，烟熏气味仅停留于食材表面。

3. 调味技术

调味就是运用不同的调料和调制方法，使菜肴具有一定的滋味。调味是烹饪过程中的重要一环，直接关系到菜肴的质量。

（1）滋味

滋味（味道）是由于口腔内的味觉器官被刺激而产生的一种综合感觉。人的味觉器官（味感受体）主要是分布在口腔黏膜中的味蕾，其次是自由神经末梢。滋味的形成，与温度（10～40 ℃）、人体生理因素、呈味物质的结构和物理性质（浓度和溶解）等有关。能够引起口腔内味觉器官产生感觉的物质称为呈味物质。不同的呈味物质，有时可以产生相同的味觉。

尽管自然界中食物味道多种多样，但归结到菜上，滋味概括起来可分为两大类，即单一味和复合味。

单一味也称基本味、单纯味，是最基本的滋味，是指只用一种味道的呈味物质调制出来的滋味，常见的单一味有咸味、甜味、酸味、鲜味、苦味、辣味等。

复合味是指用两种以上的呈味物质调制出来的具有综合味感的滋味。呈味物质间存在着相乘作用、消杀作用和疲劳作用。相乘作用是指某物质的味感会因为另一味感物的存在而显著加强；消杀作用是指一种物质往往能减弱或者抑制另一种物质味感的现象；疲劳作用是指当较长时间受到某味感物的刺激后，再吃相同的味感物质时，往往会感到味感强度下降。

（2）味的种类

甜味：甜味除使菜肴甜润外，还可增加鲜味，并有去腥解腻作用。

酸味：酸味是由于舌黏膜中的味蕾受到氢离子（H^+）的刺激而引起的。酸味给味觉以爽快的刺激，有助于溶解纤维素及钙、磷等物质，可以促进消化吸收。酸味可去腥解腻，使菜品香气四溢，诱人食欲，并可分解钙质，使骨酥肉烂。

咸味：咸味是中性盐所显示的味，是味中的基本味、主体味，一般菜肴皆先入咸味，再调以其他味。例如，糖醋类的菜，如果不加盐，其糖醋效果极差，甚至不堪入口。

苦味：食材中的苦味物质多来自植物性多酚、黄酮类、萜和硫苷等化合物，这类物质虽苦，但却具有抗氧化、降低肿瘤和心血管疾病发病率的作用，常被称为植物性营养素。而烹饪中，如苦味用得恰到好处，还可使菜肴产生特殊的鲜香滋味，能刺激食欲。烹饪中呈苦味的有部分调味品和个别的果蔬食材。

鲜味：鲜味可使菜肴鲜美可口，是人人喜爱的一种味型。除来源于食物中的氨基酸等物质外，还有一些呈现鲜味的调味品，主要有味精、鸡精、料酒、鲜汤、虾子、虾油、蚝油等。

辣味：辣味不属于五味之一，真正的五味应是酸、甜、苦、咸、鲜。辣是一种痛觉。辣不是经由味蕾感受到的，虽然吃到辣味的时候，味蕾被激活了，但我们感知到的辣味并不是味蕾感受到的味道。在日常生活中，身体各部位感受到的辣味是辣椒中的辣椒素刺激了三叉神经，由大脑分析得出的热觉与痛觉的混合产物。大脑之所以会产生这种信号，是因为带有辣味的刺激性体粘在皮肤上，致使皮肤上的血管膨胀，血流加快，产生热觉，而膨胀的血管挤压神经，又使我们产生痛觉。也就是说有神经的部位都能感受到辣味。

（3）味型的调制

①自制复合调料。

【三合汁】

三合汁其味以咸鲜为主，兼有香味，一般为冷菜常用的复合调味汁。三合汁通常是用酱油、醋、香油三种调料配制而成。

【姜醋汁】

姜醋汁其味酸辣香醇，一般为冷菜常用的复合调料，如"姜汁菠菜""姜醋松花蛋"等。在热菜制作中也有应用，如清蒸的鱼、蟹，可随味碟由食用者自行佐食。姜醋汁通常是用姜末、蒜末、盐、醋、少量糖调配而成。

【糖醋汁】

糖醋汁其口味甜酸，所用调料、调制方法及调配的比例，各地有所不同，应视菜肴的具体标准、要求来调制。一般多用于甜酸味型的冷、热菜肴的调味。糖醋汁通常是用糖、醋、盐、酱油等调配而成。

【椒麻糊】

椒麻糊也称葱椒糊，具有葱与花椒的香、辣、麻的味道，常用于冷菜的调味，如"椒麻仔鸡"等。椒麻糊通常是选上等花椒去梗去籽，淘净、沥干，然后将葱切成细葱花，将葱花、花椒与精盐一同铡成细末，盛入容器内，加入熟菜油和芝麻油调匀成糊即可。

【芥末糊】

芥末糊呈浅黄色，为半流体状态的稀糊，具有香辣味，常用于冷菜及热菜的调味，如"芥末鸭掌"等。目前市场上有芥末油和芥末膏，可直接使用。

【花椒盐】

花椒盐也称"椒盐"，味咸鲜、香麻，常用于热菜中炸类菜肴的调味。一般随味碟上席，由食用者自行蘸食。制法是将花椒、盐分别放入炒锅中不加传热介质小火炒制，将花椒炒熟，盐炒至微黄，两者混合后再加入味精等调味品研磨成末制成的。

【花椒油】

花椒油其味香麻，适用于冷菜的调拌及一些热菜的调味。制法是根据需要用干花椒或青花椒放入温油锅中，小火慢炸，炸至花椒颜色变深，关火晾凉即成。

【辣椒油】

辣椒油也称红油，具有色红油亮、香辣味厚的特点，是冷菜、热菜调味时经常使用的调料。制法是将干红辣椒面加少量的盐拌匀，也可根据需要加入孜然粉、白芝麻等，将植物油烧至七八成热后分多次淋在辣椒面上，晾凉制成。

【葱油】

葱油香味浓厚，适用于冷菜及热菜的调味，如"葱油肉丝""葱烧海参"等。葱油制作方法是将葱段、姜、大蒜放入温油锅中，小火慢炸，待调料发黑捞出，弃之，锅中剩余的油即为葱油。

②醋。

解腥：在烹制鱼类时加入少量醋，可去腥味。

除膻：煮烧羊肉时加少量醋，可解除羊膻气。

减辣：在烹制菜肴时如感太辣，加入少量醋，辣味即减少。

添香：在烹制菜肴时加入少量醋，能使菜肴减少油腻，增加香味。

引甜：在煮甜粥时加少量醋，能使粥更甜。

催熟：在炖肉，煮牛肉、海带、土豆时加少量醋，可使之易熟、易烂。

防黑：炒茄子时加少量醋，能使炒出的茄子颜色不变黑。

起花：在咸豆浆中加入少量醋，能使咸豆浆起花，味道更可口。

③酒。

烹饪中，酒有十分重要的作用，酒能解腥、起香，使菜肴鲜美可口，但也要恰到好处，否则难达效果。

去腥：把鱼在白酒中浸一下，再裹面粉油炸，可去泥腥味。

增香：在烹制脂肪较多的肉类或鱼类时，加一点酒，可让菜肴变得不油腻，并香浓味美。

去苦：宰杀鱼时若弄破鱼胆，马上在鱼腹内抹上一些白酒，再用清水冲洗，可消除苦味。

此外，酒还具有致嫩的作用，炒鸡蛋时，加点白酒，炒出的鸡蛋鲜嫩松软。

4. 形的搭配

食材形状的配合，不仅能够影响菜肴成品的感观效果，而且会直接影响烹饪过程和菜肴的质量。

形的搭配一般有两种情况,第一种是同形配,也就是主料和配料的几何形状应相似,即块配块、片配片、丁配丁、丝配丝,这样可使菜肴产生一种整齐划一的美感。不论是采用何种形状,配料都应当小于主料。但在许多情况下,主料、配料在形的搭配上也要顺其自然、灵活掌握。第二种是异形配,如有些经过刀工处理的主料,加热后可形成球形、扇形、花形等,而配料一般不能加工成类似形状,那就要视主料的形状灵活处理。

5. 调质技术

(1) 菜肴质感的类型

菜肴质感是人们口腔神经、口腔黏膜对于食物特性的一种感觉。这种感觉,主要在口腔中发生,是由牙齿、舌面、颊腭产生刺激而引起的,其中,牙齿的主动咀嚼起着十分重要的作用。当食物进入口腔后,通过咀嚼,菜肴的质感就被人所感知。

烹饪上所讲的质感通常可以划分为两大类,即单一型质感和复合型质感。

①单一型质感。通常说的单一型质感有以下几类:

老嫩质感:如嫩、筋、挺、韧、老、柴、皮等;

稀稠质感:如清、薄、稀、稠、浓、厚、湿、糊等;

松实质感:如疏、酥、散、松、泡、弹、实等;

软硬质感:如柔绵、软、烂、脆、硬等;

粗细质感:如细、沙、粉、粗、渣、毛等;

滑涩质感:如润、滑、涩等。

爽腻质感:如爽、油、肥、腻等。

②复合型质感。复合型质感又可细分为双重质感和多重质感。双重质感是由两个单一型质感构成的。如滑嫩、软烂、爽腻等;多重质感由三个以上的单一型质感构成,多与复杂菜肴的处理方法以及食材复杂的组织结构有关,如外酥里脆软嫩、外焦里酥脆嫩、柔软细嫩等。复合型质感是菜肴质感的普遍特征。

(2) 菜肴调质的基本原则

①充分了解食材的质构特点。菜肴的质地与食材的质构是密不可分的,食材的质构状况往往影响甚至决定菜肴的质地特点。要使调质恰到好处,就必须充分了解食材的质构特点。

②合理调控菜肴质地。任何菜肴,都应当有特定的质地标准,按照这种标准进行合理调控,是调质的核心原则。菜肴质地调控一般需要注意以下几点:传统名菜有固定的质地标准,应当将这种标准展现到极致;现代新潮菜具有明显的区域文化特点,调控其菜肴质地应入乡随俗,灵活变通;严格控制工艺流程,严格把握调配菜肴质地的食材比例,不可滥用替代品,并严格控制好火候。

③宜简不宜繁。菜肴制作的发展是由繁到简的。过去调制一道菜肴要数十道工序和以小时计算的做法,而现代饮食潮流发展的基本格局是高效率和简捷、便利的调质工艺。

④注意保存菜肴的营养价值。追求菜肴质感的丰富多彩,是中国烹饪的特色,其中也渗透着鲜明的养生思想,无论菜肴质地怎样演变和调配,都应该满足营养的需要,切忌因追求完美的质地而导致营养物质的损失。

(3) 调质技术的原理和方法

调质技术主要包括致嫩技术、膨松技术、增稠技术(勾芡),勾芡技术在菜肴制作中具体讲解。

①致嫩技术。致嫩是指在食材中添加某些制品或利用物理、化学方法,使食材质地比原来更为柔嫩的工艺过程。提高食材的持水性和使食材的组织结构疏松是食材变嫩的根本。致嫩工艺主要针对动物肌肉原料。常用的方法有以下几种:

物理致嫩法：机械搅打或搅拌等机械方式可以改变食材的质感；温度的变化也可以改变食材的质感，焯水后的食材放入冰水中会更加脆嫩，如"文昌鸡"在出锅后放入冰水也可使肉质更鲜嫩。

化学致嫩法：在肌肉中与持水性密切相关的是肌球蛋白。化学致嫩主要是破坏肌纤维膜、基质蛋白及其他组织，使其结构疏松，有利于吸水膨润，提高水化能力。但化学嫩化的肉类食材，成菜常常会有种不愉快的气味，更重要的是食材的营养成分会被破坏。根据使用的不同致嫩剂，其致嫩方法可以采用碳酸钠致嫩、碳酸氢钠致嫩、盐致嫩、酒致嫩等方法。

嫩肉粉致嫩：对某些食材，特别是牛肉、肘、肚等，可以用嫩肉粉腌制致嫩。嫩肉粉的种类很多，如蛋白酶类，常见的有木瓜蛋白酶、菠萝蛋白酶、无花果蛋白酶、生姜蛋白酶等植物蛋白酶，这些酶使粗老的肉类食材吸收水分，达到致嫩的目的。

其他致嫩方法：食材中添加其他物质致嫩，如在肉糜制品中加入一定量的淀粉、大豆蛋白、蛋清、奶粉等可提高制品的持水性。

②膨松技术。膨松技术是在制品中引入气体的过程，质地疏松是某些菜肴的主要特点，特别是松炸、脆炸类菜肴。这些菜肴在烹制前要挂糊，糊中引入的气体在烹制中膨胀，才使得菜肴的体积增大，组织疏松，并具有良好的口感。调质中的膨松技术可分为生物膨松、化学膨松和机械膨松三种。

生物膨松：生物膨松是利用生物膨松剂即酵母的发酵作用进行膨松的过程。导致膨松的气体为酵母发酵所产生的二氧化碳。

化学膨松：化学膨松是由化学膨松剂通过化学反应产生二氧化碳使菜肴膨松的过程。

机械膨松：机械膨松主要用于蛋泡糊的调制，方法是利用蛋清的发泡性，将蛋清打起泡沫，再拌入干淀粉搅匀即可。

任务三 熟悉食材的保护性加工

食材的保护性加工是为了保护食材的水分、营养不流失，增进食材风味的一项技术，主要包括上浆、挂糊和拍粉。

一、上浆

上浆，又称抓浆、吃浆，就是将经过刀工处理后的食材裹上一层薄薄的浆液，经过加热，使制成的菜肴达到滑嫩效果的烹调方法。

（一）上浆的作用

上浆主要是食材表面的浆液受热凝固后形成的保护层对食材起到保护作用。上浆的主要作用有：

1. 保持食材嫩度

食材上浆后持水性增强，加上浆液受热后形成保护层，热阻较大，通透性较差，可以有效地防止食材内蛋白质的变性和所含水分的流失，从而保持食材滑嫩或脆嫩的质感。

2. 美化食材形态

食材上浆所形成的保护层有利于保持水分和防止结缔组织预热过分收缩，成菜后具有光润、亮洁、饱满、舒展的形态。

3. 保持和增加营养成分

上浆时食材表面形成的保护层，可以有效地防止食材中营养成分免遭破坏和流失，起到保持营养成分的作用。不仅如此,上浆用料是由营养丰富的淀粉、蛋白质组成的,可以增加菜肴的营养价值。

4. 保持菜肴鲜美滋味

经上浆处理后,食材不直接与高温的油接触,热油也不易浸入食材的内部,食材内部的水分及其鲜味不易外溢,从而保持了菜肴的鲜美滋味。

(二) 浆的种类及调制方法

上浆用料的种类较多,根据上浆用料组配形式的不同,可把浆分成以下四种:

1. 鸡蛋清粉浆

用料构成:鸡蛋清、淀粉、精盐、料酒、味精等。

调制方法:一种方法是先将食材用调料拌腌入味,然后加入鸡蛋清、淀粉拌匀即可。另一种方法是用鸡蛋清加湿淀粉调成浆,再放入腌渍后的食材拌匀即可。上述两种方法都可在上浆后加入适量的冷油,以便于食材滑散。

用料比例:食材 500 g、鸡蛋清 100 g、淀粉 50 g、精盐 2 g、料酒 3 g、味精 2 g、水适量。

适用范围:多用于爆、炒、熘类菜肴,如"清炒虾仁""滑熘鱼片""芫爆里脊丝"等。

制品特点:柔滑软嫩、色泽洁白。

2. 全蛋粉浆

用料构成:全蛋液、淀粉、精盐、料酒、味精等。

调制方法:制作方法基本上与鸡蛋清粉浆相同。调制浆液时应注意两点:一是全蛋粉浆需要更加充分地调和,以保证各种用料相互溶解为一体;二是用全蛋粉浆浆制质地较老韧的主、配料时,宜加适量的泡打粉或小苏打,使食材经油滑后松软而嫩。

用料比例:与鸡蛋清粉浆基本相同。

适用范围:多用于炒、爆、熘等方法制作的菜肴及烹调后带色的菜肴,如"辣子肉丁""酱爆鸡丁"等。

制品特点:滑嫩、微带黄色。

3. 苏打粉浆

用料构成:鸡蛋清、淀粉、小苏打、水、精盐等。

调制方法:先把食材用小苏打、精盐、水等腌渍片刻,然后加入鸡蛋清、淀粉拌匀,浆好后静置一段时间使用。

用料比例:食材 500 g、鸡蛋清 50 g、淀粉 50 g、小苏打 3 g、精盐 2 g、水适量。

适用范围:适用于质地较老、肌纤维含量较多、韧性较强的食材,如牛肉、羊肉等。多用于炒、爆、熘等方法制作的菜肴,如"蚝油牛肉""铁板牛肉"等。

制品特点:鲜嫩滑润。

4. 水粉浆

用料构成:淀粉、水、精盐、料酒、味精等。

调制方法:将食材用调料腌入味,再用水与淀粉调匀上浆。浆的浓度以裹住食材为宜。

用料比例:食材 500 g、干淀粉 50 g、适量冷水、精盐 2 g、料酒 3 g、味精 2 g。

适用范围:适用于肉片、鸡丁、肾、肝、肚等食材的浆制,多用于炒、爆、熘、氽等方法制作的菜肴,如"爆腰花""炒肉片"等。

制品特点:质感滑嫩。

(三) 上浆注意事项

1. 灵活掌握各种浆的浓度

在上浆时,要根据食材的质地、烹饪的要求及食材是否经过冷冻等因素决定浆的浓度。较嫩的食材含水分较多，吸水力较弱，浆中的水分就应适当减少，浓度可以稠一些；较老的食材本身含水分较少，吸水力较强，浆中的水分就应多加，浓度可稀一些。经过冷冻的食材含水分较多，浆应当稠一些；未经冷冻的食材含水量相对较少，浆应当稀一些。

2. 掌握好上浆的每个环节

上浆一般包括三个环节：一是腌制入味，在食材中加少许精盐、料酒等调料腌渍片刻，浸透入味；老韧的食材，要另加适量的水和小苏打，可使肉质多吸收水分变嫩。二是用鸡蛋液拌匀，把鸡蛋液调散后加入食材中，将鸡蛋液与食材拌匀。三是调制的水淀粉必须均匀，不能存有粉粒，否则滑油时易造成脱浆现象。

3. 必须达到吃浆上劲

在上浆操作中，常采用搅、抓、拌等方式，无论采用哪一种方式，都必须抓匀抓透。一方面使浆液充分渗透到食材组织中去，达到吃浆的目的；另一方面充分提高浆液黏度，使之牢牢粘附于食材表层，这样才不会脱浆。

4. 合理选用浆液

根据食材质地、菜肴的色泽要求来选用与之相适应的浆液。成品颜色为白色时，必须选用鸡蛋清为浆液的用料，如鸡蛋清粉浆等；成品颜色为金黄、浅黄、棕红色时，可选用全蛋液、鸡蛋黄为浆液的用料，如全蛋粉浆等。

（三）上浆实例

1. 滑炒肉丝

（1）原料准备

①主料：猪瘦肉 300 g。

②配料：笋 50 g、葱 25 g。

③调料：精盐 3 g、味精 2 g、料酒 2 g、芝麻油 1 g、湿淀粉 30 g、鸡蛋清 30 g、清汤 30 g、食用油 250 g。

（2）加工准备

①将葱、笋切成约 4 cm 长的细丝放入盘内。

②把猪瘦肉切成长约 4.5 cm，粗约 0.3 cm 的细丝，放入碗内加蛋清、湿淀粉抓匀。

（3）制作工艺

①锅内加食用油，烧至 120 ℃时将肉丝下油锅，滑散，倒入漏勺内控净油。

②锅内留少许油，烧热，加葱丝略炒，再加入笋丝煸炒，加料酒、精盐、味精、清汤，随即将滑炒好的肉丝下锅颠翻几下，淋上芝麻油盛盘即成。

成品特色：色泽洁白，质地滑嫩，咸鲜适口。

2. 爆炒鸡丁

（1）原料准备

①主料：鸡脯肉 250 g。

②配料：冬笋 50 g、豌豆 20 粒、大葱 25 g、蒜 10 g。

③调料：食用油 500 g、湿淀粉 30 g、鸡蛋 1 个、精盐 1 g、料酒 5 g、味精 2.5 g、清汤 50 g、鸡油 10 g。

（2）加工准备

将鸡脯肉切成 1.2 cm 见方的丁，放碗内加料酒抓匀，再加精盐、鸡蛋清、湿淀粉抓匀。冬笋切成 1 cm 见方的丁，大葱切丁，蒜切片；清汤、料酒、味精、精盐和湿淀粉盛碗内兑成汁。

（3）制作工艺

①锅内加食用油烧至 100 ℃左右，将鸡丁入锅划开至熟，倒入漏勺内控净油。

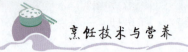

②锅内留少许油,加葱、蒜烹锅至出香味,加冬笋丁、豌豆略煸炒,加滑炒好的鸡丁,随即把兑好的汁倒入锅内,颠翻均匀,淋上鸡油,盛盘内即成。

成品特色:鲜嫩爽口,明油亮芡。

二、挂糊

挂糊是根据菜肴的质量标准,在经过刀工处理的食材表面,适当地挂上一层黏性的糊,经过加热,使成菜酥脆、松软的烹调方法。

(一) 糊的种类及调制方法

在烹饪过程中,根据食材的质地、烹调方法及菜肴成品的要求,应当灵活而合理地进行糊的调制。

1. 蛋清糊

用料构成:鸡蛋清、淀粉(或面粉)。

调制方法:打散的鸡蛋清加入干淀粉,搅拌均匀即可。

用料比例:鸡蛋清与淀粉(或面粉)的用量为1∶1。

适用范围:多用于软炸类菜肴,如"软炸里脊""软炸鱼条"等。

制品特点:质地松软,呈洁白色或淡黄色。

2. 蛋黄糊

用料构成:淀粉(或面粉)、鸡蛋黄、冷水。

调制方法:用干淀粉(或面粉)、鸡蛋黄加适量冷水调制而成。

用料比例:鸡蛋黄与淀粉(或面粉)的用量为1∶1。

适用范围:多用于炸熘类菜肴,如"糖醋鱼片"等。

制品特点:外酥脆、里软嫩。

3. 全蛋糊

用料构成:淀粉(或面粉)、全蛋液。

调制方法:打散的全蛋液加入淀粉(或面粉),搅拌均匀即可,切忌搅拌上劲。

用料比例:全蛋液与淀粉(或面粉)的用量为1∶1。

适用范围:多用于炸、熘类菜肴,如"炸鸡条""糖醋鱼块"等。

制品特点:外酥脆、里松嫩、色泽金黄。

4. 蛋泡糊

用料构成:干淀粉、鸡蛋清。

调制方法:将鸡蛋清顺一个方向连续抽打成泡沫状,拌入干淀粉,轻搅至均匀即可。

用料比例:鸡蛋清与干淀粉的用量为2∶1。

适用范围:多用于松炸类菜肴,如"高丽鱼条""雪衣大虾"等。

制品特点:菜肴外形饱满、质地松软、色泽乳白。

5. 水粉糊(干炸糊)

用料构成:淀粉、清水。

调制方法:先用适量的清水将淀粉澥开,再加入适量的清水调制成较为浓稠的糊状即可。

用料比例:淀粉与清水的用量约为2∶1。

适用范围:适用于焦熘类菜肴,如"醋熘黄鱼""糖醋里脊""焦熘肉片"等。

制品特点:外焦脆、里软嫩、色泽金黄。

（二）挂糊的注意事项

1. 灵活掌握糊的浓度

在制糊时，要根据烹饪食材的质地、烹调的要求及食材是否经过冷冻处理等因素决定糊的浓度。

2. 掌握各种糊的调制方法

在制糊时，必须掌握先慢后快、先轻后重的原则。开始搅拌时，水和淀粉（或面粉）尚未调和，浓度不够、黏性不足，所以应该搅拌得慢一些、轻一些。通过搅拌后，糊的浓度渐渐增大，黏性逐渐增强。搅拌时可适当增大搅拌力量和搅拌速度，使其越搅越浓、越搅越黏，直至糊黏稠，但切忌使糊筋性加强。

3. 糊要调匀

制糊时，必须使糊均匀，不能存有粉粒，因为粉粒附着在食材表面上，当食材投入油锅后，粉粒就会爆裂脱落，使食材形成脱糊，影响菜肴的质量。食材在挂糊时，要用糊把主、配料的表面全部包裹起来，不能留有空白点。否则在烹调时，油就会从没有糊的地方浸入食材，使遗漏部分质地变老、形状萎缩、色泽焦黄，影响菜肴的质量。

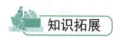

上浆与挂糊的区别

（三）挂糊实例

1. 软炸虾仁

（1）原料准备

①主料：净虾仁 200 g。

②调料：精盐 2 g、味精 2 g、湿淀粉 60 g、食用油 750 g、花椒盐 20 g、面粉 90 g、鸡蛋 1 个。

（2）加工准备

将蛋清打入碗内加面粉、湿淀粉抓匀，另一碗虾仁加上精盐、味精拌匀，再挂匀蛋清糊。

（3）制作工艺

锅中加入食用油，烧至 150 ℃时，将虾仁逐个入油锅炸到七成熟，用漏勺捞出，待油温升到 200 ℃时，把虾仁下油锅内迅速复炸一次，倒入漏勺控净油盛入盘内即成，食用时可蘸花椒盐。

成品特点：外软里嫩、口味咸、鲜、麻、香。

2. 糖醋里脊

（1）原料准备

①主料：猪里脊肉 200 g。

②配料：豌豆 10 粒、鸡蛋 1 个。

③调料：葱末 5 g、姜末 5 g、蒜末 30 g、白糖 150 g、醋 150 g、酱油 5 g、清汤 50 g、食用油 1 000 g、湿淀粉 150 g。

(2) 加工准备

①将里脊肉切成长约 3 cm，宽约 1.6 cm，厚度约 0.6 cm 的片状，放碗内。蛋黄、湿淀粉调成蛋黄糊，再将里脊挂糊拌匀。

②碗内加上白糖、醋、酱油、清汤、湿淀粉兑成汁。

(3) 制作工艺

①锅内加食用油烧至 150 ℃，将挂糊里脊分散下入锅中炸熟捞出；再将锅内热油烧至 200 ℃，再将里脊下入油锅中复炸约 30 秒，迅速捞出。

②锅内留油烧热，加葱姜蒜末煸炒，倒入兑好的糖醋芡汁，急火热油将汁爆起，即倒入炸好的里脊和豌豆，迅速颠翻均匀，出锅装盘即成。

成品特点：外焦里嫩，色泽金黄，酸甜适口。

三、拍粉

将食材表层滚粘上干性粉粒，即拍粉。干性粉粒包括面粉、干淀粉、面包渣、椰丝粉等粉状原料。

(一) 拍粉的作用

拍粉的主要作用是使食材吸水固型、增强风味，并具有一定的保护作用。拍粉被广泛应用于炸、煎、熘类菜肴，食材经拍粉后，受热的变形率较小，并且有外层金黄香脆、内部鲜嫩的特点。拍粉的食材炸制后形态美观、花纹清晰、口感香脆。一般拍粉的菜肴比挂糊更为香脆，但嫩度稍欠。

(二) 拍粉的方法

1. 拍粉适用的食材

油炸制的食材，有很多是既可以挂糊油炸，又可以拍粉油炸。比如炸带鱼，可以挂糊，也可以拍粉，但如果油炸后再红烧，挂的糊容易脱糊，影响菜肴的品质。拍粉主要用于炸、煎、熘类菜肴，如"干炸带鱼""菊花青鱼""葡萄鱼""爆煎鱼"等。

2. 拍粉的方法

(1) 干拍粉

干拍粉是直接将干粉拍粘在食材上，无上浆过程，主要作用是吸收原料水分，强化固型。以鱼类食材拍粉为主要形式，方法是先将食材腌渍，而后带湿拍粉，将食材表面裹满干粉，随即入油锅炸制，干粉在食材表面形成酥脆外壳。

(2) 拍粉拖蛋

用料构成：淀粉（或面粉）、全蛋液。

调制方法：在经调料腌渍后的食材表面，先拍一层干淀粉或面粉，然后再放入全蛋液中粘裹均匀即可。

用料比例：食材 200 g、淀粉或面粉 20 g、全蛋液 60 g。

适用范围：多用于动、植物性食材，适用于炸、煎、贴类菜肴，如"锅贴鱼""生煎鳜鱼片"等。

制品特点：味鲜质嫩、色泽金黄。

(3) 拍粉拖蛋滚面包渣

用料构成：淀粉（或面粉）、全蛋液、面包渣（也可粘裹芝麻、松仁、瓜子仁等）。

调制方法：将食材先用调料腌渍后蘸上一层淀粉或面粉，再放入全蛋液中粘裹均匀捞出，最后粘上一层面包渣即可。

用料比例：食材200 g、全蛋液100 g、淀粉或面粉20 g、面包渣100 g。
适用范围：多用于炸类菜肴，如"炸虾球""炸鱼排"等。
制品特点：酥松可口、色泽金黄。

3. 拍粉的注意事项

①现拍现炸，不宜久置，防止淀粉吸收食材中的水分，使食材变得干燥。
②食材刀口处淀粉要拍匀，防止食材黏结，影响造型。
③拍粉时，要按紧食材，并抖清余粉，防止加热时脱粉，并对油质造成过多的污染。

（三）拍粉实例

1. 干煎黄花鱼

（1）原料准备
①主料：黄花鱼1尾（约500 g）。
②配料：鸡蛋1个，葱、姜末各5 g。
③调料：料酒10 g、精盐5 g、味精2 g、面粉30 g、食用油150 g、胡椒粉3 g、花椒10粒。

（2）加工准备
将黄花鱼处理干净，在鱼身上剞上斜一字形花刀，撒上精盐、料酒、味精、胡椒粉、花椒、葱姜末，略腌入味。

（3）制作工艺
将腌好的鱼粘上面粉，再蘸上鸡蛋液，放热油中煎熟至两面呈金黄色即成。
成品特点：色泽金黄，外酥里嫩，鲜香浓郁。

2. 炸板肉

（1）原料准备
①主料：瘦猪肉300 g。
②配料：咸面包渣100 g、鸡蛋2个、干面粉25 g。
③调料：葱姜末25 g、精盐2 g、料酒30 g、味精2 g、食用油100 g、花椒盐少许。

（2）加工准备
把瘦猪肉切成约0.6 cm厚、宽约5 cm、长约10 cm的大片，两面交叉用直刀法剞上十字花刀，撒上葱姜末、料酒、味精、精盐拌匀，周身粘匀干面粉、全蛋液，再粘上咸面包渣，用手两面按平。

（3）制作工艺
锅内加食用油烧至150 ℃时，放板肉炸熟呈金黄色时捞出，用刀切成约1 cm宽的长条，原样摆入盘内即成。上桌时带花椒盐。
成品特点：色泽金黄，外焦脆、里鲜嫩。

任务四　掌握食材的初熟处理

烹饪食材的初熟处理是根据菜肴的烹制需要，利用水、油、蒸汽等传热介质对烹饪食材进行加热，使其达到半熟或刚熟半成品的处理过程。食材的初熟处理，是正式烹饪前的一个重要环

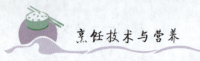

节。初熟处理技术包括焯水、过油、汽蒸、走红等，食材初熟处理之前还要求我们掌握火候、油温、勺工等基本知识。

一、火候与油温

中国烹饪的技艺以讲究火候而闻名于世，火候的运用关系到菜肴的质量，是烹饪成菜中的关键。

（一）火候

所谓火候是指烹制过程中，将食材加工成菜肴所需温度的高低和时间的长短，以及热源火力的大小。

热源的火力、传热介质的温度和加热时间是构成火候的三个要素，而热源火力对火候的把握最为关键，所以重点对热源火力进行讲述。

1. 热源火力的种类

目前在烹饪行业中，以各种燃料为热源的加热设备多是明火，人们习惯根据火焰的直观特征（火焰的高低、色泽、火光的明暗及热辐射的强弱等），将火力分为微火、小火、中火、旺火四种情况。

（1）微火

微火又称慢火。微火的特征是火焰细小，呈暗红色，供热微弱，适用于焖、煨等烹调方法和菜肴成品的保温。

（2）小火

小火又称文火。小火的特征是火焰细小、晃动、时起时落，呈青绿色或暗黄色，光度暗淡，热辐射较弱，多用于烹制质地老韧的食材或制成软烂质感的菜肴，适用于烧、焖、煨等烹调方法。

（3）中火

中火又称文武火，是仅次于旺火的一种火力。中火的特征是火苗较旺，火力小，呈红白色，光度较亮，热辐射较强，常用于炸、蒸、煮等烹调方法。

（4）旺火

旺火又称武火、大火、猛火、烈火等。旺火的特征是火焰高而稳定，呈黄白色，光度明亮，热辐射强烈，热气逼人，多用于炒、熘、爆等烹调方法。

2. 火候的调节

影响火候的因素主要有食材的性状、传热介质的用量、食材的投料数量、季节变化等，烹饪时要根据这些因素来及时调节火力的大小及加热时间，以达到最佳的烹饪效果。

（1）根据食材性质调节火候

不同的食材，其形体大小、软硬度、疏密度、成熟度、新鲜度不同，对火候要求也不同。一般形体大、质地老韧的食材在加热时所需的热量较多，反之所需热量较少。

（2）根据传热介质用量调节火候

传热介质的用量与传热介质的热容量有关，种类一定的传热介质，用量越多时，从热源中获取的热量就越多，需要的能量就越大，少量的食材投入锅中不会引起温度大幅的变化。反之，传热介质的用量越少，传热介质的热容量越小，温度会随着食材的投入而急剧下降。要维持一定的温度，就必须适当加大火力。

（3）根据食材投入量调节火候

一定量的食材要制作成菜肴，需要在一定的温度下用适当的时间进行加热，食材投入后会从传热介质中吸取热量，因而导致传热介质温度降低。要保持一定的温度，就必须有足够大的热源火力相配合。因此，食材投入量的多少，对传热介质的温度有影响。投入量越多，影响就越大，反之就越小。

（4）季节对火候的影响

一年四季中冬季、夏季温度差别较大，必然会影响到菜肴烹制时的火候。冬季时应适当增强热源火力、提高传热介质的温度或延长加热时间。

3. 掌控火候的方法

掌控火候就是根据不同的烹调方法和食材的不同性质，调节好火力大小、加热温度和加热时间。

（1）通过控制传热介质的温度来掌控火候

通过控制传热介质的温度可以很好地掌控火候，例如在制作油炸食物时，一般用中火，大火炸制的食材容易外焦里不透。再比如在炝锅时，锅中油温太高易导致葱姜等迅速变黑，影响菜肴色泽的美观。因此掌控火候可以通过控制传热介质的温度来实现。

（2）通过观察食材成熟度来掌控火候

火候必然通过炒勺中食材的变化反映出来，如动物性食材是根据其血红素的变化来确定火候的。油温在60 ℃以下时，肉色几乎无变化；在油温65～75 ℃时，肉呈现粉红色；在油温75 ℃以上时，肉色完全变成灰白色，如猪肉丝入锅后变成灰白色，则可判定其基本断生。

（3）运用翻勺技巧掌控火候

熟练地运用翻勺技巧对于掌控火候也是重要的，根据菜肴在炒勺中的变化情况来判断，到了翻勺的时机就需及时翻勺。这样才能使食材受热均匀，使调料均匀入味，使芡汁在菜肴中均匀分布，若出勺不及时则会造成菜肴过火或失饪。

在烹制菜肴的过程中，人们根据影响火候的因素，结合烹调实践总结出以下火候运用常用方法：

质地较老、形体较大的烹饪食材需用小火、长时间加热。

质地软嫩、形体较小的烹饪食材需用旺火、短时间加热。

成菜质感要求脆嫩的需用旺火、短时间加热。

成菜质感要求软烂的需用小火、长时间加热。

以水为传热介质，成菜要求软嫩、脆嫩的需用旺火、短时间加热。

以水蒸气为传热介质，成菜质感要求鲜嫩的需用大火、短时间加热，而成菜质感要求软烂的，则需用中火、长时间加热。

采用炒、爆烹调方法制作的菜肴，需用旺火、短时间加热。

采用炸、熘烹调方法制作的菜肴，需用旺火、短时间加热。

采用炖、焖、煨烹调方法制作的菜肴，需用小火、长时间加热。

采用煎、贴烹调方法制作的菜肴，需用中、小火，加热时间略长。

火候的掌控应以菜肴成菜的质量要求为准，以食材的性状特点为依据，还要根据实际情况随机应变，灵活运用。

（二）油温

1. 油温的识别

油温通常可分为低油温、温油温、热油温、高油温、超高油温五个油温段，有时油温也按"成"来划分（见表2-1）。

油温的识别

表 2-1　油温的划分

低油温	温油温	热油温	高油温	超高油温
一成~二成	三成~四成	五成~六成	七成~八成	
30~60 ℃	90~120 ℃	150~180 ℃	210~240 ℃	240 ℃以上
无烟、油面平静	无青烟、无响声，油面平静，下入食材时，食材周围无明显气泡生成	微冒青烟，油面徐徐翻动，浸炸食材时食材周围出现少量气泡	有青烟、油面翻滚，手勺搅时有响声，浸炸食材时食材周围出现大量气泡	青烟四起，油面沸腾，投入食材有剧烈爆裂声

2. 不同油温的应用与实例

（1）0~60 ℃

从理论上讲60 ℃以下的油温中，多数烹饪食材都不能成熟，在这个温度范围内的油，可用来制作凉菜，以增加光泽、香味，去除异味，增加柔软性和起嫩滑作用；加入上好浆的食材中可防止下锅粘连；制作发酵面团，如用来制作面包，加入后可改善成品组织和光泽，使成品松软可口，提高营养成分和口感；可用来制作油酥面团等。在面点成形过程中加入，可降低黏度，防止水分挥发，增加成品的保鲜期等作用。

（2）60~90 ℃

在此油温范围内，食材能够成熟，尤其是在90 ℃左右，动、植物性食材都可以成熟，但食材形体要小，成熟时间较长。以上浆滑油来说，此油温可操作性差，食材下锅后，会导致脱浆，造成滑油的失败，所以应用较少。

（3）90~120 ℃（温油温）

温油温在实际操作中应用最广泛，一般用于上浆滑油，食材与油量之比为1∶3，动物性食材形小的丝、片滑油，可在100 ℃左右进行，形大的块、片、条等滑油可在温度140 ℃左右进行。蔬菜的滑油，如油菜、菠菜等绿叶蔬菜，滑油油温切不可高，一般在90~100 ℃进行，若温度过高叶枯而茎不熟，其他根茎类蔬菜，如土豆片、芹菜滑油温度，一般在100~140 ℃即可。

油浸的菜肴如"油浸鱼""油浸鸡"成熟的油温一般在100 ℃左右为好，烹制时间视品种与体形的大小，一般维持10~30 min即可。菜肴中的"炸八块""干炸里脊"，初炸油温以100~110 ℃为佳，在此油温中浸熟后的动物性食材，经复炸后，成菜外酥脆、里鲜嫩。在面点成熟过程中，凡制品要求色白的，烹制时一般用温油温。

（4）150~180 ℃（热油温）

热油温在实际应用中也比较多。油量与食材之比一般为5∶1左右，高的可达10∶1以上，如"油发干货""油炸龙须面"。

热油温的适用范围大致有以下几个方面：

①需要初步熟处理的菜肴。红烧、干烧、黄焖、烩等烹调方法制作的菜肴，其食材的初步熟处理一般都在热油温中进行，如"红烧鱼""干烧鸡条"等，一般油温低于170 ℃时难以上色，食材外皮不易收紧，一般油炸时间以短为好，但要求酥松的制品如"酥肉""熏鱼"则可在160~170 ℃的油温中炸制，再适当延长炸制时间。

②用于初炸。如"炸肫花""软炸虾仁""松鼠鱼""炸烹鸡条"等的成熟与定型一般油温在150~170 ℃，"炸猪排"等下锅油温一般都在150 ℃左右，出锅油温一般在180 ℃左右，"炸土豆条"的油温在170~175 ℃，"油氽花生""油氽肉圆"的温度在150~160 ℃。

③用于部分油炸面点的制作。在面点成熟过程中，很多制品都是在热油温中炸制成熟的，其

中包馅、含糖、体形较厚的食材，或者成品要求松软、酥脆、色泽淡黄、金黄的制品，油炸成熟温度一般都在 140~180 ℃。如"炸麻花"，下锅油温为 160 ℃，出锅油温为 170 ℃ 左右，"开口笑"下锅油温为 150 ℃ 左右，浮起炸酥的温度在 170 ℃ 左右，"炸蜜三刀"油温为 165~170 ℃，"炸江米条"的油温为 180 ℃ 左右。酥点成品要求酥松，色泽金黄的品种出锅油温也在 180 ℃ 左右。

（5）210~240 ℃（高油温）

高油温一般适用以下几个方面：

①可用于走红。包括以酱油涂抹上色和挂糖的大型食材，如"整鸡""酱鸭""走油蹄"等一般油温在 180~220 ℃。

②部分食材的复炸。经初炸后的复炸、烹、焦熘等菜肴，如"软炸虾仁""炸烹鸡条""焦熘肉段"等，复炸的油温一般在 190~220 ℃。

③经蒸或卤制成熟的半成品，成菜要求肉质肥嫩、外皮微脆的菜肴，如"香鸭""香鹤"等，油炸温度一般在 220~230 ℃，并且油量要大，一定要完全没过食材。为避免因食材形体太大、油温下降太快而导致肉质水分被炸干、滋味丧失、口感干绵，这些食材只宜一次高油温炸制成。

④用于形薄而不含糖的面点。如"薄脆"的炸制温度也较高，一般在 200 ℃ 左右。如"油条"成熟油温一般在 220~230 ℃，"油炸锅巴""油炸粉丝""炸虾片"等涨发与油炸温度都在 180~230 ℃。

⑤用于油淋。如果以油浇成熟，则其油温大都在 200~230 ℃，否则难以上色和成熟。

（6）240 ℃ 以上（超高油温）

油在高温下会产生聚合、氧化、分解等化学反应，还会破坏食材的营养成分，产生有毒化合物。经常食用此阶段温度炸制的食品可能有一定的致癌风险，所以在不影响菜肴质量的前提下，应避免使用此阶段的油温来做菜品。

在实际工作中油温的划分并没有一个严格的界限，它由食材的性质、形体的大小、油量的多少、成菜要求等多种因素决定，所以说油温的划分是相对而言，同时又是绝对的，因为在最佳的温度值、最佳的状态下锅，菜品就能达到最佳效果。

二、勺工

勺工就是厨师临灶运用炒勺的方法与技巧的综合技术。勺工技艺对成菜至关重要，直接关系到菜肴的质量。因此，必须要掌握好勺工的基本知识，才能适应烹制菜肴的需要。

（一）勺的种类

勺的种类很多，常用的有炒勺、手勺、漏勺等。

1. 炒勺

炒勺一般是用铁、铝、铜和复合金属加工制成的，家庭中常称为炒锅或炒菜锅。按炒勺的外形及用途可分为：扒菜勺、炒菜勺、烧菜勺、汤菜勺等，是用于煎、炒、烹、炸、烧、扒、炖、蒸、煮等方法的加热工具，适用于绝大多数烹调技法。家庭中常用的炒勺多有手柄或"双耳"，通常直径在 24~36 cm。

2. 手勺

手勺配合炒勺使用，用于添加调料、舀兑汤汁、搅拌食材以及盛装菜肴等，规格分为大、中、小三种型号。家庭中也常用锅铲盛菜。

3. 漏勺

漏勺内有许多排列有序的圆孔，是烹调中捞取固体食材或过滤之用的工具。漏勺根据直径大小可分为大、中、小号；根据孔的大小分为细漏勺和粗漏勺。

（二）勺工的基本姿势

1. 临灶的基本姿势

临灶操作时，两脚自然分开站立；上身保持含胸，略向前倾，不可弯腰曲背；身体与灶台保持一定的距离（约 10 cm）；左手紧握炒勺勺柄，右手持手勺，目光注视勺中食材的变化。操作时，动作要灵活、敏捷、准确、协调。

2. 握勺的手势

握勺的手势主要包括握炒勺的手势和握手勺的手势。

（1）握炒勺的手势

一般以左手握勺，手心朝右上方，拇指放在勺柄上面，其他四指弓起，指尖朝上，合力握住勺柄。握勺柄时要握紧，但不要过分，以握住、握牢、握稳为度。

（2）握手勺的手势

以右手持手勺，用右手的中指、无名指、小拇指与手掌合力握住勺柄，主要目的是在操作过程中起到勾拉、搅拌的作用；食指前伸，扶住勺柄的上面；拇指按住勺柄的左侧，拿住手勺。持握手勺时要握牢但力度要适当，施力、变向均要做到灵活自如。

（三）翻勺的作用和方法

1. 翻勺的作用

翻勺是烹饪操作者重要的基本功之一，翻勺技术功底的扎实与否可直接影响到菜肴质量的高低。翻勺的作用主要有以下几个方面：使食材受热均匀、入味均匀、着色均匀、挂芡均匀、保持菜肴的形态等。

2. 翻勺的基本方法

翻勺的方法很多，可分为小翻勺、大翻勺、晃勺以及手勺的使用等技法。

（1）小翻勺

又称颠勺，是最常用的一种翻勺方法。这种方法因食材在炒勺中运动的幅度较小，故称小翻勺。其具体方法有前翻勺和后翻勺两种。

①前翻勺。前翻勺也称正翻勺，是指将食材由炒勺的前端向勺柄方向翻动。这种翻勺方法在实践操作中应用较为广泛，主要用于熘、炒、爆、烹等方法的制作。

操作方法：左手握住勺柄（或锅耳），以灶口边沿为支点，炒勺略向前倾斜，先向后轻拉，再迅速向前送出，并将炒勺的前端略翘，然后快速向后勾拉，使食材翻转。

操作要领：前翻勺是通过小臂带动大臂的运动，利用灶口边沿的杠杆作用，使勺底呈弧形滑动；炒勺向前送时速度要快，先将食材滑送到炒勺的前端，然后顺势依靠腕力快速向后勾拉，使食材翻转。"拉、送、勾拉"三个动作要连贯、敏捷、协调、利落。

②后翻勺。又称倒翻勺，是指将食材由勺柄方向向炒勺的前端翻转的一种翻勺方法。主要用于烹制汤汁较多的菜肴，是为了防止汤汁溅到握炒勺的手上。

操作方法：左手握住勺柄，先迅速后拉，使炒勺中食材移至炒勺前端，同时向上托起。当托至大臂与小臂成 90°角时，顺势快速前送，使食材翻转。

操作要领：向后拉的动作和向上托的动作要同时进行，动作要迅速，使炒勺向上呈弧形运动。当食材运行至炒勺后端边沿时，快速前送，"拉、托、送"三个动作要连贯协调，不可脱节。

（2）大翻勺

大翻勺是指将炒勺内的食材，一次性做 180°翻转的一种翻勺方法。主要用于扒、煎、贴等方法。大翻勺技术难度较大，要求也比较高，不仅要使食材整个地翻转过来，而且翻转过来的食材要保持整齐、美观、不变形。大翻勺的手法较多，大致可分为前翻、后翻、左翻、右翻等几种。下面以大翻勺前翻为例，介绍大翻勺的操作技法。

操作方法：左手握炒勺，先晃勺，调整好炒勺中食材的位置，略向后拉，随即向前送出，接着顺势上扬炒勺，将炒勺内的食材抛向炒勺的上空，在上扬的同时，炒勺向后勾拉，使离勺的食材，呈弧形做180°翻转，食材下落时炒勺向上托起，顺势接住食材一同落下。

操作要领：晃勺时要适当调整食材的位置，若是整条的鱼，应鱼尾向前，鱼头向后。若形状为条状的，要顺条翻，不可横条翻，否则易使食材散乱。"拉、送、扬、翻、接"的动作要连贯协调、一气呵成。大翻勺除翻的动作要求敏捷、准确、协调、衔接外，还要求做到炒勺光滑不涩。晃勺时可淋少量油，以增加润滑度。

（3）晃勺

晃勺是指将食材在炒勺内旋转的一种勺工技术。晃勺应用较广泛，主要用于煎、塌、贴、烧、扒等方法，也是翻勺与出菜的前期步骤。

操作方法：左手握住炒勺柄（或锅耳）端平，通过手腕的转动，带动炒勺做顺时针或逆时针转动，使食材在炒勺内旋转。

操作要领：晃动炒勺时，主要是通过手腕的转动及小臂的摆动，加大炒勺内食材旋转的幅度，力量的大小要适中。

（4）手勺的使用

勺工主要是由翻勺动作和手勺动作两部分组成的。手勺在勺工中起着重要的作用，其不单纯是舀兑调料和盛菜装盘，还要参与配合左手翻勺。通过手勺和炒勺的密切配合，可使食材达到受热均匀、成熟一致的最佳状态。

（四）勺具的保养

新炒勺在使用前，要先清洗干净，晾干水分，再用食用油充分浸泡，使之润透，炒勺会干净、光滑、油润，烹制食材时才不易粘锅。

每次炒菜勺用过之后，用水刷洗干净，再用洁布擦干，保持勺内光滑洁净。使用铁制炒菜勺时，用完一定要擦干，否则易生锈。

三、焯水技术

焯水是根据烹饪的需要，把经过摘洗加工后的食材，放入水锅中加热至半熟或全熟的状态，以备进一步切配成型或正式烹饪之用的初步熟处理。

焯水是较常用的一种初步熟处理方法。需要焯水的食材比较广泛，大部分植物性食材及一些含有血污或腥膻气味的动物性食材，烹饪时一般都要焯水。

（一）焯水的作用

1. 可使蔬菜色泽鲜艳

大多数新鲜蔬菜含有丰富的叶绿素，经焯水，可保持蔬菜的绿色，使色泽更加鲜艳。

2. 可除异味、去血污

某些蔬菜及动物性食材的脏腑存在苦、涩、腥、膻等异味，经焯水可以去除这些食材中的异味。血污较多的动物性食材还可以通过焯水的方法去除血污。

3. 可调整成熟时间

各种食材的成熟时间差异很大，有的需几小时，有的几分钟即可。焯水可以有意识地调整食材的成熟时间，使不同食材成熟时间达到一致。

4. 可缩短正式烹饪时间

经焯水的食材能达到正式烹饪要求的初步成熟度，因而可以大大缩短正式烹饪的时间。焯水对于要求在较短时间内迅速制成的菜肴显得更加重要。

（二）焯水的方法

根据投料时水温的不同，焯水可分为冷水锅和沸水锅两大类。

1. 冷水锅

冷水锅是将加工整理的食材与冷水同时下锅。冷水锅主要适用于腥、膻等异味较重、血污较多的动物性食材，如牛肉、羊肉、肠、肚、肺等。这些食材若沸水下锅，表面会因骤受高温迅速收缩，内部的异味物质和血污也不易排出，达不到焯水的目的。一些含有苦、涩味的植物性食材也要用冷水锅，如笋、萝卜、马铃薯、山药等，只有在冷水锅中逐渐加热才能消除。由于这些植物性食材的体积一般较大，需经较长时间加热才能成熟，若在水沸后下锅就会发生外烂里不熟的现象，无法达到焯水的目的。

2. 沸水锅

沸水锅是将锅中的水加热煮沸，再将食材下锅。沸水锅主要适用于色泽鲜艳、质地脆嫩、新鲜的植物性食材，如菠菜、黄花菜、芹菜、油菜等，这些食材体积小、含水量多、叶绿素丰富，易于成熟，如果用冷水锅，则加热时间过长，水分和各种营养物质损失大，所以这些食材必须沸水下锅，且捞出后要迅速投入凉水中。沸水锅还适用一些腥膻异味较小、血污较少的动物性食材，如鸡翅、鸭肫等，这些食材放入沸水锅中稍烫，便能除去血污，减轻其腥膻异味。

（三）焯水的注意事项

1. 掌握好焯水时间

各种食材的质地不同，焯水时所用的时间亦不同。体积厚大、质地老韧的食材，焯水时间可长一些；体积细小、质地软嫩的食材，焯水时间应短一些。

2. 有特殊味道的食材应分别处理

有些食材有特殊气味，如羊肉、牛肉、肠、肚、芹菜、萝卜等。这些食材应与其他食材分开焯水，以免食材之间相互串味，影响食材的口味。如果使用同一锅进行焯水，应先将无异味或异味较小的食材焯水，再将异味较重的食材焯水。

3. 深色与浅色的食材应分开焯水

焯水时要注意食材的颜色和加热后食材的脱色情况。一般色浅的食材不宜同色深的食材同时焯水，以免浅色的食材被染上其他颜色而失去原有的颜色。

四、过油技术

过油是指将加工整理过的食材，放在油锅中加热制成半成品的初熟处理方法。它对菜肴色、香、味、形、质的形成起着重要作用。

（一）过油的作用

1. 改变食材的质地

利用不同的油温和不同的加热时间进行炸制，可以改变食材的质地，使食材展现出滑、嫩、脆、香等不同特点。

2. 改变食材的色泽

通过高温油炸，使食材表面的蛋白质变性，促使淀粉水解，使食材表面产生滋润光泽之感。

3. 加快食材成熟的速度

过油是对食材的初步加热，可使食材中的蛋白质、脂肪等营养成分迅速变性或水解，从而加快食材的成熟速度。

4. 定型

过油时食材中的蛋白质在高温作用下会迅速凝固，使食材的原有形态或改刀后的形态在继续加热和正式烹饪中不易被破坏。

（二）过油的方法

1. 滑油

滑油是指用温油将加工整理的食材滑散成半成品的一种过油方法。滑油的适用范围较广，家禽、家畜、水产品均可，其形状大多是丁、丝、片、条等小型食材。滑油的油温一般控制在五成（150 ℃）以下，滑油前，多数食材需要采用上浆处理，旨在保证食材不直接接触高温油脂，防止食材水分的外溢，进而保持其鲜嫩柔软的质地。

2. 走油

走油又称油炸，是一种油量大且油温高的过油方法。走油的适用范围较广，家禽、家畜、水产品、豆制品、蛋制品等食材均可。这些食材的形体较大，以整块、整只、整条等为主，如整鸡（鸭）、肘子、整鱼等。适用于拔丝、糖醋、红烧、焖等方法。走油前，有的食材需要挂糊。走油油温一般在六成（180 ℃）以上，因油温较高，所以能迅速地蒸发食材表面和内部水分，进而达到定型、上色、外焦里嫩的效果。

（三）过油的注意事项

1. 确定食材的成熟度

过油只是食材的初步加热，更主要的成熟阶段是正式烹饪。因此，过油时不要强求食材的完全成熟，以免影响菜肴的质量。

2. 灵活掌控火候

过油时，要根据食材的质地、成品的质感要求来选择油温及加热时间。

3. 选择适当的油脂

对需要保持白色的食材进行滑油处理时，应选取洁净的油脂进行加热处理，且油温不宜过高，加热时间不宜过长。

4. 半成品不可放置过久

过油后的半成品久置不用，会因为吸湿而造成回软，糊中的淀粉脱水变硬、老化、干缩等，对菜肴成品的质量造成影响。

五、走红技术

走红又称上色，是指将动物性食材投入各种有色调味汁中加热，或将食材表面涂上有色调料，再经过油炸使食材上色的一种初步熟处理。

走红一般适用于鸡肉、鸭肉、鹅肉及方肉、肘子等食材的上色，主要用于烧、焖、蒸等方法。

（一）走红的作用

1. 增加食材色泽

各种家禽、家畜、蛋品等食材通过走红都能附着上一层浅黄、金黄、橙红、棕红等颜色，使菜肴色泽红润美观。

2. 增香味除异味

走红时，食材或在卤汁中加热，或在油锅中加热，在调料和热油的作用下，既能除去异味，又可增加鲜香味。

（二）走红的方法

根据传热介质的不同，走红可分为两种方法：卤汁走红和过油走红。

1. 卤汁走红

卤汁走红就是将经过焯水或过油的食材放入锅中，加入鲜汤、料酒、糖色或酱油等，先用旺火烧沸，随即改用小火加热，使其缓慢上色。

2. 过油走红

过油走红是在经加工整理的食材表面涂上均匀的一层有色调料，然后放入油锅中浸炸至食材上色。

（三）走红的注意事项

1. 控制好食材的成熟度

食材在走红时，有一个受热成熟的过程，因为走红并不是最后烹饪阶段，所以，要尽可能在上好色泽的基础上，迅速转入正式烹饪，以免影响菜肴的质感。

2. 保持好食材形态的完整

鸡、鸭、鹅等禽类食材，在走红前应整理好形态，在走红时要保持其形态的完整，否则将直接影响成品菜肴的形态。

六、汽蒸技术

汽蒸是将已加工整理过的食材装入蒸锅，以蒸汽为传热介质，将食材制成半成品的初熟处理技术。

（一）汽蒸的作用

1. 可保持食材形体的完整

食材经加工后放入蒸锅，在封闭状态下加热，无翻动、无较大冲击，可以使半成品保持入锅时的状态。

2. 可保持食材的口味和营养

汽蒸是在温度适中的环境下进行的初熟处理，能避免食材中的营养素在高温缺水状态下遭受破坏，能较好地保留脂溶性、水溶性维生素及呈味物质，使食材具有较佳的呈味效果。

3. 能缩短正式烹饪时间

食材通过汽蒸可基本或接近成熟，这样可以大大缩短正式烹饪时间。

（二）汽蒸的方法

1. 旺火沸水速汽蒸

旺火沸水速汽蒸，多用于质地较嫩的食材，蒸制时间较短，一般多为 5～10 min，如"清蒸鱼""蒸菜叶"等。

2. 旺火沸水猛汽蒸

旺火沸水猛汽蒸主要适用于形体较大或质地老韧的食材，如鱼翅、干贝、整只鸡、整块肉、整条鱼、整个肘子等的初熟处理。蒸制食材时，要求火力要大、水量要多、蒸汽要足、密封要好。蒸制时间的长短，应视食材的质地、形状、体积及菜肴半成品的要求而定。

3. 中火沸水缓汽蒸

中火沸水缓汽蒸主要适用于鲜嫩、易熟的食材以及经加工制成的半成品，如黄蛋糕、白蛋糕、鱼糕、虾肉卷等。将经加工整理的食材装入蒸锅，采用中火沸水、少量的蒸汽将食材加热至一定程度，制成半成品。

（三）汽蒸的注意事项

1. 注意与其他初步熟处理的配合

许多食材在汽蒸处理前还要进行其他方式的熟处理，如过油、焯水、走红等，各个初熟处理环节都应按要求进行，以确保每道工序都符合要求。

2. 调味要适当

汽蒸属于食材的半成品加工方法，操作前必须进行调味。但调味时必须给正式调味留有余地，以免口味偏重。

3. 要防止食材间串味、串色

多种食材同时采用汽蒸时应合理放置食材，防止串味、串色。味道独特、易串色的食材应单独处理。

习　题

一、单选题

1. 清洗果蔬时最佳的浸泡时间是（　　）。
   A. 5 min 以内　　　B. 5~15 min　　　C. 30 min 左右　　　D. 时间越长越好
2. 一般采用窒息宰杀的禽类是（　　）。
   A. 鸡　　　B. 鸽　　　C. 鸭　　　D. 鹅
3. 不适宜用热水涨发的食材是（　　）。
   A. 玉兰片　　　B. 香菇　　　C. 发菜　　　D. 猴头菇
4. 烹饪刀具中片刀重量为（　　）g。
   A. 200~500　　　B. 500~750　　　C. 750~1 000　　　D. 1 000~1 500
5. （　　）是菜肴的基本味。
   A. 甜味　　　B. 咸味　　　C. 酸味　　　D. 鲜味
6. 醉虾、醉蟹的生腌方法属于（　　）。
   A. 变色法　　　B. 浸渍法　　　C. 调和法　　　D. 保色法
7. 炸熘类菜肴"糖醋鱼片"适用于（　　）。
   A. 蛋清糊　　　B. 蛋黄糊　　　C. 蛋泡糊　　　D. 水粉糊
8. 烹制菜肴"红烧带鱼"时，炸制带鱼应采用（　　）的操作方法。
   A. 上浆　　　B. 挂糊　　　C. 拍粉　　　D. 不用淀粉，直接过油
9. 有嫩肉作用的上浆方法是（　　）。
   A. 蛋清粉浆　　　B. 苏打粉浆　　　C. 全蛋粉浆　　　D. 水粉浆
10. 五六成热的油温范围是（　　）℃。
    A. 90~150　　　B. 150~180　　　C. 180~240　　　D. 240~300
11. 初熟处理方法中最能保持食材形体完整的是（　　）。
    A. 焯水　　　B. 汽蒸　　　C. 走红　　　D. 过油

12. "清蒸鱼"通常采用（   ）汽蒸方法。
A. 旺火沸水速汽蒸　　　　　　　　　B. 旺火沸水猛汽蒸
C. 中火沸水速汽蒸　　　　　　　　　D. 中火沸水缓汽蒸
13. "软炸虾仁"的复炸过程使用的油温范围是（   ）℃。
A. 90~120　　　B. 150~170　　　C. 180~210　　　D. 230~250

二、多选题

1. 下列属于干制类食材涨发方法的是（   ）。
A. 盐发　　　　　B. 水发　　　　　C. 油发　　　　　D. 碱发
2. 常用的家禽类食材开膛取内脏方法有（   ）。
A. 颈开法　　　　B. 腹开法　　　　C. 肋开法　　　　D. 背开法
3. 下列属于热水涨发方法的是（   ）。
A. 泡发　　　　　B. 蒸发　　　　　C. 焖发　　　　　D. 煮发
4. 下列属于常用调香方法的是（   ）。
A. 加热调香法　　B. 烟熏调香法　　C. 封闭调香法　　D. 抑臭调香法
5. 属于蔬菜原料保色方法的是（   ）。
A. 浸渍保色　　　B. 加碱保色　　　C. 加盐保色　　　D. 加油保色
6. 三合汁通常是用（   ）配制而成。
A. 酱油　　　　　B. 醋　　　　　　C. 白酒　　　　　D. 香油
7. 上浆的作用是（   ）。
A. 美化食材形态　　　　　　　　　　B. 保持食材嫩度
C. 保持菜肴鲜美滋味　　　　　　　　D. 保持和增加营养成分
8. 成品要求色泽乳白的操作方法有（   ）。
A. 上蛋清粉浆　　B. 挂蛋清糊　　　C. 挂蛋泡糊　　　D. 拍粉拖蛋滚面包渣
9. 构成火候的要素是（   ）。
A. 加热时间　　　B. 传热介质的温度　C. 热源的火力　　D. 食材的数量
10. 影响火候的因素有（   ）。
A. 食材的投料数量　B. 季节变化　　C. 传热介质的用量　D. 食材的性状

三、名词解释

1. 水发
2. 刀工
3. 配菜
4. 上浆
5. 挂糊
6. 焯水
7. 过油

四、简答题

1. 简述新鲜蔬菜摘洗的基本要求。
2. 简述日常家庭去除果蔬农药残留的几种方法。
3. 写出上浆、挂糊的定义，并简要回答它们在烹调中各自的作用。
4. 简要回答拍粉时的注意事项。
5. 简述如何判断油温。

6. 举实例说明采用汽蒸的方法对烹饪原料进行初熟处理时应注意哪些问题。

五、综合实训项目

目的：综合运用本章所学进行实际操作，学生为主，教师为导，通过真实情境加深理解刀工、焯水等烹饪前处理技术，并提高沟通交流、团队合作和解决实际问题的能力。

（一）内容：

刀工与初熟处理——凉拌土豆丝的前处理

（二）材料：

1. 器具：切菜台、片刀、削皮刀、菜墩、盘子、不锈钢盆、洗菜盆、洗菜池、垃圾袋。
2. 原料：土豆（要求形状规则、大小均匀）。

（三）要求：

1. 土豆丝细而均匀、焯水后软硬适中。
2. 从选材备料、制法过程、制作要领、成品特点、营养价值到注意事项，小组分工合作完成，详细记录并拍摄关键步骤。
3. 将此次实训的感受和收获写一篇500字左右的小论文。

项目三　菜肴烹饪技术

【项目介绍】

烹饪技术又称为烹饪工艺，是指把经过初加工和切配后的原料或半成品直接调味，或通过加热后调味，制成不同风味菜肴的制作工艺。烹饪技术是烹饪过程的核心，菜肴的形态、风味特色等大部分都取决于所选择的烹饪技术。

菜肴烹饪技术

我国的菜肴品种极其丰富，烹饪的方法更是多种多样，按照其技术特点和风味特色，可分为煮、汆、烩、炖、焖、煨、蒸、烧、炸、炒、溜、爆、烹、煎、贴、烤、拌、卤、腌等几十种；根据其操作程序，可分为只调不烹的非热调味技术和既烹又调的热熟烹饪技术；根据成菜的性质又可分为热菜烹饪技术、冷菜烹饪技术等。本章按照热菜、冷菜、汤三个模块，重点讲述具有代表性、普遍性的烹饪技术。

【学习目标】

1. 了解制汤、调味的基础知识和意义。
2. 熟悉冷菜的盘饰技术。
3. 掌握热菜、冷菜及制汤的常用烹饪技术。
4. 能熟练运用现代烹饪手段进行合理烹饪。
5. 提升学生制作菜肴的技术能力。
6. 培养学生勤劳务实、精益求精的工匠精神。

任务一　掌握热菜的烹饪

热菜烹饪方法也称为热熟烹饪方法，是指将原材料通过加热、调味至成熟的烹饪技法。

热菜的烹饪离不开传热，对流是依靠流体的运动把热量由一处传到另一处，是传热的基本方式之一。传热的介质有很多种，可分为液态介质（如水、油等）、气态介质（热空气、烟气等）、固态介质（如盐、石锅等）、微波辐射等，实际操作中往往还将多种介质传热法混合使用。根据传热介质的不同，热菜的烹饪方法可分为水烹、油烹、气烹等。

一、水烹技术

水烹是以水或汤汁作为传热介质，利用液体的不断对流将原料加热至成熟的加工过程，这种成熟过程以水作为传热介质的烹饪方法，我们称为水烹技术，如煮、炖、焖、汆、烧、扒、卤等。水烹适合多种烹饪方法及初步处理技法，是最基本的加热方式。

水的导热性能好、储热能力强,经过加热后,热量会靠对流作用迅速、均匀地传递到各处,形成均匀的温度场,使原料受热均匀。水的比热大,被加热后可以储存大量的热量,且加热速度均匀,可使原料保持原有的营养成分和口味,且有脆嫩、清爽的口感。质地相对老韧的原料可用较多的水、长时间地煨炖,使原料水解、膨松,从而使原料具有酥烂的质感,这些都是通过水传热而实现的。此外,水是人体六大营养素之一,无色、无味、无毒,且化学性质较稳定,不会因高温产生有害人体健康的物质,对食物不会产生风味上的不良影响,并可使菜肴软烂、嫩滑、湿润,因此水烹广泛地应用于日常烹饪中。

(一) 煮的烹饪技术与实例

1. 煮的概念

煮是指将预处理好的原材料或半成品放入足量的水(或汤汁)中,先用旺火(武火)加热至沸,然后用小火或中火持续加热至原料成熟,并调味成菜的一种烹饪技法。

煮多适用于块、条、片状的鱼肉类、豆制品及根茎类蔬菜的原料。煮制菜肴具有清鲜味美、口味纯正、汤菜合一的特点,是一种比较健康的烹饪方式。

2. 煮的操作步骤

原料清洗→食材预处理→放入水(汤)中→旺火加热至沸→中火或小火持续加热→调味→成菜。

3. 煮的操作要领

①煮制菜肴要求成菜速度稍快,才能保证良好的风味效果,因此原料要细嫩,刀工要一致。

②要注意好汤菜的比例,汤菜并重,避免菜少汤多或菜多汤少。

③煮的火候控制在汤水沸而不腾(100 ℃)。

④加热时间一般在 30 min 以内,以煮熟为宜。过分煮制会严重影响质量。

⑤建议掌握好煮水用量,一次掺足,煮制中途忌二次加水。

4. 煮的菜例

(1) 大煮干丝

主料:方豆腐干 400 g、熟鸡丝 50 g、虾仁 50 g、熟鸡肫片 25 g、熟鸡肝 25 g、熟火腿丝 10 g、冬笋丝 30 g、豌豆苗(初步熟制的) 10 g。

调料:虾子 3 g、精盐 6 g、白酱油 10 g、鸡清汤 450 g、熟猪油 80 g。

制法:①方豆腐干(方干要求黄豆制作、质地细腻,压制紧密),先切成厚 0.15 cm 的薄片,再切成细丝,然后放入沸水中浸烫,用筷子轻轻翻动拨散,沥去水,再用沸水浸烫 2 次,每次约两分钟捞出,用清水漂洗后再沥干水分。

②炒锅中放入熟猪油 25 g,旺火烧熟,放入虾仁炒至乳白色,起锅盛入碗中。

③锅中倒入鸡汤,放干丝。再将鸡丝、肫肝、笋放入锅内一边,加虾子、熟猪油 55 g 置旺火上煮约 15 min。

④待汤浓厚时,加白酱油、精盐。盖上锅盖煮约 5 min 离火,将干丝盛在盘中,然后将肫、肝、笋、豌豆苗分放在干丝的四周,最后再放火腿丝、虾仁即成。

(2) 水煮虾

主料:鲜虾 250 g。

调料:盐、姜、花椒、醋、生抽适量。

制法:①将虾剪掉虾须,挑除虾线,清洗干净。

②锅中放适量清水,放入姜片、盐、花椒,水开后煮 3 min。

③将处理好的虾放入锅中,煮 3~4 min。

④盛盘,醋与生抽按 3∶1 调汁,蘸食即可。

(3) 奶汤鲤鱼

主料： 活鲤鱼一条（约重 750 g）、猪肥瘦肉 150 g、青萝卜丝 100 g。

调料： 食油、精盐、味精、绍酒、牛奶、葱段、姜块。

制法： ①将鲤鱼宰杀、刮鳞、去腮、去内脏，洗涤整理干净。

②在鱼身两侧斜剞兰草花刀，放入沸水锅中焯烫一下除去腥味捞出。

③猪肉切片与青萝卜丝分别入沸水锅中焯烫透，再用冷水冲凉洗净，沥干水分备用。

④锅上火烧热加底油，用葱段、姜块炝锅，烹绍酒，添汤，加入精盐，下鱼、肉片、青萝卜丝，用中火煮至汤浓白时（约 15 min），放入牛奶、味精，调好口，撇去浮沫，出锅装碗即成。

川菜中还有一种水煮的方法，是用鸡、鱼、猪肉、牛肉等原料，切片后码味上浆，直接滑油后放入调好味儿的汤汁中煮熟，勾芡或不勾芡，使汤汁浓稠。装碗时先将辅料炒熟，垫碗底，再盛入主料，撒上剁细的辣椒、花椒末，再泼热油盛菜。如水煮牛肉、水煮猪肉、水煮鱼等麻辣风味儿的系列菜肴，即是用上述方法烹制而成。

(4) 水煮肉片（见图 3-1）

主料： 猪里脊肉 300 g、油菜 30 g、豆芽 100 g、金针菇 50 g、宽粉 50 g。

调料： 鸡蛋清、淀粉、生抽、干辣椒、花椒、姜、葱、料酒、盐、郫县豆瓣酱各适量。

水煮肉片

制法： ①猪里脊肉切成约长 5 cm、宽 2.5 cm、厚 0.3 cm 的大薄片，洗净控干水分。放入少许鸡蛋清、生抽、淀粉、料酒抓拌均匀，腌制 20 min。

②葱切段，姜切片。油菜、金针菇、豆芽清洗干净。

③锅内放油，油温七八成热时放入葱、姜、辣椒段、郫县豆瓣酱炒出香味，然后放入适量清水，再放入鸡精、胡椒粉、食盐、生抽。

图 3-1　水煮肉片

④汤沸后将豆芽、金针菇、油菜、宽粉等放入锅内，煮熟后捞出，放入大碗中。

⑤将肉片放入汤中，用筷子把肉片拨散。然后捞出放入盛菜的大碗中。

⑥汤汁倒入碗中，再放入提前切好的蒜末、辣椒、花椒。另起锅烧油，约烧至九成热时将热油均匀地淋上，再撒上芝麻、葱花、香菜即可。

(5) 水煮鱼

主料： 草鱼、黄豆芽、大白菜、金针菇。

调料： 鸡蛋清、葱、姜、蒜、郫县豆瓣酱、辣椒若干、花椒适量、盐、淀粉、料酒。

制法： ①将鱼肉鱼皮朝下，斜片成厚约 0.5 cm 的鱼片，鱼头骨剁成两半。

②将鱼片用 1 茶匙料酒、淀粉、蛋清和适量的盐抓匀，放进几片姜腌制 15 min。

③锅里放油烧热后，放进姜片爆香，然后把鱼头放进略煎，再加点料酒，再注入清水，放进葱白，煮 15~20 min，等鱼汤变白后，去掉葱白，汤盛起备用。

④锅中烧热水，放入适量盐，放入豆芽和撕成小片的大白菜和金针菇煮至断生，捞出铺在一个深盆的底部待用，放点葱花在上面。

⑤锅里放油，把蒜茸爆香后，将郫县豆瓣放入锅里小火慢炒出红油。

⑥倒入鱼汤（或者水），加入料酒、糖、盐调好味。汤烧开后将腌好的鱼片放入汤中，用筷子拨散，等鱼片煮变色即关火。

⑦将焯过的蔬菜铺在盆中，然后将煮好的鱼片倒入，随即撒上葱花和香菜末，烧热 3~4 汤匙油，放少许花椒加热至八成热后浇在鱼片上即可。

煮肉小窍门

(二) 氽的烹饪技术与实例

1. 氽的概念

氽是指将质地相对较嫩、体积相对较小的原材料经过加工切配后，上浆或不上浆，做成形状较小的半成品，放入鲜汤或沸水中，短时间内加热至熟成菜的一种烹饪方法。

氽多适用于加工成丝、条、片、丸状等动、植物性原料。氽制菜肴具有汤宽量多，滋味醇鲜，质地爽口细嫩的特点。适合氽制的原料主要有牛肉、猪肉、鸡肉、鱼肉、虾仁、肝、蘑菇，以及新鲜蔬菜（冬笋、番茄）等。

2. 氽的操作步骤

原材料清洗切配 →放入锅中沸水（汤）中 →旺火加热至成熟 →起锅。

氽菜的操作程序有两种：

①先将水或汤用急火烧开，投入原料、调味品，再用旺火烧开，撇去浮沫至原料成熟即可。此种氽法适用于小型或经过刀功处理加工成的片、丝、丁、丸状的鲜嫩原料，如爽口丸子、榨菜肉丝汤等。

②先将原料焯水捞出，控净水后倒入碗中，再将调好口味的沸鲜汤冲上即成。此种氽法适用于质地脆嫩、略带异味的原料，又称"汤爆"，如汤爆肚、汤爆双脆、氽腰花、氽鱿鱼花等。操作时动作要求迅速，对火候要求极高。

3. 氽的操作要领

①原材料加工形状都较小，且需新鲜，原料要粗细一致，厚薄均匀，不能有连刀、碎渣，否则影响菜肴的清爽美观，使之生熟不一。

②若原料较嫩，可上浆后再氽，以保持其嫩度。

③为了保证氽制菜的细嫩质感，加入的辅料数量不宜过多，使菜肴迅速成熟，也可先将辅料通过焯水处理，来缩短成菜时间。

④若有浮沫应及时撇去，防止旺火持续沸腾致使汤水浑浊。

⑤所用调料尽量不选择有色调料，灵活掌握火候，保证汤清、食物鲜嫩。

⑥需上浆的原料，上浆的时间要与氽制紧密结合，根据原料的老嫩、水分含量等特性，掌握好上浆的厚度，一定要汤沸再进行氽制，防止原料脱芡，从而影响菜肴质感。

4. 氽的菜例

（1）油菜氽丸子

主料：五花猪肉馅150 g、油菜250 g、鸡蛋（1个）。

调料：食盐、味精、料酒、食油、葱、姜末、五香粉、淀粉。

制法：①将猪肉剁或绞成肉馅，然后加入食盐、味精、五香粉、料酒搅拌均匀，顺着一个方向搅拌，放入一个蛋清，搅打至感觉到韧性，拌好的肉馅放

油菜氽丸子

在一旁静置 10~15 min。

②用汤匙或手将肉馅攒出丸子形，直接逐个下入开水中汆烫至八分熟，捞出用汤冲净浮沫。

③油菜洗净、去根、切段，用沸水焯烫一下捞出。

④锅加少许底油上火，葱、姜炝锅，添汤，下入丸子用旺火烧沸，再下入油菜，见汤沸除净浮沫，然后加入食盐、味精、香油调味倒入碗中即成。

（2）汆白肉

主料：东北酸菜、猪五花肉、水泡粉丝。

调料：鲜汤、花椒水、盐、味精、胡椒粉、白醋、香菜、香油。

制法：①把五花肉切成长 5 cm、厚 1.5 mm 的薄片。

②酸菜切成细丝洗净。粉丝泡透后准备好。

③锅内水烧至沸腾，将切好的五花肉片放入水中，用勺子将所有肉片打散，煮至肉片成熟。

④炒勺内放入鲜汤，烧开后把肉片、酸菜、粉条放入汤内，开锅后移在小火上，撇净浮沫，加上精盐、味精、花椒水。

⑤成熟后调入少许的白醋、胡椒粉盛入汤碗中，点缀香菜、香油即可成菜。

（3）清汆丸子汤

主料：猪瘦肉 450 g、苔菜 300 g。

调料：大葱 1 根、花椒 10 粒、植物油 20 g、香油 10 g、食盐少许、白胡椒粉少许、料酒少量。

制法：①花椒放入在碗中，少许温水浸泡，葱姜分别切成碎末，猪肉剁成肉馅，放入在碗中，加上葱姜末，搅拌均匀后，将浸泡好的花椒水分 4~6 次打入肉馅中。

②将肉馅充分搅拌均匀后，加入白胡椒粉、食盐和料酒，顺着一个方向搅拌，放入一个蛋清，搅打至感觉到韧性，拌好的肉馅放在一旁静置 15 min。

③苔菜处理干净，焯水断生，控水待用。重取一锅水，放入葱段和姜片煮沸。

④用汤匙或手将肉馅攒出丸子形，直接放入锅中，保持汤水微开为好，不宜火力过大。依次重复操作，直到将丸子煮至熟透。

⑤将苔菜放入锅中，再次煮开后，将丸子连同汤汁倒入碗中，加上香油和少许的食盐等调味即可。

（4）汆腰花

主料：猪腰子 2 个、生菜叶若干。

调料：葱丝、朝天椒丝（干）、大蒜、生姜、料酒、盐、生抽、胡椒粉、糖、醋、麻油。

制法：①去掉鲜腰子表面的筋膜，对半剖开猪腰子，去掉腰臊，将腰子打成凤尾花刀，洗净。

②锅内放入沸水，入姜片、料酒、腰花大火汆 0.5 min，捞出冲凉。

③调料调匀成味汁，将汆水后的腰花浸泡味汁中约 1 h。

④生菜叶垫入盘中，放入浸泡好的腰花，点缀葱丝、朝天椒丝即可。

（5）鸡茸鲜蘑汤

主料：鸡脯肉 100 g、鲜蘑 150 g、猪肥肉 25 g、鸡蛋清 2 个、熟火腿 15 g、水发冬菇和绿叶蔬菜少许。

调料：料酒 10 g、淀粉 10 g、高级清汤 1 000 g、味精适量。

制法：①鸡脯肉去白膜，用刀背捶成泥。猪肥肉用刀剁成细泥如油脂状（亦可用刀刮）。

②鸡蛋清及鸡肉泥倒在碗内，用竹筷用力向着一个方向不间歇地搅打上劲，直到滴在水上

不沉为止。

③分多次加入清水（共 75 g），边打边搅，同时放入盐和湿淀粉。最后加入肥膘泥，搅匀成稀糊状。

④火腿、冬菇、绿叶蔬菜分别切成细末，同鸡茸糊拌和，鲜蘑切成片。

⑤铁锅洗净，放入高级清汤，加盐、料酒、味精，烧开后倒入大碗内。

⑥原锅内放入清水，烧至七成开时，将鲜蘑片逐一裹一层鸡茸糊，一朵朵放入锅内。待最后一朵鲜蘑投完后，锅内清水已沸滚，鸡茸黏结在鲜蘑上面，即用漏勺把鲜蘑捞出，放入汤碗即可。

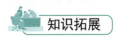

氽和焯水有什么不同？

（三）炖的烹饪技术与实例

1. 炖的概念

炖是将经过前处理的原料放入足量的水中，旺火加热至沸后，再用小火长时间持续加热，使原料成熟、软烂的一种烹饪技法。

炖多适用于整形或者加工成块、条状的畜肉、禽肉、鱼类等食材，以及各种食用菌、豆类等。

2. 炖的操作步骤

原材料处理（一般是大块或者整形食材）→焯水（除去血腥浮沫）→捞出原料，放入炖锅内→旺火加热至沸 →小火或微火持续加热至熟嫩、软烂 →调味 →起锅。

3. 炖的操作要领

①炖锅多用砂锅、陶瓷器皿、铁锅等。

②要控制好加热时间，时间过短不能够达到软糯酥烂，时间过长会使原材料失去原有形态。

③加热时间一般较长，通常为 1~3 h，因此原料通常采用老韧性的、蛋白质含量高的新鲜动物原料，不宜采用绿色植物。

④原料需要经过焯水处理以去除血腥浮沫，一般不需要煎、炸等初步熟制。

⑤起锅时再加入食盐等咸味调味品。

4. 炖的菜例

（1）老鸭煲（见图 3-2）

主料：老鸭 1 只（约 1 000 g）、火腿 50 g、笋干 100 g。

调料：大葱白 2 根、厚姜片 4 片、黄酒 30 mL、盐 5 g。

制法：①锅内放冷水，水量以没过鸭子为宜，整只老鸭清洗干净后放入水中，大火烫煮 5 min，除净血沫，捞出老鸭，将鸭身内外用温水冲洗干净。

图 3-2 老鸭煲

②火腿切成薄片（要逆着肉纹切，才不会散）。笋干事先用清水浸泡 10 h 以上，待软化后，

再用手撕成细而均匀的丝。

③将整只老鸭放入专用汤煲中，放入火腿片、笋干丝、大葱白、厚姜片，调入黄酒。

④倒入足量的温水，水面一定要将鸭身完全淹没。

⑤大火将汤煲烧开，调至小火，煲 4 个 h。

⑥老鸭煲炖好后，拣出煮烂的葱姜，放盐调味即可。

营养价值：老鸭肉味甘微咸，性偏凉，入脾、胃、肺及肾经，具有清热解毒、滋阴降火、滋阴补虚、止血痢、利尿消肿之功效。对心肌梗塞等心脏病有保护作用，可抗脚气病、神经炎和多种炎症。可治阴虚水肿、虚劳食少、乏力、大便秘结、贫血、浮肿、肺结核、营养不良、慢性肾炎等疾病。其附件鸭血、鸭肝和鸭蛋清也具药用价值。除能补充人体必需的多种营养素外，经常食用还可祛除暑热、保健强身，对身体虚弱多病者更为适宜。

（2）东坡肉

主料：精五花肉 800 g、香葱 1 把、姜 1 块。

调料：黄酒 250 g、冰糖 40 g、生抽 100 g、清水 100 g。

制法：①选精五花肉 800 g，清洗之后切成 4 cm 左右见方块，然后用棉线从四周捆好。

②取砂锅在锅底刷一层油，码上香葱和姜片，锅底一定要铺满，否则会粘锅。

③肉皮朝下放，码好。

④一次性加入黄酒、生抽和冰糖，开火。锅开后改文火慢炖 1 h，1 h 后把肉翻过来再煲 15 min 即可。

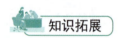
知识拓展

东坡肉的来历

（3）铁锅炖大鹅

主料：大鹅 1 只、葱 1 根、姜 3 片、蒜头 4 粒。

调料：精盐、花椒面、大豆油、酱油、料酒、白糖适量。

制法：①将鹅肉剁成小块，葱切段，姜切片，大蒜切末。

②取一口铸铁锅，锅内放清水，倒入鹅肉，大火烧开。将焯好的鹅肉用清水洗去浮沫，盛出沥干水分备用。

③铁锅内，倒入适量豆油，烧热后放入葱姜爆香。

④倒入鹅肉翻炒均匀，加适量料酒、酱油、花椒面、精盐、白糖调味，加清水，以没过鹅肉为宜。

⑤大火烧开，然后盖上锅盖，小火炖 1 h，中间要翻动几下，以免糊锅。

⑥大火收汁，倒入蒜末，加适量味精调味成菜。

（4）清炖甲鱼

主料：活甲鱼 1 只（1 000 g）、鸡腿 2 个、火腿 25 g、菜心 2 棵、香菇 15 g、冬笋 5 g。

调料：葱 15 g、姜 10 g、精盐、胡椒粉、绍酒适量、猪油 25 g。

制法：①甲鱼经宰杀处理洗净，甲鱼肉剁成 3 cm 见方的块，再用清水漂净血后，捞出沥水，甲鱼蛋留用。

②熟火腿切片，葱姜洗净，葱 10 g 切葱花、每 5 g 打成结，姜切片。

③甲鱼肉以精盐少许，湿淀粉拌匀上浆。香菇去蒂，洗净，入沸水焯熟。

④炒锅置旺火上，放入猪油，待油烧至七八成热，放入浆好的甲鱼，炸至两面硬结时捞出。

⑤将蒜瓣、生姜片放入汤碗中，再将炸过的甲鱼装入，加鸡清汤 500 mL、醋、黄酒，大火烧开转小火，炖 2 h。

⑥撒上食盐、胡椒粉即可起锅，盘子周围摆好火腿、香菇，并分别码上裙边、甲鱼蛋、脚爪，再将葱结盖在上面即可。

营养价值：甲鱼含大量的优质蛋白质、矿物质、维生素等营养素，能抵抗疲劳，提高免疫力；它含有的龟板胶，有显著的养颜护肤功效；甲鱼还可以预防高血压、冠心病、动脉硬化和老年性痴呆等症的发生；甲鱼富含钙，能促进骨骼发育，预防骨质疏松；甲鱼中含铁质、叶酸等，有助于提高耐力和消除疲劳，还能预防缺铁性贫血、防治肿瘤。

（5）小鸡炖蘑菇

主料：鸡半只、榛蘑若干、小葱 1 根。

调料：食用油、盐、生抽、老抽、料酒适量。

制法：①将鸡清洗干净，剁成小块，榛蘑用水泡发洗净备用。

②剁好的鸡块，加入清水、料酒去血水去腥。

③铁锅内加入适量的食用油烧至六成熟，加入焯好水的鸡块翻炒 2 min，加入盐、生抽、老抽，加入清水，没过鸡肉即可，把泡发好的榛蘑放入铁锅里，大火烧开后转小火炖 1 h 左右，炖至鸡肉软嫩、榛蘑入味。

④炖好后起锅，撒上小葱即可食用。

（6）清炖狮子头

主料：净猪肋条肉（肥六成、瘦四成）600 g。

调料：绍酒 25 mL、精盐 7.5 g、葱姜汁 30 mL、干淀粉 25 g、味精 5 g、菜叶少许。

制法：①将猪肉细切成石榴米状，放入钵内，加葱姜汁、精盐、绍酒、味精，搅拌上劲。

②将拌好的肉分成五份，干淀粉用水调匀，在手掌上沾上湿淀粉，把肉末逐份放在手掌中，用双手来回翻动四五下，制成光滑的肉圆待用。

③将小排骨斩成小块，下开水锅焯水后捞出洗净。

④砂锅内加水（约 500 mL），加入排骨、绍酒，用小火烧开后再放入肉圆，肉圆上盖上菜叶，加盖，大火烧沸转微火炖约 2 h。

⑤临起锅前揭去菜叶，放入菜心略焖即成。

炖制工艺根据加热方式不同，分为"带水炖"和"隔水炖"。以上菜例均是通过水直接加热反复沸腾达到菜肴"酥烂脱骨而不失其形"，通常我们归其为"带水炖"。隔水炖是指将原料放入容器（陶、瓷等）内，加盖，再将容器放入装水的锅内（水位在容器口以下），盖上锅盖，用小火长时间加热，把原料炖熟。

隔水炖时，沸水的温度透过陶瓷内胆均匀持续地加热，营养成分能够充分地溶解并保留在汤水中，并且外观能够保持完整。选择隔水炖时，原料必须无异味，且需要经过焯水处理以除去血水。必须使用陶制容器，不能直接在火上加热，可以采用蒸汽炖的方法，蒸汽炖温度在 100~110 ℃，不宜采用高压蒸汽。隔水炖注重原汁原味，加热前只使用清除异味的葱、姜、料酒等调味品，但量不宜过多，不添加糖、酱油、大料、桂皮等调味品和香料，避免影响菜肴的本味。精盐只在出锅时添加。例如火腿炖鸽子、冰糖燕窝等，都采用隔水炖的方法。

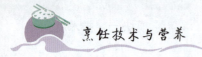

(7) 火腿炖双鸽

主料：乳鸽 2 只、火腿 75 g、香菇 50 g、猪瘦肉 150 g。

调料：生姜 5 片、黄酒、精盐适量。

制法：①将乳鸽洗净，与瘦肉同放沸水内烫煮 3 min，取出洗净。香菇剪去香菇蒂，洗净后用温水浸泡 30 min。

②将乳鸽放入炖盅内，加入火腿、姜片、黄酒及沸水 1 000 mL。

③盖上炖盅盖，隔水用小火炖 3 h。

④将香菇放入炖盅内，再加鲜汤 250 mL，用大火继续炖 30 min，以精盐调味，即可食用。

(8) 冰糖燕窝

主料：燕窝 3 g。

调料：枸杞子 6 g、桂圆肉 6 g、冰糖 30 g。

制法：①燕窝用水浸透、镊去燕毛、撕成条状。枸杞子、桂圆肉淘洗干净。

②将燕窝、枸杞子、桂圆肉连同一碗沸水倒进炖盅，炖盅加盖，隔水炖之。

③待锅内水沸后，先用中火炖 1 h，加入冰糖后再用小火炖 1 h 即可。

④炖好后取出，放温后服食。

炖的时间越长越好吗？

（四）烩的烹饪技术与实例

1. 烩的概念

烩是指将经过熟制的原料放入锅内，加入高汤、辅料、调味品等，经旺、中火较短时间加热后，勾芡成菜的一种烹饪技法。烩菜成品半汤半菜，汤菜融合。

其中勾芡是指加入以淀粉为主要原料调制的粉汁，使锅中汤汁变得浓稠，黏附或部分黏附于菜品之上的操作方法，是烹饪过程中利用淀粉受热糊化达到增稠效果的一种技法。

2. 烩的操作步骤

原材料清洗 →切配 →初步熟制→炝锅烩制→加入沸腾的汤汁中 →调味 →勾芡 →起锅。

3. 烩的操作要领

①原料多加工成丁、粒、丝等小型、均匀形态。强调鲜嫩或酥软，不能带骨质，不能带腥异味，以熟料、半熟料或易熟料为主。

②原料需易熟或经过焯水等初步熟制，初步熟制控制在 80%～90% 成熟度为宜。

③如番茄丁等不宜过度加热的食材可在起锅前再加入。

④根据原料性质不同，也可先勾芡，后投料。

⑤勾芡在菜肴即将或已经成熟快起锅时进行，过早或过迟都会影响菜肴质量。芡汁糊化立即出锅，一般以汤沸即勾芡为宜，以保证成菜的鲜嫩，否则继续加热会使芡汁干枯、质地变老。

⑥由于烩菜汤、料各半，因此勾芡是重要的技术环节，芡汁中淀粉用量要控制恰当，不可芡

汁糊化后再二次加水或湿淀粉。芡要稠稀适度，芡过稀，原料浮不起来；芡过浓，黏稠糊嘴。勾芡时火力要旺，汤要沸，下芡后要迅速搅和，使汤菜通过芡的作用而融合。勾芡时还需注意水和淀粉溶解搅匀，以防勾芡时汤内出现疙瘩粉块。

⑦勾芡时需要配合翻炒、晃动等手法使芡汁分布均匀，将原料包裹均匀。

4. 烩的菜例

（1）烩金银丝

主料：鸡胸脯肉 150 g、火腿 75 g、豌豆苗 5 g、鸡蛋清 25 g。

调料：淀粉 15 g、黄酒 15 g、盐 3 g、鸡油 15 g、味精 2 g、猪油 25 g。

烩金银丝

制法：①鸡脯肉均匀地切成细丝，放在碗内。

②鸡肉用精盐少许稍腌，加入鸡蛋清和湿淀粉 10 g 上浆。

③熟火腿切成细丝，豌豆苗洗净焯熟。

④炒锅置中火，下入熟猪油，烧至三成热，倒入鸡丝，炒至色呈玉白，捞出沥去油。

⑤炒锅留底油 10 g，回置火上，加入清汤 300 mL、黄酒、精盐适量、味精、用湿淀粉 10 g 勾薄芡。

⑥将熟鸡丝、熟火腿丝一起倒入，用手勺推搅几下，放上豌豆苗，淋上熟鸡油即成。

（2）烩口蘑

主料：口蘑 100 g、水发玉兰片 25 g、油菜 25 g。

调料：精盐、味精、绍酒、淀粉、鲜汤、葱、姜、香油。

制法：①将口蘑洗干净，切成 2~3 片，倒入开水中煮熟取出，放凉水中投凉。将玉兰片切成长 4 cm、宽 2 cm 的薄片。油菜切成 5 cm 的长段。

②锅内加少许底油，待八成油温时放入葱、姜炝锅。

③添鲜汤、玉兰片、油菜段、精盐、味精、绍酒。鲜汤煮开时用湿淀粉勾芡，打去浮沫。

④放入口蘑，淋香油起锅。

（3）辣烩肚丝

主料：熟猪肚 300 g、冬笋 25 g、香菜 15 g。

调料：食油、香油、绍酒、精盐、味精、酱油、胡椒粉、醋、淀粉、葱、姜、蒜。

制法：①将熟猪肚切成 5 cm 长的细丝，冬笋切成丝，香菜切末，葱、姜、蒜切末备用。

②锅内加宽水，烧沸，下肚丝焯烫 5 min，捞出控净水分。

③锅内加底油，中火烧热后葱、姜、蒜炝锅。

④加入醋、绍酒、酱油，添汤。放入肚丝、冬笋丝，加精盐、味精、胡椒粉找酸辣口，勾薄芡，淋香油，撒香菜末，出锅装碗即成。

（4）家常烩菜

原料：猪后腿肉、香菇、油豆腐、黄花菜、木耳、白菜、豆皮、粉条。

调料：葱、姜、八角、香叶、桂皮、灯笼椒、花椒、豆瓣酱、火锅底料、料酒、盐、鸡精、胡椒粉、生抽、老抽、香油适量。

制法：①猪肉切片，香菇、白菜切块装盘备用。粉条提前用清水浸泡好。

②锅里放适量食用油，放入肉片，再放入豆瓣酱和火锅底料，将肉片炒熟。

③下入葱、姜、八角、香叶、桂皮、灯笼椒、花椒，炒出香味后加入料酒去腥。

④加水，烧开后煮 10 min，加入白菜、香菇、黄花菜、木耳，煮 2 min，最后下入粉条。

⑤加入盐、鸡精、胡椒粉、生抽、老抽、香油勾芡汁调味。关火装盘。

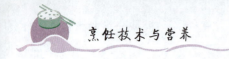

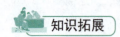

勾芡的原理与作用

（五）蒸的烹饪技术与实例

1. 蒸的概念

蒸又叫笼锅，是指原材料经过加工切配后，放入蒸锅（箱、笼）内，利用水沸腾产生的水蒸气进行加热，使原料成熟的一种烹饪技法。

蒸多适用于质地易熟、新鲜的食材。菜肴鲜嫩润滑、软糯酥烂。蒸几乎是最能保留食物营养成分的烹饪方法。

2. 蒸的操作步骤

原料加工或调味 →放入蒸锅（蒸箱、蒸笼等）→加热至成熟 →起锅。

3. 蒸的分类

蒸既是一种简便易行的烹饪方法，又是一种技术复杂、要求很高的烹饪方法，分类方法也有很多种：

（1）根据原料性质、蒸制时间、火力要求不同划分

①旺火、沸水速蒸：这种方式适用于质地细嫩易熟的原料，只需菜肴蒸熟，不要蒸至软熟。蒸制要求火旺、水宽、蒸汽足，迅速使菜肴原料断生或刚熟即可。否则，原料会变老，食用时菜肴质感发柴、粗糙起渣。此法适合蒜蓉开边虾、清蒸鲈鱼等菜肴。

②中火、沸水长时间蒸：适用于质地老韧、体大形整，又需蒸至软熟的原料。蒸制要求中火、水宽、蒸汽足，一气蒸成，不能断汽、不能闪火。蒸制时间的长短要根据原料质地老嫩、形体大小而定，一般在 2~3 h。此法适合清蒸葫芦鸭、荷叶粉蒸鸡等菜肴。

③小火、沸水慢蒸：适用于蛋类或加工成泥、茸的动物性原料，经细致加工装饰定型，要求保持鲜嫩的菜肴。蒸制时要求火力较小，控制好蒸汽，不能太足，使原料徐缓受热变熟。如芙蓉嫩蛋、鸡糕等菜肴。

（2）根据原料的预处理方法不同划分

①清蒸：原料单一、不加调料或简单调味后放入蒸汽中加热。

②粉蒸：原料刀切处理后，调味腌渍，然后外层粘上一层米粉、面粉或浸泡过的糯米，放入蒸汽中加热。

③包蒸：原料外包粽叶、荷叶、玉米叶、蔬菜叶等，放入蒸汽中加热。

④上浆蒸：原料用淀粉或者鸡蛋等上浆后放入蒸汽中加热。

⑤隔水蒸：原料调味后不加汤汁，放入器皿中，器皿上加盖保鲜膜以防水蒸气进入，然后放入蒸汽中加热。

⑥带水蒸：原料放入器皿中，加入适量的汤水，然后放入蒸汽中加热。

4. 蒸的菜例

（1）粉蒸肉

主料：五花肉 800 g、米粉 200 g、土豆 2 个。

调料：郫县豆瓣酱1汤勺、生抽10 g、料酒15 g、蚝油20 g、玉米油10 g。

制法：①五花肉整形清洗干净，再将其倒入清水中，倒入少许料酒煮开，再用温水清洗干净。

②将五花肉切成均匀的薄片儿。

③把切好的肉片装入碗中，加入生抽、酱油、料酒、胡椒粉、姜末和腐乳，拌匀，加入少许生粉，腌制30 min。

④腌制好的肉片加入米粉，再加入少许清水、适量的盐和鸡粉调味，继续抓拌均匀。

⑤土豆切片，放入肉片当中，使土豆片也均匀地裹上米粉料。先将肉片码放在一个深碗当中，再将多余的肉片摆在上面，最后码上土豆片。

⑥放入锅蒸制40~60 min。

⑦蒸制完成后，打开锅盖时需注意不要被蒸汽灼伤。

（2）清蒸鲈鱼

主料：鲈鱼1条。

调料：葱、姜、蒜、料酒、食盐、蒸鱼豉油。

制法：①将鲈鱼的鱼鳞、鱼鳍、内脏等去除，清洗干净。鱼身两侧改花刀。

清蒸鲈鱼

②用葱丝、姜丝将鱼肚子填满，并码满鱼身（包括鱼身下面），再用少量盐及料酒均匀涂抹鱼身，腌制20~30 min。

③蒸锅或蒸箱预热后，再将鱼入锅。蒸6~7 min关火，再利用余温"虚蒸"5~8 min后立即出锅。

④将鱼身上的葱丝、姜丝及水分弃掉。

⑤均匀淋上蒸鱼豉油，再撒上葱丝。

⑥炒锅内旺火烧油，油开后将热油浇鱼身上即可。

（3）蒸芹菜叶

主料：芹菜叶200 g、面粉100 g。

调料：食盐、香油、植物油适量。

制法：①芹菜叶洗净后晾干，也可以用干净的纱布或厨房纸巾吸取上面的水分。

②在芹菜叶中倒入适量的食用油，并拌匀。

③撒入面粉拌匀，面粉可以分次撒入，边撒边拌，直到蔬菜表面都粘上一层面粉。

④将蒸笼上铺上潮湿的蒸布，用小笼屉蒸好可以直接端上去，没有笼屉可以直接将蒸布放到蒸锅的蒸帘上。

⑤将芹菜叶倒在屉布上，盖上锅盖，旺火上蒸汽后，中火蒸4~5 min。

⑥菜叶出锅，加上盐、香油拌匀即可。

（4）蒸胡萝卜丝

主料：胡萝卜3根、面粉60 g、澄粉15 g。

调料：食盐、香油、食用油适量，大蒜4瓣。

制法：①将胡萝卜清洗干净后削去皮，将胡萝卜切成细细的丝，然后放入一个大碗中，加适量食盐，用手抓拌均匀。

②待胡萝卜渗出水分并且呈发软的状态，将胡萝卜丝中的水挤干，然后稍微晾一会儿，胡萝卜丝表面略微干燥即可，再将其重新放入碗中。

③加入食用油，搅拌均匀，然后分几次加入澄粉和面粉，用手将其抓拌均匀，保证每一根胡萝卜丝上都能粘裹上粉，再将其抖散。

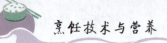

④将拌好的胡萝卜丝铺放在蒸布中，在锅中添上水，待将水烧开后，隔水放入胡萝卜丝开始蒸，大火蒸 10~15 min。

⑤大蒜剥皮后捣成蒜泥，放入在碗中，加上点香油和食盐搅拌均匀。

⑥胡萝卜丝蒸好后盛出，稍微晾一下，用筷子抖散，浇上蒜泥汁便可食用。

（5）蒸蒲公英

主料：新鲜蒲公英 200 g、鸡蛋 2 个、面粉 10 g。

调料：食盐 5 g、大蒜 25 g、酱油、醋、蚝油、香油适量。

制法：①蒲公英洗净，摘去根部，放入盐拌匀。

②放入 1 个鸡蛋，用手抓拌均匀。

③撒入适量面粉，同样用手抓匀，使蒲公英均匀地粘满面粉。

④将处理好的蒲公英铺放在蒸布中，大火蒸 4~5 min。

⑤调味汁：碗中放入大蒜碎、盐、酱油、醋、蚝油、香油调匀。

⑥蒸好的蒲公英上淋上调味汁即可。

（6）芙蓉嫩蛋

主料：鸡蛋 5 个。

调料：清水 100 g、食用油 10 g、葱末 100 g、盐 5 g、鸡精 2 g。

制法：①把鸡蛋打到碗里全部打散，蛋清和蛋黄都打碎。

②加入清水，水与鸡蛋的比例为 1∶1。加入适量的食盐和鸡精。

③用过滤网过滤掉蛋液里的泡泡，否则蒸出来的蛋会呈蜂窝状。

④把过滤好的蛋液倒在碗里，不要倒得太满。用保鲜膜盖住碗口，保鲜膜上用筷子扎几个孔。

⑤蒸锅里加水，将碗放入蒸锅，盖上锅盖。

⑥用旺火蒸 8~10 min，关火，不开锅盖继续虚蒸 2~3 min，起锅，加入食用油和葱末即可。

（7）蒜蓉开边虾

主料：鲜虾 10 个、青椒 1 个、红椒 1 个、大蒜 2 头。

调料：食盐、料酒、糖适量。

制法：①将蒜剁成蒜蓉，取出三分之一，用清水浸泡两小时，泡出蒜胶，控尽水分。

②锅中油温五成热时，放入蒜蓉，小火慢慢炒成金黄色。

③将虾去除虾脑、虾外壳和虾线，清洗干净。将虾从背部切开，尾巴向上立起来，依次摆放到盘中。

④把控干的蒜蓉与炒好的蒜蓉，与料酒、糖、盐拌匀放入碗中，淋入热油，调成蒜蓉汁。

⑤将蒜蓉汁均匀地抹在虾上，用旺火蒸 5 min。

⑥蒸好后将盘中的汁倒出，撒上青红椒粒，锅中烧热油淋到虾上即可。

 **知识拓展**

"蒸"是中国人早期发明的烹饪方法之一

（六）焖的烹饪技术与实例

1. 焖的概念

焖是将经过初步熟制的原料放入汤汁中，旺火加热至汤汁沸腾后加盖，再用小火持续加热，使原料成熟、汤汁浓稠的一种烹饪技法。

焖多适用于韧性较强的块状食材。菜肴口感醇厚、汁浓味香、熟烂软糯。

2. 焖的操作步骤

原材料预处理 →放入汤汁中 →旺火加热至沸 →调味 →加盖 →小火持续加热至成熟 →起锅。

3. 焖的操作要领

①若菜品成熟后汤汁过多，则大火收汁至浓稠。
②原料初步熟处理可采用焯水、煎、炸、炒等方法。
③旺火加热至沸后，应及时撇去上层浮沫。
④通常用砂锅并且加盖，体现焖的意味。
⑤根据原料和菜品的需求，可酌情勾芡。

4. 焖的菜例

（1）黄焖鸡块

主料：净鸡 100 g。

调料：京葱 80 g、姜 20 g、白糖 20 g、酱油、黄酒各 15 g、精盐 3 g、味精 1 g、高汤 750 g、湿淀粉 10 g、芝麻油 15 g、猪油 1 000 g。

黄焖鸡块

制法：①将净鸡剁成块，葱切段，姜切片。
②鸡块下入七成热猪油中炸上色捞出。
③炒锅内留油 20 g，下入白糖炒至呈枣红色，加入高汤、黄酒、葱段、姜片烧沸。
④放入炸好的鸡块烧沸，撇净浮沫，加酱油、精盐，用小火焖至酥烂，加味精，收浓汤汁，勾芡，淋芝麻油，装盘即可。

（2）蒜瓣焖鳝段

主料：净鳝鱼 500 g。

调料：蒜瓣、青红椒、糖、湿淀粉、酱油、香油、花生油、高汤、料酒各适量。

制法：①鳝鱼清洗处理干净后切段，青红椒切丝。
②锅内放足量食用油，待油温八成热后将鳝鱼段过油炸制定型即可。
③锅内留少许底油放入蒜瓣炒至上色出味，加入鳝鱼段、料酒、高汤、青红椒、酱油、糖，烧至汤浓、鳝鱼熟烂。
④湿淀粉勾芡，淋入香油出锅。

（3）茄汁青鱼

主料：青鱼 1 000 g。

调料：葱、姜、蒜、桂皮、八角、辣椒、蚝油、番茄酱、白糖、白醋、老抽、食盐、松鲜鲜（一种松茸调味料）、啤酒 1 罐。

茄汁青鱼

制法：① 青鱼去头，清理干净。
②锅内放油，烧至七八成热时，将青鱼放入锅中，两面煎至金黄，捞出。
③锅内留底油，放入葱、姜、蒜爆香，随即放入桂皮、八角、辣椒炒出香味。
④依次加入适量番茄酱、白糖和白醋，然后放入煎好的青鱼。
⑤放入啤酒、耗油、盐、松鲜鲜焖制入味即可。

知识拓展

水传热烹饪方法的特征

二、油烹技术

油烹是以油为传热介质，利用液体不断对流将原料烹制成熟的加工过程，也是一种常见的加热方式。油的发烟点一般在 200 ℃左右，有足够能量促使食材快速成熟。油温的范围较宽，从 0~240 ℃都可以做烹饪用。油烹技术适合于多种原料，不同的食材适合不同的油温和方法，不同的辅助手法又可造就不同的成品特点，因此油烹是一种比较复杂的加热方式。油烹的成品大多具有滑嫩、软糯、酥脆等特点。

（一）炒的烹饪技术与实例

炒是将已加工成的小型原料用少量油、旺火（武火）、快速翻拌至成熟的一种烹饪技法。

炒多适用于加工成丝、片、丁、粒、条等小型食材。菜肴色泽油亮、口感鲜香。根据工艺特点和菜肴风味，可分为生炒、熟炒、滑炒、煸炒、软炒等。

1. 生炒

（1）生炒的概念

生炒是切配后的原材料，不经过上浆、挂糊、焯水等预处理，直接用热油快速持续翻拌至成熟的一种烹饪技法。适用于新鲜的植物性原料（如白菜、胡萝卜、豌豆苗等）和细嫩无筋的动物性原料（如猪肉、鸡肉、牛肉等），菜肴具有鲜香脆嫩或干香滋润的特点，例如生炒彩椒、素炒豌豆尖、榨菜肉丝等菜品。

（2）生炒的操作步骤

原料初加工 →切配 →旺火热油炒制 →调味 →成熟 →起锅。

（3）生炒的操作要领

①若动、植物性食材同炒，则需将动物性食材先行入锅翻炒成熟起锅，再炒制蔬菜等植物性食材，植物性食材近成熟时再加入动物性食材一起合炒成菜肴。

②生炒的关键在于火候，在整个烹制过程中，锅中都要保持较高的温度，火力要旺，下料迅速而集中，翻炒均匀，使原料受热一致，快速成菜。应根据菜肴控制好火候，不可长时间炒制，否则会引起蔬菜变色、塌软，失掉风味，难以保证色鲜嫩脆的特点。

③炒制时食用油量不宜过多。

④原料尽量切配成小型。

（4）生炒的菜例：生炒彩椒（图3-3）

主料：猪瘦肉 200 g、彩椒 3 个（青、红、黄各 1 个）；

调料：酱油、料酒各 1 匙，食盐适量，姜、葱、蒜、花椒粒若干。

制法：①猪肉、彩椒切片。姜切丝、蒜切片、葱切末。

②猪肉丝加酱油、料酒拌匀。

图3-3　生炒彩椒

③油烧热，入花椒翻炒几下，然后放入姜丝、蒜片、葱末，炒到出香味。
④倒入肉片翻炒至肉片刚熟或者八九分成熟，盛出。
⑤彩椒入锅炒到断生，加盐。
⑥加入炒好的肉片，翻炒成菜即可。

2. 熟炒
（1）熟炒的概念

熟炒是指食材经过初步熟制处理，经切配后，用旺火热油加热、调味至成熟的一种烹饪技法。熟炒是在生炒基础上形成的，它克服了生炒用料的局限性，扩大了炒菜的用料范围，丰富了菜肴的花色品种。成品具有酥香滋润、亮油不见汁的特点。熟料经过炒制后，既能挥发自身的芳香气味，又可以吸收调味料的香气，产生浓郁的香气和醇厚的滋味，因熟料不同，就会有的鲜嫩，有的酥嫩，有的软糯，也有的柔韧耐嚼，增加了菜肴的风味。例如回锅肉、潮酸炒肚片、炒烤鸭丝等菜品。

（2）熟炒的操作步骤

原料初加工 →熟处理→切配 →入锅加热→调味 →起锅。

（3）熟炒的操作要领

①熟处理时火候要恰当，一般以断生和成熟为好，以防过于软熟。
②原料在熟处理前最好先将其加工切成便于下一步刀工处理的形状。
③辅料可先熟处理。有些辅料不易迅速成熟，如青椒、蒜薹、鲜笋等，可预先炒至断生。
④熟炒所用的豆瓣、甜面酱等调味品一定要炒出香味，才能达到理想的调味效果。

（4）熟炒的菜例：回锅肉

主料：带皮猪腿肉 200 g、蒜苗 50 g。
调料：精盐 3 g、郫县豆瓣酱 25 g、酱油 3 g、白糖 5 g、甜面酱 3 g、味精 1 g、色拉油 30 g。
制法：①猪肉、蒜苗清洗干净切段。
②猪肉放入冷水锅中，加料酒、花椒、姜、葱段，煮至肉皮变软、肉已断血、成熟时，捞出控水，晾凉。
③将猪肉切成长 6 cm、宽 4 cm、厚 0.15 cm 的片。
④锅内放油，用旺火加热至 150 ℃，放入肉片快速翻炒，炒至肉片出油、并且卷缩成"灯盏窝"的花形时，下入豆瓣酱。
⑤加入豆瓣酱后，炒至肉片上色、油变清亮时改为中火，再加入甜面酱、白糖、酱油炒出香味。最后放入蒜苗炒断生，加入精盐、味精和匀，起锅装盘成菜。

3. 滑炒
（1）滑炒的概念

滑炒是指切配好的原料，经调味、上浆、滑油后，再入锅调味、勾芡炒制成菜的一种烹饪技法。滑炒原料多选用动物性原料肌肉最嫩部位，而配料则以新鲜脆嫩的时令蔬菜为主。经过上浆和低温滑油，使原料表层形成薄膜，既保存了原料内部的水分，又减少了原料外部水分过多流失，形成滑炒菜肴滑、嫩、脆、爽的质感，成为各种炒法中质感最嫩的一种技法。菜肴具有滑嫩清爽、汁紧油亮的特点，适用于例如滑炒里脊丝、菠萝炒鸡片、银针炒肉丝等菜品。

（2）滑炒的操作步骤

原料初加工 →切配→上浆 →主料滑油捞出 →加辅料翻炒 →调味勾芡 →起锅。

（3）滑炒的操作要领

①滑炒菜肴的形状以丝、丁、片、条、粒等为主，要求刀工做到大小均匀，薄厚、粗细、长短统一。

②码味、上浆是保证菜肴滑嫩的关键。因此码味要均匀，上浆要均匀且拌上劲。否则，在滑炒时就容易出现原料脱浆等现象，严重影响菜品的质感。

③芡汁中鲜汤和水淀粉的量比例要适当。具体使用量要根据原料的多少、原料持水轻重、上浆稀薄、火力大小不同而有所差别。芡汁中所需的鲜汤，最好在芡汁烹入锅前临时加入，以防鲜汤的高温将水淀粉在入锅前提前糊化，影响芡汁的效果与味感。

④处理好原料质地和数量、油温和油量的关系：新鲜细嫩的原料（如虾仁、鱼肉、鸡胸脯肉等）油温宜低一些；质地较老、肌纤维较粗的原料（如牛肉、略老的猪肉等）适合温度高一些；不易脱浆的原料油温可低一些，加热时间可长一些。掌握油温油量时，需要考虑原料量的多少与火力的大小。原料数量较多时，油温可适当高一些，火力也可适当增大一些，这样原料下锅后油温不至于下降过快。

（4）滑炒的菜例：滑炒里脊丝

主料：猪里脊肉 200 g、冬笋丝 50 g、莴笋丝 50 g、鸡蛋清 1 个。

调料：盐 3 g、料酒 5 g、味精 2 g、葱 20 g、淀粉 15 g、植物油 1 000 g、香油 5 g、鲜汤适量。

制法：①将猪里脊肉清洗干净，切成约 0.3 cm 厚的肉片，再切成长 5 cm、宽 0.2 cm 的细丝，放入碗内，加鸡蛋清、湿淀粉、盐 1 g，抓拌均匀上浆。

②将盐 2 g、味精、料酒、香油放入碗内，再加适当鲜汤调成味汁。

③锅内放油烧至五成热，将浆好的里脊肉丝料散，下入锅内滑油约半分钟，即端锅倒入漏勺内沥油。

④锅底留植物油 50 g，七成热后放入葱丝爆香，然后放入冬笋丝、莴笋丝翻炒片刻，随即放入肉丝翻炒均匀，倒入调制好的味汁，翻匀装盘即成。

4. 煸炒

（1）煸炒的概念

煸炒又称干煸或干炒，是指将切配后的原料，不经腌渍、上浆，直接投入锅中，在少量热油中加热翻拌，直至原料内部水分煸干，使之干香滋润成菜的一种烹饪技法。干煸与生炒相似，但是时间比生炒要长。多选用质感嫩或柔软的原料，如牛肉、鱿鱼、冬笋、扁豆、豆角等，常用葱、姜、蒜、醋、豆瓣酱等增香的调料。菜品具有干香、味厚，原料表层质感酥脆、香浓等特点，例如干煸四季豆、干煸牛肉丝等菜品。

（2）煸炒的操作步骤

原料初加工 →切配→入锅翻炒至干香→调味 →起锅。

（3）煸炒的操作要领

①不码味、不上浆挂糊、不勾芡。

②制作荤菜时，要热锅温油。

③菜的全部味汁被主料吸干后才可起锅。

（4）煸炒的菜例：干煸四季豆

主料：四季豆 500 g。

调料：泡辣椒 50 g、酱油 10 g、盐 6 g、醋 5 g、糖 3 g、味精 2 g、蒜苔 15 g、植物油 80 g、香油 10 g。

制法：①将四季豆去筋，切成长 6~7 cm 的段。泡辣椒切粒备用。

②锅内放入植物油，旺火烧至五六成热，改用中火，保持油温，下入四季豆不断翻炒 2~3 min，放入盐继续翻炒 5~6 min，炒至四季豆水气干透、熟透。

③加入泡辣椒、蒜苔继续翻炒均匀，随即放入酱油、糖等调料，旺火翻炒。

④待味汁收干时，放入味精，淋上香油，装盘即成。

5. 软炒

（1）软炒的概念

软炒是指将加工成颗粒状、茸泥状的半成品原料，与调味品、鸡蛋、淀粉等调制成流体或半流体形态，下锅推炒，成熟凝固成菜的一种烹饪技法。原料多采用鸡蛋、牛奶、鱼虾、豆腐、薯类等，菜肴具有清香细嫩、软滑油润等特点，例如大良炒鲜奶、芙蓉鱼片等菜品。

（2）软炒的操作步骤

原料初加工 →组合调制→滑锅下料 →推炒成熟凝结→起锅。

（3）软炒的操作要领

①软炒的技术难度较大，炒时火力以中小火为主，避免焦煳。

②主料若是动物性食材，则需剔净筋络，加工成细腻的茸泥状。

③炒锅要干净，热锅温油。

（4）软炒的菜例：大良炒鲜奶

主料：鲜牛奶 250 g、熟鸡肝 25 g、熟蟹肉 25 g、熟虾仁 25 g、熟火腿 15 g、鸡蛋清 250 g。

调料：盐 2.5 g、味精 2 g、淀粉 20 g、熟猪油 40 g。

制法：①牛奶 50 g 放入碗内，加入淀粉调匀。鸡蛋清放入另一碗内，加盐和味精搅拌均匀。

②滑熟的鸡肝、虾仁、蟹肉等均切成碎料。熟火腿切成 0.2 cm 的粒状。

③锅内倒入牛奶 200 g，用中火烧至微沸，离火冷却，盛入碗内。

④将调制好的牛奶淀粉浆、鸡蛋清以及熟鸡肝、虾仁、蟹肉、火腿碎粒等，一起搅拌均匀制成奶料。

⑤锅内放入 10 g 熟猪油，滑好锅后倒出，再放入熟猪油 25 g，中火烧至五六成热，下入准备好的奶料，不停地顺着一个方向推炒，边炒边向上翻动，当奶料炒成稠厚状时，淋入余下的熟猪油 5 g 继续炒，炒均匀后盛入大盘，在盘内堆成美观的山形即可。

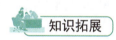

炒制工艺是我国烹调工艺中应用最广泛的一种烹调方法

（二）爆的烹饪技术与实例

1. 爆的概念

爆是指将切配后的原料投入大量油中，用旺火在极短的时间内加热成熟，并调味成菜的一种烹饪技法。

爆的种类很多，有油爆、酱爆、葱爆、芫爆、汤爆及宫保之分，它们所用原料、刀工及制作基本相同，除油爆（原料过油后爆制）外，其他的只是用的佐料不同。酱爆以面酱为主要调味料，葱爆以大葱为辅料，芫爆以香菜为辅料，宫保以花生米为主要配料。爆是在炒的基础上发展起来的，火力比炒要猛，时间要短，一般要求"勺中有火"。

爆多适用于新鲜、脆性、质地均匀的小型动物性原料。菜肴具有形态美观、脆嫩爽口、紧汁亮油的特点。

2. 爆的操作步骤

原料切配预处理 →入沸油→旺火加热至成熟 →捞起原料→回锅→挂汁调味→起锅。

3. 爆的操作要领

①爆菜因需旺火速成，故要切成均匀的小块形状，多数需要剞上刀花。

②主料断生和挂汁均需旺火，在短时间内操作。

③回锅时，锅内底油不宜过多。

4. 爆的菜例

（1）油爆乌鱼花

主料：鲜乌鱼板 300 g。冬笋 15 g、青椒 15 g。

调料：精盐、味精、绍酒、醋、淀粉、葱、姜、蒜、猪油。

制法：①将乌鱼板剞上麦穗花刀，切成长方片。冬笋、青椒切成菱形片。葱、姜切末，蒜切片。

②精盐、味精、绍酒、醋、鲜汤、水淀粉调成芡汁。

③勺中加猪油，烧至七成热时，放入乌鱼片爆炒片刻，倒入漏勺，此时乌鱼片呈麦穗形。

④勺中留少许底油，油热时放入冬笋、青椒、葱、姜末翻炒。

⑤放入乌鱼花、蒜片继续翻炒，随即泼入兑好的芡汁，快速颠翻均匀，淋明油起锅。

（2）宫保鸡丁

主料：鸡胸肉 200 g、去皮熟花生米 100 g、鸡蛋 1 个。

调料：葱、姜、蒜、酱油、白糖、红干辣椒、米醋、精盐、水淀粉、绍酒、味精、香油、鲜汤、植物油各适量。

宫保鸡丁

制法：①将鸡胸肉剞上十字花刀，切配成丁。用鸡蛋清、淀粉抓拌均匀放置。

②将红辣椒改成和鸡丁约大小相同的辣椒丁，葱、姜切末，蒜切片。

③用小碗加酱油、味精、绍酒、白糖、精盐、鲜汤、醋、水淀粉，调味成汁备用。

④锅内加宽油，将鸡肉丁入热油中炸熟，捞出控出多余油。

⑤锅内加少许底油，油热后放入葱、姜、蒜和红辣椒，炸出香味时，再将鸡丁、花生仁同时下勺翻炒，淋入调味汁快速翻勺，加香油起锅即可。

（3）酱爆肉丁

主料：猪瘦肉 200 g、鸡蛋 1 个、胡萝卜 10 g、黄瓜 10 g。

调料：甜面酱、白糖、精盐、味精、淀粉、葱、姜、蒜、香油、植物油适量。

制法：①将猪瘦肉切成丁，胡萝卜、黄瓜切成同肉丁大小相同的丁。

②猪肉丁放入碗内，加 1 个鸡蛋清、淀粉，浆好备用。

③锅内加宽油，烧五成热时下入肉丁滑散，然后下配料同时滑透，捞出控净油分。

④用白糖、精盐、味精调制成卤汁备用。

⑤锅内加少许底油，烧热下葱、姜、蒜和甜面酱煸炒出香味时，再下肉丁翻炒，淋入卤汁，加香油起锅即可。

（4）葱爆肉

主料：瘦猪肉 200 g、葱白 50 g。

调料：酱油、醋、绍酒、味精、精盐、鸡蛋 1 个、水淀粉、香油、葱姜、植物油。

制法：①将猪肉切成柳叶片，加鸡蛋、淀粉浆好备用。

②将大葱切滚刀块，再用小碗加调料调制成卤汁。

③锅内加宽油，烧六成热时将肉片下锅滑散，同时下大葱一起滑透，倒入漏勺内控净油分待用。

④锅内加少许底油，烧热放入姜蒜炝锅，然后放入肉片和葱段翻勺，淋入卤汁，加香油出勺装盘即可。

(5) 芫爆肚片

主料：净猪肚 250 g、香菜段 150 g、鸡蛋清 3 个。

调料：盐 3 g、味精 1.5 g、料酒 15 g、胡椒粉 1.5 g、醋 10 g、葱丝 10 g、姜丝 10 g、蒜片 10 g、香油 5 g、猪油 750 g（实耗 50 g）。

制法：①将猪肚切成 2.5 cm 宽的条，再改刀写成斜象眼块，放入碗内。

②加部分盐、味精、料酒、鸡蛋清和少量水搅拌均匀。

③另用一碗，放入香菜段和余下的料酒、盐、味精、胡椒粉、葱丝、蒜片、姜丝、醋和适量汤水，调成味汁。

④锅内放入猪油，用旺火烧至八成热，将肚片倒入油锅内，急速捞出控油。

⑤原锅内留少许油，烧热，把肚片放回锅内，烹入味汁，迅速颠翻均匀，淋入香油，起锅。

(6) 汤爆双脆

主料：猪肚 150 g、鸡胗 100 g。

调料：胡椒粉、香菜、盐、小葱、花椒、黄酒、酱油、香油、鲜汤适量。

制法：①将猪肚用刀切开，剥去外皮，在清水中洗净，去掉里面的筋杂，外面剞十字花刀（深为肚厚的 2/3），呈鱼网状，然后切成 2.5 cm 左右的块，放入水中浸泡 10 min，捞出，清水洗净放入碗内备用。

②将鸡胗剞成斜十字花刀，深度为鸡胗厚度的 2/3，用清水洗净备用。

③汤锅内放入清水，旺火烧至八成热时，先放鸡胗后放猪肚，过水烫后立即捞出放入汤碗内，放入小葱、胡椒粉拌匀。

④炒锅内放入清汤，加入酱油、精盐、花椒、黄酒置火上加热烧沸。

⑤打去浮沫，放入味精立即盛入汤碗内，迅速上桌，落桌后将主料推入汤内即成。

知识拓展

炒和爆的区别

（三）炸的烹饪技术与实例

炸是以油为传热介质使原料成熟的一种烹饪方法，即将处理好的生坯原料放入油温较高、油量较多的油锅中，加热至成熟的一种烹饪方法。

炸是一种既能单独成菜，又能配合其他烹饪技法成菜的烹饪方法。炸制菜肴具有香、酥、脆嫩的特点，多选用质地脆嫩且能加工成片、条、块或整形的动植物原料。根据菜肴需要，有的需要采用两次炸法。一般两次炸法的油温有两种，一种是中温（120~150 ℃）将原料加热成熟，另一种是高温（180~240 ℃）将原料加热至脆，这样会形成外脆里嫩的口感。为了饮食安全和营养需要，尽量避免采用 240 ℃ 以上的油温加热。

炸制时需要油温较高，有些原料需要挂糊、拍粉等，因此可分为清炸、干炸、软炸、酥炸、卷包炸、松炸、脆炸等。

1. 清炸

(1) 清炸的概念

清炸是指将原料加工处理后，不经挂糊上浆，只用调味品码味浸渍，直接放入油中用旺火加热使之成熟的烹饪方法。

原料多选用新鲜易熟、质地细嫩的仔鸡肉、兔肉、猪里脊肉、猪腰等,个别也可进行初步熟制处理。菜肴具有色泽金黄、外脆内嫩的特点。

（2）清炸的操作步骤

原料刀工处理→码味→入油锅中加热至熟→复炸→起锅。

原料大部分采用复油炸。第一次初炸,采用150 ℃左右的油温炸至断生并定型,第二次复炸采用220 ℃左右的油温,炸至外香里嫩。

（3）清炸的操作要领

①码味要均匀入味。

②根据原料不同要控制好油温和时间。体积较大的,初炸宜用较低油温长时间浸炸,保证内部熟透,外部不焦。复炸用高温炸至菜肴需要的质感和颜色。

③成菜后是整形原料的要迅速改刀盛盘,保证菜肴的食用口感。

（4）清炸的菜例：清炸仔鸡

主料：仔鸡600 g。

调料：姜10 g、葱段10 g、葱花10 g、精盐10 g、料酒15 g、胡椒粉1 g、味精1 g、色拉油1 000 g（实耗80 g）、香油5 g、椒盐末2 g。

制法：①仔鸡剖成两片,去掉大骨,斩成长5 cm、宽2 cm的条。椒盐末、味精拌匀调成椒盐味碟。

②将鸡条与姜片、葱段、精盐、料酒、胡椒粉拌匀,码味15 min。

③将鸡条放入150 ℃油锅中炸至断生、定型后捞出,待油温升至220 ℃时,重新倒入油锅复炸。

④炸至皮酥呈金黄色,捞出,放入香油和匀,配椒盐味碟即成。

2. 干炸

（1）干炸的概念

干炸是指将加工处理后的原料,码味后挂糊或拍粉,用旺火热油加热至成熟的一种炸制方法。原料多选用质地较嫩,成块、条状的食材。干炸菜肴具有焦香扑鼻、外脆里嫩的特点。

（2）干炸的操作步骤

原料刀工处理→码味→挂糊或拍粉→旺火热油加热至成熟→起锅。

（3）干炸的操作要领

①油锅要勤过滤,去尽粉渣等防止粉渣焦煳。

②炸制过程中要不断翻动,使原料加热均匀。

（4）干炸的菜例：干炸里脊

干炸里脊

主料：猪里脊肉200 g。

调料：干淀粉、精盐、味精、绍酒、花椒粉、香油、植物油各适量。

制法：①将猪里脊肉切成长3~4 cm、宽约0.5 cm的片或切成滚刀块。

②将切好的里脊肉加入精盐、味精、绍酒等调味品抓拌均匀进行腌制5 min,然后挂水粉糊。

③锅内放入植物油,烧至五六成热时,将里脊肉分散下入油锅中,炸至定型后捞出,将其粘连的部分及时分开。

④将里脊肉再下入锅中炸至九成熟时捞出。待油温升到八成热时,再行放入油中炸至原料表面呈金黄色、外焦里嫩时捞出装盘。配以椒盐蘸料上桌。

3. 软炸

（1）软炸的概念

软炸是指将处理好的原料，码味后挂上蛋糊，用中油温炸制七八分熟，再高油温复炸至香脆成熟的一种炸制方法。

原料多选用加工成片、条、块状的质嫩的动植物性食材。软炸菜肴的口感主要是由使用的糊料决定的，软炸糊有全蛋糊、蛋清糊、蛋黄糊三种，粉料分面粉和淀粉两种。菜肴特点外香脆、内软嫩，色泽浅黄，蓬松饱满。

（2）软炸的操作步骤

原料刀工处理→码味 →挂蛋糊→中油温（四五成热）加热至七八分熟→高油温（七八成热）复炸→起锅。

（3）软炸的操作要领

①每一片（条、块）原料要均匀地挂上蛋糊，糊不能过厚。

②初次入油锅时要逐个放入，避免相互粘连。

③初炸时油温不能高，复炸时油温要高一些。

（4）软炸的菜例：软炸肝尖

原料：猪肝 500 g、鸡蛋 2 个。

调料：精盐、味精、胡椒粉、玉米淀粉各适量。

制法：①猪肝切片，用精盐、味精、胡椒粉腌上待用。

②鸡蛋在碗中搅散与玉米淀粉一起调成糊。

③猪肝放糊中挂糊，保证每片猪肝上都有均匀的蛋糊，但不能过厚。

④锅中放油，烧至五成热时，分批逐个把猪肝片放入锅中。

⑤炸至猪肝七八分熟时捞出。

⑥待油温升高至七成时，再入锅复炸至浅黄色，起锅。

4. 酥炸

（1）酥炸的概念

酥炸是指原料加工码味后，经过熟处理（蒸、煮、烧等）至软熟，或鲜嫩的原料直接挂糊或拍粉后放入高油温锅中加热成菜的一种烹饪方法。

酥炸的原料选择范围较广，有家禽、家畜、鱼虾等动物性原料或糕状半成品。挂糊可以有酥黄糊、水粉糊、发酵粉糊、苏打糊等。拍粉包括面粉、淀粉、面包糠、芝麻粉等。酥炸菜肴具有外酥松、内软熟的特点。

（2）酥炸的操作步骤

原料刀工处理→码味→蒸、烧、煮等熟处理（或直接挂糊或拍粉）→高温油锅内加热→起锅。

（3）酥炸的操作要领

①生料挂糊，熟料不挂糊。掌握好油温和油炸的程度。体形较大的整形原料一般不挂糊不拍粉，炸时油温要高，要保持外皮完整。

②原料在熟处理前需要码味，用调味品将原料内外抹匀，浸渍一定时间使其入味。部分原料需加工成泥茸，再与鸡蛋、淀粉、清水、精盐等调、辅料搅拌制成泥糊状。

③在进行烧、煮、卤等熟处理过程中，要掌握好汤量、火力、加热时间三者的关系，并调味准确，防止鲜香味损失。

④挂糊或拍粉的方式有单纯挂糊或拍粉，也有先挂糊再拍粉。半成品挂糊的干稀厚薄、拍粉

的多少要根据半成品的质地与糊粉的性质而定。一般富含油脂或软熟程度良好的可多拍一些粉，脆浆糊可重一点，全蛋糊应恰当，面粉、面包糠可多粘一点，淀粉应恰当。既要表现出半成品的质感，又要突出酥松的特色。

⑤半成品原料在酥炸前要揩干水分，趁热油炸，防止因原料沾有水分而引起油爆溅伤人。

⑥酥炸菜肴装盘时，根据需要可淋香油增香，或随配椒盐、葱酱等味碟，或配糖醋生菜，起到调剂口味、增加风味的作用。

（4）酥炸的菜例：酥炸虾球

主料：虾 250 g、肥猪肉 50 g、鸡蛋 1 个、面包渣 75 g。

调料：绍酒、味精、胡椒粉、精盐适量。

制法：①把虾、猪肉剁成细泥，用绍酒、味精、葱、姜末、精盐、胡椒粉、鸡蛋、淀粉搅拌均匀。

②挤成蛋黄大小的丸子，粘上面包渣。

③大勺放油，烧至七成热时，将虾肉丸子下勺，炸成金黄色，捞出装盘。

5. 卷包炸

（1）卷包炸的概念

卷包炸是卷炸、包炸的合称，是指将原料加工成丝、条、片、粒或泥状后，与调味品拌均匀，再用卷包皮料卷起来或包起来，放入油锅中加热至成熟的一种炸制方法。

原料通常使用鸡肉、猪肉、猪腰、冬笋、火腿、蘑菇等嫩脆原料。用于卷或者包的卷包皮料采用可食用的蛋皮、腐竹皮、面皮或糯米纸等。卷包炸制菜肴具有外酥里嫩的特点。

（2）卷包炸的操作步骤

原料刀工处理→调味→卷或包 →入油锅炸至成熟 →起锅。

（3）卷包炸的操作要领

①卷包炸大部分宜采用中火温油，个别菜肴可适当升高油温炸至皮酥。

②卷裹的如果是生料，一般改刀后再入油锅。如果是熟料，一般炸后再改刀。

③要掌握好主料的肥瘦比例，过瘦的原料需要添加些猪肥肉以保证菜肴滋润细嫩。

④使用糯米纸时不应碰水，所以主料表面应尽量干一些。

⑤卷包时应尽量紧一点，避免油炸时散开。

⑥有一些包得比较紧密的原料在入油锅之前，先用刀尖或牙签在表皮上扎几个洞眼，以便于高油温油炸时排出气体，防止炸裂。

（4）卷包炸的菜例：蚝油纸包鸡

原料：鸡脯肉 200 g、糯米纸。

调料：蚝油 25 g、料酒 15 g、酱油 5 g、芝麻油 25 g、植物油 1 500 g、盐、味精、糖、葱、姜适量。

制法：第一步：鸡脯肉去皮，切成长 4 cm、厚 2 mm 的薄片。糯米纸均匀裁成 10 cm 正方形，共 12 张。

第二步：蚝油、葱、姜、料酒、酱油、糖、味精搅拌均匀，将鸡脯肉浸渍 10 min。然后去掉姜、葱，加入芝麻油拌和，再将鸡脯肉均匀地分包在糯米纸内，从一个角折叠起，折成长方形，并用蛋清淀粉封好口。

第三步：将植物油倒入锅内，烧至四成热时，将纸包鸡投入油锅中浸炸，当纸包浮起时用漏勺压入油中，不停翻动，用五成油温炸熟，捞出控油，装盘即成。

6. 松炸

（1）松炸的概念

松炸是将处理好的原料挂蛋泡糊，在三至四成温油中，中小火慢慢炸至成熟的一种炸制方法。

松炸菜肴松嫩绵软，外表不脆。由于松炸的油温低，蛋泡糊又较厚，所以这种炸适合质地细嫩易成熟的原料，如夹沙香蕉、松炸银鼠鱼、雪衣鱼条等。

（2）松炸的操作步骤

原料刀工处理→调味→挂蛋泡糊→中小火温油加热至熟→起锅。

（3）松炸的操作要领

①蛋清打起泡后要加入淀粉成糊，否则蛋泡缺少支撑，菜肴难以定型。但淀粉量不宜过多，多了影响口感。

②打蛋清的盛器一定要干净，不能有水、油。

③蛋清一定要打至硬，即使盛器侧翻也不会流出。

④蛋清打好后应立即制作菜肴，且制作过程动作要快。

⑤油温应控制在三成热时炸制，采用中小火，油温慢慢上升，不能太快。

⑥装盘尽量不使用手，否则成品容易很快泄气瘪塌。

（4）松炸的菜例：松炸鱼条

原料：鱼肉 250 g、鸡蛋清 2 个。

调料：湿淀粉 40 g、料酒 5 g、芝麻油 10 g、猪油 1 000 g、食盐、味精、葱姜汁、椒盐适量。

制法：①鱼肉切长 4 cm、宽 1 cm 见方的条，用料酒、味精、食盐、葱姜汁、芝麻油拌匀，然后滚粘干淀粉摆于盘中。

②将鸡蛋清抽打起泡，加干淀粉或面粉调成蛋泡糊备用。

③锅中放猪油 1 000 g，油三至四成热时，将鱼条挂上蛋泡糊逐条下入油中。用小火温油慢慢炸至成熟，出锅时油的温度要尽量高于入锅时的温度，避免产生吃油现象。

④上桌时带椒盐或其他调料佐食即可。

7. 脆炸

（1）脆炸的概念

脆炸是指将原料处理后，挂上脆皮糊，放入中火热油中加热至成熟的一种炸制方法。

原料多选用加工成条、块、丸子状的形态，脆皮糊用面粉、淀粉、植物油、发酵粉和水调制。脆炸菜肴具有外壳饱满、色泽金黄、外脆里嫩的特点。

（2）脆炸的操作步骤

原料刀工处理→调味→挂脆皮糊→放入中火热油中加热至熟→起锅。

（3）脆炸的操作要领

①脆皮糊的调制是最为关键的步骤，要掌握各种原料的比例，通常面粉与淀粉的比例为 4∶1，发酵粉为淀粉的 1/8。调制脆皮糊时不能用热水，要静置 30 min。

②脆皮糊要搅拌透，直至没有粉颗粒。但不宜搅拌过久，以免产生筋性，不易挂糊。

③严格掌握火候。油温低，容易泄糊；油温过高，二氧化碳容易冲破表面而使外表不光滑，影响菜肴美观。

④脆皮糊调制可以使用老面或啤酒调制。

（4）脆炸的菜例：脆炸明虾

原料：明虾 12 只。

调料：发酵粉 3 g、面粉 60 g、淀粉 15 g、花生油 15 mL、清水 55 mL、精盐 1 g、味精 1 g、

绍酒 5 mL、葱姜汁 5 mL、胡椒粉少许、烹饪油 1 000 mL（实耗约 75 mL）。

制法：①明虾去头，剥去外壳（留三叉尾），片开背部，剔去虾肠，用清水冲洗干净。

②在虾肉腹部横切三四刀（刀深约为 3/4），不要切断。加入精盐、味精、绍酒、葱姜汁腌制片刻。

③取碗一只，放入面粉、淀粉、发酵粉搅拌均匀，一边搅拌一边加温热的清水成糊状，再加入精盐、花生油均匀搅拌成脆浆糊。

④油锅置中火上，加热至五成热时，手抓虾尾，逐只在脆浆糊中均匀裹上糊（虾尾不要挂糊），放入油锅中炸至外皮饱满时捞出。

⑤待油温再升至七成热时复炸，至外香脆、蛋黄色即可捞出沥油，带椒盐或番茄沙司佐食。

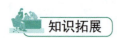

炸制时最重要的是注意油温的控制

（二）煎的烹饪技术与实例

1. 煎的概念

煎是指用少量食用油低温将扁平状原料两面持续加热至成熟的一种烹饪技法，一般采用平底锅。

一般选用加工成扁平状或块状的动植物原料。煎制菜肴一般无汁、外脆里嫩、鲜香爽口。

2. 煎的操作步骤

原料调味腌制 →放入盛有少量油的平底锅中 →小火加热→翻面→两面均成熟、泌油→起锅。

3. 煎的操作要领

①最好使用不粘锅，如果不用不粘锅，则需做到热锅温油。

②原料煎制前一般进行调味，有的菜肴还需挂糊、上浆等。

③原料不宜过厚，便于成熟。

4. 煎的菜例

（1）香煎牛排

主料：牛排 200 g、红彩椒半个、黄彩椒半个、洋葱 30 g。

调料：黄油 5 g、盐、黑胡椒粉、黑胡椒汁、橄榄油适量。

制法：①牛排洗净，将牛排正反两面用刀背拍松，沥干水分，用 1 g 盐、1 g 黑胡椒粉和少许橄榄油腌制约 20 min。

②将红彩椒、黄彩椒切成 1 cm 的厚片，用 1 g 盐、1 g 黑胡椒粉和少许橄榄油搅拌均匀，腌制 10 min 后炒熟。

③平底锅内放入油，将腌制好的牛排放入锅中，小火煎成所需的成熟度。

④将炒好的蔬菜与牛排摆放美观，再用煎牛排出的肉汁加红酒和黄油上火略煮，调入黑胡

椒汁，煮至黏稠，调入盐、黑胡椒粉，把汁均匀浇在牛排上。

（2）香煎口蘑

主料：口蘑。

调料：食用油、盐、胡椒粉、酱油适量。

制法：①口蘑洗净，控干水分。

②将平底锅中火烧热，放入适量食用油。

③将口蘑放入锅中，小火煎成所需的成熟度，然后反面继续小火煎。

④均匀撒上胡椒粉、盐和适量酱油即可。

香煎口蘑

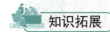 知识拓展

不同烹饪温度对菜品营养物质的影响

三、固烹技术

（一）烤

烤是人类最原始的烹饪方式，是把食物放置于比较接近热源的位置，利用火或电的辐射热和空气对流使原料成熟的一种方法。根据原料受热方式不同可分为裸烤和裹烤。根据烤炉设备或操作方法不同，可分为明炉烤、暗炉烤。

1. 明炉烤

（1）明炉烤的概述

明炉烤是将原料架于敞口的火炉或火盆上，利用燃料燃烧时释放出的热量将原料烤制成熟的一种方法。一般有三种，第一种是在炉的上面架上铁架，多用于烤制乳猪、全羊等大型主料；第二种是在炉子上放铁炙子；第三种是用铁叉叉好原料在明炉上翻烤，多用木炭做燃料。

明炉烤的燃料最好采用木材、木炭或者电能，尽量避免采用煤炭、液化气、天然气等容易对人体产生有害物质的燃料。

明炉烤的特点是设备简单，虽然火的大小容易掌握，但是火力分散、温度场不均匀，烤制的时间一般较长且原料要不停地翻转，如烤羊肉串、烤乳猪、烤鱼、烤酥方等。

（2）明炉烤的菜例：烤羊肉串

主料：羊肉 300 g。

调料：食用油 50 g、花椒水 10 g、精盐 5 g、味精 5 g、辣椒面 5 g、孜然 4 g、料酒 10 g、鸡蛋 1 个。

制法：①羊肉切长宽各 3 cm、厚 2 mm 大小的薄片，加盐、料酒、花椒水、味精、蛋液腌 10 min，用细铁签逐片穿起备用。

②在烤炉上生起炭火，木炭燃烧到无烟时，将穿好的肉串架在炉口上慢火烤制，刷上油，边烤边翻动。

③撒上孜然和辣椒面，当肉片微焦时取下即可食用。

2. 暗炉烤

（1）暗炉烤的概述

暗炉烤也称焖炉烤，是将原料置于封闭的烤炉中，利用高温将原料烹熟的一种烤制方法，通常采用挂炉、铁叉、烤钩、烤盘等工具。烤炉为封闭式，能保持炉内的高温使原料受热均匀，如广东烤鸭等。

（2）暗炉烤的菜例：烤鸭（见图3-4）

主料：北京填鸭1只。

调料：糖汁（饴糖、白糖和水调制而成）500 g、葱丝、甜面酱、荷叶饼适量。

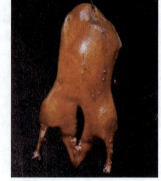

图3-4　烤鸭

制法：①将鸭在头与颈之间割一刀，将食管与气管全部割断进行宰杀，剁去双爪与翅膀尖端。

②从喉管开刀处拉出食管，用左手拇指顺着食管外面向胸脯推入，使食管与周围的膜分开，再将食管放入喉管，不要拉断。然后用打气机从喉管刀口处徐徐将气打入鸭身，使气体充满鸭身各部分。打气后，拿鸭子只能握翅膀，腿骨及头颈，避免在鸭身上留下指印，影响成品质量。打气可使鸭子烤熟后皮脆肉嫩。

③用锋利的尖刀在鸭右腋下开8 cm的月牙形刀口，用中指和食指从开口处伸入鸭腹，将内脏全部取出，然后用一根10 cm长、直径1.5 cm左右的高粱秆或小木条塞进鸭腹，架在三叉骨上，撑紧鸭皮，使鸭在烤制时不致收缩。

④将鸭放清水中，从刀口处灌入清水，并将右手食指伸入鸭的肛门，掏出未取尽的剩肠，使清水从肛门流出，如此灌洗两次即可洗净。然后将铁钩放在距离鸭肩3.5 cm的鸭颈处，从颈骨的左面穿入，右面穿出，再将鸭颈用钩托住。挂钩时勿使铁钩穿过颈骨，以防在烤熟后鸭子脱钩。

⑤将鸭子挂好钩后，用沸水浇淋全身，使鸭皮收缩，然后再以糖汁刷遍全身，使烤后鸭皮质脆色红。

⑥将鸭子挂在风口处晾干，用木塞塞住肛门，从刀口处灌入开水，使烤时外烤内煮，达到外脆内嫩的目的。

⑦将鸭子挂入烤炉内烤制。烤制时应根据鸭的不同部位、老嫩等掌握各部分的烤制时间。一般烤30~40 min、颜色呈棕红色、重量减轻十分之一即可。食用时将鸭肉片成薄片，佐甜面酱、葱丝、荷叶饼而食。

知识拓展

明炉烤与暗炉烤的区别

（二）煨

1. 泥煨

（1）泥煨的概述

泥煨是将原料包裹后又以黏泥包住，放在炭火灰中，以热传导的机理，把炭火的热量传给原

料,使之成熟。

通常先将加工处理后的原料进行腌制,然后用荷叶等包裹,再均匀涂抹一层黏泥,埋入烧红的炭火中进行长时间加热。因包裹严密,原料中的水分、鲜味不会散失,且调味品也渗入原料之中,使菜肴极具特色。

泥煨法用料有限,只有肥鸡一种原料,属"一法一菜"。其中,"叫花鸡"是一道以泥煨著称的浙江名菜。

(2)泥煨的操作步骤

原料加工 → 腌制 → 包裹 → 涂泥 → 埋入炭火灰中 → 至成熟拿出。

(3)泥煨的菜例:叫花鸡(见图3-5)

图3-5 叫花鸡

主料:嫩母鸡一只,1 000 g左右,以头小体大、肥壮细嫩的三黄(黄嘴、黄脚、黄毛)母鸡为好。另准备鸡丁50 g、瘦猪肉100 g、虾仁50 g、熟火腿丁30 g、猪油400 g、香菇丁20 g、鲜荷叶4张。

调料:绍酒50 g、盐5 g、油100 g、白糖20 g、葱花25 g、姜末10 g、丁香4粒、八角2颗、肉豆蔻末0.5 g、葱白段50 g、甜面酱50 g、香油50 g、熟猪油50 g。

制法:①将鸡去毛,去内脏、洗净。加酱油、黄酒、盐,腌制1 h取出,将丁香、八角碾成细末,加入肉豆蔻末和匀,擦于鸡身。

②将锅放在大火上,锅内加入猪油烧制五成熟,放入葱花、姜爆香,然后将辅料中的鸡丁、瘦猪肉、虾仁、熟火腿丁、香菇丁分别倒入锅中炒熟,出锅后放凉备用。

③鸡的两腋各放入一颗丁香夹住,再用猪网油紧包鸡身,用荷叶包一层,再用玻璃纸包上一层,外面再包一层荷叶,然后用细毛绳扎牢。

④将酒坛泥碾成粉末,加清水调和,平摊在湿布上(约1.5 cm厚),再将捆好的鸡放在泥的中间,将湿布四角拎起将鸡紧包,使泥紧紧粘牢,再去掉湿布,用包装纸包裹。

⑤将裹好的鸡放入烤箱,用旺火烤40 min,如泥出现干裂,可用泥补塞裂缝,再用旺火烤30 min,然后改用小火烤90 min,最后改用微火烤90 min。

⑥取出烤好的鸡,敲掉鸡表面的泥,解去绳子,揭去荷叶、玻璃纸、淋上香油即可。

如果没有条件可以用面团代替泥巴,用烤箱或者烘箱在200 ℃下烤制1.5 h。

叫花鸡的典故

2. 锡纸包

(1)锡纸包的概述

锡纸是一种涂上或贴以像银的膜状金属纸,多为银白色,实际上是铝箔。铝箔纸,是一种用压平了的金属铝制造的工具,主要用于厨房煮食、盛载食物,或用来制作一些简单清洁的物料。大部分的铝箔纸一面光亮,另外一面灰哑。食品用铝箔纸双面皆可包裹食物,通常建议以光亮面包裹,提升热传导效果。

有些食物(如金菇菜等)须用铝箔纸包着来烧,避免烧焦。用铝箔纸包着来烧海鲜、金菇菜等，可保留鲜味。

锡纸用来烧烤时，可防止食物粘烤盘，防止食物粘上污物；可防止食物水分流失，保持鲜嫩；有的食物烤制的时候有调料，用锡纸包上可防止馅料散掉。

（2）锡纸包的菜例：锡纸金针菇（见图3-6）

主料：金针菇200 g。

调料：蒜末30 g、生抽、蚝油、白糖、辣椒油、鸡汁若干。

制法：①金针菇切掉根部洗净，撕成小条，然后放入锡纸盒内。

图3-6　锡纸金针菇

②碗中放入2勺生抽、2勺蚝油、1勺鸡汁、半勺白糖、1勺辣椒油、3勺凉白开水，搅拌均匀。

③将剥好的大蒜剁碎，剁得越细越好。蒜末放入凉水中浸泡10 min，用筛网沥干水分。起锅加油，油温六成热时改成小火，倒入一半的蒜末，迅速翻炒，炒5~6 min，蒜蓉变至金黄关火，倒入剩余的一半蒜末，激发出蒜的香味，继续翻炒均匀盛出。

④把料汁淋在金针菇上，再放上蒜蓉，放在煤气灶上加热10 min左右。如果喜欢吃辣的话，可以撒上一层小米辣椒或切碎的葱花。

3. 烬煨

（1）烬煨的概述

烬煨即"用带火的灰把生的食物烧熟"。这里"带火的灰"，是指柴灶里柴梗焚烧以后留下的余烬。而"煨"则有两种方式，除了将生的食物直接插入柴灰烧熟（如煨红薯、煨鸡蛋），更主要的方式是把原料放入瓦罐、瓷甏等专用器皿，注入适量的水以后，置于柴灰里将其烧熟。

烬煨热力均匀平衡，能使食物的营养结构不被破坏；因属小火慢炖，炖出的食物不但质地酥烂、原汁原味，而且汤色鲜美、别有风味。

（2）烬煨的菜例：灰塘煨鸭

主料：土鸭1只、黄花菜干，还可依据喜好添加猪肚、筒骨等。

调料：香菇、生姜、葱段、黄酒、盐、白糖若干。

制法：①鸭子清洗干净，整只放入瓦罐中，无须焯水。

②将黄花菜干、香菇、生姜、葱段、黄酒、盐、白糖等一起放入瓦罐。

③倒入清水，以荷叶封口，黄泥封罐。

④埋进柴火灰里煨制5 h以上。

⑤挖出瓦罐，敲开黄泥。

部分餐厅为了避免明火带来的安全隐患，对做法进行了改良：铺好细石头或者粗盐，把瓦罐埋进细石头或粗盐里，使用电炉加热，模仿农家土灶的形式恒温煨制。

（三）焗

1. 盐

（1）盐焗的概念

盐焗是将原料放在盐中，通过盐的传热使原料成熟的一种加工技法。原料多选用禽类等动物性食物。菜肴肉质结实，香味独特。

锅放入为原料4~5倍的粗盐，将经过调味腌制并包裹好的原料放入盐中，用中、小火缓慢加热，使原料成熟。因为用盐做介质，因此加热前要用锡纸或者韧性好的棉纸包裹起来，以防止菜肴过咸。如不用纸包裹，则需要选用颗粒较大的盐为介质或带壳易熟的原料。

（2）盐焗的菜例：盐焗鸡
主料：小仔鸡 1 只。
调料：盐 10 g、葱 6 根、姜 1 块、胡椒粉 1 勺、料酒 3 勺、蒜 3 瓣。
制法：①小仔鸡洗净抹油。
②均匀涂抹沙姜粉、盐焗鸡粉腌制 0.5 h。
③鸡先用油纸包，再用锡纸包好。
④烤盘铺盐放鸡，将剩余的盐盖在鸡上。
⑤烤箱 210 ℃，烤制 40 min，敲掉粗盐即可。

2. 鼎上
（1）鼎上焗的概念
鼎上焗是指原料经过腌制、过油、蒸制等熟处理等，再放进鼎里调味焗制成菜的一种烹饪方法。
（2）鼎上焗的菜例：干焗虾筒
主料：虾肉 500 g、肥肉 75 g、干面粉 75 g、火腿 25 g、芹菜 50 g、荸荠肉 50 g、鸡蛋 2 个、面包碎 150 g、菠萝 100 g。
调料：味精 75 g、精盐 7.5 g、麻油 10 g、酱油 5 g、胡椒粉 1 g、甜酱 2 碟、香菜 25 g、潮州甜酱汁 2 碟。
制法：①将虾肉洗净，用厨房纸吸收水分，放在砧板上用刀拍扁剁碎，盛于碗中，加入味精、盐，用筷子猛力搅至成胶，再加入肥肉丁，拌匀待用。
②将荸荠肉、火腿、芹菜茎分别切成 3 cm 长的条，各切成 24 条，鸡蛋打匀。
③把虾胶分成 24 份，每份重约 20 g，分别将其放在砧板上用刀压平，修成"日"字形（长约 4 cm），中间放上火腿、芹菜、荸荠肉各 1 条，然后把虾胶卷起，头尾包成圆筒形，共 24 件，逐件拍上一层薄薄的干面粉，表面再涂上鸡蛋浆，最后粘上面包碎。
④起鼎下油，放入虾筒拉油至熟，倒出、滤干。将虾筒倒入热鼎中，加入麻油、酱油、胡椒粉，炒匀取出，排于盘中用香菜、菠萝片装饰盘边，并配潮州甜酱汁 2 小碟。

四、混烹技术

（一）熘

熘是一种采用油和水两种传热介质，将原料投入芡汁中搅拌成菜的一种烹饪方法。熘的菜肴一般芡汁较宽。根据用料和操作步骤的不同，熘还可分脆熘、滑熘和软熘。

1. 脆熘
（1）脆熘的概念
脆熘又称炸熘或焦熘，是将加工成形的原料，经过码味后，挂糊或拍粉，放入旺火热油中炸至成熟定型，复炸后再浇淋或粘裹上芡汁成菜的一种烹饪技法。
（2）脆熘的操作步骤
原料初加工 →码味 →挂糊（或拍粉）→油炸至成熟（定型）→复炸 →调制芡汁→ 熘汁成菜。
（3）脆熘的操作要领
①在炸制原料的同时，要求另起炒锅调制芡汁，即油炸出锅几乎与调制芡汁是同时的；芡汁的浓度应根据菜肴的特点而定。
②通常原料剞花刀的菜肴，芡汁应为流芡，原料为块、片等形状的，芡汁应为包芡。
③脆熘菜肴的口味通常为重糖醋味，即先甜后酸再咸，也有少部分菜肴为轻糖醋味。
④脆熘菜肴一般炸两次，初炸旺火中油温，目的是使原料成熟、定型。复炸是旺火高油温，使原料表面金黄、酥脆。

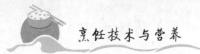

⑤拍粉后的原料可静止一下，让粉末吸取原料表面的水分，使粉与原料粘裹得更牢靠。下锅前将多余的粉末抖掉。

(4) 脆熘的菜例

①松鼠鱼。

主料： 草鱼700 g、青豌豆50 g、熟冬笋25 g、香菇15 g。

调料： 姜片5 g、葱段10 g、番茄酱35 g、精盐8 g、料酒15 g、白糖30 g、干细淀粉100 g、水淀粉25 g、鲜汤150 g、香油2 g、色拉油2 000 g（实耗70 g）。

制法：

第一步：鱼经初加工后，鱼身剖成两片但鱼尾相连，然后除去鱼的脊骨、胸刺，再在两片鱼肉上剖斜十字花刀成松果花形。从鱼头下颌斩开但又不完全分离。将鱼头和鱼身用精盐、料酒、姜片、葱段码味15 min备用。

第二步：冬笋、香菇分别焯水后切成0.5 cm大小的颗粒。青豌豆焯水至断生，捞出漂凉待用。

第三步：将鱼身、鱼头分别扑上干细淀粉。

第四步：将鱼头放入170 ℃高温油锅中炸至成熟、呈金色，捞出装盘。

第五步：将扑了粉的鱼身肉反卷向外，鱼尾反翘成松鼠的形状，筷子夹住鱼身的一端，另一手提着鱼尾，放入油锅内炸至定形捞出。油继续加热至220 ℃，将鱼身放入油锅中，复炸至色金黄、外酥内嫩时捞出沥油，装入盛有鱼头的盘内。

第六步：另起锅放油，用中火加热至80 ℃时放入番茄酱炒香炒红，加入青豌豆、冬笋粒、香菇粒炒匀，加入鲜汤、精盐、白糖烧沸，用水淀粉勾芡，待汁稠后加入香油和匀，起锅浇淋在鱼身上即成。

②熘肉段。

主料： 猪瘦肉300 g、青椒1个、胡萝卜1个。

调料： 葱、蒜、姜、生抽、料酒、白糖、味精、淀粉、盐适量。

制法：

第一步：猪肉切成1.5 cm左右的正方块肉粒，青椒切块，胡萝卜切片。葱姜切丝，蒜切片。

第二步：猪肉粒内加盐、料酒拌匀后腌制10 min。淀粉放入碗中加水成淀粉糊，静止一会儿后倒出上面的水。

熘肉段

第三步：将沉淀好的淀粉糊倒入腌制的肉段中，用手抓匀，再淋入几滴食用油再次抓匀。

第四步：锅内油烧热，把肉段放入油内炸至定型后捞出。

第五步：调高油温，再次将肉段放入锅中复炸至金黄色，捞出控油。

第六步：碗中放入生抽、白糖、味精和清水调成料汁。

第七步：锅底留少许油，放入葱丝、蒜片、姜丝爆香，再放入炸好的肉段、青椒和胡萝卜，倒入调好的料汁炒匀即可。

2. 滑熘

(1) 滑熘的概念

滑熘又称鲜熘，指将加工切配成形的原料，经码味、上蛋清淀粉浆后，投入中火温油中滑油至原料断生或成熟时，烹入芡汁成菜的一种烹饪方法。滑熘所用的原料以加工成片、丝、条、丁、块的无骨的原料为主。在调料中加入酒糟，成为糟熘；加入番茄汁，称为茄熘；加入柠檬汁，称为酸熘；加入醋，称为醋熘。

(2) 滑熘的操作步骤

原料初加工→码味 →上蛋清淀粉浆 →主料滑油 →调制芡汁 →烹入芡汁→ 起锅成菜。

（3）滑熘的操作要领

①先滑油后熘。芡汁的量要比滑炒的多一些。

②滑熘菜肴的味型多数为咸鲜味，要掌握好咸味的浓度，防止食用时乏味或影响原料的鲜香味。

③蛋清淀粉浆要干稀适度，上浆厚薄恰当均匀。原料要抖散入锅，用筷子快速划拨开防止粘连。但鸡、鱼、虾肉细嫩易碎，码味、上浆时手法要轻柔一点，分散入锅后用筷子划拨时也要轻柔一点，以保证原料形态完整，成菜造型美观。

④选用干净无色的色拉油，防止油脂影响菜肴的色泽和口味。

⑤油温不宜偏高，一般控制在 80~110 ℃为宜。过高会使原料成团，过低会使原料上的淀粉浆脱落，影响菜肴的外观和质感。

（4）滑熘的菜例：醋熘鸡片

主料：鸡脯肉 150 g、净青笋 50 g。

调料：姜 5 g、蒜 10 g、葱花 20 g、泡红辣椒末 15 g、精盐 3 g、酱油 2 g、白糖 6 g、醋 10 g、料酒 5 g、味精 1 g、鲜汤 20 g、水淀粉 10 g、蛋清淀粉 25 g、色拉油 500 g（实耗 50 g）。

制法：

①青笋切成块，用 1 g 精盐码味。葱切段，姜蒜切末。鸡脯肉切成厚 0.8 cm 的肉片再剞十字花刀，最后切成对角长 2 cm 左右的菱形块。

②将精盐、白糖、醋、酱油、味精、鲜汤、料酒、水淀粉兑成调味芡汁。

③鸡块用精盐、料酒 2 g 码味，再用蛋清淀粉上浆。

④锅内放油，用中火加热至 80 ℃时，放入鸡肉块滑油，色泽变白时，放入青笋块一同滑油断生。

⑤锅内留底油，放入泡红辣椒末、姜末、蒜末炒香炒红，烹入调味芡汁，待收汁后加入醋、葱花和匀，起锅装入盘中成菜。

3. 软熘

（1）软熘的概念

软熘是指将质地柔软的原料经过刀工处理，码味后进行熟制，再浇上调好的芡汁成菜的一种烹饪技法。

原料通常选用鱼、虾、鸡肉、兔肉、猪里脊肉、豆腐等。熟制通常采用蒸、煮、氽的方法。

（2）软熘的操作步骤

原料初加工 →码味 →熟制（蒸、煮、氽等）→装盘→调制芡汁→浇淋在原料上→ 成菜。

（3）软熘的操作要领

①原料在熟制时应严格控制火候，以断生为度，不可过度。

②原料在熟制前需要码味。将原料洗净并沥干水分，用适量精盐、料酒、胡椒粉、姜、葱等调味品与原料拌匀，浸渍一定时间，使原料有一定的基础，成菜后才味道鲜美。

③原料熟处理后，要用其原汁烹制成芡汁，再浇淋于原料上。

④芡汁要与装盘时间相互紧密配合，芡汁烹制到符合要求后，要立即浇淋在原料上，确保成菜的温度。要掌握芡汁用量与菜肴数量的配合比例，保证菜有成菜丰满。

⑤芡汁的油脂不宜过重，要突出软熘菜肴醇厚、鲜香、清爽的特点。

（4）软熘的菜例：西湖醋鱼

主料：草鱼 1 条。

调料：姜末 2.5 g、绍兴陈酒 25 mL、酱油 75 mL、米醋 50 mL、白糖 60 g、湿淀粉 50 g、胡椒粉、生姜片适量。

制法：①将草鱼处理清洗干净。

②将鱼身从尾部入刀，剖劈成雌、雄两片（连背脊骨一边称雄片，另一边为雌片）。在鱼的雄片上，从领下4.5 cm处开始每隔4.5 cm斜片一刀（刀深约5 cm），刀口斜向头部，共片五刀，片第三刀时，在腰鳍后处切断，使鱼分成两段，以便烧煮。在雌片剖面脊部厚处向腹部斜剖一长刀（深4~5 cm），不要损伤鱼皮。

③锅内放清水1 000 mL，用旺火烧沸，放入雌雄两片，鱼头对齐，鱼皮朝上，盖上锅盖。

④待锅内水再沸时，打开锅盖，撇去浮沫，转动炒锅，继续用旺火烧煮约3 min，用筷子轻轻地扎鱼的左片领下部，如能扎入即熟。锅内留下250 mL的汤水，放入酱油、绍酒、姜末。

⑤将鱼捞出，沥去汤水，鱼皮朝上放入盘中。

⑥锅内原汤汁中，加入白糖、米醋和湿淀粉，做成芡汁，汁的浓度以拎起勺子汤汁可以直线挂下为准。

⑦最后把煮滚的芡汁徐徐浇在鱼身上，撒上少量生姜末即可。

（二）卤

1. 卤的概念

卤是指将加工好的原料或预制的半成品、熟料，放入预先调制的卤汁锅中加热，使卤汁的鲜味渗入原料内部成菜的一种烹饪方法。成品具有味厚醇香、口感鲜美的特点。

卤法选料广泛，既可用猪、牛、羊、鸡、鸭、鹅及其内脏和蛋类、水产品等动物性原料，又可用各种蔬菜、菌类、豆制品等植物性原料。

2. 卤的分类

卤法大体上分为白卤、红卤两类，两者的主要区别在于调制卤水时是否加入酱油、糖色等有色的调料。无论白卤还是红卤，实际都归于煮的范畴，由于卤比煮的时间稍长，便归于单独的烹饪技法存在于川菜中了，所以卤菜是川菜烹制的一种方法，也是川菜冷菜运用最广泛的一种方法。将调味料加多种香料制成卤水，再将原料入卤成菜，适用于各种肉类、家禽野味、水产、蔬菜、豆制品等材料。

卤制菜肴的主要关键在于卤汁，卤汁的调制十分讲究，除了用盐、酱油、糖、料酒、味精、葱、姜、蒜等基本调料，还要选用多种增香的调味料，如花椒、胡椒、大料、桂皮、甘草、沙姜、陈皮、草果、丁香、香叶、白花、砂仁、豆蔻、小茴香、红曲等，一般来说有十多种，多的可达二三十种。但无论何种卤汁，都必须加入多种香料。白卤色泽玉白、清鲜醇香，红卤色泽红亮、香味浓厚。

3. 卤的工艺流程

选料→腌渍→熟处理→卤制入味→切配→装盘→成菜。

（1）卤料（以制一锅12.5 kg的卤水为例）

调味料：盐300 g、冰糖250 g、老姜500 g、大葱300 g、料酒100 g、鸡精、味精适量。

香料：山柰30 g、八角20 g、丁香10 g、白蔻50 g、茴香20 g、香叶100 g、白芷50 g、草果50 g、香草60 g、橘皮30 g、桂皮80 g、荜茇50 g、千里香30 g、香茅草40 g、排草50 g、干辣椒50 g。

汤原料：鸡骨架350 g、筒子骨150 g。

（2）红卤水的制作

①鸡骨架、猪筒子骨冷水下锅，氽煮至沸，去其血沫，然后捞出用清水清洗干净。

②锅内加清水，放老姜、大葱，烧沸后，用小火慢慢熬，熬成卤汤待用。注意不能用猛火（用小火熬是清汤，用猛火熬是浓汤）。

③炒糖色：冰糖先处理成细粉状，锅中放少许油，下冰糖粉，用中火慢炒，待糖由白变黄时，改用小火，糖油呈黄色起大泡时，把锅端离火口继续炒（这个时间一定要快），再上火，糖

浆由黄变深褐色、由大泡变小泡时，加开水少许，再用小火炒 1 min 左右，即为糖色（糖色要求不甜，不苦，色泽金黄）。

④香料拍破或者改刀后，用香料袋包好打结。先单独用开水煮 5 min，捞出放到卤汤里面，加盐、适量糖色和辣椒，用中小火煮出香味，制成红卤水。

（3）白卤水的制作

白卤水不放辣椒和糖色，其他步骤和红卤水相同。

4. 卤的技术要领

①注意卤制火候，主要是上色、入味，用中小火长时间持续加热，使卤汁始终保持恒温，充分吸收卤汁中的各种滋味。

②卤汁要宽，全部淹没原料。

③须保证风味纯正，不同质地和味感的原料要分开卤制，防止卤时串味。

④包好香料。香料应用洁净的纱布包好扎好，不宜扎得太紧，应略有松动。香料袋包扎好后，应该用开水浸泡半个小时，再进行使用，目的是去沙砾和减少药味。

⑤糖色用量：红卤糖色应该分次加入，控制卤制的食品呈金黄色为宜。

⑥卤水中的香料经过水溶后，会产生各自的香味，但香味却有易挥发和不易挥发之差异，所以就要不断尝试卤水的香味，待认为已经符合卤制原料的香味后，方能进行卤制。在试味过程中，应随时做好香料投放量的记录，以便及时增减各种香料。

⑦在每天投放原料时都必须尝试卤水的咸味，看其咸味是否合适，差多少咸味加多少盐，只有在盐味适宜后才能进行卤制。在具体操作上，卤一定的原料就应该加一定的盐，及时补充盐量，使卤水始终保持味感醇正的咸味。

⑧卤汁常常重复使用，称"老卤"，香味更加浓郁。在保存时要防止污染、变质。卤汁务必过滤干净后加热至沸，倒入专用的罐中自然冷却，不搅动，才可长期保存。

⑨卤制过豆制品的卤汁容易酸败，注意食用安全。禽畜肉及其内脏在卤前一定要进行焯水。

⑩卤制时要防止粘锅，否则影响卤汤。

5. 卤的注意事项

卤汤的配方有很多种，卤菜的风味也比较突出，用来制作凉菜，对烹饪新手而言，效果好，易掌握。著名的道口烧鸡、德州扒鸡均采用此法。卤菜的制作工艺大体都一个模式，也就是说，原料是鸡，即得卤鸡；原料是牛肉，即得卤牛肉；投入熟鸡蛋，即得卤蛋；投入心、肝、肠、爪，即得相应的卤制品。

初制卤汤不如老卤汤卤制的风味好，老卤使用的时间越久，香味越好。但是所谓的"百年老汤"有些故弄玄虚，实际上，每做一次卤菜，卤汤就要减少 1/3~1/2，所以卤汤每用过一次，就要加水补充。加水之后要品尝卤汤，缺什么味就补什么调料，做了两次卤菜以后要换新的香料袋，葱结、姜块每次都要用新的，去掉旧葱姜。

此外，要管理好卤汤，卤汤中不能放五香粉，否则汤混浊；不宜放麻油；卤制后的卤汤要把浮油打净；制完卤菜后要把卤汤晾凉，不能加入冷水，要加水只能在下次做前加入；卤汤盛器不要加盖，可盖纱罩；如果不是每天要制卤菜，夏天每隔 1 天要将汤烧开 1 次，冬天每三天烧开 1 次；亦可放冰箱中存放。卤制内脏、豆制品、羊肉、蛋等，可将卤汤倒出一部分，放另外锅中卤制，剩下的余汤浇在卤菜上，不能倒回原卤中，以免影响卤汤。

6. 卤的菜例

（1）五香仔鸭

主料：仔鸭 750 g（1 只）。

调料：老卤汁 2 000 g、香料包（1 个）、姜片 25 g、葱段 50 g、精盐 100 g、料酒 50 g、糖色 50 g。

制法：①锅内放入老卤汁，加热至沸后加入香料包、精盐、糖色调味和调色。

②仔鸭洗净后，去翅尖、鸭脚，放入精盐、料酒、姜片、葱段码味腌渍 30 min。

③将仔鸭放入沸水中焯水至皮紧，捞出后放入调制好的卤水锅中。

④加热至沸后撇去浮沫，改用小火继续加热 45 min 至仔鸭软熟，捞出晾凉，改刀装盘即成。

（2）卤豆干

主料：方豆干 500 g。

调料：老卤汁 1 000 g、姜 10 g、葱 15 g、八角 5 g、桂皮 3 g、精盐 15 g、白糖 10 g、精 2 g、香油 5 g、糖色 25 g、鲜汤 250 g。

制法：①将方豆干洗净，沥干水分，切成 4 cm 见方的块。

②锅内放入老卤汁，加入精盐、糖色、白糖、味精、姜片、葱段、八角、桂皮，再放入豆干，加入鲜汤，加热至沸后撇去浮沫。

③小火继续加热卤制 30 min 至豆干入味时取出，拌入香油，晾凉即成。

（三）酱

1. 酱的概念

酱是指将加工处理的生料放入预先调制好的酱汤锅内，先用旺火烧沸，再改用中小火长时间加热至主料成熟入味而成菜的烹饪方法。成品具有色泽酱红，香气浓郁，质感酥烂，鲜咸味厚的特点。

2. 酱的工艺流程

选料→加工处理→入锅酱制→冷却切配→装盘→成菜。

3. 酱的操作要领

①酱制时，汤烧开后才能下入原料，再开时立即转小火。

②小火酱制时防止火力转旺，保持微沸状态，温度为 90 ℃恒温。

③适时翻动，一般上下翻动两三次，保证原料均匀受热，内外熟透。

④酱制时间一般在 2~4 h，经常用筷子戳动检查成熟度。防止"欠火"熟度不够，或"过火"过于软烂，切时易碎。

4. 酱的菜例

（1）五香酱牛肉（见图 3-7）

主料：牛腱 2 500 g。

调料：盐 150 g、酱油 150 g、糖 75 g、料酒 30 g、葱段 25 g、姜块 15 g、香料适量。

图 3-7　五香酱牛肉

制法：①将牛肉洗净，切成大块，放入盆内，用盐腌制一天左右，腌后用清水浸泡去味。然后，投放入沸水锅，煮 5~6 min，捞出控水。

②牛肉块放入锅中，然后放葱段、姜块、料酒、糖、酱油、香料袋和适量清水，用旺火烧开，撇去浮沫，待汤汁烧至酱红色时，改用小火微沸继续酱制。

③煮 2 h 左右，即可用旺火收汁，待牛肉色红，香味澄出，卤汁变浓，裹住原料时即可捞入盘内，余汁也浇在牛肉上面，冷却以后改刀切片，装盘上桌即成。

知识拓展

酱与卤

（四）拔丝

1. 拔丝的概念

拔丝是指将经过加工处理的原料（挂糊）油炸，放入熬好糖浆的锅内，搅拌均匀，食用时能拔出缕缕糖丝的烹饪方法。

成品具有色泽金黄、口味香甜、质感或松脆软嫩或酥烂绵糯的特点。

拔丝法主要用于制作甜菜，是中国甜菜制作的基本技法之一。成菜以后，用筷子夹出主料，能拨出缕缕糖丝，再在凉开水碗内一蘸，粘在主料表面的糖浆即凝固成一层晶莹、明亮、松脆、香甜的薄壳，拔出的糖丝则缠绕在薄壳上，食之别有风味，能为宴席增添欢快情绪，活跃气氛。蘸水目的，一是使糖浆变得酥脆，二是避免吃时烫嘴。

2. 拔丝常用的原料

拔丝常用的原料是根茎蔬菜、鲜果，如山药、苹果、香蕉、马蹄等，干果类的莲子、白果，畜肉及蛋制品的使用也较多。原料在使用前都要进行去皮、壳、核、籽，以及去骨等加工处理，要加工成块、片、条和茸球等小型形状，有的可取其自然形态。拔丝菜肴成菜后要及时上桌、防止温度下降糖丝不易拉出。菜肴有拔丝苹果、拔丝山药、拔丝马蹄、拔丝芋头等。

3. 拔丝的工艺流程

选料→初步加工→切配→挂糊→油炸→熬糖浆→粘裹糖浆→装盘成菜。

4. 拔丝的操作要点

①含糖分高、水量高的原料通常需要挂糊油炸，含淀粉高的原料通常清炸即可，但都需要表皮炸脆。

②拔丝工艺熬糖浆的方法有水熬、油熬和水油混合3种。油熬的方法必须注意油量一定要少。

③上菜时随带凉开水，避免食用者烫嘴，同时可以使糖更加脆甜，不粘牙。

④原材料采用两次炸制时，复炸与熬糖尽量同步进行，能够增强粘糖效果。原料温度太低时，不易拔丝。

⑤盛菜肴的盛器表面必须抹上油脂，冬季时盛器要保温，防止糖浆冷却后粘在上面难以清洗。

5. 拔丝的菜例

（1）拔丝地瓜

主料：地瓜。

调料：白糖。

制法：①将洗干净的地瓜去皮，冲洗干净，切滚刀块。

②炒锅内放油，油量要能没过地瓜。

③待油烧至五至六成热时放入地瓜，调到中火。

拔丝地瓜

④地瓜炸至外表变硬，颜色金黄，捞出控油备用。

⑤将大量油倒出，锅中留少许油，油量能融化白糖即可。

⑥锅中放入白糖，微火化开后小火熬制，熬到汤汁略微变红时将地瓜块倒入，快速翻拌均匀起锅。

（2）拔丝香蕉

主料：香蕉 200 g。

调料：面粉 15 g、干淀粉 45 g、蛋清 75 g、白糖 100 g、凉开水 100 g、色拉油 1 500 g（实耗 50 g）。

制法：①将蛋清用筷子抽打成蛋泡，加入面粉、干淀粉调制成松糊。

②香蕉剥皮后切成滚刀块。凉开水分别装入两个小碗内。

③将香蕉块逐个挂糊，放入 110 ℃ 油锅中炸定型捞出；待油温回升至 180 ℃ 时，将香蕉放入油锅内复炸至外酥色金黄捞出沥油，圆盘预热并淋上热油待用。

④锅内放油 10 g，加入白糖炒至糖溶化转为浅黄色时，将锅端离火口，倒入炸好的香蕉速翻动，使糖液均匀地粘裹在香蕉上，然后装入圆盘内，配两碗凉开水上桌成菜。

（3）拔丝白果

主料：鸡蛋 200 g。

调料：植物油、面粉、淀粉、白糖。

制法：①将鸡蛋打入碗里，加少许淀粉搅匀，用 3/4 蛋液摊成蛋皮饼，再把蛋饼切成 1 cm 宽、4 cm 长的斜块，另用 1/4 蛋液加面粉、淀粉和油调成酥糊。

②锅内放宽油，烧至七成热时，将蛋块挂匀酥糊下入油中炸，见炸至酥脆时，倒入漏勺。

③锅内放底油，把白糖倒入熬成浓度适度的糖浆，把蛋块倒入，翻炒挂匀即可出锅。

五、现代烹饪手段

（一）烤箱

电烤箱是日常生活中常见的一种家庭厨具，利用它我们可以制作烤鸡、烤鸭、烘烤面包、糕点等。

1. 烤箱的构造及原理

电烤箱主要由箱体、电热元件、调温器、定时器和功率调节开关等构成。其箱体主要由外壳、中隔层、内胆组成三层结构，在内胆的前后边上形成卷边，以隔断腔体空气。在外层腔体中充填绝缘的膨胀珍珠岩制品，使外壳温度大大减低。同时在门的下面安装弹簧结构，使门始终压紧在门框上，使之有较好的密封性。电烤箱是利用电热元件所发出的辐射热来烘烤食品至成熟，根据烘烤食品的不同需要，电烤箱的温度一般可在 50~250 ℃ 范围内调节。

2. 烤箱的使用

①第一次使用电烤箱的时候，先用干净的湿布将烤箱内外擦拭一遍，除去尘埃。然后空炉高温烤 10 min，有时候可能会冒出白烟，这属于正常现象。烤完后要注意通风散热。等待冷却后可以再用清水擦洗一遍炉内壁。清洁后可以正常使用电烤箱了。

②在烘烤任何食物前，烤箱都需先预热至指定温度，才能符合食谱上的烘烤时间。烤箱预热需 5~10 min，若烤箱预热空烤太久，会影响烤箱的使用寿命。烤箱在开始使时，应先将上下火温度调整好，若是旋钮式，顺时针扭动时间旋钮，注意不要逆时针扭。现在很多烤箱都是电子操作屏，更易操作。

③电源指示灯发亮，证明烤箱在工作状态。在使用过程中，假如我们设定 30 min，但是通过观察，20 min 食物就烤制成功，那么这时不要逆时针扭时间旋钮，请把三个旋钮中间的火位挡，

调整到关闭就可以了，这样可以延长机器的使用寿命。这与微波炉的用法是不同的，微波炉可以逆转。

④电烤箱使用完毕后，拔下插头打开烤箱门让烤箱散热，过一会儿再关烤箱门。

3. 注意事项

①电烤箱的温度在使用的过程中温度会很高，轻易不要在使用中和使用后去触摸，如果实在要触碰的话建议带上隔热手套，防止烫伤。家中有儿童的情况，要及时告知儿童不要在烤箱附近玩耍。

②在从烤箱中取出食物时一定要记得戴上专门的手套，防止烫伤。

③电烤箱中温度较高，不是所有的碗类都适合放在烤箱中加热，建议使用专用的烤盘等厨具，相对安全。

④在烹饪食品时，建议垫上一层烘焙纸，这样烤盘比较容易清洗，也可以延长使用寿命，如果是制作烤鱼等一些油脂比较多的食物，在下层也垫上一层烘焙纸，防止油沾染烤箱。

⑤烤箱一定要摆放在通风的地方，不要太靠墙，便于散热。而且烤箱最好不要放在靠近水源的地方，因为工作的时候烤箱整体温度都很高，如果碰到水的话会造成温差。

⑥烤箱长时间工作时，不要长时间守在烤箱前面。如果烤箱的玻璃门发现有裂痕，请立刻停止使用。

4. 以烤箱烤鸡腿的做法为例

①鸡腿切开，去不去骨都可以，用刀拍几下，切出花纹，这样方便腌制进味，葱切丝，姜切丝，蒜切片，柠檬切片，和鸡腿一起全部放入大碗中，倒入酱汁。

②拌匀，腌制 2 h。

③烤盘铺上锡纸，将鸡腿放入烤箱，温度 230 ℃ 烤制 30 min，然后翻面再烤制 20 min。

④时间到，取出即可食用。

（二）微波炉

微波炉是一种用微波加热食品的现代化烹饪灶具，也可用于各种菜肴的制作，现已广泛应用于日常烹饪中。

1. 微波炉构造

微波炉里面是一种磁控管，它主要是产生与发射微波直流电，可以转化换成微波震荡出去，实际上就是一个真空的金属管。还有一个电源变压器，它是给磁控管提供电压的主要配件。微波炉里面的炉腔（振腔），主要是烹饪食物的区域，所使用的材料是金属板制作而成，在炉腔的左边与顶部都设计了通风孔。经波导管输入炉腔内的微波在腔壁内来回反射，每次传播都穿过或经过食物。在设计微波炉时，通常使炉腔的边长为 1/2 微波导波波长的倍数，这样食物被加热时，腔内能保持谐振，谐振范围适当变宽。

所谓的波导，是把磁控管所产生出的微波功率再传入炉腔里面，这样才能让加热食物。微波炉中的旋转台都安装到炉腔底部，而且离炉底也有一定距离，是由一个转速为每分钟 5~6 转的电动机带动。炉门的作用是取放食物以及观察烹饪，且构成炉腔中的前壁，因此炉门属于防止微波泄露的重要卡道。

2. 微波炉原理

微波是一种高频率电磁波，当微波辐射到食品上时，食品中含有水分，而水是由极性分子组成的，这种极性分子的取向会随微波场而变动。由于食品中水的极性分子的这种运动，以及相邻分子间的相互作用，产生了类似摩擦的现象，使水温升高，因此，食品的温度也就上升了。用微波加热的食品，因其内部也同时被加热，使整个物体受热均匀，升温速度也快。它以每秒 24.5 亿次的频率，深入食物 5 cm 进行加热，加速分子运转。

微波加热是利用介质材料自身电磁场耗损的能量而产生的热量从而发热。微波加热是一种"冷热源"，它在产生和接触到物体时，不是一股热气，而是电磁能。它具有一系列传统加热所不具备的独特优点。

3. 微波炉的使用

①在使用微波炉之前应该检查所使用的器皿是否适用于微波炉。
②在烹饪之前应该先放入转盘支撑和玻璃转盘，再将盛好的食物放在转盘上进行烹饪。
③按"微波"按键，选择相应的微波功能。
④按"分秒"键，选择烹饪时间。
⑤按"开始"键，微波炉进行烹饪。
⑥时间到后会有提示音，取走食物关好炉门即可。

4. 注意事项

①不要使用金属器皿：放入炉内的铁、铝、不锈钢、搪瓷等金属器皿，微波炉在加热时会与之产生电火花并反射微波，会损伤微波炉。
②不要使用普通塑料容器：一方面会使容器变形，另一方面普通塑料会释放出有毒物质，污染食物，危害人体健康。
③不要使用封闭容器：加热液体时应使用阔口容器，因为在封闭容器内食物加热产生的热量不容易散发，使容器内压力过高，容易引起喷爆事故。
④在使用微波炉烹饪少量食物时，多加观察，防止起火，同时不能使用微波炉储存任何的食物。
⑤当食物是在塑料、纸或者是其他材料制成的简易容器中加热，应该随时注意，防止起火。
⑥微波炉加热鸡蛋等带壳食物时，要事先用针或筷子将壳或膜刺破，以免加热后引起爆裂、迸溅弄脏炉壁。
⑦微波炉因为碰撞、跌落导致炉门损坏时，不要继续使用，需要经过专业人员维修之后再使用。
⑧对于一些比较大的食物，比如猪肉、鸡肉等，最好将肉类先进行切割，并整齐摆放好，分次加热。因为微波功率有限，如果食物体积过大，容易造成生熟不均。
⑨烹饪过程中如果发现冒烟或者起火等情况，应先立即切断微波炉的电源，不要立刻打开炉门，否则明火遇空气会加大火势。

5. 以微波炉烤鸡翅为例

主料：鸡翅中。
调料：芝麻、蜂蜜、盐、老抽、五香粉。
制法：①鸡翅洗干净，用热水烫洗一下，用糖、老抽、生抽、五香粉腌入味。（若用从超市买来的奥尔良烤鸡翅调料，扎眼腌制 4~5 h 即可）
②放到微波炉里高火先转 3 min，取出扎几个眼；再放回托盘上，用微波烤制 10 min（放到微波炉里烤架上，选微波 10 min，5 min 暂停，翻转再烤 5 min 就可以了）。
③若微波炉带有烧烤功能的，可以再使用烘烤功能烤制 2 min，这样烤出来的鸡翅中外酥里嫩、口感更佳。

（三）空气炸锅

空气炸锅，是一种可以用空气来进行"油炸"的机器，主要是利用空气替代原本煎锅里的热油，让食物变熟；同时热空气还吹走了食物表层的水分，使食材达到近似油炸的效果。因使用其可少油、无油，现已广泛应用于日常烹饪中。

1. 空气炸锅构造和原理

空气炸锅构造比较简单，基本上是一个高转速的风扇下面接一个螺旋加热管，加热管周围配上温度传感器，再搭配一个装食材的炸锅（炸篮）。

空气炸锅的工作原理是"高速空气循环技术"，它通过高温加热机器里面的热管来产生热空气，机器运转时风扇高速旋转，不断地将加热管附近的高温空气吹向炸锅，使炸锅内的空气快速循环，最终达到高温空气包裹食材的效果。利用食物本身的油脂煎炸食物，从而使食物脱水，表面变得金黄酥脆，达到煎炸的效果。所以，空气炸锅其实就是一个带风扇的简易烤箱。

2. 空气炸锅的使用

①处理食材：空气炸锅更适合做含有油脂的食物，比如鸡腿、鸡翅、五花肉、牛排、排骨、带皮鱼肉等，这些肉类清洗、刀工处理、码味后，可不用刷油，直接放进空气炸锅。但对于油脂含量极少并且水分含量相对较低的食材，如叶菜类就不太适合，容易烤干，影响菜肴风味。

②使用前预热：烹饪食材之前，需先将锅内进行加热。能够节约时间，且烹饪速度更快。预热时只需在使用前通电2~3 min，如果空气炸锅有预热功能，直接按下预热设置键即可。

③处理好的食材放入空气炸锅的炸篮内。依菜肴需要，设定相应的温度和时间。

④工作完成后，拉出炸篮，取出食材。

⑤使用完后先将锅底的残油倒出，清理炸篮。

3. 注意事项

①为了不让各种酱汁或是调料在锅里面产生黏性沉淀物，最好提前对食材进行腌制入味，或者是夹出食物，在炸锅外进行码料。

②食物表面可以涂上一层薄油：空气炸锅主要优势是没必要使用烹饪油，就可以让食材变得很脆。但在食材上抹上少量的油，能达到增加食材脆性的作用。

③烹饪时摇动炸篮：烹饪过程中，可适时移动一下锅内食物，使其在锅内受热更加均匀。小心摇动炸篮，可保证全部的食物均呈现褐色，提升成品的色香味。

④可用海绵、刷子等辅助清洁内锅和炸网，但不能使用钢丝球，以防刮花。

⑤待锅体降温后，用抹布蘸水擦拭外部，用干净的干抹布再擦几次。

⑥清洁完成后可以将炸网、底盘放在阴凉处晾干。

⑦取出食物时，要注意炸篮的温度会很高，须防止烫伤。

4. 菜例

（1）蛋挞

主料：鸡蛋、蛋挞皮。

调料：牛奶、白砂糖。

制法：①打2个鸡蛋，搅拌，再加炼乳2/3勺、纯牛奶小半瓶、少许白砂糖，混合搅拌后一起倒入蛋挞皮内。

②将空气炸锅调至150 ℃，预热3 min。把装好蛋挞液的蛋挞皮平稳摆好、放进空气炸锅内，先180 ℃加热6 min，再150 ℃加热4 min，最后120 ℃加热5 min。（其间可打开炸锅观察蛋挞状态，做出温度和时间的调整，以免烤焦）。

（2）干炸带鱼

主料：带鱼。

调料：葱、姜、料酒、蚝油、胡椒粉、生抽、花椒粉、孜然粉、烧烤料、盐、油。

制法：①带鱼洗净，剪去背鳍，擦干水，切成段儿。

②带鱼表面切成花刀，方便入味。切好后放入碗中，倒入葱段、姜片、料酒、蚝油、胡椒粉、生抽、花椒粉、孜然粉、烧烤料、盐、油，抓拌均匀，腌制30 min。

③将腌制好的带鱼依次放入空气炸锅中，设置200 ℃，加热20 min即可。

(3) 桃酥做法

主料：低筋面粉85 g、花生25 g。

调料：鸡蛋1个、白砂糖40 g、花生油、玉米淀粉15 g、泡打粉15 g、小苏打1 g、花生油70 g。

制法：①花生烤熟、切碎备用。

②取一个蛋黄，放到碗中，加糖、花生油，搅拌均匀，糖不需要融化。

③另取一个碗，放入低筋面粉、玉米淀粉、泡打粉、小苏打，搅拌均匀；随后倒入蛋液中混合，搅拌均匀，再加入花生碎，用手拌匀。

④取10 g食材搓圆，按扁压成形状，中间撒上黑芝麻。空气炸锅170 ℃预热3 min后，放入食材。随后，180 ℃加热20 min即可。

关于空气炸锅的那些事儿

（四）石锅烹

石锅源于古代石器时代，即以石锅为盛器，放在小火上烧热，再盛菜上桌，保温时间长达30 min。石锅菜上桌时，汤汁沸腾，热气滚滚，鲜香四溢，可以增加就餐的气氛，并激发食用者的食欲。目前，传统的石锅是由不易传热的石英、长石、黏土等原料配合成的陶瓷制品，经过高温烧制而成，具有通气性好、吸附性强、传热均匀、散热慢等特点。

1. 石锅使用注意事项

①新锅第一次使用时，需先将食用油或猪油把锅体内外均匀擦拭2~3遍，然后放入清水用小火煮2~3 h倒出，等锅体冷却以后，用温水把锅清洗后即可正常使用。

②石锅需做好日常保养，每使用三四次后需重新刷油。

③石锅每次使用完，不能立即用冷水冲洗，需等到锅体冷却以后才可清洗。如若直接用冷水清洗，会导致石锅破裂。

④需注意轻拿轻放。

2. 菜例：石锅拌饭

主料：米饭、牛肉片、金针菇、胡萝卜、小青菜、西葫芦、蕨菜、牛肉片、鸡蛋。

调料：大酱、蒜蓉酱。

制法：①蔬菜全部焯熟，牛肉片炒熟。

②石锅内壁刷一层油，装上熟米饭，然后把焯好的蔬菜呈扇形铺在米饭上。煎个荷包蛋（不需太熟，蛋清稍稍凝固即可）放在上面，再撒点芝麻。

③将石锅放在灶上用中火加热，听到嗞嗞作响转小火，不到一分钟关火即可。

④石锅拌饭至此做好了，食用的时候将准备好的酱料、菜与饭拌匀即可。

任务二 掌握冷菜的烹饪

一、冷菜的一般知识

冷菜又叫凉菜，各地名称有所不同，有的地方称冷荤，有的地方又称冷拼、冷盘、冷碟等。因为饮食行业多用鸡、鸭、鱼、肉、虾以及内脏等荤料制作，所以叫冷荤；又因为冷菜制好后，要经过冷却、装盘（如双拼、三拼、什锦拼盘、平面什锦拼盘、花式冷盆等），所以叫冷拼等。

（一）冷菜烹饪的概念

冷菜烹饪是将经过初加工或切配后的半成品原料，通过调味或加热调味后晾凉，制成冷式菜肴的专门技法。

（二）冷菜的地位和作用

冷菜是在热菜的基础上发展起来的，现作为现代筵席的重要组成部分和内容，以选料的精细讲究、烹制工艺的多样化、味型的丰富变化以及装盘设计的美观，使其在筵席中占有独特的不可或缺的重要地位。

现代筵席或大型宴会，特别是为重大社交活动举行的冷餐会或自助餐，都会把冷菜作为一组重要菜品组合进去。具体来说，无论何等档次和规格的筵席往往都是由冷菜、热菜和风味小吃这三组菜肴经烹饪师的巧妙设计与安排，根据具体情况组合而成的，三组菜肴相辅相成，相互烘托，互为补充。而冷菜成功与否、质量好坏有可能影响整个筵席或宴会的成败，起着举足轻重的作用。

1. 冷菜是菜肴的脸面

冷菜不论是在高级宴会上还是在家庭便宴中，按出菜顺序，总是以入席的第一道菜而出现，因此也称迎宾菜，是在宴席和零点餐桌上与食用者接触的第一道菜，素有菜肴"脸面"之称，起着"先声夺人"的作用。

2. 冷菜是热菜的先导

冷菜还可以看作是开胃菜，是热菜的先导，引导人们渐入佳境。成功的冷菜可使用餐者味蕾大开，为之后所上的热菜做足铺垫，使之与热菜互相衬托、相互呼应，从而使用餐者获得最大程度的餐饮满足。所以，冷菜制作的口味和质感有其特殊的要求。

3. 冷菜能够烘托气氛

冷菜在造型上可以灵活多样地进行装饰和点缀，使菜肴婀娜多姿，奇芳异彩，进而可以营造良好的用餐环境，因此冷菜制作的好坏，赏心悦目、味美适口与否，对于整个宴会的气氛和情趣影响很大。此外，冷菜还可以自成体系，单独用于大中型宴会和招待的冷菜宴席，其地位就更显重要。

这就是冷菜在筵席中的特殊地位所起到的特殊作用，如果一桌筵席的冷菜设计安排不合理，烹饪技艺水平低劣，粗制滥造、味型单一、形态呆板、色泽暗淡，其结果必然是相反，它不仅会给客人糟糕的第一印象，甚至可能使客人毫无食欲，从而导致整个筵席或宴会的失败。

（三）冷菜与热菜的区别

冷菜与热菜相比，除了原料在处理加工方面大体相同外，烹饪方法、切配程序和装盘方法都

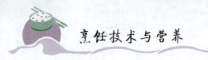

与热菜有所不同。

1. 温度

热菜和冷菜最直观的区别是温度。热菜经过高温加热，温度较高；而冷菜则未经过加热，或加热后需晾凉，温度为常温，甚至更低。

2. 制作工艺不同

热菜大部分先加工，后烹饪；冷菜大部分先烹饪，后加工。热菜必须通过加热才能使原料成为菜品，冷菜有些品种不须加热就能成为菜品。

3. 菜肴形状不同

热菜一般是利用原料的自然形态或原料的割切、加工等手段来构成菜肴的形状；冷菜则以丝、条、片、块为基本单位来组成菜肴的形状，并有单盘、拼盘以及工艺性较高的造型图案等。

4. 风味不同

热菜调味一般都能及时见到效果，并多利用勾芡以使调味分布均匀。冷菜调味强调"入味"，或是附加佐料蘸食调味。热菜是利用原料加热以散发热气使人嗅到香味，冷菜一般讲究香料透入肌里，使人食之越嚼越香。所以素有"热菜气香、冷菜骨香"之说。

冷菜的质感也与热菜有明显的区别。从总体来说，冷菜以香气浓郁，清凉爽口，少汤少汁（或无汁），鲜醇不腻为主要特色。且冷菜具有久放不失其形，冷吃不变其味，体大便于刀工，无汤利于装盘等优点。冷菜是仅次于热菜的一大菜类，按其烹饪特征，可分为泡拌类、煮烧类、汽蒸类、烧烤类、炸氽类、糖粘类、冻制类、卷酿类、脱水类等十大类，大类中还有一些具体的方法。冷菜烹饪技法之多，不在热菜之下。所以，习惯上将冷菜与热菜烹饪技法并列为两大烹饪技法。很多冷菜也是通过借用热菜的烹饪方法制作，再晾凉成菜，因此在本节里不再赘述，只介绍其他一些常见的冷菜烹饪技法。

二、冷菜的调制方法

（一）拌

1. 拌的概念

拌是指将加工成丝、丁、片、块、条等小型的洁净生料或晾凉的熟料，加入调味料或预先制的调味汁，均匀拌和成菜的一种烹饪方法。

拌制菜肴具有清爽脆嫩、口感鲜嫩、凉爽、入味、清淡的特点。

2. 拌的原料及调料

拌法一般以植物性原料作生料，以动物性原料作熟料。用料极为广泛，包括多种蔬菜、瓜果、豆制品、面筋、琼脂制品、禽畜肉和内脏、水产品以及泡发好的干货等。绝大多数动植物原料都可用拌制成菜，因此有"百菜皆可拌"的说法。

拌法使用的调料十分广泛，经常使用的如盐、糖、酱油、醋、味精、胡椒粉、葱、姜、蒜泥、花椒油、辣椒油、香油、麻酱、腐乳、番茄酱、香菜，以及增香的多种中药材香料等。常用的复合味型有鲜咸味、甜酸味、酸辣味、麻辣味、椒麻味、蒜泥味、姜汁味、葱油味、红油味、麻酱味、怪味等十多种。

3. 拌的工艺流程

选料→加工处理→切配入盘→调味拌制→装盘成菜。

一般分为生拌、熟拌、生熟混拌三种。生拌是指生料加调味品拌制成菜。熟拌是指加热成熟的原料冷却后，再切配，然后调入味汁拌匀成菜的方法。生熟混拌是指原料有生有熟，用味汁拌匀成菜的方法。

4. 拌的技术关键

①选料要精细，尽量选用质地优良、新鲜细嫩的原料。

②刀工要美观，要求长短、薄厚、粗细、大小一致，个别还要剞上花刀。

③调色要注意，以料助香。慎用深色调味品，成品颜色宜清爽淡雅。要避免原料颜色单一，例如"肉丝拌拉皮"中可加点蛋皮丝和胡萝卜丝，使黄、绿、红、褐相间，提色增香。

④调味要合理。各种凉拌菜使用的调味料和口味要求有其特色，调味以清淡为本，下料后要注意调拌均匀，盘底无余汁。

⑤火候要适宜。焯水的以断生为好，趁热加入调味品拌匀，否则不易入味。若要保持原料质地脆嫩和色泽，应从沸水中捞出后随即用凉开水投一下。经滑油的原料，若油分太多，应用温开水冲洗。

⑥拌制冷菜时，要特别注意用料的新鲜度和清洁卫生，尤其拌动物性生料时，更要选用高度新鲜或活料，消毒一定要彻底。

⑦生熟拌的凉菜，装盘时用生料垫底、熟料盖面。

5. 拌的菜例

（1）生拌牛肉

主料：牛里脊肉 300 g、白梨 100 g、熟芝麻 25 g、香菜少许。

调料：精盐、味精、酱油、醋精、醋、辣椒油、白糖、白胡椒粉、蒜泥、葱丝、香油各适量。

制法：①将牛里脊肉切成丝，用醋精拌匀 3~5 min。

②将牛肉丝放在凉开水里洗净醋精和血水，放入精盐、味精、酱油、醋、辣椒油、白糖、白胡椒粉、蒜泥、葱丝、香油拌匀待用。

③把香菜洗净，切成长约 3.3 cm 的段。把梨去皮、去核后切成丝，用凉开水洗一遍沥干水分，装入盘内垫底。

④上面放牛里脊丝和香菜段，拌匀即成。

（2）香椿拌豆腐

主料：嫩豆腐 250 g。

调料：香椿 100 g、盐 3.5 g、味精 10 g、香油 25 g。

制法：①将嫩豆腐用清水洗净放入碗内，切成小丁放入盘中，捣碎成泥。

②将香椿去除老茎，洗净，投入开水锅中焯烫一下，捞出，放入冷开水中浸凉，挤去水分，切成细末待用。

③将切好的香椿末放入豆腐丁盘内，下入盐、味精和香油，用筷子搅拌均匀，即可上桌食用。

（3）椒麻鸡片

主料：公鸡（腹部开膛）1 kg。

调料：青葱叶、花椒粒、酱油、白糖、味精、香油、汤、精盐。

制法：①鸡在汤锅内煮熟，放在原汤或开水内，待晾凉后，捞出擦干表面水分，抹上香油。

②葱、精盐、花椒混合在一起，用刀剁成细泥状（剁时加入几滴香油），加入其余调料兑成汁。

③鸡去骨，片成坡刀片（左手按原料，右手执刀，刀背向外，刀背略高于刀刃，使刀身呈斜坡状，成品呈斜茬片状），整齐地码在盘内，浇上兑好的汁，食时拌匀。

（4）拌肉丝拉皮

主料：猪精瘦肉 150 g、粉皮 150 g、黄瓜 100 g、蛋皮丝 25 g、水发木耳 10 g、水发海米

10 g、香菜 10 g、胡萝卜 100 g。

调料：酱油、醋、蒜泥、芝麻酱、芥末、香油、辣椒油、精盐、味精各适量。

制法：①粉皮加适量水，洗净捞出。各种配料切成细丝，放在粉皮上。

②将肉切成细丝，炒好晾凉。将肉丝放在配料中间。

③将蒜泥、芝麻酱、芥末均匀放在上面。

④将酱油、醋、香油、辣椒油、精盐、味精兑成卤汁，食用时浇上拌匀即可。

（二）腌

1. 腌的概念

腌是将经过加工处理过的原料，用盐、酒或糖等以及各种调料制成的调味汁腌制成菜的一种烹饪方法。

2. 腌的工艺流程

选料→加工整理→预制处理→入调味料中腌制→刀工成型→装盘。

3. 腌的分类及特点

腌制利用糖、盐等溶液的渗透作用，使原料中的水分脱出，味汁进入原料的同时，又可以将细菌细胞体中的水分渗出，导致细菌的"质壁分离"，不能繁殖或死亡，从而能长时间保证原料不变质。

腌是多种腌法的总称，主要分为盐腌、糟腌、酒（醉）腌三种。

①盐腌：以盐为主、其他调料为辅的腌制方法叫作盐腌法。按具体操作也可分干腌法和湿腌法，湿腌法的菜肴有质感脆嫩、鲜香爽口，它的代表性菜肴有酸辣白菜、泡菜等。采用盐腌法的菜肴一般以蔬菜素料为主，腌制后的成品质感风味是脆嫩清香，醇厚浓郁，滋味以咸鲜为主，但可适当添加其他调料，调制成为酸甜味、酸辣味、香辣味等多种味型。

②糟腌：盐和其他调料并重的腌制方法，加糟同腌称为糟腌。采用糟腌法的菜肴通常以畜禽荤料为主，腌制后糟香浓厚，肉质酥软，滋味多样，富有特色。

③酒腌：盐和其他调料并重的腌制方法，加酒同腌称为酒腌。采用酒腌法的菜肴以海河鲜原料如虾、螺、蚶、蟹为主，要让其吐尽腹水，排空腹中的杂质，沥干水分放入坛内盖严，然后将以精盐、白酒、绍酒、花椒、冰糖、丁香、葱、姜、陈皮等调味品制好的卤汁掺入坛内，腌制 3~7 天即可。

④糖醋腌：以白糖和白醋作为主要调味品的腌制方法。在糖醋腌之前，原料必须经过盐腌这道工序，使其水分渗出，渗进盐质，然后再用糖醋汁腌制。

⑤柠檬汁腌：是用白糖和水熬至浓稠，晾凉后加入柠檬酸制成调味汁，腌制原料成菜的方法。腌制的菜肴具有色泽鲜艳、质地脆嫩、甜酸爽口的特点。适用于冬瓜、萝卜、藕、黄瓜、青笋等原料。一般在腌制前进行刀工处理，切成片、条、花形等形状，放入甜酸柠檬味汁半小时后，捞出装盘即成。如珊瑚雪莲、柠檬冬瓜等。

4. 腌的技术关键

①含水分少的原料要加水腌，这样便于入味，且色泽均匀；含水分多的原料可直接用盐擦抹。

②醉腌的时间，应根据原料而定，一般生料久些、熟料短些。另外，若以绍酒醉制，时间尤其不能太长，防止腌制成品的口味变苦。

③糟腌制品在低于 10 ℃的温度下口感最好，具有凉爽淡雅、满口生香之感。

④糖醋汁的熬制要注重比例，糖和醋的比例一般是 2∶1~3∶1，糖多醋少，甜中带酸。

⑤未经刀工处理的原料，盐腌时精盐要拌和均匀，腌制一定时间后要不时进行翻动，使精盐均匀渗透。根茎类原料，盐腌时先用精盐腌制后沥干水分，再用调制的味汁拌和均匀进行腌制，

才能达到良好的效果。

⑥酒腌的原料要新鲜干净。酒腌过程中,要封严盖紧不漏气,腌制时间要足,这样才能达到良好的质感效果和调味效果。

5. 腌的菜例

（1）酸辣白菜

主料：大白菜 1 000 g。

调料：盐 30 g、糖 450 g、酱油 25 g、醋 100 g、姜丝 25 g、花椒 10 g、干红椒 10 只、植物油 100 g。

制法：①取大白菜细嫩的菜心,洗净,切成长 4 cm、宽 1 cm 的条,加盐腌 5~6 h,白菜渗出水分,取出,用清水漂洗干净,挤出水分,放入盘内。

②将红辣椒去籽、洗净,切成细丝。

③取碗一只,放入糖、醋和酱油,搅拌均匀,调成酸甜味汁后倒入白菜盘中,同时撒上一半的辣椒丝和全部姜丝。

④锅内放油,烧至六七成热时下入花椒和另一半辣椒丝,见花椒、辣椒丝均已炸酥、油呈红色时,捞出花椒、辣椒丝弃掉,将热辣椒油浇在大白菜上面,腌渍 20~30 min,使油和酸甜味汁渗透原料入味即成。

（2）醉蟹

主料：活螃蟹 2 000 g。

调料：酱油、黄酒、曲酒、冰糖、花椒、葱、姜、丁香（每个螃蟹一粒）。

制法：①将活蟹冲洗干净,放在篓子里压紧,使之不得动弹,放在通风阴凉处 3~4 h,使之吐尽腔内的水分。

②锅洗净放入酱油、花椒、姜、葱、冰糖,煮至冰糖熔化,冷却待用。

③将螃蟹装入大口坛,将丁香放入蟹脐盖下。

④把酒放入卤汁中,冷却后倒入坛里,没过螃蟹,再将坛子封口,腌 3 天后即可食用。

（3）糟鱼

主料：鲜活鲈鱼 1 条（约 1 000 g）。

调料：精盐、味精、醋、白糖、香油、香糟、酱油、酒各适量。

制法：①将鱼清理干净,去头,切成瓦块形。

②锅中清水烧沸,将鱼块放入开水中氽烫一下捞出,用清水洗净。

③锅内加水烧沸,依次加入香糟、白糖、精盐、酱油等烧开。放入烫好的鱼块,慢煨一会儿。

④加入香油、味精,离火再腌渍 1~2 h,取出即可食用。

（4）糖醋黄瓜

主料：黄瓜 400 g。

调料：白糖、白醋、精盐适量。

制法：①将黄瓜洗净,用直刀法在黄瓜三面均匀切出刀纹（不要切断）,使黄瓜呈蛇形状。

②用精盐腌一会儿,挤去水分。

③勺中加糖、醋、适量水烧开,凉后,放入腌好的黄瓜再继续腌制,待黄瓜入味后即可食用。

（三）炝

1. 炝的概念

炝是将加工成丝、条、片、丁等小型原料,经沸水烫至断生或用温油滑熟后捞出,沥干水分、油分,趁热或晾凉后,加入以花椒油为主的调味品调制成菜的一种烹饪方法。

2. 炝的工艺流程

选料初加工→切配→焯烫（或滑油）断生→趁热调味→装盘。

3. 炝的分类及特点

炝制菜肴具有清爽脆嫩，鲜醇入味的特点。炝菜所用的原料多是各种海鲜及蔬菜，还有鲜嫩的猪肉、鸡肉等原料。炝可分为焯炝、滑炝、焯滑炝3种。

①焯炝是指原料经刀工处理后，用沸水焯烫至断生，然后捞出控净水分，趁热加入花椒油、精盐、味精等调味品，调制成菜，晾凉后食用。焯炝的菜肴应以质地脆嫩、含水量较低的动植物原料为主，水焯时间不宜过长，水必须保持沸腾状态，原料焯至断生有脆度和嫩度即好。对于蔬菜中纤维较多和易变色的原料，用沸水焯烫后，须用冷水击一下，以免原料质老发柴，同时也可保持较好的色泽，以免变黄。

②滑炝是指原料经刀工处理后，上浆、过油滑散，然后倒入漏勺控净油分，再加入调味品调制成菜的方法。滑炝菜肴适宜质地脆嫩的动物性原料。

③焯滑炝是将经焯水和滑油的两种或两种以上的原料，混合在一起调制的方法。焯滑炝具有原料多，质感各异，荤素搭配，色彩丰富的特点。操作时要分头进行，原料成熟后，再合在一起调制，口味要清淡，以突出各自原料的本味。

4. 炝的技术关键

①刀工要整齐，原料大小均匀一致。

②滑油时要注意掌握好火候和油温（一般在三四成热），以断生为好，这样才能体现其鲜嫩醇香的特色。

5. 炝的菜例

（1）炝土豆青椒丝

主料：土豆200 g、青椒200 g。

调料：香醋、精盐、味精、姜丝、花椒粒少许、熟油适量。

制法：①将土豆去皮切丝，用凉水浸泡片刻放入开水中烫透捞出，凉开水投凉，控干水分，装入盘中。

②选鲜嫩青椒（青、红各半以增加色泽）洗净，去掉胎座和籽，切丝，用开水余烫一下捞出，投入凉开水中冲凉，再捞出控净水分，放在土豆丝上。

③放入香醋、精盐、味精拌匀，上边放上姜丝。

④锅内放少许油，烧热放入花椒粒，炸出香味后捞出花椒，将油浇在盘中姜丝上，拌匀即可。

（2）炝海米芹菜

主料：水发海米50 g、芹菜250 g。

调料：花椒油25 g、精盐、味精适量。

制法：①芹菜切3 cm长段，放入开水内烫至断生，立即捞出，放入凉开水中投凉，控净水分。

②将水发海米、芹菜放入碗内，放精盐、味精、花椒油拌匀装盘即可。

（3）滑炝虾仁

主料：净虾仁300 g。

调料：鸡蛋1个、淀粉适量、花椒油、精盐、味精、豆油。

制法：①将虾仁洗净，控干水分。加鸡蛋的蛋清，淀粉拌匀。

②锅内放油，四成热时放入虾仁，滑散滑透，倒入漏勺控净油，加入花椒油等调味品拌匀装盘。

（4）炝鸡丝冬笋

主料：鸡脯肉 15 g、冬笋 50 g。

调料：鸡蛋 1 个、淀粉适量、精盐、花椒油、味精、香菜、豆油。

制法：①将鸡脯肉切成粗细均匀的丝，用味精、精盐拌匀，放入鸡蛋的蛋清、淀粉浆拌均匀。

②冬笋切成相应的细丝，香菜切 1 cm 长的段。

③将浆好的鸡丝，放入三四成热的油中滑散滑透，倒入漏勺。同时将冬笋丝用沸水焯透，用凉开水投凉。

④将两种原料装盘，加入调味品，调拌均匀，撒上香菜段即可。

（四）冻

1. 冻的概念

冻是以水为传热介质，将富含弹性和胶原蛋白的原料加热溶解、用小火长时熬制成胶，冷凝后食用的一种烹饪方法。因菜肴成熟后必须经过冷却冻结的工序，就把它叫作"冻"法。

成品清淡凉爽，晶莹而富弹性。由于冻菜冷却凝成的胶冻清澄透亮有如水晶，为美化菜名，常常冠以"水晶"两字。

2. 冻的工艺流程

选料→加工处理→加热溶化→冷却凝固→改刀装盘→成菜。

3. 冻的原料与分类

制作冻菜的口味大体分为咸、甜两类。咸味多以动物性原料为主，多选用动物肉皮制作；甜味多以干、鲜果为主制成，多选用琼脂、食用明胶等制冻。原料总体分为动物类胶质和植物类胶质。

①动物类胶质是由胶原蛋白和弹性蛋白组成，主要存在于动物原料的表皮、骨头及结缔组织中，适宜制作成鲜咸口味的冷菜，如和鱼、鸡等原料相配，制成鱼冻、鸡冻等。但有些动物性原料，既含多量胶质又含营养素和鲜味物质，如猪肘子等，这类原料可直接制成美味的冻菜。

②植物类胶质以海产石花菜含量最为丰富，是制作琼脂的主要原料，适宜制作甜菜，和瓜果类原料配合，如果冻、杏仁豆腐等，口感清爽甘甜。冻菜晶莹美观，风味丰美，素来很受欢迎。名菜有江苏菜的镇江肴肉，广东菜中的水晶耳冻、水晶蟹肉、五彩酿小肚等。

4. 冻的技术关键

①熬制时掌握火力要求采用小火加热，防止锅边被烧焦，影响色泽。

②熬制时原料一定要软熟，使原料本身的胶原蛋白充分溶于汤中，并且胶原蛋白的量要足够，这样才能达到冻制的要求。

③刀工处理时要动作轻盈，否则原料易碎，影响成型。

④动物原料的脂肪尽可能除尽，否则会影响冻制品的色泽。

⑤盛具内最好抹上一层油脂，可使盛具不与冻制品粘连。

⑥要根据原料性质和成菜要求选用正确的复合味。调味时，调味汁水要求晾凉。

5. 冻的菜例

（1）猪肉皮冻

主料：猪肉皮 380 g。

调料：姜、盐、料酒、香醋、蒜、酱油、香油、适量。

制法：①将肉皮洗干净，放入凉水锅中煮，煮开后再煮 3 min。捞出肉皮，不烫手时将肉皮上面残余的肥膘用刀片刮下去。

②另起一锅清水，将片好的肉皮再次放锅里煮沸。肉皮煮好后，趁热切成细细的小短条，切

好之后用温热水加盐清洗,需要反复搓洗 4 到 5 遍,油脂会被彻底去掉,腥味也会被带走。

③猪皮入砂锅加冷水,放入姜块、盐和料酒。大火煮开转中小火熬 1~2 h。

④找一个容器,猪皮带汤倒在模具里,晾凉后放到冰箱冷藏,直到完全凝固。

⑤将凝固好的皮冻倒出,切成薄片,摆盘。用香醋、酱油、蒜末、香油调制味汁,浇在上面即可食用。

(2)水晶耳冻

主料:猪耳 2 个。

调料:姜 10 g、葱 10 g、精盐 4 g、味精 4 g、料酒 15 g、蒜泥 25 g、红油 50 g、生抽 10 g、香油 2 g、白糖 3 g、鱼胶粉 50 g。

制法:①猪耳朵刮洗干净,切掉肥肉较多的部分,入沸水锅中焯熟。

②猪耳朵切成长 6 cm、厚 0.3 cm 的粗丝,放入不锈钢汤锅中,加入 1 500 g 清水、姜块、长葱、料酒以小火煮黏,弃掉姜块、长葱。

③鱼胶粉装入碗中,加 100 g 清水化解后倒入猪耳中,放盐,味精搅匀,随即装入抹油的长方形盘中,入冷藏室冷藏至汤汁凝固,即可取出。

④用红油、生抽、香油、白糖、蒜泥和匀,调成味汁。

⑤将冻好的耳冻改刀切成长 5 cm、宽 3 cm、厚 3 cm 的片,拌上味汁即可装盘,上菜时撒上葱花或香菜段即成。

(3)龙眼果冻

主料:琼脂 15 g、蜜樱桃 12 颗、糖水橘瓣 12 瓣。

调料:白糖 200 g、清水 750 g。

制法:①琼脂清洗干净,放入盆中,加入 600 g 水、100 g 白糖,放入蒸箱中蒸至完全溶化成冻汁,取出待用。

②取干净酒杯 12 个,每个酒杯中放入清洗后的蜜樱桃,倒入冻汁,待冷却凝固后,取出便成龙眼冻。

③将 150 g 清水、100 g 白糖放入锅中,中火熬到汁浓,起锅冷却后待用。

④龙眼冻装入圆盘中,周围镶上橘子瓣,再淋上冷却后的糖汁即可。

(4)水晶肘花

主料:带皮猪肘子 1 000 g。

调料:精盐 8 g、姜 10 g、葱 20 g、花椒 3 g、味精 1 g、姜汁 25 g。

制法:①姜切片,葱切段。带皮猪肘子刮洗干净,去骨后切成 2 cm 见方的块,焯水去腥。

②锅内加清水,放入精盐、姜片、葱段、花椒、味精、猪肘块,用旺火加热至沸后撇去浮沫,改用小火继续加热至猪肘软熟,捞出待用。

③将原汤盛入盆中,待冷却时将猪肘块轻轻放入,冷透凝固后改刀装盘,配姜汁味碟即成。

知识拓展

制冻的原理

三、盘饰技术

盘饰，即菜肴围边，是指利用多种手段对菜肴进行装饰来提升菜肴的审美价值。我们常见的菜肴装饰手段是将饰物围放到菜肴的四周、中间或者是铺撒在菜肴身上，用象形、异型盘来盛装菜肴等，因为这个环节离不开盘子等器具，所以又被称为盘饰。

现如今人们的饮食领域，食物原料极丰富，与饮食有关的各种工艺技术及其产品也丰富多彩。人们对菜点、饮品的追求不再只是简单的"饱腹"，菜品内形美和外形美也成为人们社会交往、联络感情时的一种精神需要。盘饰使烹饪产品有了更丰富、更具个性化、更有思想情感的特色，给人以精神上的享受。一般用来作盘饰的装饰物，前提是可以食用的，或者是一种菜肴、面点或佐餐的酱汁。

（一）盘饰遵循的原则

1. 食用为主，美化为辅

尽管菜肴装饰美化很重要，但它毕竟是菜肴的一种外在包装美化手段，决定其食用价值的还是菜肴本身。

2. 结合实际需要进行点缀，避免画蛇添足

菜点成菜装盘后，在色、形上已经具有比较完美的整体效果了，就不应再用过多的装饰。如果菜点在成菜装盘后的色、形尚有不足，则需对菜点进行装饰和点缀。

3. 注意比例

雕刻作品用于菜点装饰、点缀时形体在盘子中不要过大，比例一般为：热菜不要超过 1/3，冷菜不超过 1/5，高度不超过 15 cm，否则容易造成主次不分、喧宾夺主。太大、太高的装饰反而使菜点的整体效果不协调、不美观。

4. 菜点装饰、点缀时要注意卫生安全

用于装饰美化菜点的装饰物一定要进行洗涤消毒处理，在制作的每个环节中都应注意卫生，无论是厨师卫生还是餐具、刀具卫生都不可忽视。

5. 尽量不用或是少用色素，谨慎装饰

如果菜肴需要使用色素，必须选择食用色素。装饰物中更不能含有毒、有害物质。在菜点装饰、点缀时，装饰物尽量避免与食用原料直接接触，防止造成"生熟不分"。

6. 装饰内容与菜肴的整体意境、色泽、内容、盛器必须协调一致

盘饰应使整个菜肴在色、香、味、形等方面趋于完整而形成统一的艺术体，此外，筵席菜肴的美化还要结合筵席的主题、规格、客人的喜好与忌讳等因素。

（二）盘饰的作用

1. 美化菜品、增强食欲，营造情趣

大多制作好的冷菜需要装饰美化、点缀。盘饰得体可使菜肴锦上添花，从而大大提升食客的食欲。采用整齐划一、对称有序的装盘，会给人以秩序感，是创造美的一种手法，营造情趣之余给食客美的艺术享受。

2. 提升档次、烘托气氛

对菜肴进行恰到好处的装饰，可以提升菜点的色、形和档次。如几根优美的糖丝线条，几个精致的糖制小樱桃或者一只竹叶上的蜻蜓等等，都会让食客感到耳目一新，在一定意义上增加了餐饮产品的附加值。

3. 传扬中国饮食文化

随着社会生活的多样化、多元化，餐饮形式也呈现出各显神通、百花齐放的局面。中式烹饪和西方餐饮交流增多，新的烹饪技术、新的餐饮食材、新的装盘理念快速地交汇融合，中餐大师们开始学习"中菜西做""西为中用"，遵循着"中餐为体，西餐为用"的原则，创新改良出了一大批融合菜、意境菜。在菜品点缀装饰方面，借鉴西餐的酱汁点缀装盘的方法，结合我国国画的表现形式，把国画的技法嫁接到果酱绘制当中，在传承中创新，古为今用，洋为中用，将画卷、诗词的百里之势浓缩餐盘的咫尺之间，而食客们可以从餐盘有限的方寸之间，体味中国饮食文化的博大精深。

（三）盘饰的方法

1. 边角装饰点缀法

指在盛器的一边或一角进行点缀，以装饰、美化菜点，使其色、形更加美观，提高菜肴品位和档次。这类点缀方法使用得最多，范围非常广。其特点是：简洁、明快、易做，菜肴重心突出，能弥补盘边的局部空缺，有时还能创造一种意境、情趣。常见的雕刻作品对菜肴的装饰多属于边角点缀法。

2. 中心装饰点缀法

指在盛器的中间部位进行装饰点缀的方法，用装饰材料做成花卉或其他形状，对菜肴进行装饰、美化。它能把散乱的菜肴通过在盘中有计划地堆放与盘中心的装饰统一协调起来，使菜点色、形更加漂亮、美观。

3. 围边装饰点缀法

指在盛器的边缘，用经过加工成形的装饰料，在盛器的四周围成各种几何形和物体象形的装饰点缀方法。常用的几何形有圆形、心形、椭圆形、方形、五边形等，常用的物体象形有鱼形、灯笼形、扇面形、花篮形等，包围的形式有全围式、半围式、点围式三种。这种方法最适用于形状比较规整的盛器的装饰围边，围出的菜肴要比用其他方法装饰点缀得更整齐、美观，但刀工要求也较严格。

4. 隔断式装饰点缀法

指利用加工成型的装饰料将盛器分隔为几个相对独立的空间的一种装饰点缀方法。这种装饰点缀方法特别适宜两种或是两种以上口味的菜点的装饰点缀，可以防止菜点之间互相串味，保持各自的风味特色。

任务三　掌握制汤技术

俗话说"厨师的汤，唱戏的腔"，汤是厨房烹制菜肴不可缺少的辅料。制汤工艺在烹饪实践中历来都很受重视，无论是高档原料还是普通原料，厨师都要用预先制好的汤加以调制，以增加菜肴的醇香和鲜味。

"汤"在烹饪中有两个含义：一是指汤菜；二是指含有一定鲜味的"水"，又称"鲜汤"。鲜汤是烹饪中不可缺少的辅助性原料。制汤又称吊汤、炖汤或汤锅，就是将含有鲜味成分的烹饪原料，放入水锅中加热，使其鲜味成分充分溶解在水中，成为鲜醇的汤水的过程。

一、汤的类别

在菜肴烹制中，汤既可作调味品，又可作主料。为了适应菜肴制作的不同要求，制汤必须在原料选择、汤汁澄色、汤汁口味上有所变化，而汤的品种正是在这种变化中丰富起来的。

由于其原料不同、火候不同、时间不同，呈现的色泽、浓度、鲜味也各不相同。因此，在烹饪行业，汤的种类很多，按照不同的划分标准区分，汤可做如下的分类：

（一）按照汤的味型

按照汤的味型划分有单一味汤（鸡汤）和复合味汤（高汤）两大类。

（二）按照汤的口味

按照口味主要有咸汤（如三鲜冬瓜汤、草鱼豆腐汤等）和甜汤（如银耳红枣汤、白果雪梨汤等）两类。

（三）按照汤的原料性质

按照汤的原料主要有荤汤和素汤两类。荤汤有三合汤（高级清汤）、鸡清汤（普通清汤）、肉白汤（浓白汤）、鱼白汤，素汤有豆芽汤、鲜笋汤、菌汤。

（四）按照汤的澄色

按照汤的澄色主要有清汤和白汤两类。清汤有一般清汤和高级清汤，白汤有一般白汤和浓白汤。

（五）按照汤的制作方法、用途及汤色

按照汤的制作方法、用途及汤色主要分为三种：一为上汤，又称头汤、原汤，汤色深、略白，汤味鲜醇、营养丰富；二为清汤，清澈而鲜醇、味道最佳、浓度最大、质量最好；三为毛汤，又称二汤，汤色平淡、鲜味清和、质量较次。

（六）按照制汤的工艺

按照制汤工艺主要分为单吊汤（一次性制作的汤）、双吊汤（在单吊汤基础上添加原料，二次性制作的汤）和三吊汤（在双吊汤的基础上添加原料，三次性制作的汤）三大类。

汤的种类虽然很多，但它们之间并不是完全独立的，相互之间存在着一定的联系。汤的分类如图3-8所示。

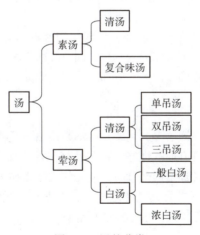

图3-8　汤的分类

二、汤的制作技术

（一）科学制汤的基本原则与方法

制汤工艺既细致又复杂，不能忽视任何一个环节，否则就会对成汤的质量造成直接或间接的影响，因此，在制汤的过程中，应遵循以下原则：

1. 须选用鲜味足、无腥膻气味的原料

除制作素汤以外，都选择新鲜的动物性原料，并要先经过焯水。

2. 制汤的原料均应冷水下锅，且中途不宜加冷水

制汤的原料一般都是整只、整块的动物性原料，如果投入沸水中，原料表面骤受高温而易凝固，会影响原料内部的蛋白质等溢出，汤汁达不到鲜醇的目的。制汤用的水要一次加足，如果中途加入冷水，汤汁温度突然下降，就会破坏原料受热的均衡状态，影响原料内可溶性物质的外渗。

3. 合理准确掌握火力和时间

汤的品种档次不同，制作要运用的火力与加热的时间也不一样。制白汤一般宜使用旺火—中火—旺火；制清汤使用旺火—小火；普通汤的加热时间一般不及高级汤用时长。不可盲目使用火力，无度延长加热时间。

4. 要将汤面的浮沫打净，保持汤汁清澈

在制汤的过程中，汤锅表面及汤汁中会产生一些杂质，用汤勺或密眼漏勺随时将其清除干净，否则会影响汤的色泽和鲜味。

5. 掌握好调味料的投放

制汤时常用葱、姜、料酒、黄酒等调味料，主要是起去腥、解腻、增鲜的作用。要先放葱姜后放盐。如果过早放入食盐，就会使原料表面蛋白质凝固，进而影响鲜味物质的溢出，同时还会破坏溢出蛋白质分子表面的水化层，使蛋白质沉淀，致使汤色灰黯。生活中我们在汤底常见到的灰色絮状物质，就是盐析造成的具有蛋白质性质营养物质的沉淀。因此，吊汤时，一要少放盐，二要后放盐。

（二）制汤的要素

1. 炊具

（1）砂锅

煲汤时可选择质地细腻、内壁洁白的砂锅，切莫使用劣质砂锅，因为劣质砂锅的瓷釉中含有少量铅，煮酸性食物时容易溶解出来，有损健康。

新买的砂锅可先用洗米水浸泡一个晚上，让淀粉物质渗入砂锅的孔隙中，使其毛细孔更为紧密。砂锅不能空烧，加热前一定要先放入食材，同时必须先用小火烹饪，等锅内的汤汁煮开后再转成中大火。如果在烹制过程中需加水，应加入温水，因为冷水与锅内汤汁温度相差过大会导致砂锅炸裂。

（2）瓦罐

在我国南方，煲汤以使用瓦罐居多，瓦罐是由不易传热的石英、长石、黏土等原料配合而成的陶土，经过高温烧制而成，具有通气性好、依附性好、传热均匀、散热缓慢等特点。煲汤时，瓦罐可均衡持久地把外界热量传递给内部食材，使汤的滋味更加鲜醇、食材更易酥烂。

切忌将瓦罐直接放在大理石桌面或瓷砖地板上，温度相差过大会导致瓦罐炸裂。刚使用完的瓦罐需要等罐身的温度降低至不烫手的程度，再进行清洗。

（3）焖烧锅

焖烧锅是一种利用真空断热原理制成的内外双层锅具。煲汤的风味比砂锅略差，其内锅可直接放在煤气炉上烹饪，操作简便。烹饪时先将食物放入内锅加热，再将内锅放入外锅中加以焖熟。

（4）不锈钢汤锅

不锈钢汤锅外观漂亮、结构稳固，同时具有耐用、耐腐蚀、防锈、不变形等优点。在做需较长时间煲煮的鸡汤、猪骨汤等时，均可使用不锈钢锅。但需要注意的是，中药不能用不锈钢锅来煮，因为中药中含有多种生物碱、有机酸等成分，在加热条件下，易与不锈钢汤锅发生化学反应，甚至生成某些毒性很大的化合物，影响中药的服用效果。

（5）高压锅

高压锅能在最短的时间内迅速将汤品煮好，而且食材营养不会被破坏，既省火又省时，适合煮质地有韧性、不易煮软的材料。但高压锅内放入的食物不宜超过锅内的最高水位线，以免内部压力不足，无法将食物快速煮熟。

2. 食材及其搭配

汤的质量优劣，首先受到制汤原料质量好坏的影响，因此要严格选料。制汤原料要求富含鲜味物质、胶原蛋白、脂肪含量适中、无腥膻异味等。不使用易使汤汁变色的原料，如八角、桂皮、丁香等，这些香料含有鞣酸，会使汤色变暗发黑，影响汤的质量。

原料在水中加热发生一系列物理和化学变化，产生大量鲜味物质，才使汤的味道鲜美。原料在加热水解过程中，会有许多物质溶于汤中，如蛋白质中的多种氨基酸，脂肪中的多种脂肪酸和甘油，有机碱中的肌酸、肌酸酐、嘌呤碱，核酸中的肌苷酸、鸟苷酸、黄苷酸，糖类物质中的糖原，有机酸中的琥珀酸、乳酸、柠檬酸等，这些物质被统称为含氮浸出物，每种含氮浸出物都能给汤汁带来一定的风味。除此之外，不同食材的合理搭配还能够起到强身健体、养生保健的功效：

①鸡煲淮山、杞子、红枣（滋阴补血）。
②鲗鱼煲黑豆、红枣、陈皮（补血、养颜）。
③猪骨煲熟地、首乌、红枣、黄精（乌发、腰痛）。
④雪耳、瘦肉、鸡蛋汤（清热、润肺）。
⑤猪心煲当归、党参（盗汗）。
⑥桑叶、黑芝麻、胡萝卜煲猪骨或鱼类（预防结肠炎）。
⑦海带、绿豆、胡萝卜煲猪骨或鱼类加陈皮、生姜（清热、解毒）。
⑧雪梨、陈皮、蜜枣煲瘦肉（热咳）。
⑨南杏、北杏、眉豆、无花果、百合、陈皮煲瘦肉（干咳无痰）。
⑩老黄瓜、红豆、眉豆、胡萝卜煲猪骨或鱼类加陈皮（清热解毒）。

3. 火候

制汤时，旺火烧开，一是为了节省时间，二是通过水温的快速上升，加速原料中浸出物的溶出，并使溶出的通道稳定下来，以利于毛细通道通畅，溶出大量的浸出物。小火保持微沸是提高汤汁质量的保证。因为在此状态下，汤水流动有规律，原料受热均匀，既利于传热，又便于物质交换。因此要根据汤品的不同要求，采用不同的火候。

①熬制清汤，一般采用旺火烧开，小火保持微沸加热到所需程度。如果水是剧烈沸腾，则原料必然会受热不均匀（气泡接触热流量较小，液态水接触处热流量大），这既不利于物质交换，还会使汤水快速、大量汽化，香气大量挥发，严重影响汤汁质量，因此制清汤时持续沸汤是一大忌。

②熬制奶汤，要求采用旺火烧开，用中火保持沸腾一直熬制到汤味鲜美、汤色乳白。这样既可以使原料所含的物质尽量渗透出来，又可以较好地产生乳化现象和蛋白质聚集形成白色的汤汁，同时又不至于因火力过大而使水分蒸发过快。

4. 配水适宜

首先，汤料水质要纯净，不同水质会影响汤料口感。水可以选择沸水、凉开水或矿泉水。最好不使用纯净水与蒸馏水。纯净水过滤得太彻底，除了氧以外不含其他成分，而蒸馏水属于纯水，不含氧。

其次，制汤忌用三种水。一是时间过长的老化水，细菌指标过高，水中细菌不仅容易污染原料，煮沸后还有沉淀污物；二是炉火上沸腾了太长时间的水，煮得过久，重金属及亚硝酸盐含量会偏高，饮用此类水易引起腹泻、肠胃不适；三是反复煮沸的"千滚水"，其亚硝酸盐含量增加，对人体不利。

最后，制作时要冷水下料逐步升温，且水量要一次加足，避免中途二次添加。

5. 煲汤时间

熬汤的时间不宜过长，时间太长会导致氨基酸氧化，使蛋白质过分变性，从而产生酰胺碱，使汤的鲜味随之降低。且煲汤时间的长短对汤品中亚硝酸盐（致癌物）含量的高低也有影响。煲制超过 4 h 汤中的亚硝酸盐含量会随着煲制时间的延长逐渐增加，煲制超过 6 h 的汤就存在安全隐患。同时，汤里的嘌呤含量也会随之增高，长期饮用会导致尿酸增高。实验证明，汤煲得再久也只能溶解食材中 6%~15% 的蛋白质，反而是盐和脂肪的含量会大大增加。

从健康角度来说，煮汤一般控制在 1~2 h，最多 4 h。根据原料纤维质的不同，煮制的时间也有区别，如鱼汤最好控制在 1 h 内，鸡汤 1~2 h，牛肉汤 3~4 h，一般素汤 1~2 h。

6. 操作工序

首先，动物原料制汤前一般需要进行焯水处理，方法为：原料放入沸水锅中，加热至沸后撇掉浮沫，捞出，待用。焯水时间掌握适度，时间过短造成原料尚未断生、血污尚未去尽，时间过长则原料中可溶性物质流失过大，影响鲜汤滋味。

其次，制汤时为了除腥增鲜，会放入一些调料，要注意其投放顺序。汤料中鸡、鱼等，虽富含鲜香成分，但仍有不同程度的异味，制汤时必须除去。汤料在正式制汤前，应该焯水洗净，有时放葱姜和料酒等去除异味。煮制清汤时有的用葱头、胡萝卜、芹菜等，这些蔬菜都有一些挥发油和香气成分，为了避免这些挥发成分过早挥发掉，影响汤的风味，应在清汤煮好前 1 h 放入。食盐的投放需要特别注意。制汤过程中最好不要放盐，因为盐有强电解质，一进入汤汁中便会全部电离成氯离子和钠离子，氯离子和钠离子都能促进蛋白质的凝固，影响热的传递，妨碍其浸出物的溶出，对制汤不利，还会使汤汁变浑浊。所以在制汤时不要过早放盐。

再次，熬制鲜汤时，不要撇尽汤面的浮油。在熬制鲜汤过程中，汤的表面会逐渐出现一层浮油。在微沸状态下，油层比较完整，起着防止汤内香气外溢的作用。很多香气成分为脂溶性物质而溶于浮油中，当浮油被乳化时，这些香气成分便随之分散到汤中，油脂乳化还是奶汤乳白色形成的关键，所以，在熬汤过程中一般不要完全撇去浮油。我们制汤时会撇去浮沫，浮沫是些杂质凝固的产物，浮于汤面，色泽褐灰，影响汤汁美观。因此，需要注意掌握撇去浮沫的时机：在旺火烧沸后立即撇去，可减少浮油损失。汤面浮油也不能过多，尤其是制取清汤。

最后，需要注意的是，一般需要加盖熬制鲜汤。汤锅加盖是防止汤汁香气外溢的有效措施，同时可减少水分的蒸发。

三、汤的制作实例

（一）白汤羊肉汤

主料：剔骨青山羊肉 2 kg、鲜羊骨 3 kg。

调料：生羊油 250 g、白芷 15 g、草果 5 g、桂皮 150 g、良姜 30 g、净葱白 25 g、姜块 80 g、盐 25 g、香菜末 60 g、青蒜苗末 60 g、香油 60 g、味精 30 g、花椒水（把花椒用开水沏泡半小时）适量（花椒水颜色深的少用点，以免影响汤色）。

制法：①鲜羊骨剁成块状，用温水冲洗干净，腿骨用刀背砸碎。

②锅内放入清水 15 kg，下羊骨铺底，上放羊肉码齐，大火烧开，撇出血沫，随后将羊油铺

在羊肉上，大火烧开并去除浮沫，接着放入白芷、草果、桂皮、良姜同煮，待羊肉八成熟、汤浓发白时，再放入葱段、姜块、盐，同时要不断地翻动锅内羊肉，使之受热均匀。

③捞出煮熟的羊肉，放凉后切成长 3 cm、宽 1.5 cm、厚 1.5 mm 的薄片，装入碗内，并分别撒上香菜末、青蒜苗末、味精待用。将煮好的汤在临出锅前加入适量花椒水并搅匀，装入碗内淋上香油（注意在盛汤时要用竹漏勺将汤内的碎油过滤掉）。

注意事项：
①烧制时，锅内羊肉汤要保持沸腾。
②白芷、桂皮、草果、良姜等香料的运用要有严格的比例。多了则药味出头，少了则腥膻杂味不除。
③要大火急攻使羊油融化后与水互相撞击，达到水乳交融，才能成乳状。如火候达不到，则水是水，油是油，水下而油上。凡熬制好的羊肉汤，勺子在锅里打个花，往下一舀，朝桌面一滴即凝成油块。
④羊肉汤需趁热食用。

（二）牛肉汤

主料：牛肉 1 kg、牛骨头 1 kg。

调料：草蔻 7 g、肉蔻 6 g、小茴香 4 g、生姜 10 g、山柰 6 g、桂皮 4 g、八角 6 g、香叶 6 片、香砂 4 个、甘草 1 g、花椒 15 粒、干红辣椒 6 个。

制法：①将牛骨头的血渍洗净，不锈钢盆放入适量凉水，再将牛骨头放入盆中，浸泡 1 h。（这样有利于将牛骨头上的血渍浸泡干净，也会防止牛骨头营养的流失）。

②大块牛肉洗净，剔除牛油，锅中放入凉水，把牛肉放入凉水中开大火煮至沸腾，不断撇去浮沫，待到浮沫清除干净后，将牛肉取出。

③将配好的香料装袋备用。

④将敲开的牛骨头、大块牛肉置于大锅内，放入清水 15 kg 和 1 包香料袋，大火熬开，熬制过程中如果有浮沫的话要边煮边不停地打去浮沫，然后用小火熬煮 4 h 左右。这样牛骨头里的骨髓、胶原体等就都熬到汤里了。牛肉熟透时取出，冷却后将肉切片，留汤备用。

注意事项：煮牛肉很有讲究：时间长了，过于熟烂，切不成薄片；时间短了，不入味。这一点需要在熬制的过程中多次尝试和练习。

（三）猪排汤

1. 山药猪排汤

主料：仔排 350 g、山药 500 g。

调料：姜 4 片、葱 3 根、红枣 4 个、枸杞 10 颗、盐、味精、胡椒面。

制法：①仔排切成小块，焯水去除血沫。
②锅内放入葱、姜、红枣和排骨，小火炖煮 1 h。
③山药去皮切块。
④锅内加盐、味精、山药，再煮 10 min。
⑤开锅后放枸杞、胡椒粉出锅即可。

注意事项：
①剥山药皮时一定带上食品料理手套，不然粘到皮肤上容易引起红肿发痒。
②煲汤时需要向锅内加入热水，避免忽热忽冷使蛋白质凝结、肉不容易煮烂。
③可加 2~3 滴白醋，以促使骨中的钙质释出，并溶入汤汁中，使汤味鲜美。
④可抹少许盐来防止山药去皮切块后变黑的现象。

2. 莲藕萝卜猪排汤

主料：萝卜 300 g、莲藕 200 g、排骨 1 000 g。

调料：盐、料酒、姜片、葱花适量。
制法：①排骨去血沫，洗干净。
②冷水下锅，水一次性加足。
③大火烧开，加入料酒、姜片，转小火，炖 40 min。
④萝卜、莲藕切小块加入汤中，加盐适量，再烧 20 min 即可出锅。

（四）红枣乌鸡汤

主料：乌鸡 1 只、红枣 8 个、银耳 1 朵。
调料：葱、生姜、盐、胡椒粉、料酒适量。
制法：①先将红枣和银耳用清水浸泡；乌鸡洗净，剁成小块。
②锅内加入适量的清水，放入葱、姜、红枣，再加入料酒，放入乌鸡肉。
③大火煮开，撇去浮沫，再放入洗净撕成小块的银耳，继续炖煮 10 min，转为小火煮 1 h，最后加入盐和胡椒粉即可。
注意事项：红枣乌鸡汤是一道非常滋补的药膳，但是在服用这道药膳时也有以下几种禁忌：第一，高血压、高血脂者最好不要食用；第二，患有肝胆疾病者（例如胆结石、胆囊炎者）最好不要食用；第三，感冒患者不建议食用。

（五）鹌鹑汤

主料：鹌鹑 2 只、莲子 50 g、瘦肉 150 g、芡实 50 g、淮山药 15 g。
调料：姜 2 片、水 4 碗、盐适量。
制法：①淮山药、莲子和芡实洗净，用水浸泡 1 h。
②洗净宰好的鹌鹑沥干水分，斩大件。
③瘦肉洗净切块，余水捞起。
④煮沸清水注入炖盅，放入所有材料，隔水炖 2 h，下盐调味即可食用。
注意事项：莲子虽功效很多但不适合多吃，否则可能会使脾胃不适，从而引起腹泻等病。

（六）豆腐汤

主料：冬瓜 200 g、豆腐 200 g。
调料：盐、酱油、油适量。
制法：①豆腐切块，冬瓜切块。
②锅中倒入适量水，放入冬瓜煮 10 min。
③水开后放入豆腐，继续煮 5 min。
④加几滴油（油料种类随意）、少许盐、少许酱油，清炖几分钟就可以出锅了。
注意事项：炖煮时间不宜过长，控制在 20 min 之内。

（七）西红柿鸡蛋汤

主料：番茄 2 个、鸡蛋 2 个、紫菜和发菜少许。
调料：青葱、生姜、猪油、香油、白胡椒粉、盐、味精、清水。
制法：①半锅清水，水中放少许海米，煮沸。
②鸡蛋打散，加葱花少许，番茄洗净切成片（或小块）。
③待水沸腾，先将打好的鸡蛋倒入锅内，略搅拌，再将切好的西红柿倒入。
④水再沸腾后，关小火，焖 3 min 左右，加入紫菜、发菜、姜粉、盐、胡椒粉各少许，淋几滴香油，大火使汤沸腾，关火，番茄蛋汤即成。
注意事项：蛋液在打入锅里刚凝固就可以熄火，否则口感不好。

(八) 莲藕解暑汤

主料：莲藕半节、绿豆150 g、红枣5个、枸杞适量。

调料：蜂蜜少许。

制法：绿豆洗净，提前用清水浸泡2 h；莲藕洗净、去皮，切成0.5 cm厚的藕片；在锅中烧水，水开后放入藕片，焯烫1 min左右；焯烫后的藕片捞出、沥干水分，立即浸入冷水中；藕片降温后捞出，与绿豆一起放入汤锅；大火烧开后，放入红枣和枸杞，转小火，煮至绿豆开花即可关火，放凉后调入适量蜂蜜食用。

(九) 绿豆汤

主料：绿豆、百合。

调料：冰糖。

制法：①绿豆去掉杂质洗净，百合剥开洗净。

②绿豆放入锅中，加入500 g清水烧开。

③转用小火煮至绿豆开花，放入百合，继续煮。

④煮到绿豆，百合熟烂时，依据个人口味放入适量冰糖，待糖化开，盛入汤碗即可。

(十) 红豆薏仁羹

原料：薏米仁、赤小豆、红枣、龙眼肉。

制法：①将薏米与红豆洗净提前泡发（约12 h）。

②泡好的薏米和红豆放入锅中，大火煮开。

③红枣和龙眼肉洗净备用。

④等汤煮沸后，加入红枣和龙眼肉。

⑤转中小火慢炖，至红豆微开花熟软即可食用。

习 题

一、单选题

1. 从健康角度来说，煮汤一般控制在1~2 h，最多（　　）。
 A. 3 h B. 4 h C. 5 h D. 6 h

2. 下列原料中，不适合制作汆菜的是（　　）。
 A. 虾滑 B. 猪肝片 C. 鸡胸脯肉 D. 猪肥肠

3. 从炒法的具体操作特点来看，回锅肉属于（　　）。
 A. 生炒 B. 滑炒 C. 熟炒 D. 煸炒

4. 北京烤鸭用（　　）进行烤制。
 A. 明炉烤 B. 暗炉烤 C. 串烤 D. 明炉烤、暗炉烤相结合

5. 卤菜是（　　）烹制方法的一种方法。
 A. 川菜 B. 鲁菜 C. 徽菜 D. 粤菜

二、填空题

1. 生熟拌的凉菜，装盘时用_____垫底、_____盖面。

2. 按照制汤的工艺，主要分为_____、_____和_____三大类。

3. 熘是一种采用油和水两种传热介质，将原料投入芡汁中搅拌成菜的一种烹饪方法，一般可分_____、_____和_____。

4. 为了饮食安全和营养需要，尽量避免采用_____以上的油温加热。

三、简答题

1. 在制作菜肴过程中，勾芡起到什么作用？
2. 盘饰遵循的原则有哪些？
3. 结合菜例，谈谈炒和爆的区别。

四、综合实训

（一）实训项目：鲜熘肉片的制作

1. 实训目的：

通过制作鲜熘肉片，掌握鲜熘烹饪方法的操作过程及操作要领，同时了解和掌握相似烹饪方法的操作过程。

2. 实训内容：

（1）烹饪食材：里脊肉 200 g、番茄 100 g（1 个）、冬笋 15 g、菜心 25 g、精盐 4 g、料酒 3 g、味精 1 g、胡椒粉 0.5 g、水淀粉 8 g、蛋清淀粉 4 g、鲜汤 40 g、色拉油 750 g（实耗 60 g）（以 1 人为训练单位）。

（2）烹饪要求：操作过程需规范；成菜要求色泽美观，质地嫩脆，咸鲜可口。

（3）操作步骤：①猪里肉切成长 5 cm、宽 3 cm、厚 0.15 cm 的肉片；番茄去掉皮和内瓤，切成荷花瓣形后用清水冲洗一下，冬笋焯水后切成薄片。

②肉片用 1 g 精盐和料酒码味，然后用蛋清淀粉上浆备用。

③将精盐、味精、胡椒粉、水淀粉、鲜汤兑成调味汁。

④锅内放油，用中火加热至 80 ℃时，放入肉片，用筷子轻轻将其拨散后去锅中多余的油，放入冬笋片、菜心炒断生，将调好的芡汁烹入锅中炒匀。

⑤收汁后，加入番茄片和匀，起锅装盘成菜。

3. 实施步骤：

（1）教师示教。

（2）向各组（或各人）下达实训任务，将原料按照分组或每个人进行分配。

（3）制作菜肴。

（4）完成时间：教师 60 min（示教 40 min、讲解 20 min）；学生 100 min（分配原料 10 min、制作练习 60 min、教师点评 10 min、同学相互试味互评 20 min）；卫生清理 10~20 min。

4. 实训总结：

（1）教师总结。

（2）学生撰写实训报告。

（二）实训项目：鸡丝拌银芽

1. 实训目的：

通过制作鸡丝拌银芽，掌握氽和拌两种烹饪方法的操作过程及操作要领。

2. 实训内容：

（1）烹饪食材：鸡胸脯肉 200 g、绿豆芽 150 g、盐 3 g、白砂糖 5 g、香油 3 g、味精 2 g。

（2）烹饪要求：操作过程需规范；成菜要求食材粗细均匀，色泽美观，清爽可口。

（3）操作步骤：①将鸡肉片成薄片，再切成细丝，放入沸水锅中氽熟，捞出备用。

②绿豆芽去皮、根清洗干净。

③锅内放清水，水沸后下入绿豆芽，氽熟即捞出，沥干水分。

④将豆芽和鸡丝一起放入容器内，加精盐、味精、白糖拌匀，淋上香油即可。

3. 实施步骤：

(1) 教师示教。

(2) 向各组（或各人）下达实训任务，将原料按照组或个人进行分配。

(3) 制作菜肴。

(4) 完成时间：教师 30 min（示教 20 min、讲解 10 min）；学生 60 min（分配原料 10 min、制作练习 30 min、教师点评 10 min、同学相互试味互评 10 min）；卫生清理 10~20 min。

4. 实训总结：

(1) 教师总结。

(2) 学生撰写实训报告。

(三) 实训项目：海带豆腐汤

1. 实训目的：

通过制作海带豆腐汤，掌握制汤的基本流程。

2. 实训内容：

(1) 烹饪食材：豆腐 60 g、海带 100 g、嫩姜少许、精盐适量。

(2) 烹饪要求：操作过程需规范。成菜要求清香滑爽，咸度适宜、汤水鲜美。

(3) 操作步骤：①豆腐切小块；姜洗净，切丝；海带洗净切条。

②锅中加入适量清水，下入海带用大火煮沸后，改用中火煮至海带变软。

③下入豆腐块，以精盐调味，再煮沸 4~5 min。

④加入姜丝，再次沸腾即可。

3. 实施步骤：

(1) 教师示教。

(2) 向各组（或各人）下达实训任务，将原料按照组或个人进行分配。

(3) 制作菜肴。

(4) 完成时间：教师 30 min（示教 20 min、讲解 10 min）；学生 60 min（分配原料 10 min、制作练习 30 min、教师点评 10 min、同学相互试味互评 10 min）；卫生清理 10~20 min。

4. 实训总结：

(1) 教师总结。

(2) 学生撰写实训报告。

项目四　主食的制作技术

【项目介绍】

俗话说"民以食为天",营养膳食在生活中的地位不言而喻。吃是维持生命最基本的行为,而吃得科学、合理则可以预防慢性疾病,让生命状态更健康。《中国居民平衡膳食宝塔(2022)》表明:以粮谷类、豆类和薯类为主是中国居民平衡膳食的重要特征,也是合理搭配膳食营养的原则之一。粮谷类、豆类和薯类就是我们的主要食物。

主食的制作技术

【学习目标】

1. 了解中西方主食、中国主食的地域差异,主食在合理膳食中的地位。
2. 熟悉中国居民不同地域的主食文化、主食分类和家庭常见主食。
3. 掌握家庭常见面食、米食、杂粮主食的制作技术、技法,学会主食的坯剂与馅料的选择与合理搭配。
4. 培养学生的合理膳食习惯,并由己及人,把这种观念传播出去,从身边最熟悉的一日三餐开始,树立健康意识、积极的人生态度以及探索实践、精益求精的职业素养。
5. 让学生学会探究式学习,合理运用主食制作的基本技能,学会为不同人群制作适合的主食,做到科学烹饪与健康饮食,提高生活品质。

任务一　了解主食的分类

早在两千多年前,《黄帝内经·素问》中就提出了"五谷为养,五果为助,五畜为益,五菜为充,气味合而服之,以补精益气"的饮食调养的原则。时至今日,黄帝内经所确立的五谷杂粮在饮食中的主食地位仍未动摇。

一、主食的基本概念

(一)主食的概念

主食即主要食物,中国居民传统餐桌上的主要食物泛指谷物类食物(如小麦、燕麦、大麦、稻米、玉米、大豆、杂豆等)以及块茎类食物(如甘薯、土豆、山药等)。主食含有较多的糖类化合物,其中以淀粉为主要成分。不同地域的人们主食类别也有差异。

主食是相对于副食而言，它是人体所需能量的主要来源（占 50%～65%），也是人类日常饮食所需蛋白质、糖、油脂、矿物质和维生素等的主要来源。我国居民一日三餐基本上都离不开主食，如米饭、包子、馒头、花卷、大饼、面条、米糕，以及莜面窝窝、绿豆糕、杂粮发糕、豆面窝头、蒸土豆、烤红薯、山药糕等其他谷类、薯类制品。

（二）不同地域主食的差异

1. 西方人的主食

西方人以三明治（面包夹香肠、奶酪和生菜）、汉堡（面包夹烤肉、沙拉酱和生菜）、比萨、米饭、通心粉、薯条、土豆泥或水煮土豆为主食。晚餐常吃主菜（牛排、烤鱼之类）、蔬菜沙拉，配通心粉、米饭或土豆。西方人的主食简单明了，高营养、高热量。

2. 马来西亚（东南亚）人的主食

马来卤面和炒面，是马来西亚在中国传统面条基础上开发的主食。传统面条配以咖喱、土豆、肉汤、香料，再添加鱼、虾、羊肉等肉食，再加入青柠檬、豆芽、青菜等配菜，还有煎蛋，组成了色香味俱全，营养更加丰富的特色美食。

炒粿条也是东南亚最受欢迎的主食之一。主食材为扁平的河粉，配以酱料、豆芽、虾肉、鸡蛋和香葱炒制而成，还有椰浆饭、云吞面、清粥等。这些深受世人喜爱的马来主食，选材丰富、粮菜肉合理搭配，有中餐美食的风范，又更具不同风味。

3. 中国人的主食

生活在不同地域的中国人，享受着截然不同的丰富主食。珠江流域及南部沿海地区的广式面点，长江下游江、浙、沪一带的苏式面点，川、滇、贵一带的川式面点，以米食为主；山东、华北、东北等地的京式面点，还有陕西、山西、新疆等西北风味特色主食，以面食为主；其制作手法之精良，花样之众多，一种原料的百样吃法，足以使中国主食名扬天下。

二、主食的分类

（一）主食的类别

主食分类方法有多种：按主要原料可分为小麦面粉类、稻米米食类、糯米米食类、杂粮类、薯类等，按熟制方法可分为蒸、煮、炸、煎、烙、烤等制品，按形态可分为饭、粥、糕、饼、团、粉、条、包、饺、羹、汤、冻等，按馅料可分为荤和素两大类，按口味可分为甜、咸和咸甜味几种。

1. 小麦面粉类

以小麦面粉为主要原料加工制作的食品的统称。如：面包、馒头、面条等。

2. 稻米米食类

以大米为主要原料制作的食品的统称。如：蒸大米、手抓饭、米皮、米糕等。

3. 糯米米食类

糯米也称江米，是糯稻脱壳而成的米，是带有黏性的米。其制品一般为节日主食，如：粽子、粘糕、糍粑、汤圆、八宝粥等。糯米还是制作醪糟（甜米酒）的主要原料。糯米含有蛋白质、脂肪、糖类、钙、磷、铁、维生素 B_1、维生素 B_2、烟酸等多种营养素。

4. 杂粮类

以小米、黄米、荞麦、燕麦、薏米、玉米、高粱米或杂豆、大豆类等为主要食材制作的食品。如：米发糕、莜面窝窝、豆面窝头等，富含多种营养素，特别是膳食纤维、维生素和矿物质。

5. 薯类

以芋头、山药、土豆、甘薯等为食材制作的食品。如：土豆泥、山药糕、烤红薯等。

（二）我国不同地域常见主食

1. 广式面点（珠江流域及南部沿海地区）

叉烧包、虾饺、马蹄糕、干蒸蟹黄烧麦、炒河粉、糯米鸡、卷肠粉、娥姐粉果、鲜虾荷叶饭、煎萝卜糕、皮蛋酥、莲蓉甘露酥、及第粥等。

其特点是：

①善于利用澄粉、蔬菜、果品、豆类、杂粮、鱼虾等。

②皮质较软、爽、薄，用化学膨松剂较多，皮坯中使用糖、蛋、油较重。

③保持原味，甜中有咸，咸中有甜，有浓有淡。

2. 苏式面点（长江下游江、浙、沪一带）

百果油包、三丁包、淮安汤包、蟹粉小笼、肉粽、黏糕、汤圆等。

其特点是：

①主坯原料加工精细，品种多样，馅料讲究。

②坯料质感略软，有良好的造型。

③咸馅中大多掺有皮冻，汁多味浓，带有甜味。

④甜馅香甜油润、细腻柔软。

3. 京式面点（黄河以北的大部分地区，包括华北、东北地区及山东等地）

馒头、花卷、烧饼、素菜包、豌豆黄、芸豆卷、千层糕、龙须抻面、银丝卷、家常饼、馅饼、莜面窝窝、煎饼等。

其特点是：

①主坯原料以小麦面粉、杂粮面粉为主。

②皮坯质感大多偏硬，发酵较嫩，吃口有劲。

③馅儿的口味甜咸分明，馅料荤素搭配，品种多样。

4. 川式面点（长江中上游地区，川、滇、贵一带）

赖汤圆、担担面、龙抄手、钟水饺、珍珠圆子、鸡汁锅贴等。

其特点是：

①坯以小麦面粉、大米、糯米及米粉最常用，善取用当地特产。

②皮质爽滑、黏糯、有劲。

③馅料及配料讲究，精工细作，调味复杂（注重咸、甜、麻、辣、酸）。

除此之外，陕西、山西、新疆等西北风味主食：岐山臊子面、蓝田饸饹面、宫廷罐罐面、关中凉面、油泼面、西府干拌面、刀削面、烤栳栳、翡翠面、兰州拉面、炮仗面、烩面、秦镇米皮、猫耳朵、羊肉泡馍、陕西花馍、陕西包子、胡麻饼、锅盔、白吉馍、邋邋面（见图4-1）、馕、纳仁、大盘鸡皮带面、拔鱼子、拉条子、面旗子、烤包子、手抓饭等等，千奇百怪、数不胜数，一面多吃，手法精湛，再加上或真或假的传说，成为中华饮食文化不可或缺的部分。

图4-1 邋邋面：面条宽得像裤带

任务二 掌握主食制作技术

一、概述

千年小麦,万年水稻,加工成粉末状都称为面,真正意义上的面食才得以出现。面粉经过勤劳的中国人灵巧的双手调制、揉捏,在岁月的长河里幻化出千姿百态的美味主食。同样的食材,经过不同人的手,会变化出不一样的花样、味道,其中蕴含的技法都凝聚着祖辈相传的美食智慧。

主食提供了人体所需的大部分热量。中国人的烹调手艺与众不同,从最平凡的一锅米饭、一个馒头,到千变万化的精致主食,都是中国人辛勤劳动、经验积累的结晶。在生活条件日益改善的今天,不管吃下多少美酒佳肴,主食永远都是中国人餐桌上最后的主角。

中国的南方一般以大米为主食,而北方的主食则偏向于小麦。

以秦岭—淮河为界,以南是水田,多种植水稻;以北是旱田,种植冬小麦或春小麦、玉米及豆类植物,西北等高原地区还种植莜麦。南方人的米食制作技术娴熟,而北方人的小麦面食制作技艺则花样迭出。

二、面点的成型技术

面粉类主食(也称"面点")是指用各种粮谷类面粉作主料,配以不同的馅心制作成主食、小吃和点心。面粉主要有小麦粉、米粉、糯米粉、玉米面粉、杂粮面粉、豆类面粉等。面点的制作是人们生活和劳动经验与智慧的结晶,经过长期的实践和应用,不断创新与发展,成为烹饪技术的重要组成部分。

面点食品种类繁多,花色各异,手工工艺千差万别,但制作基本步骤大同小异,都是先(经过和面、饧面、揉面、调面、捣面、摔面、擦面等)制成光滑而柔韧的面坯,并在此基础上花样翻新。面坯再经过熟制成为面点食品,供人们享用。

整个过程下来,一方面要使其味美鲜香、形态饱满、颜色诱人,增加食欲;另一方面还要合乎卫生标准,营养丰富、老少皆宜、易于吸收。人们在享用美味的同时,还能提高审美情趣,获得美好心情。

(一) 面团的调制(和面)

和面是面点制作的第一道工序,是指根据面点的制作要求,将粮食粉料(如面粉、米粉、杂粮粉等)与辅料(如水、蛋、油、糖、盐、酵母等)按一定比例混合均匀,调制成用于制作面点的团或浆等初级坯料的过程。

和面要领是加水时少量分次逐渐添加,掺入辅料时应有顺序,准确控制辅料与主料的比例。不同水温和出的面软硬不同,和面的技术和技巧直接影响面食的口感和质量。和面标准:各种材料混合均匀,软硬适当,基本成团。

1. 面团的类别

面团是粮食面粉掺入适量的水、油、蛋等,经调制使粉粒黏结而成的团或浆的统称,将其混合均匀后，用来制作面点的成品或半成品。按照属性的不同，面团一般分为水调面团、膨松面团、层酥面团等。

(1) 水调面团

指粮食粉料与水调制而成的面团。一般指未经发酵的面，和面时只用水和面，因为比较硬所以也称为"死面"。水调面团可再分为冷水面团、温水面团、开水面团。

①冷水面团是指面粉与30 ℃以下的冷水拌和而成的面团，其特点是质地硬实、韧性十足、爽口有劲、食后耐饥等。和面时可掺入少许盐，以增加面团的强度和筋力。代表制品：水饺皮、手擀面、馄饨皮等。

②温水面团是指面粉与50~60 ℃的温水拌和而成的面团，其特点是柔中有劲、筋性适中、颜色较白，可塑性好、延伸性好，熟制后不易变形。其代表制品主要是花色蒸饺。

③开水面团，也称烫面，是指用90 ℃以上的水调制而成的面团，其特点是劲力差，黏度大，色泽较暗，可塑性好。熟制后呈半透明状，口感柔软、黏糯，略带甜味。烫面面团多使用中筋面粉制作，熟制过程多采用煎、烙的方式。代表制品：烫面蒸饺、馅饼、葱油饼、韭菜盒子、烧麦、锅贴、莜面制品等。

沸水面团是利用淀粉的糊化原理，使面粉增加黏性，降低面团的硬度。水温愈高，沸水量愈多，制品则愈软。所以烫面也并非全用沸水，而是依制品的性质和软硬度酌量掺入部分冷水，使面团保持韧性。一般米粉、粗粮粉或杂粮粉面团比较松散，其制品多用烫面，使其更容易黏结成团。

(2) 膨松面团

是指在面粉中加入适量辅料进行调制，使面团组织发生物理或化学变化，体积膨大，形成疏松、充满气孔的面团。膨松面团可分为生物膨松面团、物理膨松面团和化学膨松面团。

①生物膨松面团是面粉中加入适量酵母菌与水揉拌均匀，在适宜的温度下通过酵母菌生长与繁殖产气，形成的松软多孔膨胀面团。其特点是形态饱满，富有弹性，口感暄软，风味独特，富于营养。代表制品：馒头、花卷、包子、发糕、发面饼等。发糕与发面如图4-2所示。

图4-2 发糕与发面

②物理膨松面团是利用鲜蛋、细白糖或油脂经高速搅打，形成较稳定的气泡，然后与面粉料混合调制而成的面团。其特点是形态松发柔软，气孔均匀、呈海绵状，口味甜香，质地绵软，营养丰富。代表制品主要是各种蛋糕、西点。

③化学膨松面团指面粉中加入适量化学膨松剂（如泡打粉、小苏打等）进行调制，膨松剂自身分解或相互反应产气，使面团组织内部形成均匀气孔，达到暄软、膨松、胀大的效果。其特点是疏松多孔、重油重糖、口感酥脆。代表制品大多为甜品点心，如：杏仁酥、开口笑、桃酥等。

(3) 层酥面团

是以面粉、水、油脂为主要原料，加入鸡蛋、糖、盐、酵母等辅料，制成有层次结构的酥皮面团，是中式面点中最具特色的品种，大多以炸、烤熟制而成。其特点是造型美观、色泽诱人、纹路清晰、口感酥香。代表制品：榴莲酥、千层酥、荷花酥、油酥烧饼、酥皮月饼等。层酥面团可分为水油酥皮面团、水面酥皮面团、酵面酥皮面团。油酥烧饼如图4-3所示。

①水油酥皮面团是以水油面团为皮、油酥面团为心，经包、擀、叠、卷组合而成的面团。在调酥、制坯、成形、油温控制等

图4-3 油酥烧饼

诸多方面均需基本功过硬，手法娴熟，面团组合的质量直接影响制品的酥松及分层效果。

②水面酥皮面团是以油酥面团为皮，冷水面团为心，经包制组合而成，操作难度大，现多借助机械设备批量生产。此类面团油脂含量高，调制时还须借助冷藏设备，开酥起层和熟制要求很高，烹饪方式以烘烤为主。

③酵面酥皮面团以发酵面团为皮、油酥面团为心，经包制组合而成。此品种有一定弹性与韧性，可塑性差，较具地方特色，注重传统工艺，手法独特。其特点既有发面的松软柔嫩，又有油酥面的酥香松脆，熟制多采用明火炉烤。代表制品：麻酱烧饼、葱油烧饼、五香烧饼等。

2. 面团调制的方法

和面的技术和技巧直接影响面食的口感和质量。根据所需面团的大小和特性，和面方法可分为搅和法、拌和法、调和法。其中以搅和法运用最为广泛。

①搅和法：面粉倒入盆内，左手加水，右手拿筷子搅和，边加水边搅和，搅成絮状，然后下手和成面团。

②拌和法：将面粉放入缸或盆内，在面粉中加入水，用双手从外向内，由下向上，反复抄拌，使面粉和水充分混合，揉搓成面团。

③调和法：面粉在案板上围成塘坑形，将水倒入中间，双手从内向外，进行调和，形成面团。

3. 面团调制的要领

①掺水时应少量多次，入辅料时应有顺序，准确控制辅料与主料的比例。

②掺水量要适当，温度要适宜。掺水的水量与温度要根据制品的需求、季节、面粉的特性，水需少量分次逐渐添加，以保证面团的质量。

③操作姿势正确，动作有力度。两脚稍分开，上身向前稍弯曲，与面案保持合适距离，运用一定强度的臂力和腕力，使面团匀透不夹粉粒，和完手不沾面，面不沾盆，做到手、面、盆"三光"。

④面团和好后要盖上保鲜膜或湿布静置，也称饧面。饧面可使面粉中的淀粉颗粒充分吸水后膨胀，蛋白质颗粒吸水后迅速溶胀。饧面时湿布干湿适宜，灵活掌握饧面时间，防止面团表面干燥、结皮、裂缝。饧面后面团变得滋润松弛，延展性和筋性增强，便于成型。

（二）面团的加工技能

1. 揉面

揉面，是将和面、饧面后的面团放于案板或面垫上，用捣、揉、揣、摔、擦、叠等手法，使面团匀透，筋性一致，柔顺细腻，光滑干净的加工过程。揉面可单手揉亦可双手揉。

揉面

（1）揉面的操作要领

要想将面团中各种粉料均匀混合，必须正确、灵活运用以上揉面方法，并讲究用力技巧，既要用力，又要揉"活"，手腕着力，力度适当。

顺一个方向揉搓，不能随意改变方向，否则面团不易达到光滑效果。揉制发酵面团时，不要用力反复揉搓，以免把面揉"死"，达不到膨松效果。面团揉匀后要再静置一段时间，使面团回饧。

（2）揉面的方法

揉面通过捣、揉、揣、摔、擦、叠六种手法，使面团更加光滑、柔润、增劲、塑型，是面食制作的关键环节。

捣：将面团置于案板上或盆缸内，双手平行握拳，垂直向下在面团上用力挤压，面团被挤开以后，将其叠拢继续捣压，如此反复，使面团充分匀透、筋道。

揉：用手掌根压住面团，用力向外推动、摊开，随即往回卷拢，反复交叉推摊、碾压、卷叠，将面团揉匀揉透，直至面团柔韧光滑。

揣：将辅料与主料揣匀、揣实，使两者互相交融。手法类似捣面，双手握紧拳头，交叉在面团上揣压，把面团向外揣开卷起再揣，循环往复直至辅料充分融入面团。常见的有揣干粉、酵母、鸡蛋、碱面、小苏打、矾等。

摔：双手或单手将和好饧好的面团反复用力在案板上或盆内摔打，以增加面团的劲力。摔面方法有两种，一种是用双手抓住面团的两头手不离面，将面团的中间部位摔打在案板上，直至面团匀透有力道，比如兰州拉面；另一种是用单手或双手抓起面团，举起后脱手，将面团摔打在盆内或案板上，直至面团匀透有力道。

擦：主要用于油酥面团。在案板或面垫上把油与面混合好后，用手掌根压住面团用力斜向外反复逐层推擦，再卷拢成团转动角度（90°），继续推擦，直至擦匀擦透。

叠：用双手将和好饧好的面团压开，对折叠起来再揉，反复上下叠压，使原料均匀混合，增加成品层次。

2. 搓条

（1）搓条的要求

搓条是将调制好的面团搓、拉成粗细均匀、圆整剂条的过程。面点制品的制剂成型是逐个完成的，需要统一规格的"坯剂"，为保证"坯剂"大小一致，一般须先将面团搓成一定粗细的剂条，为"下剂"做准备。

（2）搓条的方法

取出一块面团，用刀"直剖"成条形，放于案板上，拇指相对掌根摁在条上，来回推搓（必要时也可拉拉、攥攥），双手边搓边拉边推边压边向剂条两头移动，使长条向两端延伸，随之滚动成为粗细均匀、圆润规整的长条。搓条要领是两手着力均匀，使力平衡，把握用力技巧，避免一头粗一头细；同时需控制添加的干粉量。搓条以面条光洁、不粘连、圆整、粗细均匀为宜，圆条粗细根据成品需要而定。如：馒头、大包剂条要粗一些，饺子、小包剂条要细一些。不论粗细，都必须均匀一致。

3. 下剂

下剂也称分坯，是将调制好的面团或搓好的剂条按成品或坯皮重量的要求，分成大小一致剂子的过程。

根据面团的特性及剂子形状、大小的不同，下剂的方法有以下几种：

①揪剂是在剂条搓匀后，左手握住剂条的一头，虎口处露出相当于剂子大小的一截，右手用大拇指、食指和中指轻轻捏住，快速向剂条垂直方向揪下，然后转动手中剂条，再揪下一个，每揪一次，剂条翻一下身。揪剂时双手配合要协调，一揪一送，揪下一个个剂子，再撒下干粉散放在案板上。

②切剂是将搓好的剂条平放在案板上，一手扶剂，一手拿刀，两手应配合默契，用力干脆果断，要把握剂子的大小，保持剂子的整齐划一，垂直下刀将剂条切成方剂。注意：切剂时刀要锋利，一般从剂条的右端开始下剂，采用直切或锯切法，落刀快而稳，边切边逐个将剂子分开，防止互相粘连。

③挖剂是将和好饧好的面团放在面案上，一手按住，一手四指弯曲成挖掘机的铲形，从下面伸入四指向上一挖，就挖下一个剂子。此法主要用于馒头、大包、烧饼等较粗的剂条，以及油饼等柔软而无法搓条的面团。

④拉剂是将比较稀软（如馅饼）的面团，铺上适当干粉，掌握好拉剂的力度，采用右手五指抓住一块拧拉下剂的方法。

⑤剁剂也是用刀切，但比切剂更迅捷有力，比如按压成扁平的油条剂条，放在案板上按照剂量，用刀一刀一刀剁下。

4. 制皮

制皮是指面团下剂以后，为了便于下一步包馅和成型，按成品要求制作包裹馅料坯皮的过程。制皮是面点制作的基础操作之一，大多数面点品种都需要制作坯皮，制皮对操作者有很高的技术要求，其质量直接影响面点的成型效果。

根据面团的性质及成品的不同，制皮的方法有按皮、擀皮、捏皮、摊皮、压皮、拍皮等，其中以按皮、擀皮最为常用。

①按皮：最简单的制皮方式。将调好的面团或分好的剂子放在案板上，用手掌将其按压成中间稍厚的坯皮。如：制作糖包的皮一般用按。

②擀皮：最常用的制皮方式，技术性较强。将调好的面团或所下的剂子放在案板上，采用擀皮工具（擀面杖等），将其滚或压成一定形状的薄形坯皮。主要有平展擀皮法和旋转擀皮法两种擀法。面条、饼类、花卷制作常用平展擀皮法；水饺、蒸饺、包子制作常用旋转擀皮法。

③捏皮：用双手将所下的剂子团成球形，然后一手托住并转动坯剂，另一手与其配合，捏成内凹的圆壳形坯皮，也称"捏窝"。操作时，一般右手的食指与中指指尖插入剂子的一端，左手掌心托住剂子，边转边捏直至凹度适当，且四周薄厚均匀，随即上馅并收口成型。如：菜团子、汤圆的制作多用捏皮方式。

④摊皮：一种特殊的制皮方式，适用于糊状或稀软的面团，技术性很强。操作时，将平底锅架在火上（火候适当），用手拿起面团不停抖动，顺势向锅内一摊，或将面糊倒入加热的凹形锅中，顺势转锅使其流动，受热后粘于锅体表面，形成一张圆整的坯皮。如：春卷皮、蛋摊皮、煎饼的制作常用。

注意：摊皮所用的锅要光滑，并预热；把握好火力，火大易煳皮，火小易粘锅；为防止坯皮粘锅可擦少量的油；摊皮时动作要迅速，一气呵成，坯皮转色即好。

⑤压皮：一种特殊的制皮方式，一般用于广东的澄粉面团制品。将分好的剂子用手搓成球形，放在平整的案板上，稍稍按扁，然后一手握刀一手按住刀面，平放压在剂子上，向前用力旋压，成为圆形的坯皮。

注意：压皮所用刀面（或压皮工具）、案板应平整光滑；压皮时，在刀面及案板表面涂擦少量油脂，顺时针方向向下用力旋压，旋转幅度不宜过大，将坯皮压圆压薄即可。

⑥拍皮：将分好的剂子不用揉圆，截面向上立在案板上，用手掌按压一下，然后沿剂子周围用力拍，边拍边顺时针方向转动，拍成中间厚周边略薄的圆形面皮。拍皮是一种简单的制皮方式，可用于大包子一类的品种。

由于擀皮适用的品种较多，下面以擀水饺皮、馄饨皮、手擀面为例，具体介绍一下旋转擀皮法和平展擀皮法。

水饺擀皮属于旋转擀皮法，可分为单手擀和双手擀。单手擀时先把面剂用手掌按扁，以左手的大拇指、食指、中指捏住剂子的边沿，放在案板上，右手用小擀面杖在剂子的1/3处推轧面杖，不断向前转动推压，转动时用力要均匀，将剂子擀成中间稍厚、四周略薄的圆形坯皮。双手擀时则一般双手按住面杖两头，压住剂子，使面杖滚动，并带动剂子旋转，或直接将面剂擀开，双手擀出的坯皮薄厚一致或有花边。

制馄饨皮跟做手擀面一样，属于平展擀皮法，用大面团、大擀面杖。

（三）面点的成型技术

1. 上馅

上馅也叫包馅、打馅、塌馅，就是把制好的馅心包入、覆盖、卷进制好的坯中的操作过程，是制作有馅主食的重要工序。上馅量要均匀、适中，成品才会形状美观。上馅的好坏直接影响成品的包捏与成型，若上馅量太大，就会造成汤汁外流、脱底露馅等问题。根据制品种类的不同，上馅方法大体分为包馅、拢馅、夹馅、卷馅和滚沾。

①包馅法常用的上馅方法，馅心以包裹、包入为目的，如包子、饺子、汤圆等。根据成型方法的不同，又分无缝（和尚包、豆包）、捏边（水饺）、提褶（小笼包）、卷边（菜盒子）等。

②拢馅法通常是馅心较多，放在中间，上馅后拢起捏住，不封口，外露一部分馅（如烧麦）。

③夹馅法通常是一层坯皮一层馅，可以夹上多层馅，上馅要匀且平，坯皮之间夹入馅心，形成间隔层次（如三色糕、三明治等）。

④卷馅法是将面剂擀成一片，平铺馅料，然后卷成条状，或切段后熟制，或熟制后切块，面皮与馅料层次分明（如肉卷、肉龙等）。

⑤滚粘法如元宵上馅法，不是包进，而是把馅料切成小块，蘸湿水分，放入干粉，用簸箕摇晃，裹上干粉制成。

2. 成型

面点成型技术是利用调制好的面团，按照面点的要求，运用各种方法制成不同形状的半成品或成品的操作技术，是面点制作工艺中技术要求高、艺术性强的重要环节。成型技术通过形态的变化，丰富面点的花样品种，展示出不同面点特色个性。成型的质量直接影响面点制品的外观形态。

面点制品花样繁多、千姿百态，成型的方法也丰富多彩、多种多样。归纳起来有擀、按、卷、包、切、剪、捏、镶嵌、叠、滚粘、模具成型等诸多手法。

①擀是用擀面杖滚动、碾轧，有擀面、擀皮等。

注意：擀时用力要均匀，收着擀，逐渐撒干粉，防止粘连。

②按是用手掌或掌根将制品生坯压扁压圆，便于以后擀或包的成型过程。多用于形体较小的包馅品种，如按饺子剂。另外，馅饼、烧饼等包好馅后，用手一按即成。

注意：较小的剂子用掌根，较大或带馅的剂子用掌心，兼用指尖整理。

③卷是将擀好的面皮经抹油、上馅后，根据品种的要求卷拢成不同形状，并形成间隔层次的成型技术。

注意：卷的过程尽量整体均匀、紧实，以免油、馅外溢。

④包是在制好的皮坯中上馅，双手配合用面皮包好馅心的成型技术，如包包子、包饺子、包粽子等。

注意：手劲要匀，掐边捏褶尽量一致，向旁边发展，直到全部封口。

⑤捏是用拇指和其他手指配合做对称性挤压，有三指捏法、五指捏法。主要讲究的是造型多样，捏出来的面点要求造型别致、美观，具有较高的艺术性和欣赏价值，如木鱼饺、月牙饺、苏式船点等。

包包子

注意：要求拇指与其他手指具有强劲持久的对合力，需长期练习。

⑥切是借助于刀具将制品分离成型的技术，刀工讲究的就是切的技术。根据烹调或食用的要求，运用不同的刀工技法，可将烹饪原料或食物加工成一定形状。刀工技术对菜肴或面点制成后的色、香、味、形均有重要的影响，如切面、切丝、刀削面等。

注意：一般右手握刀，左手拿烹饪原料，落刀稳而快，加工形状要均匀。

⑦叠是用手握住擀好的面片的一端，向上提起往中间折合，重叠成一定形状，然后再经擀、卷、剪、切等其他手法制成生坯的中间操作环节。

注意：坯皮擀片薄厚要均匀，叠面尽量规整，更容易成型。

⑧剪是用剪刀在面点生坯上剪出各种花纹，美化制品的技法。

注意：剪的间距尽量均匀整齐，做出的花纹更美观。

⑨模具成型是指利用各种食品模具压印制作成型的方法。模具有各种不同形状，如各种花鸟鱼虫等。用模具制作面点的特点是形态逼真、使用方便、规格一致，如月饼、饼干、蛋糕的制作成型等。

注意：模具成型原料入模要压紧实。

⑩滚粘是指先以小块馅料蘸水，放入盛有干粉的簸箕中摇晃，让蘸水的馅心在干粉中来回滚粘，再蘸水，再滚粘，多次反复制成生坯。

注意：滚沾时馅料蘸水要均匀，摇晃力度适中，反复操作要有耐心。

⑪镶嵌是指将辅助原料直接嵌入生坯或半成品上，起点缀和美化效果。这样不仅使制品更加色艳、形美，还能够增加辅料的口感，使营养成分更加丰富，既符合食物多样化的营养特点，又可以提高老人和孩子的食欲，如枣馒头、葡萄干花卷、蓝莓核桃仁发糕、花样蛋糕等。蛋糕镶嵌如图4-4所示。

图4-4　蛋糕镶嵌

制作时要注意主辅料颜色、营养各方面的搭配，估计生坯与成品形状的变化。

三、面点的制熟技术

主食面点的制作技术在历代面点师的不断实践和创新中，沉淀出一整套独具特色和艺术性的制作技术，其品种之繁多、口味之丰美、技艺之精湛，在国内外均享有很多赞誉。在主食的制作中和面、成型技术固然重要，制熟方式一样不可忽视，蒸制、煮制、炸制、煎制、烙制、烤制等烹饪方式会影响主食的外形，尤其会影响其口感和滋味。

（一）蒸制的烹饪技术

蒸制的面点生坯受热均匀，具有形态美观、口味自然、馅心鲜嫩、口感松软、滑爽清淡、易于消化吸收等特点，深受广大人群喜爱，而且适合孕产妇、婴幼儿、老年人、慢性病人等特殊生理阶段人群食用。

1. 蒸制的概念

蒸制属于水蒸气传热熟制的方法，是指将成型的生坯或半成品放入蒸笼、蒸箱或其他蒸器中，利用水蒸气的热传导作用，在密闭的条件下使制品成熟的技术。蒸是面点熟制最基本、最普遍使用的方法。中式面点中很多品种都是采用这种方法，例如蒸馒头、蒸花卷、蒸包子、蒸饺、蒸发糕等。还有蒸米饭、蒸黏糕、蒸蛋、蒸粉、蒸肉、蒸鱼、蒸菜等一些其他主副食品，亦可采用蒸制的方法制熟。

2. 蒸制的操作流程

蒸制的操作流程：蒸锅加水—生坯摆屉—加热至熟—下屉—成品。蒸锅加水时，注意水量一次加足；生坯摆屉时，注意留出一定间距，防止制品粘连，给面点制品成熟膨胀留出余地；根据食品原料的不同，可用猛火、中火和慢火进行蒸制，一般情况下，开始蒸时用猛火，随后精细食材再用中火或慢（小）火。蒸制火候的掌控技术非常关键，蒸得过老、过生都不成功。

3. 蒸制食品的操作要求

发面制品在成型前后，均需要静放一段时间进行饧发，使面团和生坯膨胀，以达到蒸后熟品松软的效果；要保证蒸锅内的水量，一般以八成满为宜，连续蒸制时要经常加水；根据熟制食品的要求，把握好蒸制的火候和时间。

(二) 煮制的烹饪技术

煮制的特点是受热均匀充分，鲜嫩滑爽有筋，清润有汤汁，表面不上色。

1. 煮制的概念

属于沸水直接传热熟制的方法，是将已成型的生坯投入足量的沸水或汤汁锅中，利用水的对流热传导作用将热量传递给生坯，使生坯成熟的一种技术。煮是烹饪中的常用方法，使用范围较广，一般适用于冷水面坯和生米粉团制品，煮的内容不同技巧也不同。例如：煮水饺、馄饨、面条、煮蛋、元宵、腊八粥、皮蛋瘦肉粥、粽子等。

2. 煮制的操作流程

汤锅加水煮沸，生坯下锅，再煮沸，根据情况点加冷水或一直煮至断生、软糯、出锅、成品。汤锅加水时，结合生坯多少水量要适当，控制火力，防止制品粘连和汤水溢出；根据食品原料的不同，可用猛火、中火和慢火进行煮制，一般刚开始煮时用猛火，面粉迅速糊化，随后再运用中火或慢（小）火精细制熟。煮制火候的掌控需在实践中积累经验，火候过大过小都不成功。

3. 煮制食品的操作要求

面食类一般开水下锅才不会出黏糊状；米饭类要冷水下锅，烧开后改为小火焖煮成熟。下锅后盖上盖烧开，再揭开锅盖，用工具轻轻搅动，防止粘连或粘锅底。保持水面沸而不腾，既保证生坯煮熟煮透，又保证制品完好。煮制品的数量要适宜，控制好水量，适时下锅，顺序投料，适当点水，掌握好煮制的时间与火力。制品煮熟后，要及时起锅。

(三) 炸制的烹饪技术

炸制食品具有清香、酥脆、色泽美观等特点。

1. 炸制的概念

炸制是将制品生坯放入油温较高、油量较多的油锅中，以油为传热介质使制品成熟的一种方法，如炸麻花、麻团、油条、沙琪玛等。

2. 炸制的操作流程

油锅加热烧干，加入足量的食用油，烧至七八成热，放入生坯，根据食品种类不同，及时翻面，使生坯受热均匀，熟而不煳。

3. 炸制食品的操作要求

油质清洁，油量充足；掌握火力，控制油温；掌握成熟时间，及时起锅；炸制酥品时，不宜来回翻动，可晃动油锅使之受热均匀。

(四) 煎制的烹饪技术

煎制食品具有香脆、柔软、油润、光亮等特点。

1. 煎制的概念

煎制是以少量油在平底锅上加热，放入生坯，利用油脂及锅体的金属热传递使生坯成熟的方法，如水煎包、煎饼、煎蛋等。

2. 煎制的操作流程

煎可以分为油煎和水油煎两种。油煎就是单纯用油煎制食品，水油煎则是用油加水煎制食品。油煎是平锅刷油烧热，把生坯放入锅中，来回翻面，直至煎熟；水油煎则是平底锅刷油烧热，放入生坯盖盖，待底部凝固，加适量清水焖煎，再倒少许淀粉水焖煎，至水分耗干，底部出现焦黄锅巴即可。

3. 煎制食品的操作要求

火力要均匀，掌握成熟时间，适量用油，水油煎用水要适量。

（五）烙制的烹饪技术

烙制食品的特点是外脆内软，色泽金黄，香脆可口。

1. 烙制的概念

烙是通过金属传导热量使生坯成熟的方法。烙是靠锅底热量成熟的，成型的面点生坯放入烧热的平底锅，来回翻面直至成熟。烙制适用于各种水调面团、酥面团和发酵面团，如家常饼、盘丝饼、春饼、馅饼等。

2. 烙制的操作流程

烙制可采取干烙、油烙、水烙等不同方法。干烙是直接加热锅体，放入生坯烙制；油烙是加入少许油加热，放入生坯烙制；水烙则是用蒸锅加水烧开，铺上屉布，放入擀好的薄饼，一张成熟再放另一张，如中原美食水烙馍。

3. 烙制食品的操作要求

平底锅必须先加少许油预热，再放生坯；火力要均匀，掌握成熟时间，控制火候及时翻坯；烙制中，每次都要把锅体擦净，以防残渣烧糊影响成品质量。

（六）烤制的烹饪技术

烤制食品具有色泽金黄、外部酥香、内部松软、刚柔并济的特点。

1. 烤制的概念

烤是利用烤箱或烤炉内的高温，通过辐射、传导和对流三种热的传递方式，使生坯成熟的方法。烤制面点的范围较广，品种繁多，主要适用于发酵面团、蛋合面团和油酥面团制作的面点品种，如面包、蛋糕、酥点、饼类等。

2. 烤制的操作流程

烤箱预热，成型的生坯表面刷油，码在刷油的模具或烤盘中，放入烤箱，温度一般控制在180~220 ℃，根据制品不同适当调整温度和时间，待成品呈金黄色后取出，脱模。

3. 烤制食品的操作要求

烤箱必须先预热，并调整烤架位置，合理掌控烤的火候。盘或模具内刷少许油，便于脱模。

四、米类主食的烹饪

（一）概述

米类主食原料包括米粒及米粉，制品主要有各种米饭和粥，以及元宵、糕、团、粽子、糍粑等特色小吃，是我国南方地区重要的主食，现今全世界大约一半以上的人群以大米为主食。其中中国、日本和东南亚一些国家以不黏的大米制作主食，以有黏性的糯米制作小吃和甜食。大米根据外层颜色的不同，还可分为白米、黑米、紫米等。

米粒一般采用蒸、煮成饭，或烤制成竹筒饭；亦可添加各种配料制成海南鸡饭、盖浇饭、手抓饭、石锅拌饭等；白米饭又可制成扬州炒饭、蛋包饭、寿司、咖喱饭、印尼菜饭等；水量加大可熬煮成白粥或多种风味的粥品，如荷叶粥、皮蛋瘦肉粥、大米绿豆粥、紫米粥等。糯米可用来制作粽子、江米藕、米糕、糍粑等特色糕点和小吃。

（二）米粒饭团的调制

原料以糯米和粳米为主，可淘洗后直接整粒蒸煮调味食用，或蒸煮后趁热捣成泥状，加入不同配料或馅心，经调制和调味制成团。工艺流程一般为：冷水淘洗、浸泡—蒸或煮熟—拌制或捶打成泥—添加辅料—成品。

1. 八宝饭团的调制

①糯米洗净浸泡 2 h，上笼蒸 0.5 h 左右，放容器加糖、熟油，采用"搅和法"和成米团。

②红枣去核，莲子煮熟，椰果切丁，梅子去核，适量葡萄干洗净。

③碗内刷食用油，将加工好的辅料分散均匀码入（注意颜色搭配），取适量糯米饭团置入、按实，饭团量大概占碗容量 1/3 左右，中间留窝，放入适量豆沙馅，上面盖上糯米饭团，与碗口平。

④连料带碗再次上笼，旺火蒸约 30 min，稍凉，倒扣入盘取下碗，浇上煮好的芡汁，一盘甜糯油润、色泽诱人的八宝饭就做好了。

此为江浙一带风味米食，主要变化体现在辅料与成型的区别，蒸熟的米团中加入不同肉类、笋干、蔬菜、艾草粉等，再用荷叶、豆皮、粽叶包裹后制熟，又是另外一种特色风味。

2. 米糕饭团的调制

①红小豆洗净加清水煮至软烂，控水加糖，再用小火煸炒成豆沙粉。

②黄豆粉小火炒出香味，加入适量白糖拌匀。

③糯米淘洗后清水浸泡 8～10 h，捞出控水旺火蒸 20 min 左右，放入木槽或石板用木槌捶打，打至米粒黏韧上劲成团。

④搓成长条，滚上炒熟红豆粉或黄豆粉，切成小块即可。

此为朝鲜族特色米食，变化的做法可用小黄米或糜子代替糯米，所滚的豆面粉除了红小豆、黄豆，还可用绿豆、松子、栗子、红枣、芝麻等。蒸熟的黏米捶打时用力要匀，槌子把米粒打碎黏合在一起，吃起来黏软柔糯、香味浓郁。

（三）米粉饭团的调制

米类也会碾制成粉，辅以油、糖、豆沙、枣泥等配料加水调制成面团，经蒸煮烫粉后调面成团，制成或滑糯、细腻，或松软、韧爽的特色小吃或点心，来满足我们的味蕾。

米粉有干磨粉、湿磨粉、水磨粉之分。干磨粉是以各种米直接磨成粉，含水量少，不易变质。湿磨粉指先将米淘洗、泡发、沥干水分后磨成粉，比干磨粉细腻，有光泽。水磨粉指将米洗净、浸泡、带水磨浆，经压粉沥水、干燥等制成的粉，成品软糯润滑，易成熟。

米粉一般为糯米和粳米粉的混合粉。米粉可加水、辅料、膨松剂等制成坚实黏糯或质地松软的面团。制品特点：软糯、黏性大、口感滑糯、细腻或松软多孔、韧爽有弹性、香甜绵软。工艺流程一般为：和面（米粉加水）—拌粉—蒸制—调面—成型。

1. 米粉的调制方法

①和面：采用"搅和法"，一般不需饧面。

②调面：生粉采用"擦面"，熟粉采用"捣面"。

③蒸制：米粉成熟后增加黏性，容易成团。

④烫粉：米粉用适量沸水冲拌，并加适量冷水调匀。

⑤煮芡：将少量米粉面团，放入沸水中煮熟，与其他米粉面团混合调匀。

⑥拌粉：米粉与冷水或温水搓拌均匀。

2. 酒酿丸子的制作

①取总量 1/3 的糯米粉与适量冷水均匀成团，蒸熟，趁热与其余生粉一起调拌，加入适量冷水调匀成团。

②将面皮搓成细条，分成均匀的小剂，搓成丸子状生坯。入沸水断生后随即过凉水，避免发黏。

③锅中加水烧沸下入丸子，与甜酒酿一起煮开后，加入少许淀粉勾芡，撒上桂花糖即可。

此类面团属于米粉中的生粉团，调制时一般采用"煮芡"或"烫粉"，水磨粉"煮芡"，湿磨粉采用"烫粉"。这种面坯适合各式汤圆的制作，主要变化在于馅的不同，有甜有咸、口味繁多。

注意：粉团软硬要合适，淀粉勾芡要适量，酒酿与糖的添加要适量。

3. 糯米发糕的制作

①白糖和酵母粉在温水中溶解，静置几分钟。
②将糯米粉与面粉混合加入鸡蛋，倒入酵母水搅拌均匀，调成黏稠的面糊。
③倒入铺好油纸的模具中，室温发酵至2倍大。
④模具用保鲜膜封好，放入烧沸水的蒸锅中，中火蒸30 min，关火。
⑤焖5 min，取出冷却、脱模、切块食用。
此制品属于发酵面团系列，松软饱满，弹香绵甜，家常蒸制，营养健康。

4. 糯米芝麻球的制作

①红小豆加冷水煮烂，沥水，倒入炒锅与油和糖混炒成豆沙馅。
②将糯米粉加白糖与冷水和成面团，澄粉用开水烫熟，合在一起揉面、擦面将其调匀，静置片刻。
③搓条、下剂、捏皮、上馅，经过包、捏成圆形，表面均匀滚粘上白芝麻。
④采用油炸方式熟制，炸至金黄色成熟即可。
此制品为大众面点，用料各地不同，苏式风味糯米粉中加入少量的面粉，也有单用糯米粉加糖水调制的，馅料一般为甜味。甜品点心色味诱人、饱满通透、外脆里糯。

5. 米类主食的营养

不难发现米食制品注重原料的搭配，烹饪方式相对简单，以保持米类的原始风味和营养成分。比如各种炒饭、加料粥、粉蒸菜、黏质糕团等，不同搭配使米食的吃法丰富多彩，营养互为补充、平衡全面。

米食的营养主要在碳水化合物（淀粉），蛋白质含量7%～8%，脂肪含量很低，尤其谷皮中富含维生素B族、矿物质和膳食纤维，加工研磨越精细，原有的营养成分损失越严重。保留着完整形态的全谷类食物，有利于润肠通便，抑制脂肪形成，越来越受现代人所推崇，可谓返璞归真。

米类的储存适合低温和低湿，最适合的温度是10 ℃左右，干燥环境保存，具体如运用冰箱冷藏、冷库贮藏、真空保藏，来抑制微生物、虫害以及自身的劣变等。湿度越大，温度越高，时间越久，米质会变硬，黏性下降，甚至会霉变，影响口感、色泽和营养成分。

五、其他面团主食的制作工艺

其他面团主食是指除了麦粉面团、米类面团之外的其他面团制作的主食的总称，例如：杂粮面团、淀粉面团、果蔬面团、鱼虾茸面团等。

（一）杂粮类面团的调制

杂粮类面团主料为小米、玉米、黄米、莜麦、豆类等磨成的面粉，掺入少量麦粉、米粉、澄粉或直接以不同温度的水调成水调面团、膨松面团和油酥面团。同样可以添加糖、油、蛋、奶或盐等辅料，制成不同风味的特色主食。代表制品：莜面窝窝、杂粮窝头、黄米炸糕等。

工艺流程一般为：原料加工—加入麦或米粉料及辅料—加水—调面—成团。
①原料加工是指将杂粮原料加工成粉，或直接熟制后捣成泥状。
②和面的方法一般为"调和法"及"拌和法"。
③调面的方法一般为"擦面"和"揉面"。

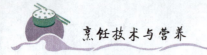

调制要领：
①杂粮原料要新鲜，面粉研磨要细，豆类制品要煮熟捣烂。
②主料、粉料、配料比例要适当，调制软硬适度、柔润不散。
③和面时适当用热水增加面团的黏性。

（二）淀粉面团的调制

淀粉面团的主料为小麦淀粉（澄粉），掺入少量其他淀粉（主要是玉米淀粉），用沸水烫面后散热调成团，调面时可加白糖、食用油、盐等配料。制品特点为滑爽细腻、色泽润白、晶莹剔透、口感嫩滑。代表制品：虾饺、水晶饼、翡翠烧卖等。

调制要领：
①和面一般采用"搅和法"，加沸水烫面并控制水量。
②搅和时动作迅速、敏捷，拌匀以免夹生，可加盖稍焖。
③揉面、擦面时要添加少量油脂，散热后再成型。

（三）果蔬面团的调制

果蔬面团是指将果蔬原料熟制后，与其他面团复合而成的面团。果蔬原料要选择含水量较少的根茎类蔬菜及果实，自然熟透、组织松软、质地细腻的瓜果薯类优先，如：甘薯、芋头、板栗、南瓜、土豆、莲子、野菜等。其他面团是由杂粮粉、麦粉、澄粉、米粉预先调制而成的粉团。

工艺流程一般为：果蔬原料加工—熟制—压成泥茸—复合粉团—添加辅料—调面成团。

调制要领：
①果蔬原料选料讲究，去皮、去壳。熟制主要采用蒸的方法，蒸透蒸烂，能趁热压成泥茸状。
②先将米粉、淀粉等调成面团，然后加入泥茸状的果蔬、辅料等，采用揉面、擦面的方式将其混合均匀、擦透匀透。
③掌握果蔬原料与粉团的混合比例。

（四）鱼虾茸面团的调制

鱼虾茸面团是将鱼或虾的净肉绞碎成茸，然后与其他调料或辅料混合，调制而成的面团。制品特点为滑润透白、鲜香爽口，有独特的渔家风味。

工艺流程：鱼虾肉剁茸加水、盐、味精等搅拌，再加生粉调面成团。鱼虾肉要新鲜、无腥味、鱼刺少、肉质细腻、胀发性好，生粉一般为澄粉。

调制要领：
①严格掌握用料比例及投料顺序，辅料一般为糖、油、蛋、盐等。
②鱼虾肉要新鲜，制茸需剁烂且卫生。
③搅打肉茸时要用力快打，顺一个方向直至上劲起胶。
④加入澄粉需搅面成团，再用木棍敲打。

淀粉和面粉的区别

六、薯类主食的烹饪

薯类主食有甘薯、木薯、芋头、麻山药、马铃薯等制品。薯类可作为主食也可作为蔬菜食用,营养价值丰富,还具有一定的药学价值。薯类在食用时要选择合适的烹饪方式,同时要注意勿过度食用,油炸薯片、薯条等更要尽量少吃。薯类要吃新鲜的,特别是发芽或变绿的马铃薯,应处理彻底剔除芽部、刮皮,或整体丢弃,以免引起食物中毒。

(一) 甘薯

甘薯原产于南美,于明朝万历年间引入我国。甘薯又称番薯、红薯、山芋、地瓜、红苕、白薯等,其水分含量高,可直接蒸烤食用,也可用于制作淀粉、粉条、糕点、煮粥饭等。甘薯嫩茎富含膳食纤维和维生素,可做绿叶蔬菜清炒,也可清洗后切小段拌面粉蒸菜。

1. 结构特征

①甘薯的表皮可提取花青素,有抗氧化、抗突变、保护心脑血管和肝脏的功效。皮层和内部充满淀粉粒,为主要可食用部分。

②品种不同,形状也不同,皮色和肉色也多种多样。

③薯肉根据口感可分为干面、中软和稀软等品种。

④蒸煮或烘烤时,部分淀粉分解成麦芽糖,因此甘薯甜香诱人。

2. 烹饪应用

①甘薯可代粮充饥,做主食;可做菜肴、面点、小吃等的原料。

②烧、烤、蒸、煮、炕、煨甘薯是最常见、最可口的烹饪方式。

③熟制切条(片)、刨丝烘、晒后成薯干更容易贮存。

④可切丁、块配粮谷类制红薯粥或饭,与粮食互补提高营养价值。

⑤蒸、煮熟制后去皮,压成薯泥,加拌其他面粉类可制作面条、饼、花卷、发糕等,可用作馅料、皮坯,做各类糕点、主食。

⑥可制成粉丝、粉条,用以制糖、酿酒、制醋等。

甘薯赖氨酸含量高,富含淀粉、果胶、纤维素、多种维生素及矿物质,具有通便、降压、控血糖、保护心脑血管、抗衰老等作用。随着对甘薯健康功能的再认识,其制品已然成为大众餐桌上的美味佳肴。

(二) 马铃薯

马铃薯原产于南美洲,别名土豆、洋山芋。马铃薯富含优质淀粉,可用作粮食、蔬菜、饲料等。我国现已成为马铃薯第一生产国。

(1) 结构特征

①马铃薯按颜色可分为黄肉类和白肉类。

②不同品种的马铃薯,具有不同形状,多种皮色。

③口味上有粉质马铃薯和黏质马铃薯之分。

④马铃薯在阳光照射或高温环境下会发芽或变绿,芽眼或变绿部位会产生大量有毒的龙葵素,多食可引起食物中毒。加工时需彻底删除或整个扔掉,冷水浸泡或加醋烹调可破坏部分毒素。

(2) 烹饪应用

①可烹饪成菜肴,也可做主食,如土豆沙拉、拔丝土豆、奶油土豆泥、炒土豆丝、烤小土豆、马铃薯大麻花、土豆烧牛肉等。

②可切成块、丁、片、条、丝,适合炒、烧、炸、煎、蒸、烤等烹饪方式。

③可加工成薯片、薯条、薯泥,还可加工成淀粉。

马铃薯是能量和维生素 C 的宝库,含丰富的赖氨酸、色氨酸和钾元素。由于养分平衡、烹煮方便、味道平淡,故在欧洲被称为第二面包。马铃薯有和胃健脾、减肥降脂、预防中风的功效。

任务三 研学家庭主食制作实例

一、小麦面粉类主食

（一）蒸制小麦粉类

1. 传统碱面馒头（见图4-5）

原料：面粉500 g、酵母粉3 g、水250 g、白糖10 g。

操作方法：①将酵母粉用温水澥开,与面粉混合均匀,加白糖和成光滑面团,放温暖处静置发酵。

图4-5　传统碱面馒头

②待面团发至两倍大,放置案板上撒少许干粉揉匀,搓成粗条,均匀下剂（50 g/个）,将剂子揉成圆形生坯,以适当距离摆在案板上,盖湿布或保鲜膜二次醒发10 min左右。

③上屉旺火蒸20 min,关火焖5 min揭盖,用手拍之有弹性即熟。

特点：暄软可口,营养丰富,是北方大众化主食。

要求：根据前面和面、揉面要领,使面团光滑、均匀、筋道,成型大小一致。上笼蒸的时间不宜太长,以免影响成品色泽及质量。

2. 素馅包子（膨松面团）

原料：面粉500 g、酵母粉3 g、粉条100 g、豆腐200 g、鸡蛋3个、葱花、姜末、五香粉、植物油、香油、酱油、精盐适量。

操作方法：①将酵母粉用温水澥开,加入面粉和成面团,放温暖处静置发酵。

②鸡蛋边炒边搅打成小絮状,粉条用热水泡软剁碎,豆腐切成大小均匀的小丁放少许油脂翻炒,韭菜洗净沥干切碎,加入盐、葱、姜、香油、五香粉等,所有馅料加佐料拌匀成馅。

③面发至两倍大揉匀,搓成长条,按量下剂,将剂子按扁、擀圆,上素馅捏成包子,二次醒发10 min,上屉蒸20 min即可。

特点：清淡不腻,软鲜可口,早中晚均可做主食。

要求：与馒头和面要领一致；制馅时投料准确、配比合适。成品上笼蒸时不宜蒸得太久,保证馅料的鲜味。

3. 天津包子（膨松面团）

原料：面粉500 g、面肥50 g、水250 g、碱面适量、猪肉（三分肥七分瘦）400 g、鸡汤120 g、酱油80 g、香油40 g、红腐乳、甜面酱、花椒水、葱花、姜末、味精适量。

操作方法：①将面肥用水澥开,加面粉和成面团,放温暖处静置发酵。

②将猪肉剁成肉茸,少量多次加入酱油拌匀,然后边搅边加鸡汤,肉馅打成糊状,加入红腐乳、甜面酱、花椒水、葱花、姜末、香油、味精等搅拌均匀成馅。

③将发酵好的面团兑碱水揉匀,搓成长条制成每个12.5 g的面剂。

④面剂擀成圆形皮坯,上馅捏成圆形包子,二次醒发 5 min,沸水上屉用旺火蒸约 15 min 即可。

特点:皮薄馅嫩一包浆,鲜香清口顺嘴流汤,老少咸宜。

要求:面团较馒头面团更软些;制馅时主料配料要适当;沸水上屉蒸时用旺火,否则影响成品质量。

4. 花卷(膨松面团)

原料:面粉 500 g、酵母粉 3 g、食用油 15 g、白糖 20 g、盐 3 g。

操作方法:①面粉倒在案板上加发酵粉、白糖,用温水 250 g,调制成光滑面团,盖潮布或保鲜膜,放温暖处静置醒发至两倍大。取 50 g 普通面粉,加入食盐,倒入熟油搅拌均匀做油酥。等面团醒发完毕,再次揉面排出空气,并增加面团的筋性,随即将面团搓成长条、压扁,擀成硬币厚度的长方形薄片,根据坯剂大小定长宽。面片上均匀刷油酥,从长边两端折叠成 3 折 4 层。

②将长条整理均匀,用刀按量切成大小一致的小剂,先用筷子将生坯剂中间压一条线,再将面剂两端捏拢,最后围绕左手拇指转圈成型。

③将生坯摆入蒸屉内,二次醒发 10 min,用旺火蒸约 15 min 即熟。

特点:咸香暄软,是京式面点中著名主食之一。

要求:掌握面团发酵配比;坯剂规格整齐,刀口均匀,层次清晰。

5. 鸳鸯卷(膨松面团)

原料:面粉 500 g、酵母 5 g、泡打粉 5 g、番茄酱 75 g、白糖 25 g、香油适量、青红丝适量、澄沙馅 25 g。

操作方法:①面粉与酵母、泡打粉、白糖混合,用温水 250 g 和成光滑均匀的面团,静置饧发。

②制馅:取面粉 25 g 用烧热的食用油调成油酥,稍凉倒入番茄酱、香油、白糖,搅拌成黏稠的糊状。

③饧发好的面团擀成硬币厚度的长方形面片。

④上馅:以面长的中心为界,上下分别抹上厚薄均匀的澄沙馅和番茄酱馅,然后上下相对卷起,翻面儿稍加整理,压上花纹撒上青红丝,按量切成大小均匀的坯剂即可。

⑤把生坯摆入屉内,二次醒发 10 min,用旺火蒸 25 min 即熟。

特点:造型美观,甜香可口,营养丰富。

要求:根据面粉的多少、季节的不同,适量增减酵母用量;掌握好面团的发酵温度,以免烧死酵母;蒸的时间不宜过长。

6. 豆沙包(膨松面团)

原料:面粉 500 g、老肥 150 g、豆沙馅 300 g、碱适量。

操作方法:①面粉倒在案板上,加温水 280 g 把老肥澥开,用调和法和成基本光滑的面团,放温暖处醒发。待面团发起两倍大,加入碱液揉面排出空气。

②将面团搓成粗细均匀的长剂条,揪(或切)成大小一致的面剂,擀(或按)成中间稍厚、边缘稍薄的圆皮。

③左手托皮,右手打馅,收紧剂口呈馒头状,然后用手轻轻团成椭圆形,稍饧。

④把生坯摆入屉内,用旺火蒸约 15 min 即熟。

特点:面皮暄软,豆馅甜糯,粮谷与豆类结合,营养均衡。

要求:面和好、发酵、揉匀;上馅手法熟练,避免反复;用旺火蒸制,时间不要太长。

7. 糖三角（膨松面团）

原料：面粉 500 g、老肥 150 g、红糖馅 300 g、碱适量。

操作方法：①面粉倒在案板上，加温水 280 g 把老肥澥开，用调和法和成基本光滑的面团，放温暖处醒发。待面团发起两倍大，加入碱液揉面排出空气。

②将面团搓成粗细均匀的长剂条，揪（或切）成大小一致的面剂，擀（或按）成中间稍厚、边缘稍薄的圆皮。

③将红糖馅用少量面粉拌匀，然后左手托皮，右手打入馅料，再用两手拇指和食指一起捏成三角形，稍饧。

④把生坯摆入屉内，待蒸锅上气时，用旺火蒸约 15 min 即熟。

特点：面粉加红糖，活血驱寒，经济实惠，适合产妇。

要求：面要和好，碱放适量，揉匀；规格一致，造型整齐，三个角不偏不倚；成型时，面皮边缘适当沾水，捏时最好边缘外翻。

8. 翡翠烧麦（水调面团）

原料：精面粉 500 g、菠菜 500 g、鲜猪肉 400 g、鸡蛋 1 个、葱 50 g、姜蒜各 35 g、花椒 20 g、八角 5 g、料酒、酱油、香油、精盐、味精、湿淀粉、沸水 150 g、熟猪油 150 g。

操作方法：①取菠菜用水洗净，整根用开水焯 2 min，沥干水分切碎，加少量纯净水，用料理机打成汁。

②用烫的菠菜汁浇在面粉上，边倒边搅拌均匀，待稍凉以手和成面团静置饧面。

③取鲜猪肉剁成肉泥，葱去皮洗净，切成葱花，姜、蒜洗净拍碎切末，花椒、八角各 50 g 沸水泡 1 h，沥出水待用。

④将切好的肉泥与葱花、姜蒜末、花椒大料水、料酒、酱油、香油、味精、精盐、鸡蛋、湿淀粉搅拌成鲜肉馅待用。

⑤将饧好的菠菜汁面团搓条、制剂，擀成薄边圆皮，包入适量的肉馅，捏成烧麦生坯。

⑥取小笼屉，抹上熟猪油，将烧麦放入，上笼屉蒸约 10 min 出笼装盘即可。

特点：色似翡翠，清香味浓，营养丰富。

要求：面要烫熟、揉匀、饧好，擀皮要薄，做出的烧麦花瓣才好看；馅料放盐要适当，放入鸡蛋、湿淀粉，会使馅料鲜嫩多汁。

（二）煮制小麦粉类

1. 水饺（水调面团）

原料：面粉 500 g、猪肉 250 g、青菜 500 g、酱油 50 g、猪油 50 g、精盐、香油、花椒面、葱、姜末、味精适量。

操作方法：①把猪肉、青菜分别剁成茸，把肉茸放入盆内，加入酱油、姜末、猪油和花椒面拌匀，倒入适量的水搅匀，成糊状，再放入葱末、香袖、精盐、味精搅拌，最后放菜茸拌匀成馅。

水饺的制作

②把面粉 500 g 用 200 g 水和好揉匀，揉至表面光滑为止，搓成长条，揪成 70 个剂子，用手将剂按扁，擀成圆薄皮。

③左手拿面皮，右手拿馅匙打馅，再用双手将面皮合拢，包成饺子。饺子边要捏紧，以免煮时开口。

④待水烧开后，将饺子下锅，随即用勺把水推转，待饺子浮起时，加盖煮沸，视情况适量点水，馅和皮松离膨胀时即可捞出。

特点：皮软馅香，食之不腻。

要求：面稍软，制馅时准确投料，煮时不宜过长，三起三落为好。

注意：煮饺子水量要宽要适量，沸水逐个下锅，用勺背推动使之漂浮，沸而不腾（点水控制），饺子皮迅速糊化，当确定饺子既没有粘锅，又互相之间没有粘连时，就要把锅盖盖上煮。一般煮饺子要锅开点水，就是盖上盖煮到水沸腾之后，需要打开锅盖，加入适量的凉水，再盖上锅盖继续煮沸，再加一次凉水再煮沸，需要反复这个过程三次。这样做的目的是点水降温，避免持续沸腾的水将饺子皮煮烂或蒸汽把饺子皮撑破，降温会使饺子皮和馅贴合，既保护饺子皮不被煮烂，也能保证饺子馅快速煮熟。

开盖煮皮儿，盖盖煮馅儿，饺子馅特别是肉馅，肉团紧实比较耐煮，盖盖儿能使锅内持续高温，缩短饺子馅煮熟的时间。饺子不宜煮的时间过长，长时间浸泡，饺子皮很容易被煮烂而破裂，使鲜美的饺子馅变得寡淡无味。把握好煮的要领，待饺子肚全部上翻，圆溜溜鼓绷绷就煮熟了。

速冻饺子温度比较低，不适合沸水下锅，水烧至 40~50 ℃时下锅，先起到解冻作用，防止温差过大导致饺子破皮。煮速冻饺子不用点水，因为饺子里面温度很低，不需要点水降温，所以中小火保持水一直沸腾煮到饺子飘起来即可。

2. 鸡丝馄饨（水调面团）（见图 4-6）

原料：面粉 500 g、猪肉 300 g、熟鸡丝 75 g、小海米 25 g、鸡蛋 2 个、干淀粉 100 g、葱丝、香菜末、皮蛋丝、酱油、味精、香油、精盐、姜末、花椒面、紫菜等。

操作方法：①将面粉加精盐、蛋清和水搅拌均匀成絮状。

②把面絮揉成光滑的面团，静置醒面 15 min，增加面团的延展性。

③将猪肉剁成肉茸，加盐、酱油、花椒面、味精搅匀，然后再加葱末、姜末、配菜、香油、蛋黄搅拌成馅。

④将面团擀成硬币厚度的薄片，边擀边撒上淀粉，随后将面片切成 7 cm 见方的馄饨皮。

图 4-6　鸡丝馄饨

⑤一手拿剂皮一手用筷子上馅，并包成元宝形馄饨。

⑥沸水下锅，待馄饨全部浮起断生后捞出。放入调好的汤内（汤内放鸡丝、皮蛋丝、紫菜、海米、葱丝、香菜等）。

⑦淋上几滴香油提味即可食用。

特点：皮软汤鲜，馅嫩味美。

要求：和面时一定放蛋清，增加面粉筋力；制馅要加适量蛋黄，使馅料更柔软；擀面皮放淀粉，不能以面粉代替。

3. 手擀面（水调面团）（见图 4-7）

原料：面粉、冷水适量。

操作方法：①将面粉与适量冷水混合揉匀、揉光、揉圆。

②静置松弛 10 min，使紧张的面筋松弛，更容易擀开和塑形。

③擀面时，先用擀面杖向四周均匀擀开，再把面片包卷在擀面杖上，双手向前推滚、推压，此时双手用力要均匀，一边推滚一边从中间向两头移动；每滚动一次，再打开时，要拍干粉，换一个方向再包卷、推滚；如此往复，边推滚面片边向外延展，可使面片厚度均匀，直到擀成又薄又匀的大薄皮。

④叠成数层，用刀切成条状即为手擀面。

⑤煮面时水烧开后投入面条，大约 3 min 即熟，开锅后适量点凉水，面条更清爽，热面凉面均可，以不同卤子拌食为打卤面；亦可炒面或焖面，视口味而定。

特点：滑爽筋道，口感劲韧，面香浓郁，营养健康。

操作要领：和面时冷水调制，可少量加盐；推滚、折叠时撒适量干粉，直刀切成细条，沸水下锅煮。

图 4-7　手擀面　　　　　　　　　　　　　　　　手擀面

（三）炸制小麦粉类

1. 家庭自制油条（膨松面团）（见图 4-8）

原料：高筋面粉 500 g、鸡蛋 2 个、奶粉 5 勺、酵母 3 g、白糖 20 g、盐 3 g、温水 300 g、食用油 500 g。

图 4-8　家庭自制油条

操作方法：①将食用油以外的所有原料，倒入盆中加温水搅成大絮状，下手揣成光滑的面团，盆内刷一层食用油以防粘底，静置温暖处醒面 5 h 左右。

②手蘸油把饧好的面团放到案板上揉搓排气，随后擀开呈长方形，盖上保鲜膜或湿布二次醒发。

③把面切成宽条，揿长用面杖压平，切成小条，两个小条叠合在一起，用筷子顺条中间压一下，揿长扭转。

④锅中倒多一点油烧至七八成热时，将生坯放入油中炸制。过程中及时用筷子拨动，油条蓬起两面呈金黄色即可出锅。

特点：酥脆，咸香。

操作要领：和面要相对稀软，放精盐增加筋力；注意醒面时间充分；炸制时油温七八成热放油条，不宜过热。

2. 发面麻花（膨松面团）

原料：面粉 500 g、酵母粉 5 g、食用油 50 g、白糖 150 g。

操作方法：①把面粉倒在案板上，加入酵母粉、白糖、食用油 50 g、温水（200 g）。

②加水边搅拌，调和成光滑面团，温暖处醒发 40 min 以上。

③将面团搓成粗细匀称的长条，揪成均匀的小剂，将小剂搓成长 10 cm 的小条，码入盘中刷一层油，稍饧。

④将小条继续搓长，边搓边拧劲儿，然后把两条合起，朝相反方向拧劲，再从右向左折成三股，制作成呈麻花状的生坯。

⑤将油烧热至七成时，生坯放入油锅内炸制，至深金黄色，中间无白色时即熟。

特点：酥松，甜香。

要求：金黄色不焦煳，规格整齐，起发均匀，带有自然蜂窝；炸时油烧至七成热，即放入生坯，油温不宜过热。

3. 沙琪玛（膨松面团）

原料：面粉 250 g、鸡蛋 200 g、泡打粉 5 g、麦芽糖 150 g、白糖 180 g、熟白芝麻仁、瓜仁、葡萄干、蔓越莓干、植物油、水适量。

操作方法：①盆中倒入面粉、泡打粉，打入3个鸡蛋，用少许清水搅拌均匀，再用手将面团揉搓光滑，盖上保鲜膜放温暖处松弛半个小时。

②把醒好的面团，用擀面杖擀成薄片，切成粗细均匀的面条。

③锅中倒入适量植物油，烧至七成热，将切好的面条下入炸制，待面条快速浮起，用筷子或笊篱翻动，炸至颜色金黄捞出控油。

④将清水、白糖、麦芽糖放入锅中，快速用筷子或勺子搅拌，至糖水变色且呈软糖状，将炸好的面条下入翻炒，使糖均匀地裹在面条上，然后放入适量熟白芝麻、瓜子仁、葡萄干、蔓越莓干翻炒均匀。

⑤准备长方形模具，趁热将其倒入模具中，压实压平，放置一旁冷却后取出。将其切成一个个小方块，美味的沙琪玛就做好了。

特点：绵软，酥松。

要求：熬制糖浆的时候，要加适量清水，其间要用小火；面条要切得均匀规整；拌面条时要轻、要快，防止面条破碎；模具内刷上一层食用油，以便脱模。

4. 油炸甜甜圈（膨松面团）

原料：低筋面粉750 g、鸡蛋8个、糖粉300 g、鲜奶200 g、色拉油40 g、细砂糖若干。

操作方法：①低筋面粉750 g过筛，与鸡蛋8个、糖粉300 g、鲜奶200 g、色拉油40 g拌匀成面糊状，静置松弛20 min备用。

②在干净的托盘上刷一层油，铺上烘焙纸，将面糊用挤花袋挤成一个个圆圈放上去。

③取油锅倒多一点油，油温热至七八成，放入甜甜圈炸制，待圈与烘焙纸脱离，用筷子不断翻动，文火炸至甜甜圈两面金黄即可出锅。

喜甜可趁热撒细砂糖，口味更佳。

特点：色泽金黄、奶香浓郁，适合零食。

（四）煎制小麦粉类

1. 自制水煎包（膨松面团）（见图4-9）

原料：面粉500 g、酵母粉5 g、猪肉250 g、青菜500 g、香菇100 g、植物油、葱姜末、花椒面、精盐等。

操作方法：①先将面粉与酵母粉混合和面发酵。

②熟油、肉馅加酱油、盐、花椒面、葱姜末拌匀，香菇、青菜洗净剁碎，包前再放入肉馅搅匀，以免出水。

③面发起两倍大，取出揉成长条，下剂，擀成四边薄中间厚的圆皮。

④上馅，收拢包成圆形包子，二次醒发10 min。

⑤平锅刷油烧热，把生坯摆入锅中，盖盖，待底部凝固，加150 g清水焖煎。5 min后取少许淀粉水，倒入，再焖煎，至底部出现一层焦黄锅巴，此时水分已耗干，铲出摆盘即可。

也可做成素馅煎包，馅里不放肉，用鸡蛋、西葫芦、韭菜、粉条、香菇、小海米等制馅，做法基本相同。

图4-9 自制水煎包

特点：上面松软，底面焦脆，馅料鲜美。

要求：面要柔软均匀，煎时加水要适当，用文火慢慢煎。

2. 东北锅烙（水调面团）

原料：面粉500 g、精肉300 g、酸菜250 g、葱花、姜末、植物油、酱油、精盐、耗油、开水300 g、凉水适量。

操作方法：①酸菜洗净剁碎，挤干水分；猪肉剁成茸，加入精盐、酱油、熟植物油、姜末拌匀；将肉馅、酸菜、葱花、耗油混合成馅。

②把面粉倒入盆内，加入开水，边浇边拌成絮状，晾凉揉和成面团。

③搓条，揪成大小均匀的面剂，撒上干粉，按扁，擀成圆皮，打馅捏拢，捏口朝下，压扁，轻轻擀成圆饼，逐一做完即可烙制。

④平底锅烧热，淋入花生油，将锅烙生坯摆入锅内，待底部烙黄，洒适量凉水，盖上锅盖煎至水干，再淋一次油煎 2 min 出锅。

特点：外脆里嫩，鲜香味美。

要求：正确掌握火候、油温、洒水量；煎时平底锅经常转动位置。

3. 鸡蛋锅贴（水调面团）

原料：面粉 500 g、五花肉 300 g、油脂 25 g、白菜 200 g、鸡蛋液、葱、姜、酱油、精盐、芝麻油、沸水、冷水。

操作方法：①将面粉放在案上围成塘坑，加入精盐 2 g，用沸水边浇边搅拌成面絮，待稍凉揉搓成面团，盖上湿布醒发 10 min。

②将白菜洗净，放入沸水锅中略焯，放入冷水过凉，剁成菜末挤去水分。

③五花肉剁成茸状，放入盆中加葱、姜等调料调味，最后放入白菜末，淋入芝麻油拌成馅。

④将面团搓条、揪剂，按扁后擀成圆皮，包入馅心，捏成月牙形饺生坯，置入蒸笼 5 min 取出，做成锅贴半成品。

⑤平底锅烧热淋油，摆入锅贴半成品，加盖用小火煎至底部微黄，再淋入一些油脂。鸡蛋在碗内打散，沿锅贴缝隙淋入，待鸡蛋液凝固，晃动锅体，使锅贴全部移位，翻面略煎片刻，即可铲出装盘。

特点：色泽金黄，皮柔馅嫩，蛋香十足。

要点：剂子大小要均匀，成型手法准确，花纹清晰。掌握好火候，用火不易过大，以免底部焦糊。

（五）烙制小麦粉类

1. 家常饼（水调烫面面团）

原料：面粉 500 g、食用油 75 g、精盐。

操作方法：①面粉放入盆内，一半烫面一半温水加精盐少许，和成稍软的水调面团。

②饧面，之后搓成长条，揪剂揉成圆形。

③将面剂一一擀成厚薄均匀的长圆片，表面刷少许油，每 10 张为一组，叠放，抻拔成长条。

④将长条从一头盘成饼形，擀薄，平底锅内刷食用油，待锅热时，将饼放入平底锅内烙制，来回翻面，两面呈金黄色即熟。

特点：焦香酥软，老少皆宜。

要求：和面一半烫面一半温水和，偏软；烙饼时要用小火慢烙，温度均匀，以防表糊里生。

2. 筋饼（油酥面团）

原料：面粉 1 000 g、食用油 100 g、精盐适量。

操作方法：①面粉倒入盆内，加入温水 600 g 和精盐少许，拌成面絮，再用手和面、调面、揣面、捣面，将面絮揉成偏软的面团，稍饧。

②在烧烫的食用油 50 g 加入面粉 50 g，搅成油酥状。

③取出面团摊在案板上，搓条，分成大小均匀的面剂，稍饧。

④将面剂擀成长方形的面片，把油酥均匀抹在上面，叠面，捏住面剂两端上下抖动，将其抻长达 3~4 倍，螺旋状盘起，按扁擀成圆圆大薄片。

⑤平底锅预热,刷油将饼坯置入平底锅烙制,变色即翻面,鼓起后再翻面,用手将饼沿锅边不停搓转,起层即熟。

特点:层多软薄,咸香筋道,适合卷菜吃。

要求:面里放盐揉均匀,并且要饧面增筋力;锅温要高,饼要薄,烙的时间不能太长,否则会硬。

3. 三鲜烙盒(水调烫面)

原料:面粉500 g、猪肉100 g、海米50 g、海参50 g、香油、酱油、精盐、葱姜末、食用油适量。

操作方法:①猪肉剁成茸,海米、海参泡发后切成小丁,放入盆内,然后加入精盐、姜葱末、熟油、香油等调料,搅拌均匀成馅。

②面粉用沸水250 g调制,拌和成烫面,晾凉后揉成光滑面团。

③将面团搓条、揪剂、按扁,擀成中间厚四边薄的圆皮子,打馅,两个面剂把馅料夹起,周围捏成花边,即为烙盒。

④待平底锅烧热,刷少许食用油,烙盒入锅,中火烙制,饼鼓起呈金黄虎皮色即熟。

特点:皮薄馅嫩,鲜香味浓。

要求:烫面时要水温适宜,否则不易成型;掌握火力,中火慢烙熟。

4. 葱花肉末饼(水调面团)

原料:精面粉500 g、葱、姜、肉末300 g、凉水250 g、食用油30 g、香油30 g、酱油20 g、精盐适量。

操作方法:①将精面粉用温水和成柔软的面团,稍饧。

②锅内放食用油,烧热后放入肉末煸干,放入姜末、葱末、酱油、精盐适量制成肉馅。

③将饧好的面团擀成大薄片,抹上肉馅,卷卷儿。

④切成大剂子,压扁,擀成圆薄饼待用。

⑤取平底锅烧热后适量淋入食用油,放入生坯,烙至两面呈金黄色斑纹且鼓起时,出锅切块装盘即可。

特点:葱香浓郁,肉酥饼脆。

要求:面要揉上劲,饧好;肉末要煸出香味。

5. 盘丝饼(水调面团)

原料:精面粉500 g、花椒油50 g、精盐适量、水250 g、熟猪油50 g。

操作方法:①取精面粉与水和成面团,反复揉好稍饧,擀成长方形大片,淋上花椒油25 g,撒上精盐,对半折叠,用刀切成10块大小一致的面块,改刀切成粗细均匀的面条丝,取剩下的花椒油均匀淋在面条丝上,使其不粘连在一起,再以每块切成的面条丝为一把,来回抻拉成细丝盘卷成饼,即成生坯。

②烙饼锅上火烧热,适量淋上熟猪油,将盘丝饼生坯上锅烙制,及时翻面待烙至两面橙黄,出锅装盘即可。

特点:麻香浓郁,外脆里嫩,色泽橙黄。

要求:揉面时力度要大,反复搓拉揉筋道,以防抻拉时拉断,影响盘丝饼的质量;在面条丝上淋花椒油时,要淋均匀,以防细丝粘在一起;烙时用熟猪油,饼的色泽、质量最佳。

6. 芝麻酱烧饼(膨松油酥面团)

原料:精面粉700 g、水200 g、香油100 g、芝麻酱50 g、香甜泡打粉适量、熟猪油70 g、精盐适量。

操作方法:①在500 g精面粉中加入香甜泡打粉,再加入40 g熟猪油,与水和匀揉匀醒发待用。

②取 200 g 精面粉与香油和成油酥面待用。

③取芝麻酱与沸水搅和均匀,制成芝麻酱糊待用。

④取醒发好的发面团擀成长方形大片,在大片的一半铺油酥面,将另一半面片折叠覆盖油酥,再擀成长方形大片,抹上芝麻酱糊,撒上精盐,由里至外翻卷成卷,分成15个剂子,捏住剂头按扁,擀成圆饼待用。

⑤饼锅烧热后淋入适量的熟猪油,将擀好的圆饼放入烙几分钟,待饼色泽橙黄且已熟,出锅装盘即可。

特点:香酥可口,芝麻醇香。

要求:面要和匀,油酥面要铺匀,折叠后擀时用力要一致,防止油酥厚薄不匀;烙饼火不宜太大,用中小火慢慢烙熟,用熟猪油做底油,饼的色泽、香酥效果最佳。

7. 春饼(水调烫面)

原料:面粉 500 g、猪油 100 g。

操作方法:①面粉倒在案板上,加适量开水、猪油 75 g,拌匀后揉成面团,摊开晾凉,然后揉匀待用。

②将面团搓成长条,按量揪成均匀小剂。

③把剂按扁,在剂上刷一层猪油,撒上干面粉。

④取剂两个合在一起,用擀面杖擀薄,呈圆饼状,同理将剂全部擀完。

⑤饼放入平底锅内,急火烙制,见泡即翻,鼓起即熟,起锅叠成三角码入盘内即可。

特点:层薄如纸,柔软甜香。

要求:开水烫面,急火烙制。

8. 鸡蛋葱花饼(水调烫面)

原料:面粉 300 g、食盐 3 g、鸡蛋 1 个、葱花、食用油适量。

操作方法:①面粉 300 g 加入食盐 3 g,搅拌均匀,用 150 mL 开水烫面,搅成大面絮状。

②打入一颗鸡蛋,加一把小葱花,下手揉成柔软的面团。

③在面垫上推拉,直到把面团揉搓细腻,刚开始有些沾手沾面垫,4~5 min 以后揉透就不沾了,搓成长条均匀分剂。

④取一个剂子转圈揉成圆形,盘子底部刷一层油,摆入面剂,上面刷一层油,盖保鲜膜饧 0.5 h 以上。

⑤平底锅预热,置入面剂,中小火烙制,至两面金黄即可。

特点:外酥内软,葱香松脆,适合午餐或晚餐。

家制小面包

(六)烤制小麦粉类

1. 南瓜蜂蜜小面包(膨松面团)

原料:普通面粉 300 g、3 勺奶粉(或 100 mL 鲜奶)、玉米油、鸡蛋 2 个、白糖 20 g、酵母粉 4 g、南瓜 400 g、红枣、桂圆、葡萄干、花生、蜂蜜、黑芝麻若干。

操作方法:①将所有原料混合均匀,用筷子充分搅拌成大絮状,倒入 30 g 玉米油,用不同手法和成初步面团。

②碗底倒少许食用油,将面团按扁放入,盖保鲜膜密封醒发至 2 倍大。

③制馅:一块南瓜洗净去皮,切片,放盘中凉水上锅蒸 15 min,用小勺捣烂成泥状;洗净的红枣、桂圆肉、葡萄干剁成小丁;花生米干锅翻炒变色,去皮,剁成花生碎;将所有馅料混合,放两勺蜂蜜搅拌均匀。

④面团已经醒发至原来的两倍大,揉成光滑的面团,分成大小一致的 6 个坯剂,揉成圆形,依次擀成牛舌状,均匀铺上馅料,卷出造型,盖上保鲜膜二次醒发 10 min。

⑤取一颗鸡蛋，取蛋黄搅匀，生坯上刷一层蛋黄液，撒上黑芝麻。

⑥取出电饭煲内胆锅底刷一层食用油，将做好的生坯摆入，用电饭煲蛋糕功能，大概 40 min 制熟。

特点：色泽美观，充满蜂窝，膨松暄软，适合早餐。家常原料无添加，电饭煲制作，简单易行。

2. 家常戚风蛋糕（膨松面团）

原料：鸡蛋 5 个、食用油 60 g、精制面粉 300 g、白糖 45 g、柠檬。

操作方法：①取鸡蛋将蛋黄蛋清分开，面粉过筛与蛋黄用蛋抽快速搅拌成蛋黄糊。

②蛋清里加几滴柠檬汁，打蛋器低档打发，放入 15 g 白糖，改中高档打成细小泡，再加入 15 g 白糖，打出纹路加入剩下的白糖，继续打至稍稍弯曲的尖立状蛋白糊。

③取 1/3 蛋白糊放入蛋黄糊，用刮刀上下翻拌均匀，将拌好的蛋黄糊倒回剩下的 2/3 蛋白糊内，上下翻拌均匀。

④将拌好的糊倒入模具，从高处用力震出气泡。

⑤空气炸锅调到 150 ℃ 预热，入锅烤 50 min 取出，倒扣放凉后脱模即可。

特点：温润绵软，轻盈清淡，适合早餐和加餐。家常原料无添加，空气炸锅制作，简单易行。

3. 蛋香酥（膨松面团）

原料：面粉 500 g、黄油 250 g、糖 200 g、香草粉 2.5 g、泡打粉 20 g、鸡蛋 500 g。

操作方法：①将面粉和泡打粉围成塘坑，把糖和油搓匀。

②鸡蛋、黄油、香草粉搅匀，再把面粉加入揉成面团，稍饧。

③擀成 1 cm 厚的大片，然后切成 5 cm 宽的长条。

④铲入烤盘，在上面刷鸡蛋黄，用锯齿状塑料板划成水纹状。

⑤入烤炉炉温 180 ℃，烤 8~10 min，趁热切成不同形状即可食用。

特点：色泽美观，香甜可口。

要求：投料准确，和面软硬适度；烘烤时，上部用小火，底部用中大火。

4. 咸味香酥条（水油混合面团）

原料：高筋面粉 500 g、低筋面粉 250 g、黄油 50 g、鸡蛋液 100 g、精盐、起酥油 300 g、葱 500 g、色拉油 200 g、白胡椒粉、黑芝麻 30 g。

操作方法：①将高筋面粉 500 g、低筋面粉 120 g 混合均匀，在案板上围成塘坑，放入黄油、精盐、鸡蛋液 100 g、冷水搅拌均匀，揉搓成面团，盖上保鲜膜饧 15 min。

②将 130 g 低筋面粉烤成熟粉，晾凉后与葱花、精盐、胡椒粉、黑芝麻及加温的色拉油拌成松散的油酥馅料。

③将饧好的面团擀成长方形面皮，中间放起酥油，折叠 3 层擀成长方形面皮，如此反复多次，擀开后再折叠成 4 层，静置 15 min。

④将面皮擀成长方形薄片，均匀平铺馅料在一半面皮上，将另一半面皮折起盖在馅上，擀成长方形薄饼，切成宽 10 cm 的条，表面刷上鸡蛋液，拧成螺丝花纹，摆入烤盘。

⑤将烤炉温度控制在上火 210 ℃、下火 190 ℃，放入盛有生坯的烤盘，烤至金黄色时出炉。

特点：色泽金黄，咸香微辣，酥松可口。

要求：包酥后的擀制用力要均匀，饧置 15 min；烤制时要严格控制炉温，以免制品焦煳。

5. 油酥烧饼（层酥面团）

原料：面粉 550 g、豆油 150 g、白糖 100 g、芝麻 15 g、姜、香油。

操作方法：①将 500 g 面粉、100 g 豆油，用温水和成均匀的水油面，稍饧。

②将 50 g 面粉、50 g 豆油搅拌均匀和成油酥。

③将水油面团擀成厚薄一致的长方形片，把油酥面于水油面之间上下合拢，再擀大片卷成筒形，下剂，按成中间厚、边缘稍薄的圆面皮，包馅并收紧剂口，按扁擀成圆饼，即成酥火烧的饼坯。

④把制好的饼坯码在烤盘中，表面刷油，烤炉预热，温度控制在 180~220 ℃，放入烤 5 min 左右，饼鼓起呈金黄虎皮色即熟。

特点：层多酥香，香甜可口，入口即化。

要求：皮酥不得过硬，防止包馅时封口不严；皮酥馅软硬适宜，防止跑馅，出层效果好。

二、稻米米食类主食

以大米为主要食材，辅以其他辅食材料或佐料，运用适当的烹饪方法，能够制作出花样迭出、美味可口的米食制品，是家庭餐桌上面食之外必不可少的重要主食。例如：米饭、米粉、米糕、米粥等的制作。

（一）米粒饭团实例

1. 新疆手抓饭

原料：大米 500 g、羊排 500 g、胡萝卜 500 g、洋葱 1 个、孜然粉、盐、酱油、姜、花椒、干山楂片适量。

操作方法：①胡萝卜、洋葱去皮洗净，切成约 1 cm 的小方块，姜切片待用。

②大米冲洗干净，用清水浸泡 30 min。

③羊排洗净切成小段，锅中加适量凉水放入羊排和姜片，大火烧开后撇净浮沫，调入酱油、盐、孜然粉，放入花椒和山楂料包，转中小火盖上锅盖煮 15~20 min，待羊肉煮至用筷子可以戳出小洞即可关火。

④炒锅倒油烧热，放入洋葱煸炒变色后，加入胡萝卜翻炒约 2 min 盛出。

⑤将羊肉放入电饭锅，然后放入炒好的洋葱和胡萝卜，再将泡好的大米沥干平铺在最上层，最后将煮羊排的汤倒入电饭锅，汤以刚好没过所有材料为宜。盖上锅盖，按下煮饭键，待自动跳闸，将饭搅拌均匀即可。

特点：色、香、味俱全，营养互补，是维吾尔族人民的上等美食。

2. 红枣葡萄炒米糕

原料：大米 400 g、红枣一把、葡萄干一把、南瓜 300 g。

操作方法：①将大米放入大碗，倒入清水轻轻搅拌，清洗干净，不要用力太大，以免损失营养素。

②将大米倒入电饭煲，加清水没过多半指节，用煮饭功能焖熟。

③炒锅放少许油，将葡萄干、红枣洗净控干，去枣核，小火炒出红枣和葡萄干的香味，放凉备用。

④蒸好的米饭盛出，留出一勺备用，其他用绞肉机打成黏稠状，与红枣、葡萄干抓拌均匀，并在面板上按压紧实，搓长条，用保鲜膜包起来，两头封紧，放冰箱冷冻 1 h。

⑤南瓜去皮切成小块，用清水洗干净，与留出的一勺米饭一起，用破壁机打成南瓜米糊。

⑥取出米团长条，以硬实不粘刀切成 1 cm 厚的片，平底锅放少许油小火煎，至两面金黄焦香，配上南瓜米糊食用。

特点：浓浓的枣香和葡萄干的酸甜味，软糯香甜，营养健康。

3. 糙米南瓜拌饭

原料：糙米 70 g、大米 80 g、南瓜 200 g、青菜 200 g。

操作方法：①糙米洗净后加水浸泡 2 h。
②大米淘净与泡好的糙米混合均匀，加适量清水再浸泡 30 min。
③南瓜去皮去籽切成小块，菜叶洗净焯水，晾凉后切碎备用。
④将泡好的米和南瓜块一起倒入电饭锅，煮饭挡至自动关闭。
⑤饭熟后加入菜叶、少许盐调味即可。
特点：粗细搭配，营养均衡。

4. 糙米黑豆排骨汤

原料：糙米 100 g、黑豆 50 g、排骨 200 g。
操作方法：①将糙米与黑豆洗净，糙米浸泡 30 min，黑豆浸泡 2 h。
②排骨剁成小排，锅中加水煮沸将排骨汆烫 2 min，用清水洗去肉上的浮沫。
③锅中加水烧开，加入浸泡好的糙米、黑豆煮沸，再加入处理过的排骨，再次煮沸，转小火炖煮 1 h 左右，放入调味料再煮 5 min 即可。
特点：有肉有豆，营养美味。

5. 皮蛋瘦肉粥

原料：大米 200 g、熟瘦肉 150 g、皮蛋 2 个、食盐适量。
操作方法：①将熟猪肉切成大小均匀的方丁，皮蛋去壳切成方丁。
②将淘洗干净的大米倒入锅中，加适量清水，用强火煮至沸腾，转小火慢慢地煮至开花。
③加入少许食盐，把猪肉丁和皮蛋丁放入锅中，继续煮 5~10 min 即可。
特点：健脾暖胃，滋阴清热，可调节心烦、失眠、神经衰弱。

6. 黑米豆枣粥

原料：黑米 50 g、粳米 50 g、枣（干）20 g、银耳 15 g、芝麻 10 g、黄豆 15 g。
操作方法：①黄豆洗净用温水浸泡 1 h，银耳泡软去老蒂，红枣洗净去核。
②将黑米与粳米用清水淘洗干净，加入黄豆、红枣及洗净的芝麻，加适量清水大火烧开，再用小火煮制约 1 h 即可。
特点：配料丰富，绵糯适口，营养健康。

7. 红枣银耳粥

原料：银耳 15 g、红枣 6 颗、大米 100 g、粳米 50 g、冰糖适量。
操作方法：①用清水将银耳泡发，去蒂，撕成小朵。
②将大米和粳米淘洗干净，红枣清洗干净，与银耳一同放入锅中，加适量清水烧开，转微火煮至米开花。银耳溶化时起锅，喜甜可加入适量冰糖。
特点：健脾、养气血，补虚养身，养颜美容，是秋季养生佳品。

（二）米粉饭团实例

干炒沙河粉

原料：大米 500 g、牛肉、豆芽、韭黄、姜、油、盐、酱油、调味料适量。
操作方法：①将大米淘洗干净，以清水浸泡 1 h，磨成细粉浆。
②取适量的粉浆倒在密眼竹箕内，摊平，厚度适宜，沸水加盖旺火蒸熟，晾凉后切成带状。
③炒锅内加入花生油烧热，姜丝爆香，加入用花生油、酱油腌制过的牛肉片，炒至八成熟时，加入豆芽炒熟，加入沙河粉炒至粉质变软，最后加入韭黄，翻炒至韭黄微熟即成。
也可将沙河粉放在笊篱内，入沸水中烫热，加鲜汤、熟菜心、熟鱼片、熟肉料，调味做成汤泡沙河粉。除此之外，沙河粉还可酱拌、滑炒等。
特点：沙河粉细薄透明、柔韧滑爽，可汤煮，可炒食，酸甜苦辣咸皆宜。

三、糯米米食类主食

糯米含有丰富的脂类、蛋白质、矿物质、维生素 B 族等营养成分，香糯黏滑，可做成多种风味小吃，如肉粽、米糕、黏糕、糍粑等。

（一）米粒饭团实例

红枣粽子

原料：糯米 1 kg、红枣 300 g、粽叶 80 张。

操作方法：①将糯米淘洗干净，清水浸泡 12 h 以上，沥水备用；红枣洗净去核泡软备用。

②粽叶洗净用开水煮约 0.5 h 捞出，用凉水浸泡备用。

③取粽叶两张错开，一正一反叠折成圆锥形，加泡好的糯米约 50 g，放上 2~3 颗红枣包成四角粽子，再用草叶捆好待煮。

④将粽子放入锅内，上面压上重物，加冷水（水量没过粽子 7~10 cm）用旺火煮 2~3 h，翻面再煮一次，至熟透即可。食用时，可根据口味加蜂蜜或白糖。

特点：枣香浓郁，黏韧香糯，甜而不腻。

（二）米粉饭团实例

1. 糯米苹果饼

原料：糯米粉 200 g、面粉 80 g、酵母粉 3 g、苹果 2 个。

操作方法：①糯米粉与面粉一起搅拌均匀，用开水烫面，晾至不烫手，加入酵母粉，拌匀并揉成光滑偏软的面团，盖上保鲜膜密封醒发 40 min 左右，至原来体积的 2 倍大。

②苹果去皮切薄片，改刀切成小丁，倒入不粘锅，加 30 g 白糖，中小火加热炒软，盛出备用。

③饧好的面团揉搓排出多余的气体，搓条，切成均匀的剂子，取一个捏成鸟窝状，放入苹果馅，封口整理捏成圆形，并按扁成小饼。

④油锅预热后放入生坯，不用二次醒发，烙制底部微黄翻面，来回多翻几次面断生。

特点：酸酸甜甜，外脆里糯。

2. 水磨汤圆

原料：压干的新鲜水磨粉 1 500 g、澄沙馅 1 000 g（如用肉馅只需 750 g）。

操作方法：①取出水磨粉 250 g，用适量的水揉和成粉团，拍成饼，当水煮沸时放入锅内，煮成熟芡捞出，浸入冷水中，剩下的水磨粉放入盆中，用温水和面双手搓擦，再把水中熟芡放入，揉匀成粉团，盖上湿布待用。

②按量揪剂（每 500 g 揪 20 个剂），将剂拍扁捏出窝窝，放入澄沙馅，随后捋边慢慢收口成汤圆。

③锅中添水煮沸，汤圆下锅，用勺沿锅边推搅，当汤圆浮出水面，加少许冷水，再煮 7~8 min，当汤圆颜色变成蛋青色、有光泽即熟。

特点：营养丰富，皮薄软糯。

要求：水磨粉必须新鲜；馅应抱团，确保包时制品完整；规格基本一致，搓成圆形，不裂缝，不粘连。

3. 芝麻花生汤圆

原料：黑芝麻 50 g、花生 30 g、白砂糖 50 g、猪油（或食用油）30 g、水磨糯米粉 200 g、温水 160 g。

操作方法：①将黑芝麻和花生分别放入烤箱烤熟（或用炒锅干炒），放凉后倒入料理机的干磨杯，加入白砂糖，研磨成粉末状。

②加入猪油（或食用油），搅拌均匀（若想达到流沙的效果，猪油可多放一些），馅料分成 15 g 一个，捏成团放冰箱冷冻 10 min，冷冻后的馅料变硬好包。

③取糯米粉用温水和面，取其中 1/4 用开水煮熟，待稍凉将两种面团混合，揉匀成光滑的面团。

④将面团搓条，并分成大致 25 g 的小剂子，揉圆。

⑤将剂子拍扁，捏成中间厚四边薄的片，放入做好的馅料，用手的虎口逐渐收口、揉圆，一个汤圆就做好了。

⑥煮锅内添水，烧沸后下入汤圆，不断用大勺推动，以防粘锅底，加盖大火煮开，待浮起时点水，转中小火煮至变大变软即熟。

特点：表面洁白透亮，绵软香甜。

要求：糯米面的加工要求细而糯；糯米粉团的一部分开水煮熟，有筋力且容易成型；馅应结实抱团，以防收口时制品裂开。

4. 豆沙元宵

原料：新鲜的水磨糯米粉 1 000 g、豆沙馅 700 g。

操作方法：①将豆沙馅在冰箱冻 1~2 h，取出切成 1 cm 见方的馅块。

②将馅块蘸凉水，放入糯米面簸箕中滚动，再蘸凉水再放入糯米面中滚动，如此几番，使糯米面均匀粘在馅块上即成元宵。

③用旺火将水烧沸，分批下入元宵，用勺沿一个方向在锅底推动，待元宵漂起后改用小火煮，待元宵涨起变软，馅心煮化即成。

特点：香糯软滑，美味营养。

要求：馅料速冻至能切成块；糯米面过筛细糯；滚动时蘸水适当。

5. 糯米糍粑

原料：糯米粉 300 g、玉米淀粉 45 g、奶粉 80 g、白糖 50 g、食油 30 g、红豆沙、椰蓉适量。

操作方法：①糯米粉、玉米淀粉、奶粉、白糖在容器内混合好。

②将油与水混合拌入糯米粉，搅成糊状并过滤掉颗粒。

③锅内加适量冷水烧开，用大火蒸 20 min，使面团凝固。

④熟的面团放凉，分成约 30 g 大小的剂子，按成薄饼包入红豆沙馅，收口呈圆形，上锅再蒸 15 min，滚粘裹上椰蓉即可。

特点：黏糯弹香，豆香四溢，清香软滑。

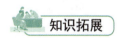知识拓展

汤团与元宵的区别

四、杂粮类主食

杂粮，泛指除了稻米和面粉以外的其他所有粮食。杂粮食品富含膳食纤维和多种营养成分，其标签是"绿色、营养、健康"。杂粮主食有玉米、高粱、大豆、杂豆、燕麦、莜麦、薯类、杂豆类等制品。

（一）大豆类制品实例

豆面杂粮油酥饼（膨松面团）（见图4-10）

原料：普通面粉300 g、豆面150 g、酵母粉3 g、白糖1勺、奶粉3勺、鸡蛋1个、食用油10 g、食盐3 g、山楂、红糖、蜂蜜。

操作方法：①普通面粉、酵母粉、白糖、奶粉、鸡蛋混合均匀，倒入适量40 ℃温开水，搅拌均匀成絮状，用不同手法揉成光滑面团，盖上保鲜膜放到温暖处醒发至2倍大。

豆面油酥饼

②豆面炒熟加入食盐，用烧热的油浇淋，拌匀成油酥，待稍凉加入适量热水，用手揉至油酥抱团，将其分成大小一致的剂子，揉成圆形，备用。

③新鲜的山楂洗净去核，与3勺红糖混合，放少许食用油翻炒，山楂变软且均匀粘上红糖关火，出锅放案板上剁碎，放盘中加2勺蜂蜜，喜欢吃甜再加两勺白糖，搅拌均匀放一边备用。

④将醒发完成的面团，取出放至面垫上揉搓，排出多余的气泡，搓成长条并分剂，揉成圆形。

⑤擀成圆片，像包包子一样包入豆面油酥，压扁，擀成长方形，折叠，再擀成长方形，然后从一头卷起，尽量紧实些，从中间切开。

⑥在坯剂的一头捏出窝窝，包入山楂馅，捏合，整理成圆形饼，两个生坯剂就做好了，重复完成所有坯剂。

⑦电饼铛底部刷油预热，放入生坯，中火烙两分钟一面呈金黄，翻面盖盖儿烙另一面，多翻几次直至两面金黄，按压回弹就熟了。

特点：添加杂粮，酸甜馅料，烙制酥脆，外焦里香，健康营养。

图4-10 豆面杂粮油酥饼

（二）杂豆类制品实例

1. 绿豆饼（水油面团）

原料：面粉550 g、白糖130 g、熟猪油250 g。

操作方法：①绿豆洗净以清水浸泡4 h，锅中加水旺火烧沸，转小火煮约1 h，捞出，沥干，压成绿豆泥。绿豆泥置入炒锅，加入100 g白糖，用适量食用油炒成豆沙馅心。

②过筛后的面粉加入30 g白糖，溶入150 g清水，和成面团，再放入250 g熟猪油，搓至面团光滑起筋，成水油皮。

③面粉50 g以滚烫的油浇上，搅拌成油酥心。

④将水油皮搓成条，分剂，将酥心也分剂，水油皮包入酥心，压扁，擀条，卷成圆筒形，再压扁包入绿豆沙，做成扁圆形生坯。

⑤烧盘扫油，将生坯收口朝上摆入，入烤箱中火烤至金黄，取出烧盘，将绿豆饼逐个翻身，再烤，两面金黄即可出炉。

特点：金黄鲜亮，柔软可口，清热解毒。

2. 家常绿豆糕（水油面团）

原料：绿豆250 g、麻油或玉米油60 g、绵白糖50 g、蜂蜜40 g。

操作方法：①绿豆凉水浸泡一晚，将泡好的豆子多洗几遍，直接倒入压力锅大火上气后改中小火蒸 15 min，蒸熟蒸透，用勺子将绿豆压泥（趁热），过筛。

②不粘锅内倒入称好的油，再倒入豆沙，小火慢炒，待油完全被豆沙吸收，再加入白糖和蜂蜜小火继续翻炒，待糖和蜂蜜被豆沙完全吸收，豆沙抱团即可。

③晾到不烫手就可以分剂子，50 g 的月饼模具，每个放大概 40 g 左右豆沙，可做 14~15 个绿豆糕。

④做好的绿豆糕自然放凉，盖上保鲜膜放冰箱冷藏，不干不裂不油不腻，食用时冰冰凉凉、细腻绵软，是天然的好茶点。

（三）粗杂粮主食及其制品

粗杂粮主要包括玉米、高粱、燕麦、薯类等。粗杂粮含有丰富的淀粉、膳食纤维、矿物质和维生素，对慢性疾病有一定的预防和抑制作用。

1. 玉米枣糕（膨松面团）（见图 4-11）

原料：玉米面粉 300 g、普通面粉 200 g、鸡蛋 3 个、红枣 100 g、核桃仁若干、发酵粉 5 g、熟猪油 20 g、白糖 50 g、水 250 g、食用油 20 g。

操作方法：①玉米面开水烫成大面絮，待稍凉放普通面粉，打入鸡蛋，放入发酵粉和白糖，加水充分搅拌均匀，搅和成黏稠的玉米糊，醒发至两倍大。

②红枣用面粉水洗净、去核、切成两瓣，干锅炒熟核桃仁，待用。

③电饭锅底部、周边刷熟猪油，倒入玉米面糊，表面均匀撒入适量食用油锁住水分，然后在糊上均匀摆上无核红枣、核桃仁。

④按下电饭锅蛋糕功能键，40 min 即熟，切块装盘食用。

特点：粗细搭配，色泽金黄，枣香味浓，香甜可口。

要求：各种食材原料要搅拌均匀，红枣也要撒均匀；熟猪油和食用油抹匀，锁住水分且熟制后易脱落。

图 4-11　玉米枣糕

2. 玉米豆面窝头（水调烫面）

原料：玉米粉、黄豆粉、白糖。

操作方法：①将玉米粉、黄豆粉、白糖混合后以沸水烫面，用筷子搅拌均匀，凉至温热后以揉面、搋面、揣面等方法将其揉匀，静置稍饧。

②搓条、下剂，取坯剂于掌心处，两只手来回倒手揉捏至坯剂柔软，团成球形。

③左右手配合一手托面团，一手手指在面团上钻洞，边钻边转动坯剂，捏成外部光洁的空心塔型生坯。

④放入蒸锅笼屉，旺火蒸 15 min，成熟后取出码盘即可。

特点：色泽鲜黄，形如宝塔，甜香细腻，营养丰富。

3. 高粱米糕

原料：高粱米 600 g、红豆沙 300 g、白砂糖 150 g。

操作方法：①将高粱米洗净，倒入适量清水，以电饭锅焖熟。

②取一半高粱米放一盘内铺平，将豆沙馅均匀铺在上面，取另一半高粱米压好，放到红豆沙

上面，用刀抹平。

③食用时切成规整的菱形块，撒上白砂糖即可。

特点：高粱米搭配红豆，营养健康。

4. 高粱米蒸饭

原料：高粱米 500 g、红小豆 200 g。

操作方法：①高粱米、红小豆淘洗干净，红小豆先放电饭锅中，加水煮开至八成熟时，放入高粱米，加水量比焖大米饭略多一些。

②按下煮饭档，电饭锅自动跳起即熟。

说明：用高粱米蒸饭的时候，掺些大米一起蒸，比完全用高粱米蒸饭口感会更软糯，再掺些红豆等杂豆一起蒸，更会增添特殊的香味。

高粱米还是酿酒、制醋、提取淀粉、加工饴糖的良好原料。

5. 牛奶燕麦粥

原料：牛奶 250 g、燕麦 50 g、白糖适量。

操作方法：①水烧开加入燕麦片。

②用小火煮 20 min 左右，加入牛奶再次煮开。

③加入适量白糖搅匀即可食用。

特点：牛奶麦片粥含有丰富的维生素 B 族、维生素 E、矿物质，具有养心安神、润肺通肠、补虚养血等功效，是产妇气虚的滋补佳品。牛奶和燕麦都是日常生活中很好的营养品，两者搭配起来更是养生佳品。

燕麦制品还有南瓜燕麦粥、银耳麦片粥等。

6. 莜面栲栳栳（水调烫面）（见图 4-12）

莜面具有很高的营养价值，不仅能为人体补充蛋白质、脂肪等营养物质，还富含核黄素、钙、磷、铁等营养素，促进人体的生长发育；莜麦具有耐饥抗寒的作用，其中所含的亚油酸，可促进人体的新陈代谢；莜面中膳食纤维含量为五谷之首，具有降脂、降糖、降胆固醇、通便、补钙等功效，对肥胖症、糖尿病、冠心病、高血压等均有食疗效果。另外，莜麦还富含维生素 E、维生素 B、维生素 H 等，集保健、营养于一身，老少皆宜。

图 4-12　莜面栲栳栳

原料：莜面适量、新鲜羊肉 300 g、台蘑 300 g。

操作方法：①莜面必须以滚烫的开水和面，一边倒水一边用筷子搅拌，将其搅拌成大絮状，稍凉即可用手和成面团，用湿布盖住饧 20 min，揪成小块在蒸锅里蒸熟一下。

②面团要趁热揉搓成条，揪成大小均匀的剂子，在掌心揉合成光滑的椭圆形，放在案板推压成薄片儿，搭在食指上卷成筒状，一个挨一个整齐地排立在蒸笼上，像蜂巢一样。

③锅中加水煮沸蒸 10 min 即可。蒸时需注意火候，火候不到"栲栳栳"不熟；蒸过火了则软瘫发黏无筋，味欠色减。

④羊肉炒熟加调料、台蘑做成卤子汤，浇至莜面卷即可食用。

特点：栲栳栳是山西十大面食之一，其工艺讲究、成型美观、口感劲道，加上"羊肉臊子台蘑汤，一家吃着十家香"，实在是地地道道的美食。

7. 小米南瓜粥

原料：小米 100 g、南瓜 200 g。

操作方法：适量清水烧热，加入小米和南瓜大火烧开，转中小火慢熬成小米开花状黏粥。

特点：颜色金黄，米香四溢，健脾养胃。

8. 薏米红豆粥

原料：薏米 100 g、红枣（干）25 g、赤小豆 50 g、白砂糖 30 g。

操作方法：①将薏米、红豆洗净以温水浸泡半日。
②红枣洗净浸泡去核，与薏米、红豆一起放入锅中。
③加入适量清水大火烧开，再转小火熬制 1 h 左右，放入白砂糖调味即可。
特点：除湿健脾，美容养颜。

五、薯类主食

薯类主要是指马铃薯、甘薯以及山药，既能做主食又能做蔬菜。其营养价值很高，富含维生素 A、C 以及矿物质。

（一）马铃薯制品

马铃薯既可做菜也可做主食。做菜有酸辣土豆丝、牛肉烧土豆等；做主食有奶油土豆泥、炸薯条、土豆饼等。

1. 奶油土豆泥

原料：土豆 500 g、牛奶、白糖、盐适量。
操作方法：①土豆去皮洗净切块，水烧开放入，煮到土豆变色，或用牙签能轻松扎透关火。
②沥干水分，盛入碗里，用勺子将其压成泥。
③加入牛奶、适量糖和盐等调味，即可直接食用。

2. 马铃薯水果蛋糕

原料：马铃薯 500 g、鸡蛋 5 个、白糖、奶粉、泡打粉、果酱适量。
操作方法：①马铃薯切片入锅蒸 20 min，趁热压泥，压泥后取出要用的量。
②将鸡蛋的蛋黄和蛋白分开，蛋黄加入砂糖、奶粉拌匀，再加入泡打粉、果酱拌匀，最后加入薯泥拌匀。
③将蛋白加入搅拌杯，先搅打 30 s 打到起泡，再加砂糖持续搅打成蛋白霜，先把蛋白霜的 1/2 倒入蛋糊，用刮刀自下而上与蛋糊翻搅，再加入剩下的蛋白霜轻轻拌匀。
④烤箱预热至 180 ℃，烤模刷一层油倒入面糊，轻敲震出里面的气泡，置烤箱烤制 30 min 左右，稍晾不烫即可脱模。
特点：奶香蛋香果香，颜色金黄，松软可口。

（二）甘薯制品

甘薯也称红薯，富含多糖、蛋白质、维生素、膳食纤维和多种矿物质，具有缓解便秘、软化血管、抗癌等功效，具有极高的营养价值。

红薯芝麻球

原料：红薯 500 g、鸡蛋 30 g、白糖 75 g、精面粉 100 g、香甜泡打粉适量、白芝麻 50 g、花生油 1 000 g。
操作方法：①将红薯洗净削皮切片，用水浸泡 0.5 h 捞出，上笼蒸熟，用刀压成泥，晾凉待用。
②取鸡蛋打成蛋液，与白糖搅拌均匀，再倒入晾凉的红薯泥里搅拌均匀，然后掺入精面粉，最后掺入香甜泡打粉，搅拌均匀制成红薯糕面泥，挤成团子，滚上白芝麻，制成红薯芝麻球生坯待用。
③用油锅烧热花生油，待油温达到七八成热时放入生坯，炸至起鼓且色泽橙黄时捞出，沥干油装盘即可。
特点：外焦里嫩，松软甜香。
要求：红薯团子滚芝麻时要均匀压实，以免炸制时芝麻脱落；炸时油温不宜太高，防止外糊里不熟。

红薯还可直接烤制、煮制、蒸制，做薯面饸饹等。

(三) 山药制品

山药富含淀粉、黏蛋白，药食同源，能保持血管弹性，有润肺止咳的功能。可用于熬粥、煲汤、清炒。

山药南瓜酥

原料：铁棍山药 2 根、纯牛奶 100 mL、糯米粉适量、南瓜半个。

操作方法：①取 2 根铁棍山药，戴手套去外皮，切成薄片，放入盘中在蒸锅蒸熟，用勺压成山药泥。

②加入 100 mL 的纯牛奶，搅拌均匀，少量多次加入糯米粉，搅拌成面絮状，用手揉成软硬适中的面团，搓成条，切成大小均匀的剂子，团成圆形。

③南瓜半个，籽挖出来，去皮，切成薄片，改刀切成条，再切丁，放炒锅中倒入小半杯水用小火炒，把水分炒干，炒出黏稠状态，盛出晾凉。

④将做好的剂子捏成小碗形状，包入炒好的南瓜馅，收口捏紧实，一个生坯就做好了。

⑤电饼铛刷一层薄油，放入做好的生坯，盖上盖子烙 2 min，翻面，待底部金黄，再烙 2 min，多翻几次面，使小饼受热均匀，烙至两面金黄即可。

特点：美观美味，软糯可口，健脾养胃，营养丰富，老少咸宜。

习　题

一、选择题

1. 下面属于粗杂粮主食的是（　　）。

   A. 水饺　　　　　　B. 面包　　　　　　C. 绿豆糕　　　　　　D. 油条

2. 莜面栲栳栳属于我国（　　）地区的特色主食。

   A. 陕西　　　　　　B. 山西　　　　　　C. 新疆　　　　　　D. 广州

二、简答题

1. 举例简述水调面团、发酵面团、水油面团的不同。
2. 中西方主食在制作方式上有何差异？
3. 家庭健康主食的熟制推荐什么方式？简述理由。
4. 推荐 5 种适合老年人的主食、5 种不适合老年人的主食，说明为什么。

三、综合实训项目

新年马上就要到了，请同学们分成 5 个小组，互相配合，为聚餐设计两款主食（例如：饺子、包子、面条、年糕、汤圆等），既能契合节日气氛，亦能与餐桌菜品搭配合理。

要求：

1. 从选材备料、制法过程、制作要领、成品特点、营养价值到注意事项，小组分工合作完成，详细记录并拍摄关键步骤。
2. 写一篇 800 字左右的心得体会，记录此次实训收获的技能与素养。

目的：

综合运用本章所学进行实际操作，学生为主，教师为导，通过真实情境加深理解主食的制作方法和在筵宴中的作用，并提高沟通交流、团队合作和解决实际问题的能力。

模块二　营养篇

项目五　主要营养物质的一般知识及其烹饪储藏的技术

【项目介绍】

除了阳光与空气外，水、蛋白质、糖类、脂类、维生素、无机盐是维持生命与健康的主要营养物质（目前膳食纤维被称为第七类营养物质）。它们也是维持人体的物质组成和生理机能不可缺少的要素，还是生命活动的物质基础。它们与烹饪技术密切相关。

主要营养物质

【学习目标】

1. 了解食物中水的存在形式、水的营养价值，以及蛋白质、糖、油脂、维生素的组成和结构。
2. 熟悉食物中的自由水、结合水，及其在烹饪加工中的作用与应用。
3. 熟悉蛋白质、糖、油脂、维生素、矿物质的种类及生理功能。
4. 掌握烹饪过程中水的变化，以及蛋白质、糖、油脂、维生素、矿物质的主要性质和烹饪与储藏对其影响。
5. 学会解释日常生活中与蛋白质、糖、油脂、维生素性质相关的现象，从而可以科学地选择合适的烹饪工艺、改良烹饪工艺。
6. 培养理论联系实际的工作作风、严谨的科学态度和职业素质。

任务一　认知水的形态、营养价值

水是人体中含量最多的成分，占一个健康成年人体重的60%~70%。成年男性体内总含水量约为体重的60%，女子约为55%，婴儿约为70%，新生儿则约为80%，主要分布于所有的组织、器官和体液中。其中体液（包括血液、淋巴液、组织液）中的含量最多，骨骼、牙齿和头发及脂肪组织中含量最少。人体内水分的总量随着年龄、体型和性别等因素的不同而有很大的差异。比如低龄孩童的水分占体重比例高于大龄青年或成年人，因为孩子的细胞体液含量比成人高得多；肥胖者水总量比消瘦者相对较少，因为脂肪含水量甚微。

水是人体必需的营养物质，生命体的所有正常活动，只有在一定的细胞水分含量水平下才能运行。水对机体具有重要的生理功能。水可以调节体温，因为其比热容高，热容量大，蒸发少量的水便可带走大量的热，从而使体温不会因外界的变化而发生较大的波动；水是体内化学反应的介质，其溶解性强，介电常数高，能促进化合物保持离子态，从而促进酶促反应的进行；水是生化反应的底物，参与了各种水解、水化、脱水和氧化等代谢反应；水是体内营养与代谢物的载体，其流动性大，分散性好，从而很好地运转着血液循环、新陈代谢循环等生理行为；此外水还具有润滑以及维持组织器官等重要作用。总之，水对于生命体，尤其是对于人体而言是无可替代的。

一、食物中水分的存在形式

人们获取水的途径主要来源于对水的直接饮用和从食物中摄取水分。其中食物中的水分按其存在的状态可以分为自由水和结合水。

（一）自由水

自由水又称体相水、游离水，是指那些通过物理吸附凝聚在食品毛细管（>1 μm）中或细胞间的水，与非水物质作用强度极低，属于没有被非水物质束缚的水。它与一般的水没什么区别，在100 ℃时易蒸发，0 ℃时易结冰，也能溶解食品中的可溶性成分，可以随着周围温湿度的变化而变化，这是食品质量变化和微生物繁殖能利用的水。通常所说的食品水分是在105 ℃下烘干测定获得的，用这种方法测定的百分比水分，主要是食品中的自由水，另外也包括结合水中的某些半结合水。食品在干燥时，自由水先于结合水被除去，而在食品复水过程中最后被吸入。根据自由水在食品中存在的形式，又可分为滞化水、毛细管水和自由流动水。

1. 滞化水

滞化水是指被食品组织中的显微和亚微结构或膜所滞留的水。滞化水的微观流动性与纯水相当，但宏观流动性受阻严重。典型的例子是果冻类凝胶食品中被凝胶网络所束缚的水；另外100 g新鲜猪肉的含水量为70~75 g，其中有60~65 g的水属于滞化水。

2. 毛细管水

毛细管水是指通过食品中存在的大量微小间隙的毛细管作用力所持留在食品中的水，在生物组织中又称为细胞间隙水。这种水的性质与持留它的毛细管的直径密切相关。当毛细管直径较大（0.1 μm<φ<1 μm）时，其行为类似于滞化水。当毛细管直径足够小（<0.1 μm）时，这类水的性质更接近于结合水。

3. 自由流动水

自由流动水指存在于食品体系中可以宏观自由流动的水。这类水大量存在于液态食品中，如饮料、牛奶等。

（二）结合水

结合水又称束缚水或固定水，是指那些与食品中蛋白质、淀粉、糖类、果胶质、纤维素等成分的极性亲水性基团，并通过氢键相结合的水。这种水的性质与纯水的性质相去甚远，它的蒸汽压远低于纯水；分子运动严重受阻；在食品被冻结时，-40 ℃都很难结冰；它不具有溶解溶质的能力；它不可能被微生物所利用，也不可以参与化学反应；它的存在不会引起食品败坏。根据食品成分中存在的极性基团不同，结合水也可分为单分子结合和多分子结合两种模式。根据结合水在食品中存在的形式又可以分为化合水、邻近水和多层水。

1. 化合水

化合水又称构成水，是指与非水物质结合得非常牢固、实际已成非水物质固有的一部分的水。这部分结合水在食品水中所占的比例很小。例如，盐的结晶水以及蛋白质分子内空隙的水。该部分水在-40 ℃不会结冰，分子运动动能基本为零。

2. 邻近水

邻近水指通过水与非水物质间相互作用被紧密结合在离子、离子基团或极性基团表面的第一层水分子，又称单层水。这部分水与非水物质之间的结合力主要是氢键。其中，与离子或离子基团结合的水是结合最紧密的邻近水。另外，持留在非常小的毛细管（<0.1 μm）中行为与邻近水相似。

化合水和邻近水的总量约占食品中总水分的 0.5%。该部分水在-40 ℃不会结冰，分子运动动能同样非常低。

3. 多层水

多层水指紧靠单层水外面的仍然被非水物质牢固束缚的那几层水分子，又称半结合水。多层水被结合的程度低于单层水，但仍然被非水组分结合得非常紧密。该部分水约占食品总质量的 5%，大多数在-40 ℃不会结冰，分子运动动能较低，对食品有一定的润涨作用。

以上对结合水与自由水的分类主要是物理化学性质方面的差异，但是在食品体系中二者之间存在频繁的水分子交换。因此这种对食品中水分的划分是相对的，仅表述该水分子在食品中当时当刻的状态。

二、烹饪与储藏对食物水的影响

（一）烹饪过程中水的变化

1. 破乳与失水

食材中的水在烹饪过程中会发生破乳和失水现象。乳状液的分散相小液珠聚集成团，形成大液滴，最终使油水两相分层析出的过程成为破乳，又称反乳化作用。煎、炒烹调肉丝时，食材中的脂肪-水形成的乳状液会失去稳定性发生破乳而产生油脂和水分离的现象，蛋白质-水形成的高分子胶体分散系会发生蛋白质变性和胶体收缩，产生肉丝脱水、体积缩小、韧性增大等现象。高温下的煎、炸，会使蛋白质分子脱水，发生热降解脱氨、脱羧反应，质地变硬，色泽也发生改变。恰当控制火候，可使表面发生化学变化，形成一层香脆、色艳的外表，而内部没有失水，中心温度升高，使蛋白质变性，产生外焦内酥的口感。

2. 糊化与老化

食品的糊化与老化主要针对的是淀粉中水的处理。众所周知，淀粉属于天然高分子碳水化合物，根据其分子中含有的 α-1,4 糖苷键和 α-1,6 糖苷键的不同而分为两种性质差异很大的直链淀粉和支链淀粉。直链淀粉在水中加热糊化后，是不稳定的，会迅速老化而逐步形成凝胶体，这种胶体较硬，在 115~120 ℃的温度下才能向反方向转化。支链淀粉在水溶液中稳定，发生凝胶作用的速率比直链淀粉缓慢得多，且凝胶柔软。

（1）淀粉的糊化

淀粉在常温下不溶于水，但当水温升至 53 ℃以上时，淀粉和水作用，发生溶胀、崩溃，形成均匀的黏稠糊状溶液（芡汁和浆糊），本质是淀粉粒中有序及无序态的淀粉分子间的氢键断开，分散在水中形成胶体溶液。淀粉在高温下溶胀、分裂形成均匀糊状溶液的特性，称为淀粉的糊化。

影响糊化的因素：

①淀粉自身：支链淀粉因分支多，水易渗透，所以易糊化，但它们抗热性能差，加热过度后会产生脱浆现象。而直链淀粉较难糊化，具有较好的"耐煮性"，具有一定的凝胶性，可在菜品中产生具有弹性、韧性的凝胶结构。支链淀粉比直链淀粉易于糊化，支链淀粉含量越多，糊化液的黏度越大。

②温度：淀粉的糊化必须达到其溶点，即糊化温度，各种淀粉的糊化温度不同，一般在水温升至53℃时，淀粉的物理性质会发生明显的变化。

③水：淀粉的糊化需要一定量的水，否则糊化不完全。常压下，水分30%以下难完全糊化。

④溶液pH：正常糊化的pH范围为4~7。pH低时，淀粉容易水解，糖类、油脂、盐、酶的存在不利于淀粉的糊化，例如：炒土豆时加点醋。当pH大于10时，碱有利于淀粉糊化，例如，熬稀饭时加入少量碱可使其黏稠。

⑤共存物：高浓度的糖可降低淀粉的糊化程度；脂类物质能与淀粉形成复合物降低糊化程度等。

糊化可改善淀粉的口感，发挥其增稠、增黏、形成溶胶的作用，使之容易被人体消化吸收。

（2）淀粉的老化

淀粉老化是指经过糊化的淀粉在室温或低于室温下放置后，淀粉乳胶体内水分子逐渐脱出，已经溶解膨胀的淀粉分子则重新排列成有序结晶而凝沉的现象。

老化是糊化的逆过程，是淀粉的再结晶。其实质是在糊化过程中，已经溶解膨胀的淀粉分子重新排列组合成序，形成一种致密、高度晶化的、不溶解的淀粉分子胶束。这种糊化后再生成结晶淀粉的称为老化淀粉。

影响老化的因素：

①淀粉的种类：直链淀粉比支链淀粉易于老化，例如，糯米、黏玉米中的支链多，不易老化。

②水：含水量在30%~60%，易发生老化现象，含水量低于10%或高于60%的食品，不易老化。

③温度：老化的最适宜温度为2~4℃，高于60℃或者低于-20℃都不发生老化。

④冷冻速度：淀粉溶液温度的下降速度对老化有很大的影响。缓慢冷却，可以使淀粉分子有时间取向的排列，可加重老化程度，而迅速冷却可降低老化程度。

⑤溶液pH：pH在5~7，最易老化；pH在4以下的酸性环境或8以上的碱性环境中，淀粉不易老化。

⑥膨化处理：谷物或淀粉经过高压或膨化处理后，可长久保存，不发生老化现象。

此外，还有无机盐和共存物等对淀粉老化也有一定影响。

（3）淀粉糊化与老化的应用

淀粉的糊化和老化都是我们日常生活中较为常见的化学现象。首先，淀粉的糊化可以提高食物的消化吸收率，例如：口感软的米饭比口感硬的米饭利于消化。其次，淀粉的糊化还可应用在菜肴的挂糊、上浆、勾芡等工艺中；另外，有些食品的制作也用到了淀粉糊化的相关原理。如做粉皮时应选择含直链淀粉较多、老化程度较好的淀粉，如绿豆类淀粉；而在制作年糕、元宵、汤圆等糕点时，要选用几乎不含直链淀粉、不易老化、易吸水膨胀、易糊化、有较高黏性的淀粉，如糯米粉等。对于淀粉的老化主要应用在粉丝、粉皮的制作过程中，淀粉只有经过老化才能具有较强的韧性，表面产生光泽，加热后不易断碎，并且口感有嚼劲，所以应选择直链淀粉含量高的豆类淀粉为原料。由此可见：在不同食材中，水保存的方式不一样，食材的品质可能就会不一样。

利用食品中水分的储存方式不同改变食品品质的除糊化、老化外，还有风干、乳化、凝固、增稠、溶胀和泡发等等。

（二）水在烹饪加工中的作用与应用

1. 作为烹饪的介质

水是液体，具有较大的流动性，传热比原料快得多，同时水的黏性小，沸点相对较低，渗透力强，是烹饪中理想的传热介质。水主要以对流的形式进行热传导。在加热时，水分子的运动是很剧烈的，由于上下的水温不同，形成了对流，通过水分子的运动和对原料的撞击来传递热量。由于水的热容量大、导热能力较强，所以作为烹饪加热过程的传热介质，水对于食物的杀菌消毒、熟化加热、增进风味、消化和吸收起了决定性的作用。

2. 作为溶剂

水是有极性的，溶解能力极强，作为溶剂不仅可以溶解多种离子型化合物，如食盐、味精和多种矿物质，还可以通过氢键溶解许多非离子型化合物，如糖类、酒精、醋酸等。这些物质的分子往往具有一定的极性，溶于水后成为水溶液。水溶性物质中包括了营养物质和风味物质，还有异味和有害物质等，统称为水溶性物质。它们有的存在于原料的细胞内或结构组织中间，有的产生于加工储藏过程中。例如，畜肉中含有低肽、氨基酸、单糖、双糖、有机酸、维生素、矿物质等水溶性物质，烹制肉时，其细胞破裂，结构松散，水溶性成分溶出，与加热过程中产生的水溶性风味物质和调味品中的水溶性物质混合在一起，构成特有的肉香味。

3. 作为反应物或反应介质

烹饪加工过程中，发生的大部分物理化学变化，都是在水溶液中进行或者在水的参与下发生的，这时水作为介质能加快反应速率。同时，水也常常作为反应物质参加反应的进行，如水解反应，需在有水参与下才能完成；又如发酵面团中的酵母菌等微生物，需要在适宜的水和温度下才能使分泌的酶很好地发挥作用，将面团中的糖类很快氧化，产生大量的二氧化碳，从而使面团变得膨松。

4. 能去除烹饪加工过程中的一些有害物质

水作为溶剂，原料中有些苦味物质和有害物质，可在水中溶解除去或者被水解破坏。利用这个原理，烹饪工艺中常用浸泡、焯水等方法去除异味和有害物质。例如，核桃中单宁物质是造成苦涩味的主要成分，必须用热水浸泡以除去大部分单宁，才能尝不到苦味。又如鲜黄花菜中含有对人体有害的秋水仙碱，它可溶于水，将鲜黄花菜浸泡 2 h 以上或用热水烫后，挤去水分，漂洗干净，即可去除秋水仙碱。

5. 作为干货原料的涨发剂

食物干货制品中的高分子物质，例如淀粉、蛋白质、果胶、琼脂等干凝胶都可以吸水发生膨润。膨润是高分子化合物干凝胶在水中浸泡引起体积增大的现象。被高分子物质吸收的水，储存于它们的凝胶结构网络中，使其体积膨大；由于分子体积大，不能形成水溶液，而是以凝胶状态存在。涨发后的物质比其在涨发前更易受热、酸、碱和酶的作用，所以容易被人体消化吸收，但也容易被细菌或其他不正常环境因素破坏而腐败变质，故干货原料应随发随用。

（三）储藏对食物水的影响

储藏对于水的影响主要体现于两方面：冻结与解冻。

1. 冻结与解冻的概念

①食品的冻结：将食品的温度降低到食品汁液的冻结点以下，使食品中的水分大部分冻结成冰。冻结温度国际上推荐为-18 ℃以下，此时冻结食品中微生物的生命活动及酶的生化作用均受到抑制，水分活度下降，因此，冻结食品可进行长期贮藏。虽然在低温条件下微生物和酶活性受到抑制，但是肌肉品质的劣变，如质构、色泽、风味等的变化是不可避免的。肌肉品质的劣化不仅使肉品企业产生经济损失，还会对消费者的营养和健康产生不良影响。

②食品的解冻：将冻结食品中的冰结晶融化成水，恢复到冻结前的新鲜状态。解冻也是冻结的逆过程，对于作为加工原料的冰结晶，一般只需升温至半解冻状态即可。

虽然在过去的几十年里,人们研究了许多新兴的保鲜保藏技术,冷冻保藏仍然是目前为止肉制品贮运保鲜的最主要方式之一,在肉及肉制品进出口贸易安全保证方面起着极其重要的作用。冷冻肉是调节肉食品市场的重要产品,也是市场流通的主要形态。原料肉的品质对于肉制品的食用和加工品质都有重要影响,优质的原料是优质产品品质和企业获得最佳经济效益的重要保障。

2. 常用的冷冻与解冻方式及其特点

(1) 冷冻

食品冷冻是一个复杂的过程,冰晶的大小、分布以及形态均与冷冻过程密切相关,从而影响食品的冷冻效率和产品的最终质量。食品的冻结方式一般可分为空气鼓风冻结、间接接触冻结和直接接触冻结等。不同的冻结方式,因冻结速率不同,在肌肉中形成的冰晶大小和分布也不同,进而对肌肉品质造成的影响也不同。

一般来说,快速冻结有利于保持肌肉的品质。缓慢冻结过程中,肌细胞内外会产生较大冰晶,肌原纤维被挤压集结成束,蛋白质失去结合水,相互之间形成各种交联而导致蛋白质变性。缓慢冻结形成的较大冰结晶,会对组织结构造成机械损伤;在解冻后,汁液流失较为严重,影响甚至失去其食用价值。而快速冻结时,食品温度下降较快,肌细胞内产生冰晶的数量多且细小均匀,对细胞损伤少,蛋白质变性程度较低,有利于保持食品原有的营养价值和品质。

(2) 解冻

解冻按其过程中的传热方式可以分为两大类:

第一类解冻方法是外部加热法,即由温度较高的介质向冻结品表面传热,热量由表面逐渐向中心传递,这种方法主要有空气解冻、水解冻及接触式解冻等。由于水的导热系数较小,而冰的导热系数大,对于外部加热解冻法来说,解冻速度随着解冻的进行而逐渐减慢,解冻食品在 $-5\sim0$ ℃范围停留的时间较长。因此,普遍存在着解冻时间长、物料表面易变色、营养成分损失大、微生物污染严重等问题。

第二类解冻方法是内部加热法,主要通过高频、微波、通电等加热方法使冻结品各部位同时加热。其优点是解冻时间短、食品受杂菌污染少等,但对被解冻物料的厚度有要求,并存在温度分布不均匀、局部过热等现象。

在实际生产过程中,影响肌肉品质的因素有很多,如冻结-解冻速度和方法、贮藏温度和时间、温度波动及反复冻融等。目前,我国冷藏链技术尚不完善,在冻藏肉的长途运输、贮藏及消费过程中,由于温度波动不可避免地出现反复冻融过程。而反复冻融会引起冻结肌肉中冰晶融化后重结晶现象的发生,致使冰晶数量减少而单个冰晶体积增大,刺破细胞膜结构,损伤细胞组织,加速脂肪氧化和蛋白变性。肌肉经反复冻融不仅会使营养物质流失,肌肉品质下降,还会造成一定的经济损失。因此,全面理解冻结-解冻过程对肉类品质的影响,选择合适的冻结、解冻方式和改善措施,对提高肉品质量及企业制定科学的生产规程等都具有重要的指导意义。

3. 冷冻-解冻对肉类品质的影响

(1) 脂肪氧化

虽然冻结后肌肉中的大部分水分形成冰晶,但一些生化反应仍因部分未冻结水的存在而发生,其中脂肪氧化是肌肉品质变坏的最重要原因之一。冻藏期间由于肉品表面冰晶升华,形成了较多的细微孔洞,增加了脂肪与空气的接触机会,致使脂肪发生氧化酸败和羰氨反应,冻肉产生酸败味。冰晶的反复冻结、融化使冰晶大小及分布发生变化,细胞膜及细胞器破裂,使一些促氧化成分释放,尤其是血红素铁的释放与脂肪氧化的程度有密切关系。冷冻-解冻过程也会使一些抑制脂肪氧化的抗氧化酶类发生变性,使其活性丧失,进而发生脂肪的氧化。

(2) 蛋白变性

肌肉中的蛋白质一般由水溶性的肌浆蛋白、盐溶性的肌原纤维蛋白以及不溶性的肌基质蛋白组成，其中肌原纤维蛋白对肌肉品质具有重要的作用。蛋白质的冷冻变性机理主要有3种，即结合水的脱离学说、水与水合水相互作用引起蛋白质的盐析变性学说和细胞液的浓缩学说。冷冻会使肌原纤维蛋白发生一系列的变化，如ATP酶活性、蛋白结构、巯基、羰基、表面疏水性等的变化，进而引起其功能性质如盐溶性、凝胶性、乳化性等的变化。

Ca^{2+}-ATP酶活性是评价肌球蛋白完整性的良好指标，其损失越大，说明肌球蛋白变性越严重。研究表明，在-20℃冻藏过程中，软壳蟹和硬壳蟹的Ca^{2+}-ATP活性随冻藏时间延长而降低。有学者研究发现，经过静水解冻、室温解冻、冷藏解冻、超声波解冻、微波解冻后，对虾Ca^{2+}-ATP酶的活性分别降低了47.15%、82.28%、28.76%、48.5%和51.13%。在冷冻-解冻过程中，肌原纤维蛋白空间结构受冰晶反复冻融的影响，发生不同程度的变化，引起鲢鱼盐溶性蛋白含量、Ca^{2+}-ATP酶活性下降。

蛋白的盐溶性是肌肉蛋白质重要的性质之一，对热凝胶的形成等有重要影响。蛋白溶解性降低是肌肉品质下降的重要标志。肌肉中的盐溶性蛋白主要为肌原纤维蛋白，它对肌肉制品的工艺特性及感官品质具有重要的影响。在冻藏过程中，二硫键、氢键和疏水键的形成会造成蛋白聚集，从而降低其盐溶性。

蛋白溶解性的降低还可能与甲醛有关，甲醛可由氧化三甲胺在酶的作用下产生，并可与多肽链形成交联聚集。肌原纤维蛋白还可与脂肪氧化产物如丙二醛等相互作用，进而使蛋白发生变性，形成复合物，降低蛋白溶解性。反复冻融使蛋白质的空间结构发生改变，使得蛋白质之间的作用增强，产生二硫键、氢键和疏水键等，从而导致蛋白质和水分子间的作用力减弱，蛋白质的溶解度下降，进而导致肉的加工性能降低。研究发现，反复冻融会降低肉糜形成凝胶的能力和乳化性质，冻融次数越多，影响越大。

(3) 组织结构变化

在冻结及冻藏条件下，由于冰晶的形成和长大，对肌肉组织造成机械损伤。当组织结构损伤严重时，纤维间的间隙变大，结构变得松散。研究发现，随着冻藏时间的延长，冰晶在冻结肉样中逐渐增大，导致肌束受压聚集，肌肉微观组织受到破坏。细胞内或细胞外的冰晶会引起组织细胞完整性破坏，进而促进微观结构的劣变。不同的冻结速率会影响冰晶的大小，对微观结构产生不同的影响，进而影响贮藏后的肌肉品质。

(4) 持水性变化

肉的持水性是指当肉受到外力作用时对肌肉本身所含的水分及添加到肉中水分的保持能力，持水性是评定肉品质的重要指标之一，其大小与肉的风味、色泽、质构、凝结性及最终产品的多汁性等属性密切相关。肌肉在冻藏中持水性下降主要是冰晶的形成及生长使细胞膜和组织结构受到机械损害，解冻后水分不能被组织完全吸收，造成汁液流失；同时肌肉中的一些营养成分如小分子肽、氨基酸等会随着持水性下降而流失，肌肉营养品质下降。另外，细胞内的肌原纤维蛋白质变性，冰晶融化的水不能重新与蛋白质分子结合而分离出来，造成汁液流失，表现为持水能力下降。

多数研究认为，冻结速率越大，冷冻肉持水性越好。有研究表明，随着时间的延长，带鱼肌肉持水力逐渐降低，且经液氮冻结处理的带鱼持水力较平板冻结和冰柜直接冻结持水力同期值更高。但也有研究表明，过大的冻结速率并不利于提高肉品的持水性，采用超快速冻结来保证肉的功能特性是没有必要的。因此，实际生产过程中应当结合生产条件、肉类特性，选择适当的冻结和解冻方式，以最大程度地保证肉品的保水性。

(5) 色泽变化

肉色是消费者对肉品质量进行评价的重要依据，也是消费者选择冷冻肉产品时最直观的指标，对消费者购买欲影响很大。冷冻肉保水性的变化、表层肌红蛋白的氧化、高铁肌红蛋白还原酶活力变化、脂肪氧化等决定其冻结、冻藏过程中颜色的变化。研究发现，随着冻融次数的增加,多数肉制品的色泽发生劣变,使肉的可接受程度降低。

(6) 质构变化

肉品的嫩度和质构是评价肉品食用品质的指标之一,尤其在评价原料肉时,嫩度指标更为重要。肉品经冻结后一般剪切力变大、嫩度降低、口感变差,通常提高冻结速率有利于改善肉品嫩度。

4. 改善冷冻肉品质的新技术

鉴于在冻藏-解冻过程中,冷冻肉品质会发生不同程度的劣变,影响终端消费,因而改善冻肉品质的研究一直都在不断发展之中。随着工程技术的进步,在食品冷冻研究和应用领域出现了许多新型技术与手段,为冻肉品质的提高提供了有力的技术支持。

(1) 高压技术

在普通的食品冷冻工艺中,是将食品放置在低温的条件下,让食品迅速冷却,但是由于热量的传导需要一个过程,因而食品的冻结速度慢,这样会使冻结的食品内部产生粗大的冰晶,影响食品的品质。而高压冷冻技术是通过改变压力来控制食品中水的相变过程。在高压条件下将食品冷却到一定温度(此时水仍未结冰),其后迅速将压力释放,就会在食品内部形成细小而均匀的冰晶体,并且冰晶体积不会膨胀,从而可减少食品的损伤,使食品的质量得以提高。

(2) 添加抗冻蛋白及其他物质

抗冻蛋白是一类能抑制冰晶生长的特殊蛋白质,在很多有机物中都存在,包括细菌、真菌、昆虫、植物材料及鱼类等。加入抗冻蛋白可以减少肉制品的渗水并抑制冰晶的形成从而减少营养流失。作为新型的食品添加剂,抗冻蛋白可以有效减少冷冻贮藏食品中冰晶的形成和重结晶,从而提高低温冷链系列食品的质量。但由于这类蛋白目前价格较高,其应用受到很大限制,现仅限于科研和某些专门应用。

随着人们对食物健康营养的重视,一些天然植物提取物、抗氧化剂等开始取代合成物在维护肌肉品质方面发挥作用。研究发现,向鲢鱼肉糜中添加迷迭香提取物可以有效抑制贮藏中脂肪氧化及颜色的劣变;猕猴桃蛋白酶提取物可以降低由冻融循环引起的猪肉品质的变化。今后这类天然物质的添加或将成为有效提高冻肉品质的重要手段之一。

(3) 其他新技术

微冻保鲜是一种新兴的保鲜技术,可降低冻结过程中冰晶对产品造成的机械损伤、细胞的溃解和气体膨胀,而且食用时无须深度解冻,可以减少解冻时的汁液流失,保持食品原有的鲜度。虽然微冻保鲜在保持肌肉品质方面有较大的优势,但是并没有得到良好的实际应用,主要是因为精确控温设备及温度精准控制技术等问题尚未得到很好的解决。

三、水的营养价值

人的生命活动过程离不开水。水是必需的营养物质,也是其他营养物质,如微量矿物质的载体,这也是长寿地区健康饮食的重要组成。弱碱性的水中含有天然矿物质,而这些矿物质对健康是非常有益的。

对于人体来说,水是仅次于氧气的重要物质。在成人体内,60%~70%的质量是水。儿童体内水的比重更大,可达近80%。水对于维持正常新陈代谢有着非常重要的作用。如果一个人不吃饭,仅依靠自己体内贮存的营养物质或消耗自体组织,可以活上一个月左右;但是如果不喝水,连一周时间也很难度过。体内失水10%就会威胁健康,如失水20%就有生命危险,足见水对生命的重要意义。

喝水过少会导致新陈代谢受影响,但如果刻意饮水过多,也可能会引起"水中毒"。正常情况下,人每天的饮水和排水量应该差不多。成年人每天的排尿量1 500 mL左右,呼吸道排出的水大约 500 mL，故为了身体不缺水且有足够的水分让肾脏正常排毒工作，正常成年人每天需要饮水 2 000 mL 左右。但是如果是夏天或者是感冒发烧，或者是做了大量运动，或者是重体力劳动者，还需要额外补充水，一天饮水 3 000 mL 也是可以的。另外吃得多，身体产生的垃圾也会增多，也需要多饮水以利于垃圾排出。饮水量的多少会因个人工作和生活方式的不同，以及季节的不同等而有所差别。

有研究表明，饮用水中的钙和镁在预防心血管疾病方面有一定的作用，并且水中矿物质的摄入量占膳食总摄入量的贡献在一个比较宽的范围，最高可以达到 20%。

水还有治疗常见病的效果，比如：清晨一杯凉白开水可治疗色斑；餐后半小时喝一些水，可以用来减肥；热水的按摩作用是强效的安神剂，可以缓解失眠；大口喝水可以缓解便秘；睡前一杯水对心脏有好处；恶心的时候可以用盐水催吐。

任务二 掌握蛋白质组成、分类、性质、生理功能

蛋白质是生物体的重要组成成分，分布广泛，人体内几乎所有的组织器官都含有蛋白质，其含量约占人体干重的 50% 以上，在细胞中可达细胞干重的 70% 以上。动物的血液、肌肉、上皮组织、毛发等都由蛋白质构成；体内绝大多数化学反应的催化酶、调节物质代谢的某些激素、与遗传有密切关系的核蛋白、能起免疫作用的抗体、能致病的细菌和病毒等都含有蛋白质。蛋白质是生物体内最重要的生物大分子之一，也是生命活动的物质基础。肌肉收缩、消化道的蠕动、激素的分泌及高等动物记忆活动等都离不开蛋白质。

一、食物蛋白质的组成、分类与性质

蛋白质存在于所有动植物的原生质内，蛋白质的种类繁多，组成、结构、性质、功能各异。人体内的蛋白质不断进行代谢与更新。

（一）组成与结构

1. 组成

从各种动植物中提取得到的蛋白质进行元素分析，发现蛋白质的元素组成基本相同。所有蛋白质均具有碳（50%~55%）、氢（6%~8%）、氧（19%~24%）、氮（13%~19%）。另外，大多数蛋白质还含有硫（0~4%），有些蛋白质还含有少量的磷或微量的铁、铜、锰、锌、钼、钴等金属元素，个别蛋白质还含有碘等非金属元素。

蛋白质组成的重要特征是都含有氮元素。经实验测定，大多数蛋白质含氮量相当接近，平均约为 16%（质量分数），即生物组织中 100 g 蛋白质含有 16 g 氮，每含 1 g 氮大约相当于含 6.25 g 蛋白质，6.25 常被称为蛋白质系数。

2. 结构

蛋白质的基本组成单位是氨基酸。自然界中的氨基酸有三百多种，但是组成人体内蛋白质的氨基酸只有 20 种，且均为 α-氨基酸，可用如下通式表示：

$$H_2N-\underset{R}{\overset{H}{\underset{|}{\overset{|}{C_\alpha}}}}-COOH$$

其中 R 是脂肪烃基、芳香烃基、杂环基等。不同的 α-氨基酸只是 R 基不同。味精是一种氨基酸的盐,学名为谷氨酸钠,其结构为:

$$H_2N-\underset{\underset{CH_2COOH}{|}}{\overset{\overset{H}{|}}{C_\alpha}}-COONa$$

味精结构简式为:

$$HOOC-CH_2-CH_2-\underset{\underset{NH_2}{|}}{CH}-COONa$$

蛋白质是由氨基酸以脱水缩合的方式、按一定顺序组成的、具有一定空间结构的生物大分子化合物。其分子质量相当大,从几万 D 至几百万 D,由一级结构和空间结构构成,体内众多蛋白质的一级结构和空间结构各不相同,每一种蛋白质执行各自特异的生物学功能,蛋白质的结构决定了其性质。

(二) 蛋白质种类

蛋白质从不同的角度有不同的分类方式。

1. 根据分子形状分类

味精

①球状蛋白质:分子外形近似球状或椭球状,溶解性较好,能形成结晶。大多数蛋白质属于这一类,如血红蛋白、酶、免疫球蛋白等。

②纤维状蛋白质:蛋白质分子的长短轴之比大于 10,即为纤维状蛋白质。纤维状蛋白质又可分为可溶性纤维状蛋白质和不溶性纤维状蛋白质。如毛发、指甲中角蛋白,皮肤、骨组织中的胶原蛋白和弹性蛋白等。

2. 根据分子组成分类

①单纯蛋白质。

蛋白质的完全水解产物仅为各种氨基酸,这类蛋白质称为单纯蛋白质。清蛋白、球蛋白、精蛋白、组蛋白和大麦中的麦胶蛋白等都属于此类蛋白质。

②结合蛋白质。

此类蛋白质除氨基酸成分外,还含有非氨基酸成分——辅基,只有两者结合在一起才具有生物学活性。根据辅基不同,它主要分为核(酸)蛋白、糖蛋白、脂蛋白、金属蛋白和色蛋白等。

3. 根据生物学功能分类

根据生物学功能,可将蛋白质分为以下 8 类:

①具有运输作用的清蛋白、血红蛋白、运铁蛋白等。

②具有催化作用的胃蛋白酶、淀粉酶、脱氢酶。

③具有激素作用的胰岛素、生长因子。

④具有保护作用的免疫球蛋白、血浆纤维蛋白。

⑤具有收缩功能的肌动蛋白、肌球蛋白。

⑥具有结构功能的胶原蛋白、弹性蛋白。

⑦具有调节功能的钙调蛋白。

⑧具有基因调节的转录因子、阻遏蛋白等。

4. 根据来源分类

根据来源的不同,蛋白质可分为动物蛋白质和植物蛋白质。

动物体内蛋白质的含量一般高于植物体内蛋白质的含量,其质量也比植物蛋白质量好。动物肌肉组织中蛋白质含量最丰富,固形物几乎都是蛋白质,植物种子中的蛋白质含量较多,大豆中蛋白质的含量可达40%。

(1) 动物蛋白质

烹饪中接触较多的动物蛋白质是肌肉蛋白质和鸡蛋蛋白质。

肌肉蛋白质是指存在于动物横纹肌组织中的蛋白质,包括肌质蛋白质、肌原纤维蛋白质和间质蛋白质3类。肌质蛋白质是存在于肌细胞中的可溶性蛋白质,主要有肌溶蛋白、肌红蛋白等,其中肌红蛋白与肌肉颜色有关。肌原纤维蛋白质是存在于肌细胞中的不溶性蛋白质,是肌肉蛋白质的主体,主要有肌球蛋白、肌动蛋白等,它们决定肌肉的烹饪加工性能。间质蛋白质是存在于结缔组织中的蛋白质,主要是胶原蛋白,也有少数弹性蛋白,在皮肤、肌肉与骨骼连接处、韧带、血管等处大量存在。它们决定着肉类在加热中的嫩度变化。

鸡蛋蛋白质在蛋清和蛋黄中的种类有很大不同。蛋清中主要为简单蛋白质,也有一定量的糖蛋白,有卵清蛋白、伴清蛋白、类卵黏蛋白、卵黏蛋白和卵球蛋白等,其中卵黏蛋白与蛋清的起泡性有关。蛋黄中的蛋白质主要为结合蛋白质,其中卵黄磷蛋白含量最大,其次为卵黄黏蛋白。另外,还有卵黄高磷蛋白和卵黄球蛋白,卵黄蛋白质具有很强的乳化性。

(2) 植物蛋白质

烹饪加工中比较重要的植物蛋白有小麦蛋白质和大豆蛋白质。小麦蛋白质一般可分为麦胶蛋白、麦谷蛋白、清蛋白和球蛋白4类,其中麦胶蛋白和麦谷蛋白含量较多,它们不溶于水,但可吸水膨润,形成面筋,故又称为面筋蛋白质,它是小麦面粉调制成团并决定面团性质的关键成分,拉面需要高含量的面筋蛋白,而松脆的米饼中面筋蛋白含量很少。大豆含蛋白质丰富,所含蛋白质主要为大豆球蛋白。大豆球蛋白可溶于水,不发生热凝固,部分其他蛋白质会热凝固,用以生产腐竹。

(三) 蛋白质的主要性质

1. 两性电离和等电点

蛋白质分子表面带有一定量的氨基(呈碱性)和羧基(呈酸性)。在水中可发生两性电离。蛋白质分子在水溶液中的电离情况可表示为:

$$Pr\begin{matrix}NH_2\\COOH\end{matrix} \text{ 蛋白质分子}$$

$$Pr\begin{matrix}NH_2\\COO^-\end{matrix} \underset{OH^-}{\overset{H^+}{\rightleftharpoons}} Pr\begin{matrix}NH_3^+\\COO^-\end{matrix} \underset{OH^-}{\overset{H^+}{\rightleftharpoons}} Pr\begin{matrix}NH_3^+\\COOH\end{matrix}$$

阴离子　　　　　两性离子　　　　　阳离子
溶液pH>pI　　　 pH=pI　　　　　　pH<pI

蛋白质电离

如果将溶液的 pH 调节到某种蛋白质分子正好以两性离子的形式存在时,则蛋白质分子在电场中既不向阴极移动,也不向阳极移动,此时溶液的 pH 值称为该蛋白质的等电点,用 pI 表示。蛋白质处于等电点时,溶解性、黏性、溶胀性、导电能力等都降到最低值。大多数蛋白质的等电点偏酸性,少数呈现偏碱性的特点。

2. 水化作用

水化作用也称为水合作用，指蛋白质分子与水结合的能力。蛋白质的分子表面带有许多极性基团（如：羧基—COOH、氨基—NH_2 等），对水具有亲和能力。这些极性基团及蛋白质分子中的肽键，均能通过氢键、静电引力等形式与水分子相互作用，把无数水分子吸附到蛋白质分子表面，从而使蛋白质分子形成很厚的水化膜。吸附在蛋白质分子表面水层中的水属于结合水，不能再溶解其他的物质。

蛋白质水化作用的直接结果是使蛋白质成为亲水胶体。但水化作用还与其他许多功能有关，它是蛋白质其他胶体性的基础。例如：蛋白质的润湿性、溶解、溶胀、持水容量，以及黏附力和凝集、凝固等都与水化作用有关。水化作用较强烈的蛋白质能分散于水而形成溶胶。水化作用较弱的蛋白质，虽然不能分散于水，但也能结合一定量的水分。

影响蛋白质吸水性的因素：一是蛋白质的结构（如蛋白质形状、表面积大小、蛋白质分子表面极性基团数目及蛋白质分子的微观结构是否多孔等），蛋白质的表面积大、表面极性基团数目多、多孔结构都有利于蛋白质的水化；二是浓度，总吸水量随蛋白质浓度的增大而增加；三是溶液的酸碱度 pH，pH 的改变会影响蛋白质分子的电离和所带净电荷的数目，从而影响蛋白质分子与水结合的能力。适当升高温度、适量电解质、pH 偏离等电点都可增强蛋白质的水化作用。一般温度在 0~40 ℃时蛋白质的水合能力随温度的升高而增大；温度高于 40 ℃时，蛋白质因空间结构被破坏而变性，结合水的能力随之下降，从而聚集沉淀，从溶液中沉淀析出。烹饪加工中最重要的是维持蛋白质的水化状态，其次是利用影响水化作用的因素来控制工艺条件，提高一些低水化食品的水化程度。

3. 黏性

部分蛋白质能在水中完全分散溶解形成蛋白质溶液，由于蛋白质分子的体积很大，而且由于水化作用而使蛋白质分子表面带有水化层，更增大了分子的体积，使得蛋白质溶液的流动阻力变大，所以蛋白质分散于水所形成的溶胶具有较大的黏性。蛋白质溶液的黏度要比一般小分子溶液大得多。蛋白质溶液的黏度除与浓度有关外，还与蛋白质分子的形状和表面积状况有关。一般而言，表面带电荷较多者，黏性较大；浓度越大，其黏性也越大；球状蛋白质比纤维状蛋白质的黏性小。例如：鲜鸡蛋的蛋清呈碱性，但其主要蛋白都在酸性范围，因此具有很高的黏度，在烹饪中常作为黏结剂来使用。了解蛋白质溶液的黏度对制作液态、膏状和糊状食品（如肉汤、汤汁、酸奶和稀奶油等）过程中确定最佳加工工艺具有实际意义。

4. 起泡性和稳定性

（1）泡沫的形成

食品产生泡沫是常见的现象，无论是需要的还是不需要的，在加工过程中都会出现。面包、棉花糖、啤酒、蛋糕、冰激凌等食品都属于含泡沫产品。

纯液体很难形成稳定的泡沫，必须加入起泡剂。常用的起泡剂是表面活性剂，多是蛋白质、纤维素衍生物等成分。烹饪加工中利用蛋清制作含泡沫的菜肴食品。形成蛋白质泡沫的方法主要有鼓泡法、打擦起泡法等。鼓泡法是将气体不断地通入一定浓度的蛋白质溶液（2%~8%）中，鼓出大量的气泡。打擦起泡法是利用搅打或振荡使蛋白质在界面上充分吸附并伸展，获得大量的泡沫，所以充分的打擦是必需的，但过度打擦也会造成泡沫的破裂，所以，打擦蛋清一般不宜超过 7 min。

气体（空气、二氧化碳）在外力的作用下分散在液体中形成气乳胶（也叫"稀泡沫"），在气乳胶阶段气泡周围有大量的、连续的液体（连续相）。如果液体黏度小，这些气泡会直接冲出液面而消失；如果液体黏度大，再加上如果有表面活性剂（蛋白质）存在，气泡上升到液面后彼此相连，聚集为气泡聚集物，继而形成泡沫。泡沫之间被液膜分开，液膜的液体流失，这些泡沫会消泡。但液膜中的液体如果含有起泡剂（蛋白质等）时，液膜中的水流失后，起泡剂仍然可以维持膜结构，从而形成干泡沫状态，像面包、发泡蛋糕的最终疏松结构就是这样形成的。

蛋白质不仅是很好的起泡剂，更重要的是还有稳泡性。因为蛋白质不但能降低表面张力，形成具有一层黏结、富有弹性而不透气的蛋白质膜，能较长时间保持泡沫不破灭，而且蛋白质在液膜中的存在大大提高了液体的黏度，液体的流动性减小，这对泡沫的稳定也有益。搅打蛋清，会得到大量泡沫，就是因打入的空气形成气泡，蛋白质在气泡的水-气界面上吸附、聚集、分子伸展和变性，同时，搅打使蛋白质分子在机械力切割下形成包裹气泡的蛋白质膜，使泡沫稳定，最后得到大量的泡沫聚集体。

（2）影响蛋白质起泡和稳泡的因素及应用

起泡性和稳泡性的大小与蛋白质的种类和浓度、酸碱度、溶液的黏度、温度、盐离子等有关。

①蛋白质种类。具有良好发泡性质的蛋白质有卵清蛋白、血红蛋白中的珠蛋白部分、血清蛋白、明胶蛋白、乳清蛋白、酪蛋白、小麦蛋白（特别是麦谷蛋白）、大豆蛋白和某些蛋白质的低度水解产物。特别是卵清蛋白，常作为比较各种蛋白起泡力的参照物。

②溶液的酸碱度。卵清蛋白和明胶蛋白虽然表面活性较差，但它们可以形成具有一定机械强度的薄膜，尤其是在其等电点附近，蛋白质分子间的静电相互吸引使吸附在空气水界面上的蛋白质膜的厚度和硬度增加，泡沫的稳定性提高。

③黏度。提高泡沫中主体液相的黏度，可防止气泡膨胀，也有利于气泡的稳定。比如在蛋清蛋白中加入蔗糖和甘油时，黏度增大，起泡性减小，但泡沫的稳定性增强，并可防止过度发泡。在打蛋泡时，在打擦起泡后加入蔗糖较好。

④温度。泡沫形成前对蛋白质溶液进行适度的热处理可以改进蛋白质的起泡性能。过度的热处理会损害蛋白质的起泡能力。温度高于 40 ℃时，泡沫中的空气受热膨胀，会导致气泡破裂及泡沫解体。只有蛋清蛋白在加热时能维持泡沫结构。

5. 变性

天然蛋白质在一定的条件下，原有的性质和功能发生部分或全部改变的现象称为变性。变性的本质是维持蛋白质空间结构的作用力被破坏。大多数的蛋白质变性是不可逆的，若蛋白质变性程度较轻，消除变性因素后，蛋白质仍可恢复或部分恢复其原有的构象和功能，称为蛋白质复性，如天然状态的牛核糖核酸酶在加入尿素和 β-巯基乙醇后，空间结构被破坏，失去了催化活性，但是去除变性因素后，又可恢复到正常的天然状态。

变性之后的蛋白质在多种性质上均发生了改变，较明显的是水化作用减弱，黏度增大。引起蛋白质变性的因素很多，例如酸、碱、重金属盐、有机溶剂等化学因素和高温、高压、紫外线、X射线、超声波及强烈振动等物理因素。烹饪加工过程中常见的蛋白质变性一般是由温度、酸碱等引起的。蛋白质的热变性一般在 45 ℃时开始，达 55 ℃以上有可见的变化。在酸或碱存在时，热变性速度加快。蛋白质加热成熟后具有不可逆变性。冷冻和强烈振动蛋白质溶胶也会导致蛋白质变性。常温下，蛋白质在 pH 为 4~10 范围内比较稳定，超出该范围会引起变性。

6. 水解作用

蛋白质在体外的降解反应称为蛋白质的水解。人们习惯上把蛋白质在体内的水解过程称为消化。

研究发现，蛋白质在水解或消化过程中是逐步降解的，最后成为各种氨基酸的混合物。蛋白

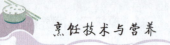

质完全水解或消化后得到的氨基酸是蛋白质的基本组成单位。

蛋白质在酸、碱的水溶液中加热或在酶的催化下，会与水发生反应，其分子中的部分肽键被破坏，逐步分解成相对分子质量较小的产物，最终产物为氨基酸。蛋白质的水解过程为：

蛋白质→胨（初解蛋白质）→胨（消化蛋白质）→多肽→二肽→α-氨基酸

根据蛋白质的水解程度，可将蛋白质和水解分为完全水解和不完全水解。

（1）完全水解

在强酸、强碱或高温（100~110 ℃）和长时间（10~20 h）条件下，可发生蛋白质的完全水解。完全水解的产物是各种氨基酸。酸水解时有少数氨基酸被破坏，如：色氨酸完全被破坏，羟基氨基酸及含酰氨基的氨基酸被分解或水解。碱水解时多数氨基酸被破坏。

蛋白质的完全水解，尤其是酸水解在食品加工中应用较多，如利用酸水解生产化学油和营养添加剂氨基酸等。

（2）不完全水解

在酶或稀酸等较温和的条件下，蛋白质会发生不完全水解，不完全水解产物是各种大小不等的肽段和氨基酸。氨基酸是蛋白质轻微水解的产物，它仍具有黏度大、溶解度小、加热可凝固等高分子特性。肽是较小分子的产物，易溶于水，通常在 30~50 ℃即可水解。在烹饪中，蛋白质一般都不能完全水解。

蛋白质是大分子物质，食物蛋白质必须在消化道经过一系列消化酶的催化才能发生分解，以氨基酸或寡肽的形式被机体吸收利用。未经消化的蛋白质不易被吸收，蛋白质的消化过程可消除种属特异性和抗原性，防止过敏及毒性反应的发生。唾液中不含蛋白酶，故蛋白质的消化作用在胃和小肠中完成，氨基酸的吸收部位主要在小肠，是一个耗能的主动吸收过程。

7. 羰氨反应

羰氨反应又称为美拉德反应，食品中含氨基的化合物（如氨基酸、肽、蛋白质、胺等）和含羰基的化合物（还原糖、醛、酮等）之间经缩合、聚合而生成类黑精的反应。美拉德反应的产物主要是含类黑精、还原酮以及含 N、S、O 的杂环化合物，使食品颜色加深，并赋予食品一定的风味。

二、蛋白质的生理功能

蛋白质的生理功能多种多样，主要体现在：

1. 组织细胞的基本结构成分

如细胞外结构蛋白胶原纤维参与骨骼和结缔组织的形成；头发、指甲主要由不溶性蛋白角蛋白构成。

2. 运输载体作用

如血红蛋白可以转运氧气和二氧化碳，血清清蛋白可以转运脂肪酸和胆红素。

3. 催化功能

大部分酶的化学本质是蛋白质，可以催化生物体内的代谢反应，如胰蛋白酶催化食物蛋白质的分解。

4. 调节作用

某些蛋白质激素可调节物质代谢，如可以调节血糖的胰高血糖素和胰岛素，与个体的生长、生殖有关的促生长素、促甲状腺激素和黄体生成素等。

5. 防御作用

如免疫球蛋白又称为抗体，对机体有保护作用；凝血酶和纤维蛋白原可以参与机体的凝血功能。

6. 信号转导作用

某些蛋白质参与细胞内和细胞间信息的接受与传递，如 G 蛋白和 G 蛋白受体，以及各种激素的受体蛋白。

7. 控制细胞生长、分化和遗传信息的表达作用

如组蛋白、各种转录因子、阻遏蛋白等参与遗传信息的表达。

8. 营养与运动作用

如动植物蛋白提供各种必需氨基酸；某些蛋白质参与组织的收缩及运动，如肌肉收缩就是主要通过肌纤维中的肌球蛋白和肌动蛋白两种蛋白丝的滑动来实现的；在细菌中，微管蛋白参与构建鞭毛中的微管，微管与鞭毛及纤毛中的动力蛋白共同参与细菌细胞的运动。

知识拓展

人体蛋白质过量与缺乏的表现及危害

三、烹饪与储藏对食物蛋白质的影响

（一）蛋白质（氨基酸）在烹饪中的变化及其应用

1. 变性

在烹饪中采用爆、炒、炸等方式，高温加热加快了蛋白质变性的速度，使原料表面因变性凝固、细胞空隙闭合，锁住原料的营养素和水分，既使菜的口感鲜嫩，又能保住较多的营养成分不受损失。如肉类在烹饪前先用沸水烫一下或者在热油中速炸一下，就可达到上述目的。同时，畜肉加热后变色也是由于肌肉中的肌红蛋白受热逐渐发生变性造成的。

2. 水解

蛋白质在烹饪中除了会发生变性作用以外，还有水解作用，产生氨基酸和低聚肽。许多氨基酸都有明显的味感，如蛋氨酸、苯丙氨酸、色氨酸、缬氨酸、亮氨酸、异亮氨酸、精氨酸等呈苦味；甘氨酸、脯氨酸、丝氨酸、丙氨酸等呈甜味；天冬氨酸、谷氨酸等呈酸味；天冬氨酸钠和谷氨酸钠呈鲜味。

对于富含蛋白质的原料，烹饪中若选用长时间加热的烧、煮、炖、煨、焖等烹调技术，蛋白质会发生水解，水解产生的氨基酸和低聚肽等呈味物质不断释放于汤中，使食材酥烂，汁味浓郁醇厚。如：煮鱼、烧鱼时会生成谷氨酸、天冬氨酸以及这些氨基酸组成的低聚肽，所以鱼汤的滋味特别鲜美。

发酵食品中的豆酱、酱油是利用大豆蛋白为原料经酶水解制成的调味品，除了含呈鲜味的谷氨酸钠，还含有以谷氨酸、亮氨酸、天冬氨酸构成的低聚肽，从而使这类食品具有鲜香味。

3. 羰氨反应

几乎所有的食品或食品原料内均含有羰基类物质和氨基类物质，因此均可能发生羰氨反应。羰氨反应是发生在食品加工过程中最重要的化学反应之一，影响食品的颜色、风味、营养价值等质量特性。

（1）羰氨反应与食品色泽

羰氨反应赋予食品一定的颜色，对于食品而言，深浅必须要控制好，比如面包表皮的金黄色，在和面过程中要控制好还原糖和氨基酸的添加量，焙烤时要控制好温度，防止最后反应过度生成焦黑色；酱油的生产过程中需要控制好加工温度，防止颜色过深。

羰氨反应的发生有时是我们期望的，如：咖啡、红茶、啤酒、酱油、糕点、面包等；但有时羰氨反应的发生又不是我们期望的，如：乳品加工过程中，如果杀菌温度控制不当，乳中的乳糖和酪蛋白会发生羰氨反应会使乳呈现褐色，影响乳品的品质。

（2）羰氨反应与食品风味

通过控制原材料、温度及加工方法，可制作各种不同香味、风味的物质。温度不同，同种食物产生的香气也不同，例如：酵母和木糖水解蛋白在90 ℃及160 ℃条件下反应会分别产生饼干香味和酱肉香味；缬氨酸和葡萄糖在100~150 ℃及180 ℃温度条件下反应会分别产生烤面包香味和巧克力的香味。加工方法不同，同种食物产生的香气也不同，例如：麦经水煮可产生75种香气，经烘烤可产生150种香气；土豆经水煮可产生125种香气，而经烘烤可产生250种香气。所以用羰氨反应可以生产各种不同的香精，目前，主要用于生产肉类香精。国内已经研究出用羰氨反应制备牛肉、鸡肉、鱼肉香料的生产工艺。

（二）蛋白质在储藏中的变化及其应用

富含蛋白质的食物易发生腐败变质，例如肉类、蛋类、奶类等，原料中的蛋白质经微生物的分解，产生大量的胺类及硫化氢，出现臭味，这种现象称为腐败。

肉类食品在贮藏过程中，特别是冷冻贮藏中，可发生蛋白质变性、变色、失水、汁液流失以及脂肪氧化，从而降低食品的营养价值，但不同种类的食品，其变化有所不同，如冷冻对牛、羊、猪肉蛋白质变性影响较小，但对鱼类蛋白质则会引起一定的变性。因此，在低温贮藏中应采取相应措施以保持食品的鲜度和营养价值。

（三）蛋白质的营养价值以及提高食物蛋白质营养价值的方法

不同食物蛋白质的营养价值取决于蛋白质中所含必需氨基酸的种类、数量和比例。构成人体蛋白质的有20种氨基酸，成人体内有8种氨基酸不能合成，幼儿体内有9种氨基酸不能合成。这些人体必需又不能自身合成，而必须由食物供应的氨基酸，称为必需氨基酸。缬氨酸、异亮氨酸、亮氨酸、苏氨酸、蛋氨酸、赖氨酸、苯丙氨酸和色氨酸均属于必需氨基酸。

通常某种食物蛋白质的营养价值本身不可以提高，但可以通过适当增加蛋白质食物的摄入量，也可以通过不同食物之间的合理搭配，使必需氨基酸之间相互补充，从而提高蛋白质的营养价值。日常生活中，属于优质蛋白质的食物，主要包括鱼虾类、蛋类、奶类、豆制品类。这些食物蛋白质含量比较丰富，生物利用率高，可通过适当增加上述食物的摄入补充蛋白质。

蛋白质互补时要注意的三个原则

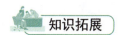
知识拓展

小分子肽

任务三 掌握糖的组成、结构、分类及生理功能

糖类是自然界中广泛分布的一类重要的有机化合物。葡萄糖、蔗糖、淀粉、纤维素等均属糖类。糖在生命活动过程中起着重要的作用，是一切生命体维持生命活动所需能量的主要来源。植物中最重要的多糖是淀粉和纤维素，动物细胞中最重要的多糖是糖原。

一、糖的组成、结构与分类

（一）糖类的组成与结构

从分子结构上看，糖是多羟基醛、多羟基酮及其脱水缩合产物。如葡萄糖为醛糖，果糖为酮糖。糖类化合物分子中的官能团有：羟基（—OH）和醛基（—CHO）或酮基（—CO—）。

由于绝大多数的糖类化合物都可以用通式 $C_n(H_2O)_m$ 表示，所以人们习惯把糖类称为碳水化合物。糖类广泛分布于植物体内，占植物干重的 50%~80%。糖类在动物体内含量很少，仅占动物干重的 2% 以下。

（二）糖的分类与结构

根据糖能否水解及不同的水解产物，可将糖分为单糖、寡糖、多糖、结合糖。

1. 单糖

单糖是最简单的糖类，不能水解生成更简单的糖类。从结构上看，单糖都是多羟基醛或多羟基酮。我们通常把多羟基醛称为醛糖，多羟基酮成为酮糖。又根据分子中碳原子的数目，单糖可分为丙糖（三碳糖）、丁糖（四碳糖）、戊糖（五碳糖）、己糖（六碳糖）等。烹饪原料中较常见的单糖有葡萄糖、果糖、半乳糖和甘露糖等，其中葡萄糖和果糖能进行各种发酵。葡萄糖、果糖结构如图5-1、图5-2所示。

葡萄糖的分子式为 $C_6H_{12}O_6$，属于己醛糖，葡萄糖的结构简式为：$CH_2OH(CHOH)_4CHO$。果糖的结构简式为：$CH_2OH(CHOH)_3-\overset{O}{\overset{\|}{C}}-CH_2OH$，属于己酮糖。葡萄糖、果糖在水溶液中也可以环状结构式存在。

葡萄糖不仅广泛存在于植物体中，人和动物的血液中也含有葡萄糖。我们把人体血液中的葡萄糖称为血糖，正常人在空腹状态下血糖含量为 3.9~6.1 mmol/L。果糖是现在已知最甜的糖，它也是自然界中分布较广的一种单糖，游离的果糖主要存在于水果和蜂蜜中，大量的果糖以结合状态存在于蔗糖中。

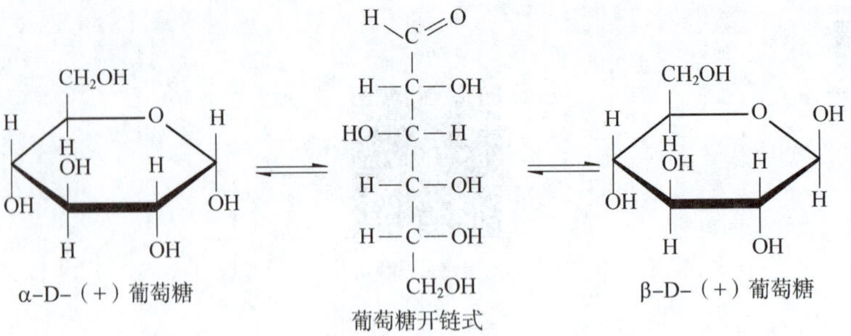

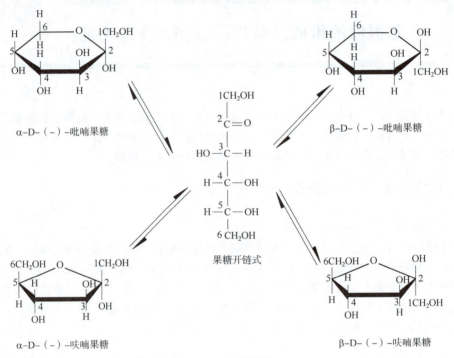

图 5-1　葡萄糖结构

图 5-2　果糖结构

2. 寡糖

寡糖又称为低聚糖，由单糖分子间脱水缩合而成，缩合所形成的化学键常称为糖苷键。每分子寡糖水解可生成 2~10 个单糖分子。根据聚合度不同，寡糖分为二糖（双糖）、三糖和四糖等。烹饪原料中常见的寡糖是双糖、还原性双糖（有个游离的半缩醛羟基），如乳糖和麦芽糖等；非还原性双糖（无游离的半缩醛羟基），如蔗糖和海藻糖等。蔗糖不能被酵母直接发酵，麦芽糖可被酵母直接发酵。蔗糖结构如图 5-3 所示，麦芽糖、乳糖与蔗糖结构类似。

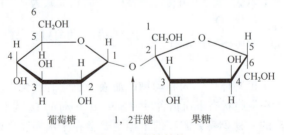

图 5-3　蔗糖结构

3. 多糖

多糖又称为多聚糖，也是由许多个单糖分子间脱水缩合而成的天然高分子化合物。其聚合度一般在 10 以上，发生水解可生成多种中间产物，最终产物为单糖。食品中常见的多糖有淀粉、纤维素、糖原等，可以用通式 $(C_6H_{10}O_5)_n$ 表示。

天然淀粉是直链淀粉（见图 5-4）和支链淀粉（见图 5-5）组成的混合物。直链淀粉是由许多葡萄糖单元以 α-1，4-苷键结合而成的长链状物质。支链淀粉又称胶淀粉，与直链淀粉相比，支链淀粉具有分支，其中葡萄糖单元之间的连接苷键除了 α-1，4-苷键外，尚有 α-1，6-苷键。支链淀粉的相对分子质量比直链淀粉大。纤维素的结构与直链淀粉类似。图中小圆圈表示葡萄糖单元。

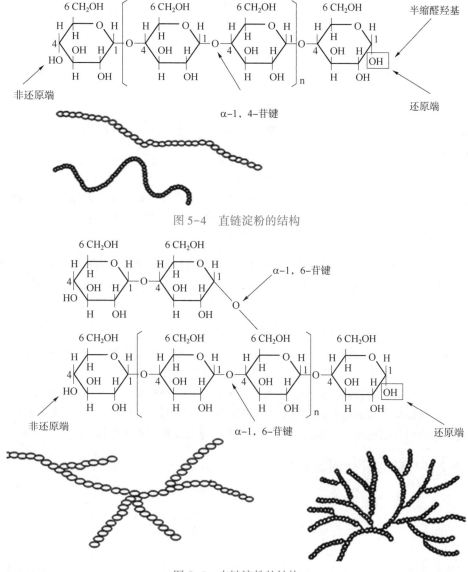

图 5-4 直链淀粉的结构

图 5-5 支链淀粉的结构

多糖不是纯净物，而是聚合程度不同的混合物。因为多糖分子中的苷羟基几乎都被结合为苷键，所以多糖的性质与单糖、低聚糖的性质差别较大，大多数多糖无甜味、不溶于水、无还原性、不能被托伦试剂和班氏试剂等弱氧化剂氧化。

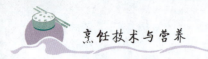

4. 结合糖

结合糖，也称复合糖，指糖与非糖物质以共价键结合形成的化合物，糖与蛋白质可结合成糖蛋白或蛋白多糖，糖与脂类结合为糖脂。

糖精不是糖

二、糖的生理功能

（一）氧化供能

糖是机体重要的能量来源。1 mol 葡萄糖彻底氧化可释放 2 840 kJ 能量。人体所需能量的 50%～70%来源于糖。

（二）为其他物质的合成提供碳骨架

糖代谢的某些中间产物可为蛋白质、核酸、脂质的合成提供碳骨架。例如，糖代谢的中间产物丙酮酸可转化为丙氨酸，用于合成蛋白质，乙酰辅酶 A 可参与脂肪的合成等。

（三）构成人体组织结构的重要成分

糖与蛋白质、脂质等大分子物质结合形成复合物，如糖蛋白等，是构成生物膜等重要细胞结构的组成成分。又如蛋白聚糖，构成结缔组织、软骨和骨的基质；糖蛋白参与神经组织的构成等。

（四）参与信息传递和细胞分子间的识别

细胞膜表面糖蛋白参与细胞间的信息传递，与细胞免疫、识别作用有关。还有一些具有特殊生理功能的糖蛋白，如激素、免疫球蛋白、血型物质等参与分子间的信息传递与分子识别。

另外，虽然纤维素不能被人体消化吸收，但可以促进胃肠蠕动，对人体健康发挥着重要的作用。它在预防肠道疾病和促进肠道健康、具有饱腹感和调节体重、调节血糖和预防 2 型糖尿病、预防脂代谢紊乱引起的冠心病、预防结肠癌的发生等方面发挥着积极作用。

三、烹饪与储藏对食物糖的影响

（一）单糖和低聚糖在烹饪、储藏中的变化与应用

1. 性质

（1）主要物理性质

①溶解和吸湿。糖类物质中的单糖和寡糖都易溶于水。糖类物质都具有一定的吸湿性，果糖的吸湿性大于葡萄糖的吸湿性，葡萄糖的吸湿性大于麦芽糖的吸湿性，蔗糖的吸湿性很小。

②结晶和熔点。大多数单糖和寡糖都有一定的结晶性。蔗糖晶粒较大，葡萄糖晶粒细小，果糖则不易结晶。糖类熔点较高，蔗糖的熔点为 160～186 ℃，麦芽糖的熔点为 102～108 ℃，葡萄糖的熔点为 146～150 ℃。当温度达到糖类的熔点时，一般已接近其分解温度。

③味道。单糖和聚合度较低的寡糖具有不同程度的甜味。一般将蔗糖的甜度规定为100,果糖最甜,甜度为175;葡萄糖的甜度为74;麦芽糖的甜度仅为30~60。

(2) 主要化学性质

①水解反应。在酶的作用下或在酸性条件下加热,可使糖类水解。寡糖水解一般生成单糖。蔗糖的水解常称为"转化",其水解产物(葡萄糖和果糖的混合物)常称为"转化糖"。

②酸、碱的作用。室温下,稀酸对单糖的稳定性没有影响,但当温度和酸的浓度稍高时,即可发生反应。糖类物质在碱性条件下加热时不稳定,易发生异构化、分解、氧化等反应。

2. 在烹饪、储藏中的变化与应用

以蔗糖为例,在烹饪、储藏中的变化与应用如下:

(1) 水解反应

利用转化糖(是用稀酸或酶对蔗糖作用后所得的混合物)制作糕点,能提高甜度,使糕点松软可口,并有爽口的风味。

(2) 重结晶现象

蔗糖的过饱和溶液降温后能重新形成晶体,这是制作挂霜菜的依据。

(3) 无定形体(玻璃体)的形成

在蔗糖溶液过饱和程度稍低的情况下,逐渐降低含水量,当含水量为2%左右时,迅速冷却可形成无定形体(玻璃体)。

(4) 焦糖化反应

焦糖化反应是指因糖发生脱水与降解等,而引发的褐变反应。焦糖化反应在酸、碱条件下均可进行,但速度不同,如pH为8时要比pH为5.9时快10倍。糖在强热的情况下生成两类物质:一类是糖的脱水产物,即焦糖或酱色;另一类是裂解产物,即一些挥发性的醛、酮类物质,它们进一步缩合、聚合,最终形成深色物质。

(5) 发酵反应

发酵是一种十分复杂的生物化学反应过程,可分为有氧发酵和无氧发酵。通常所说的发酵,多指生物体对于有机物的某种分解过程。发酵是利用微生物在适宜的条件下,将原料经过特定的代谢途径转化为人类所需要的产物的过程。由于不同的微生物具有产生不同代谢产物的能力,因此,利用不同的微生物就可以生产出人们所需要的多种产物。

糖是微生物发酵所利用的主要营养物质之一,可以被酵母、细菌、霉菌等所利用。如葡萄糖、果糖、甘露糖及半乳糖可直接被酵母菌利用,而麦芽糖、蔗糖、乳糖等低聚糖应先被水解后才可进行发酵。烹饪中的面团发酵主要是葡萄糖发酵,产生乙醇和二氧化碳,并伴有乳酸发酵,产生独特的酒香气,其反应式为:

$$C_6H_{12}O_6 \xrightarrow{\text{酶}} 2CO_2\uparrow + 2C_2H_5OH + \text{能量}$$

制作酸乳饮料、泡菜和腌菜的发酵过程主要是乳酸发酵作用,产生乳酸,具有独特的风味,由于蔗糖、葡萄糖等具有发酵性,在食品加工中为了避免微生物造成的腐败变质,常用甜味剂替代。

(二) 淀粉的性质及其在烹饪、储藏中的变化与应用

1. 性质

淀粉是由葡萄糖组成的大分子多糖,天然淀粉是直链淀粉和支链淀粉组成的混合物。直链淀粉又称糖淀粉,能溶于热水。支链淀粉又称胶淀粉,与直链淀粉相比,支链淀粉具有分支,相对分子质量比直链淀粉大,不溶于水,在热水中则溶胀呈糊状。

抗性淀粉

直链淀粉和支链淀粉都是无甜味的白色粉末，无还原性、不能被托伦试剂和班氏试剂等弱氧化剂氧化；在冷水或乙醇中均不溶解，直链淀粉较易溶于热水，随着温度的升高，溶解度增大；遇碘会生成蓝色化合物，在酸或酶的作用下发生水解反应，直链淀粉比支链淀粉易水解；在热水中易糊化，温度降低后会老化。

2. 在烹饪、储藏中的变化与应用

淀粉具有独特的理化性质及功能特性，在食品加工中具有广泛应用。上浆、挂糊、勾芡烹饪就是利用了淀粉的糊化和老化等性质。此外，油煎、炸富含碳水化合物的食品会产生丙烯酰胺。

丙烯酰胺不仅能够损伤机体的神经系统、生殖系统、遗传基因，而且还存在致癌性。丙烯酰胺的形成过程是一种极为复杂的多级反应过程，该过程包含离子型反应和自由基反应。

淀粉类食品（如薯条、饼干、面包等）在高温（＞120 ℃）烹调（油煎、油炸、烧烤）时，容易产生丙烯酰胺。丙烯酰胺产生的多少与油温、食物的种类、煎炸烧烤时间以及所用的油是否反复加热使用等因素均有密切关系，其含量一般随加工温度的升高而增高。麦粉类制品在煎炸油温达到170 ℃时，丙烯酰胺含量呈现缓慢上升的趋势；在煎炸油温达到210 ℃时，丙烯酰胺含量呈现急剧上升的趋势。在煎、炸过程中，丙烯酰胺最初形成于食品的外表面，经过热传导、辐射以及油温迁移，逐步渗透到食品内部。所以食品，特别是淀粉类食品不宜长时间煎炸。薯类油炸食品、谷物类油炸食品中丙烯酰胺含量较多，尤其是油炸土豆中的丙烯酰胺含量最高，尽量避免食用。

淀粉是绿色植物光合作用的产物，是植物体储存营养物质的一种形式，主要存在于植物的种子、块根、块茎等部位，其用途十分广泛。除可直接食用外，还可加工成各种变性淀粉、水解产品等。淀粉制成的食品，如粉丝、粉条等可以直接食用。淀粉作为原料可应用于方便面、火腿肠、冰激凌等食品和可降解塑料制品中。淀粉作为发酵原料可用于葡萄糖、氨基酸、酒精、抗菌素、食醋、味精、黏合剂及纸张、布匹的上胶剂等产品的生产。在制药上，淀粉常用作赋形剂等。

玉米淀粉中直链淀粉占27%，其余为支链淀粉；而糯米几乎全部是支链淀粉。有些豆类淀粉全是直链淀粉，直链淀粉比支链淀粉容易消化。

（三）纤维素的性质及烹饪、储藏中的变化与应用

1. 性质

纤维素是由葡萄糖组成的大分子多糖，不溶于水及一般有机溶剂，也不溶于稀碱溶液，是植物细胞壁的主要成分，在自然界中分布广、含量多，占植物界碳含量的50%以上。在一定条件下，纤维素在酶的催化下可发生水解反应，与氧化剂发生化学反应后，生成一系列与原来纤维素结构不同的物质。人的胃肠不能分泌纤维素水解酶，因此纤维素不能被人体消化吸收。

2. 在烹饪、储藏中的变化与应用

在焙烤食品中使用的纤维素主要来源于谷物、果蔬。纤维素在小剂量添加范围内对面筋网络结构和面团有一定的改良作用，能延缓面包陈化率，增大面包和糕点体积，改善饼干咀嚼性，满足人们对高膳食纤维、低能量焙烤食品的需求。

纤维素稳定性也较好，不与食品中任何成分发生对人体不利的理化反应；另外长期食用富含有纤维素的食品，能促进胃肠蠕动，有益于防止便秘、抗肠癌，并可降低胆固醇、调节血脂、血糖。多吃蔬菜、水果以保持摄入一定量的纤维素对人体健康有重要意义。

纤维素是粉末状产品，遇水会结块，所以储存时首要注意的问题就是防潮，温度也不能过低，也不能有太多水汽，更不能出现水源。

（四）活性多糖的性质及其应用

活性多糖是由许多单糖分子结合而成的天然高分子化合物，是生命有机体的重要组成部分，

广泛存在于植物和微生物细胞壁中，毒性小、安全性高、功能广泛，具有非常重要与特殊的生理活性，如灵芝多糖、枸杞多糖、香菇多糖、黑木耳多糖、海带多糖、松花粉多糖等。富含活性多糖的食物有香菇、蘑菇、黑木耳、银耳、金针菇、枸杞子、茶叶等。

活性多糖具有双向调节人体生理节奏的功能，活性多糖大多数可以刺激免疫活性，能增强网状内皮系统吞噬肿瘤细胞的作用，促进淋巴细胞转化，激活 T 细胞和 B 细胞，并促进抗体的形成，从而在一定程度上具有抗肿瘤的活性。活性多糖还能降低甲基胆蒽诱发肿瘤的发生率，对一些易发生广泛转移、不宜采取手术治疗和放射疗法的白血病、淋巴瘤等特别有价值。

（五）黏多糖的性质及应用

黏多糖又称氨基多糖，是含氮的不均一多糖，是构成细胞间结缔组织的主要成分，也广泛存在于哺乳动物各种细胞内。构成它的糖单元不止一种，有氨基己糖、己糖醛酸及其他己糖等。黏多糖存在于结缔组织中，是腺体分泌黏液的组成成分，它常与蛋白质结合成黏蛋白。

黏多糖具有多种药理活性，包括抗凝血、降血脂、抗病毒、抗肿瘤及抗放射等作用。已知黏多糖是动物药的常见活性成分，如在阿胶、鹿茸、牡蛎、穿山甲、虎骨等类药材中均含有黏多糖。

四、糖类食物来源和膳食参考摄入量

糖类食物（碳水化合物）来源广泛，我国居民膳食中的碳水化合物主要来自小麦、稻米、玉米、小米、高粱米等谷类，含量为 70%～75%；绿豆、赤豆、豌豆、蚕豆等干豆类，含量为 50%～60%；甜薯、马铃薯、芋头等薯类，含量为 20%～25%。甘蔗和甜菜是蔗糖的主要来源，蔬菜和水果除含少量可利用的单糖、果糖外，还含有纤维素和果胶类。

中国营养学会建议适宜摄入量（AI）：碳水化合物所提供的能量应占总能量的 55%～65%，精制糖不超过总能量的 10%。

任务四 认识油脂

油脂是油和脂肪的总称。人们习惯上把来源于植物体内，在常温下呈液态的油脂称为油，如花生油、芝麻油、蓖麻油、大豆油等；而把来源于动物体内，在常温下呈固态的油脂称为脂肪，如猪脂、牛脂、羊脂等。

油脂是人类重要的营养物质之一，在人体内氧化时能够产生大量热能，是动物体内主要的能量来源，也是促进吸收脂溶性维生素的重要物质。油脂在烹饪中具有非常重要的意义。

一、食物油脂的组成与分类

（一）组成与结构

油脂是由碳、氢、氧 3 种元素组成的一类有机化合物。自然界中的油脂是多种物质的混合物，其主要成分是一分子甘油与三分子高级脂肪酸脱水形成的酯，称为甘油三酯，并且含有少量的游离脂肪酸、维生素和色素等其他成分。油脂的化学结构可用如下通式表示：

$$\begin{array}{l} CH_2-O-CR_1 \\ \quad\quad\quad\quad \| \\ \quad\quad\quad\quad O \\ CH-O-CR_2 \\ \quad\quad\quad\quad \| \\ \quad\quad\quad\quad O \\ CH_2-O-CR_3 \\ \quad\quad\quad\quad \| \\ \quad\quad\quad\quad O \end{array}$$

式中，R_1、R_2、R_3分别代表3个脂肪酸分子的烃基。它们在构成脂肪分子时，可以完全相同，也可以部分相同或完全不同。如果三个烃基相同，属于单甘油酯；如果三个烃基不相同，则属于混甘油酯。如果3个脂肪酸的烃基是不相同的，这种甘油酯属于混甘油酯。在自然界存在的油脂中，构成甘油酯的3个脂肪酸在多数情况下是不同的。天然油脂实际上是各种混甘油酯的混合物。

组成油脂的脂肪酸种类较多，但大多数是含有偶数碳原子的直链的高级脂肪酸，其中含16碳原子和18碳原子的高级脂肪酸最为常见。脂肪酸可以是饱和的高级脂肪酸，也可以是不饱和的高级脂肪酸。

常见的饱和高级脂肪酸：

$$\begin{cases} 软脂酸（十六酸）C_{15}H_{31}COOH \quad 或 \quad CH_3-(CH_2)_{14}-COOH \\ 硬脂酸（十八酸）C_{17}H_{35}COOH \quad 或 \quad CH_3-(CH_2)_{16}-COOH \end{cases}$$

常见的不饱和高级脂肪酸有：

$$\begin{cases} 油酸 C_{17}H_{33}COOH \\ CH_3-(CH_2)_7-CH=CH-(CH_2)_7-COOH \\ （9-十八碳烯酸） \\ 亚油酸 C_{17}H_{31}COOH \\ CH_3-(CH_2)_4-CH=CH-CH_2-CH=CH-(CH_2)_7-COOH \\ （9,12-十八碳二烯酸） \\ 亚麻酸 C_{17}H_{29}COOH \\ CH_3-CH_2-CH=CH-CH_2-CH=CH-CH_2-CH=CH-(CH_2)_7-COOH \\ （9,12,15-十八碳三烯酸） \\ 花生四烯酸 C_{19}H_{31}COOH \\ CH_3-(CH_2)_4-CH=CH-CH_2-CH=CH-CH_2-CH=CH-CH_2-CH=CH-(CH_2)_3-COOH \\ （5,9,8,11,14-二十碳四烯酸） \end{cases}$$

如果油脂分子中含有较多的低级脂肪酸和不饱和高级脂肪酸成分，这种油脂在常温下一般为液态。如果油脂分子中含有较多的饱和高级脂肪酸，这种油脂在常温下一般为固态。

多数的脂肪酸在人体内都能够进行合成，只有亚油酸、亚麻酸、花生四烯酸等在体内不能合成，但它们又是人体营养不可缺少的脂肪酸，必须由食物供给，因而就称为必需脂肪酸。如花生四烯酸是合成体内重要活性物质前列腺素的原料，必须从食物中摄取。

（二）分类

油脂根据其饱和程度可分为干性油、半干性油和非干性油。不饱和程度较高，在空气中能氧化固化的称为干性油，如桐油；在空气中不固化的则为非干性油，如花生油；处于二者之间的则为半干性油。除甘油三酯外，还含有少量游离脂肪酸、磷脂、甾醇、色素和维生素等。

二、油脂的营养价值与生理功能

（一）油脂的营养价值

1. 脂肪酸含量丰富

动物脂肪含饱和脂肪酸较多，熔点高。植物油脂则以油酸、亚油酸、亚麻酸等多不饱和脂肪酸为多，熔点低，在室温下呈液态，其吸收利用率较高。可见，植物油是必需脂肪酸的最好来源。

2. 协助脂溶性维生素吸收

脂溶性维生素都能溶解在油脂中，可随油脂一道被消化吸收。饮食中如果缺油脂，这些维生素的吸收则会受到很大的影响。

（二）油脂的生理功能

1. 储能和供能

脂肪是人体储存能量和提供能量的重要物质。三酰甘油油脂的主要成分是疏水性物质，在体内储存时几乎不结合水，占用体积较小，为同质量的糖原所占体积的 1/4，是体内的主要储能形式。人体活动所需要的能量 20%~30% 由三酰甘油提供，1 g 三酰甘油在体内氧化分解可产生 37 kJ（9.0 kcal）的热量，比 1 g 糖或蛋白质多 1 倍以上。因此，在饥饿或禁食等特殊情况下，三酰甘油成为机体的主要能量来源。在临床上，有些患者由于饮食障碍，需要静脉输入一些营养物质，如脂肪乳剂。

2. 维持体温与保护内脏

分布在人体皮下的脂肪不易导热，可防止热量散失而维持体温。机体内脏器官周围分布有大量的脂肪组织，具有固定器官的作用，同时具有软垫作用，能缓冲外界的机械冲击，使内脏器官免受损伤。

不饱和脂肪酸与脑黄金

三、烹饪与储藏对食物油脂的影响

（一）油脂（脂肪）的物理性质

1. 色泽和气味

纯净的油脂无色、无臭，液态时为透明状，固态或半固态时为白色不透明体。植物油脂往往带有深浅不同的颜色并具有各自的特殊气味，这是因其中含有脂溶性色素和嗅感物质所致。例如，菜籽油呈琥珀色，花生油呈淡黄色，棉籽油呈棕红色等。压榨工艺制备的植物油带有比较深的色泽。动物油脂中色素含量较少，所以油脂一般均为白色或淡金黄色。由高级脂肪酸组成的油脂，一般无气味，而含低级脂肪酸的油脂具有挥发性气味，例如牛、羊油脂中的腥味是由一些小分子的脂肪酸引起的，芝麻油的芳香气味主要是由乙酰吡嗪产生的。如果油脂长期存放，脂肪酸会因氧化分解成低分子醛、酮、酸等而产生刺激气味。油脂精炼程度越高，颜色就越浅，气味就越小。现在所用的色拉油就是应用溶剂提取精炼程度较高的植物油。

2. 熔点和黏性

天然油脂是多种三酰甘油的混合物，因此没有固定的熔点。熔点低于体温时消化率高。高出体温越多，则越难消化吸收。油脂的黏度较大，随温度的升高而降低。在温度达到100 ℃以上时，不同的油脂之间的黏度差异很小。

3. 疏水性和乳化

油脂具有疏水性和乳化作用，难溶于水，可溶于非极性溶剂，即脂溶性。在有乳化剂存在时，油和水可形成均匀而稳定的水-油混合液或油-水混合液。这种使互不相溶的两种液体中的一种以微滴状分散于另一种液体中的作用，称为乳化或乳化作用。能引起乳化作用的物质，叫作乳化剂。乳化剂分子中既有亲水基团又有疏水基团。常见的油脂乳化剂有单甘酯、蔗糖酯等。另外，卵磷脂等也有良好的乳化作用。乳化作用利于油脂的消化吸收。

（二）油脂（脂肪）在加热烹调中的主要变化

烹调所用油脂通常是在加热情况下使用的，如爆炒、煎炸、过油时，常常需要油脂在高温（炒菜时油温可达180~200 ℃，煎炸时油温要达到250 ℃）下进行操作。烹调加热油温较高时，油脂很容易发生分解、氧化、聚合等反应，从而导致油脂增稠、颜色加深、发烟点下降，甚至产生异味等现象。如果油脂循环使用次数较多、累积加热时间较长，更容易发生这些变化。

1. 水解

油脂在酶、酸、热、碱等的作用下可发生水解。完全水解的产物是甘油和脂肪酸，不完全水解的产物是二酰甘油、一酰甘油、脂肪酸及少量甘油的混合物。煨、炖等烹饪过程中所引起的油脂水解通常是不完全的。油脂经水解后生成的甘油、二酰甘油、一酰甘油、脂肪酸在体内均可被吸收利用，如图5-6所示。

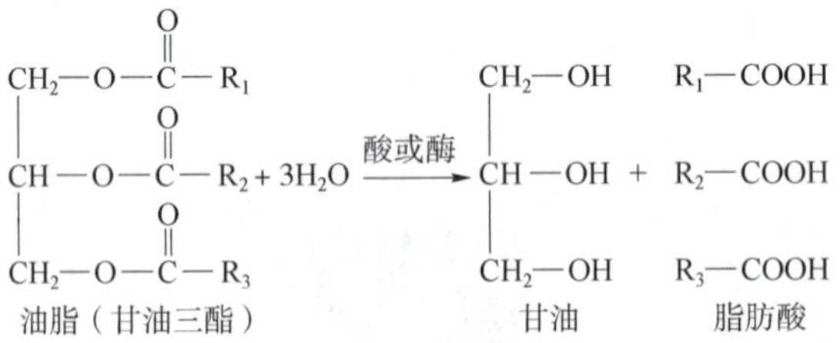

$$\begin{array}{c} CH_2-O-\overset{O}{\overset{\|}{C}}-R_1 \\ CH-O-\overset{O}{\overset{\|}{C}}-R_2 + 3H_2O \\ CH_2-O-\overset{O}{\overset{\|}{C}}-R_3 \end{array} \xrightarrow{\text{酸或酶}} \begin{array}{c} CH_2-OH \\ CH-OH \\ CH_2-OH \end{array} + \begin{array}{c} R_1-COOH \\ R_2-COOH \\ R_3-COOH \end{array}$$

油脂（甘油三酯）　　　　　　甘油　　　脂肪酸

图5-6　油脂的水解

2. 热分解

油脂的热分解是指油脂在加热的条件下发生的分解，其产物为游离脂肪酸和一些具有挥发性的小分子物质。油脂的热分解程度与加热的温度有关，当加热到150 ℃以下时，热分解程度很轻，分解产物也较少；当加热至250~300 ℃时，分解作用加剧，分解产物的种类亦增多；当油脂加热至发烟点以后，其质量开始劣化即开始分解，并产生多种毒害物质。油脂中游离脂肪酸在350~360 ℃时就会发生分解作用，其热分解的产物主要是酮类和醛类等，其中丙烯醛具有强烈的刺激气味，常以蓝色烟雾释放出来。

在高温加热的情况下，食用油脂的热分解不仅使脂肪本身的化学结构发生改变，影响人体对它的消化吸收，而且油脂中的脂溶性维生素及必需脂肪酸也会被氧化破坏，使油脂的营养价值降低，甚至还会产生一些对人体健康有害的物质，如：油脂的热分解能产生具有挥发性和强烈辛辣气味的丙烯醛，它对人的鼻腔、眼膜有强烈的刺激性。

不同油脂的分解温度是不一样的。一般情况下，饱和脂肪酸及其酯的热分解稳定性要比相应的不饱和脂肪酸及其酯稳定。多种植物油、牛油、猪油的分解温度较高，均在180~250 ℃，黄油、人造油的分解温度较低，在 140~180 ℃。因此在使用油脂时，应该尽可能避免维持过高的油温。用于油炸菜点的油脂，油温应该控制在 200 ℃ 以下，150 ℃ 左右为最佳，以减少有害物质的生成。专门用于油炸食物的油脂必须经常更换。已经变色、变味、变稠、变黏的油脂则不能再使用。

3. 热氧化

油脂的热氧化是指油脂在加热条件下与空气接触时所发生的氧化反应，主要产物有游离脂肪酸、酮、醛、烃等。油脂热氧化的产物与热分解的产物类似，但热氧化所用的温度和时间都低于热分解。

与热分解反应类似，饱和脂肪酸及其酯的热氧化稳定性要比相应的不饱和脂肪酸及其酯稳定性高。不饱和脂肪酸在常温下会发生自动氧化，脂肪（饱和甘油酯）在空气中加热到 150 ℃ 就会发生热氧化。

油脂的热分解与油脂的热氧化是同时进行的。在高温条件下，热氧化与热分解的进度会非常迅速，也非常彻底。这两种反应的结果是产生大量的小分子物质，从而使油脂的发烟点大大降低，油脂的烹调质量明显下降。

4. 热聚合

油脂中不饱和脂肪酸可发生聚合作用。当加热到 300 ℃ 以上或长时间加热时，油脂不仅会发生热分解，其分解产物还会继续发生热聚合反应，生成己二烯环状单聚体、二聚体、三聚体和多聚体等多种形式的聚合物。己二烯环状单聚体毒性较强，能被人体吸收；二聚体是由两分子不饱和脂肪酸聚合而成，也具有毒性；而三聚体和多聚体因为相对分子质量较大，且不容易被人体吸收，所以毒性较小。油脂经长时间高温加热后，颜色加深，黏度增加，甚至成为黏稠状，还会产生较多的泡沫，这些都是由于油脂在加热中发生聚合反应的结果。

在煎炸烧烤食物的过程中，当油温低于 200 ℃ 时，脂肪、水、蛋白质发生乳化作用，形成乳白色的白汤。此时，脂肪可发生水解作用生成醇、脂肪酸，与糖、酸类、醇类物质产生酯化反应，具有生香、去腻、爽口润滑作用。当油温在 200 ℃ 以上，油脂中不饱和的脂肪酸的 C═C 双键断裂，油脂会发生氧化、分解、热聚合、热缩合反应，使脂肪变色、变质、黏度增加。反复循环加热油脂更容易发生两个或两个以上的不饱和脂肪酸分子的聚合反应，形成环状单聚体、二聚体、三聚体等聚合物。这些聚合物不仅会使生育功能和肝功能发生障碍，还可能使动物生长停滞、癌变。油烟中含有一定量的 3,4-苯并芘，它是一种强烈的致癌物质，因此长期食用油炸食品对人体的健康有害，且烹饪中油脂的温度一般不要超过 200 ℃。

知识拓展

油脂的氢化

（三）油脂（脂肪）在储藏中的主要变化——油脂的酸败

食用油脂或含脂肪较高的食品在贮存过程中，由于化学或微生物因素的影响，会发生一系列化学变化，使油脂颜色加深、味变苦涩、产生特殊的气味，这种现象称为油脂的酸败。酸败主要是由空气中的氧、水分或微生物作用引起的。温度越高，油脂越容易酸败。

油脂酸败有水解型、酮型、氧化型 3 种形式。其中最普遍的是氧化型酸败，这是由脂肪的自

动氧化所致，氧化产物进一步分解生成低级脂肪酸、醛类和酮类，产生不良的气味，出现黏度增大、颜色加深等现象。光、热、金属离子等可促进脂肪的自动氧化。含饱和脂肪酸较多的油脂常常较难氧化酸败。冷冻肉和鱼的肌肉在贮藏过程中，也容易发生脂肪氧化。油脂酸败会使亚油酸和亚麻酸遭到破坏，从而降低油脂的营养价值，甚至引起食物中毒。

一般用酸值衡量油脂的酸败程度。油脂酸败程度越高，酸值越大。在日常生活中，要购买酸值为零的食用油脂。在烹调过程中，应严禁使用酸败的油脂和发生油脂酸败的烹饪原料。

（四）油脂性质的应用

1. 挥发

通常，油脂受热达到一定的温度会冒出青烟，该温度常称为油脂的发烟点。未精炼的植物油的发烟点为 160~180 ℃，这主要是脂溶性小分子物质挥发产生的。精炼的植物油的发烟点为 240 ℃左右。

2. 水解与裂解

油炸含水量较大的原料时，热水解比较剧烈，食物中的水分渗入油中，或者油与水蒸气接触，都会引起油脂的水解，致使油脂的发烟点降低，在烹饪过程中很容易冒烟，油烟会污染环境，刺激人的感觉器官。油脂热裂变温度在 200 ℃以上，特别是在温度超过 300 ℃时，会使油脂黏度增大，引起油脂起泡，附着在油炸食物表面，有毒性。所以，在烹调食物的过程中，应把油温控制在 150 ℃左右，避免油温升高到 200 ℃以上。目前，食品工业已经开发出真空油炸设备和工艺，显著降低了油炸温度，这类设备已有部分进入烹饪领域。

3. 氧化

富含脂肪的食物在贮藏过程中会变质，产生一股又苦又麻、刺鼻难闻的味道，俗称"哈喇味"。在紫外线、氧气和水分的影响下，脂肪会发生氧化，出现酸败，产生哈喇味。常见的肥肉由白变黄就属于这类反应。容易发生此类变质的食物有食用油、坚果、点心、油炸食品等。

4. 起酥作用

油脂的起酥作用主要是利用了油脂的疏水性和乳化作用。在制作酥性面点时，油脂是必须添加的主要原料之一。酥性面团之所以能起酥是因为用油和面一起调制面团时，面粉颗粒被油脂包围，面粉粒中的蛋白质和淀粉不能吸收水分，在无水的条件下，蛋白质不能形成坚实的面筋网络，淀粉颗粒也不能膨胀、糊化，因此降低了面团的黏性与弹性。当面团在反复揉成团时，扩大了油脂与面团的接触面，使油脂在面团中能够伸展形成薄膜状，覆盖于面粉颗粒的表面，在反复揉面过程中包裹进去了大量的空气，从而使面点在加热过程中膨胀而酥松。又因为油脂具有润滑性，使得面团变得十分滑软，这样的面团经烘烤后能使成品的质地、体积和口感都达到较为理想的程度。

不同种类油脂的起酥效果是不同的。猪油的可塑性、起酥性较好，常用于酥性面点的制作中；植物油如花生油、菜子油、大豆油等虽然具有一定的起酥性，但是起酥性不如猪油。

5. 乳化作用

将一种液体分散到另一种不相溶的液体中形成的不透明、不稳定的混合物称为乳浊液（也叫乳状液），使乳浊液稳定的作用称为乳化作用，具有乳化作用的物质称为乳化剂。

乳化剂分子具有疏水基和亲水基两性基团，改变了界面状态，其中一相液体离散为许多微粒分散于另一相液体中，从而使本来不能混合在一起的"油"和"水"两种液体能够混合到一起成为乳状液。洗涤剂是日常生活中最常见的乳化剂。单甘酯、蛋黄中的卵磷脂或蛋白质（如豆乳或牛乳）等都可作为烹饪中的乳化剂。

油脂与水是两种不相溶的液体，在油与水的混合物中加入少许乳化剂，在强烈的搅拌下，油脂以小液滴的形式分散在水中，形成一种稳定的、不透明的乳状液，该过程叫乳化作用。如"奶汤鲫鱼"就是利用鲫鱼中的鱼油、烹调用油与水形成的乳状液。乳化作用有利于人体的消化吸收。

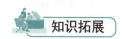

知识拓展

减少煎炸烧烤食物中有害物产生的措施

四、油脂食物来源和膳食参考摄入量

油脂的主要来源是动物性脂肪、植物种子和坚果。

中国营养学会推荐的油脂摄入量：油脂提供的能量占每日摄入总能量的 20%～30%；初生至 6 个月龄婴儿油脂提供的能量占每日摄入总能量的 45%～50%；7～12 个月龄婴儿为 35%～40%；幼儿为 30%～35%；儿童及青少年为 25%～30%。

五、类脂

类脂是一类性质与油脂相近的有机物，是广泛存在于生物组织中的天然大分子有机化合物。这些化合物的共同特点是都具有很长的碳链，但结构中其他部分的差异却相当大。它们均可溶于乙醚、氯仿、石油醚、苯等非极性溶剂，不溶于水。类脂包括磷脂、糖脂、蛋白脂、固醇和蜡等，其中与食品关系比较密切的是磷脂、固醇和蜡。

（一）磷脂

磷脂是指含有磷酸的脂类。磷脂是组成生物膜的主要成分，分为甘油磷脂与鞘磷脂两大类，分别由高级脂肪酸、磷酸、甘油和鞘氨醇构成。磷脂为两性分子，一端为亲水的含氮或磷的头，另一端为疏水（亲油）的长烃基链。由于此原因，磷脂分子亲水端相互靠近，疏水端相互靠近，常与蛋白质、糖脂、胆固醇等其他分子共同构成磷脂双分子层，即细胞膜的结构。磷脂是良好的乳化剂，能降低液体体系的表面张力，还可防止油脂的氧化，减缓油脂的酸败过程。另外，磷脂在粗制油中含量较多，在烹调加热时易起泡。

人们已发现磷脂几乎存在于所有机体细胞中，在动植物体重要组织中都含有较多磷脂。动物磷脂主要来源于蛋黄、牛奶、动物体脑组织、肝脏、肾脏及肌肉组织部分。植物磷脂主要存在于油料种子中，且大部分存在于胶体相内，并与蛋白质、糖类、脂肪酸、菌醇、维生素等物质以结合状态存在，是一类重要的油脂伴随物。在制油过程中，磷脂随油而出，毛油中磷脂含量以大豆毛油含量最高，所以大豆磷脂是最重要的植物磷脂来源。

（二）胆固醇

胆固醇具有环戊烷多氢菲的基本结构，是人体重要的脂质物质之一，它既是生物膜及血浆脂蛋白的重要成分，又能转变成重要的生理活性物质。动物胆固醇是引起高血脂的主要成分，也是性激素合成的前体物质。植物固醇一般有降血脂作用。

胆固醇分布于全身各组织中，正常人体含胆固醇 140 g 左右，但其分布不均匀，肾上腺含胆固醇特别高，这与皮质激素的合成有关；脑和神经组织的胆固醇含量也很高，其量约占全身胆固醇总量的 1/4；肝、肾、肠等内脏及皮肤、脂肪组织亦含有较多的胆固醇，其中以肝脏的含量最高，肌肉组织中胆固醇的含量较低。

人体胆固醇的来源有两条途径：一是自身合成，是机体胆固醇最主要的来源；二是从食物中摄取，正常成人每天膳食中含胆固醇 300～500 mg，主要来自动物内脏、蛋黄、奶油及肉类，食物中的胆固醇被吸收后，在人体内主要以游离胆固醇及胆固醇酯的形式存在。

（三） 蜡

蜡是高级饱和脂肪酸与高级一元醇形成的酯，在化学结构上不同于脂肪，也不同于石蜡和人工合成的聚醚蜡，故亦称为酯蜡。蜡是不溶于水的固体，温度稍高时变软，温度下降时变硬。其生物功能是作为生物体对外界环境的保护层，存在于皮肤、毛皮、羽毛、植物叶片、果实以及许多昆虫的外骨骼的表面。

知识拓展

关于胆固醇

任务五 了解维生素的分类、储藏及摄入

维生素又名维他命，通俗来讲，即维持生命的物质，是维持人体生命活动必需的一类有机物质，也是保持人体健康的重要活性物质。现阶段发现的维生素有几十种，如维生素 A、维生素 B、维生素 C 等。维生素在体内的含量很少，但不可或缺。已知许多维生素是酶的辅酶或者是辅酶的组成分子。因此，维生素是维持和调节机体正常代谢的重要物质。

各种维生素的化学结构及性质虽然不同，但它们却有着以下共同点：维生素均以维生素原的形式存在于食物中；维生素不是构成机体组织和细胞的组成成分，它也不会产生能量，它的作用主要是参与机体代谢的调节；大多数的维生素，机体不能合成或合成量不足，不能满足机体的需要，必须不断通过食物来获得；人体对维生素的需要量很小，日需要量常以毫克或微克计算，但一旦缺乏就会引发相应的维生素缺乏症，对人体健康造成损害。最好的维生素是以"生物活性物质"的形式，存在于人体组织中。

一、维生素的分类及其在烹饪原料中的分布

根据维生素的溶解性以及人体对其消化吸收的不同，可将维生素分为脂溶性和水溶性两大类。

（一）脂溶性维生素

脂溶性维生素溶于油脂或非极性溶剂（如苯、乙醚、四氯化碳等）而不溶于水。人体对这类维生素的消化吸收必须有脂肪的参与，吸收后在体内贮存。这类维生素，主要有维生素 A（视黄醇）、维生素 D（钙化醇）、维生素 E（生育酚）、维生素 K（凝血维生素）等。

1. 维生素 A

维生素 A（V_A）是最早被发现的维生素，包括视黄醇、视黄醇酯和视黄醛，通常以视黄醇酯形式存在，视黄醇主要存在于动物肝脏、血液和眼球的视网膜中。故 V_A 又名抗干眼病维生素。

视黄醇是一个具有酯环的不饱和一元醇，常温下为淡黄色晶体，熔点 64 ℃，分子式 $C_{20}H_{30}O$，结构式为：

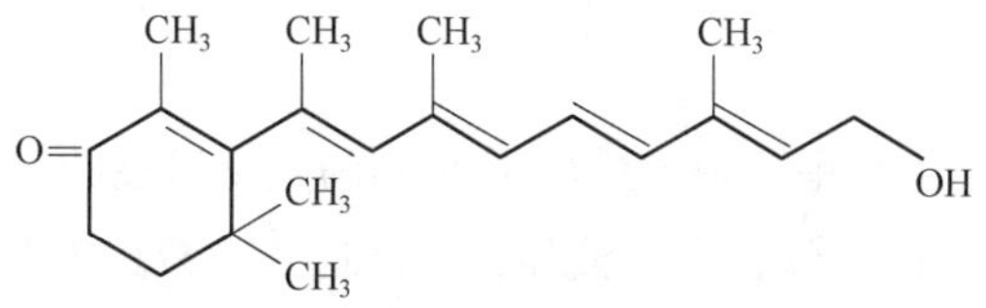

由于 V_A 分子中具有不饱和的双键，所以容易被氧化，在体内视黄醇可被氧化为视黄醛。V_A 在高温或紫外线照射下，均可被氧化而破坏，在一般情况下对热、酸、碱都较稳定，能溶于脂肪。一般的烹调方法对食物中的 V_A 无严重破坏，但易被空气中的氧所氧化而失去生理作用，紫外线照射也可使它受到破坏。此外，油炸、长时间加热，以及在不隔绝空气的条件下长时间脱水，都可使 V_A 遭受损失。

V_A 只存于动物体内，尤以肝脏含量最高，其次为乳、蛋等。动物体内的 V_A 由食物中的胡萝卜素转化而来。植物性食品中含有 V_A 原——胡萝卜素。胡萝卜素是一种黄色色素，在黄红色瓜果、蔬菜中含量最多，其中最重要的是 β-胡萝卜素。它们被吸收后，在小肠黏膜和肝脏中经酶的作用转化成为 V_A。所以胡萝卜素是 V_A 的前身，故称 V_A 原。我国的膳食中 V_A 的来源主要是胡萝卜素。

V_A 在食物中常与脂肪混在一起，如果脂肪摄入量过少或脂肪吸收发生障碍时，相应地对 V_A 的吸收也大为减少。

2. 维生素 D

维生素 D（V_D）又名抗佝偻病维生素、阳光维生素、钙化醇，为类固醇衍生物，主要包括 V_{D2}（麦角钙化醇）和 V_{D3}（胆钙醇）。人的皮肤中含有 7-脱氢胆固醇，经紫外线或阳光照射后能转变为 V_{D3}（见图 5-7）。所以称 7-脱氢固醇为 V_{D3} 原。植物油、酵母等含的麦角固醇经紫外线照射后可转变成 V_{D2}，市面上出售的 V_{D2} 药品就是由照射麦角固醇制成的，所以称麦角固醇为 V_{D2} 原。V_D 在自然界里的分布最小，一切植物都缺乏 V_D。鱼肝油、鸡蛋黄、黄油、肝、乳等动物性食品中含有 V_{D3}，V_{D2} 和 V_{D3} 在体内经肝肾转化为具有生理活性的形式后，才能发挥其生理作用。

V_D 能溶于脂肪和油性溶剂，化学性质较稳定，耐热，对氧、碱较为稳定，在酸性溶液中则易分解。食品在通常的加工、加热、熟制过程中不会引起 V_D 的损失，但脂肪酸败时，可造成 V_D 的破坏。

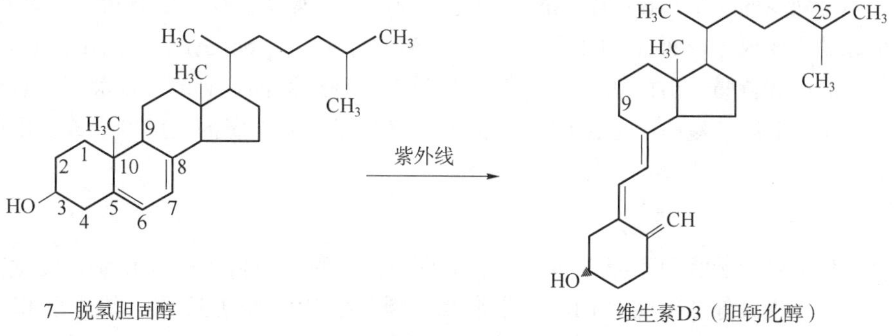

7—脱氢胆固醇　　　　　　　　　紫外线　　　　　　　　维生素D3（胆钙化醇）

图 5-7　维生素 D3 的生成过程

V_D 的主要功能是调节体内钙、磷的正常代谢，促进钙、磷的吸收和利用，调节钙、磷在血液中的比例，并使之沉积在软骨的缝隙里，软骨才能变为硬骨，这种硬化过程叫作积钙作用。没有 V_D 的参与，沉积钙化作用就不能进行，结果导致儿童的佝偻病、成人的骨质软化病。特别是孕妇和哺乳期的妇女缺乏 V_D 时，更易发生骨质软化病和肢体抽筋现象。V_D 能促进皮肤的新陈代谢，增强皮肤对湿疹、疥疮的抵抗力，并有促进骨骼生长和牙齿发育的作用。V_D 还调节感光物质的形成，缺乏 V_D 可使皮肤对日光敏感，发生日晒性皮炎，干燥脱屑。服用 V_D 可抑制皮肤红斑的形成，并可治疗牛皮癣、斑秃、皮肤结核等。

3. 维生素 E

维生素 E（V_E）又称为生育酚，是指具有 α-生育酚生物活性的一类物质，是人体内主要抗氧化剂之一。常温下，V_E 为微黄绿色黏稠液体，外观透明，易溶于脂肪和乙醇等有机溶剂中，不溶于水。V_E 对热、酸稳定，对碱不稳定；V_E 虽然对热不敏感，但油炸时 V_E 活性明显降低。

在人体内，V_E 是一种最有效的抗氧化剂，特别是脂肪的抗氧化剂，能抑制不饱和脂肪酸及其他一些不稳定化合物的过氧化。因 V_E 分子结构中含有多个双键，所以 V_E 对氧十分敏感，自身极易被氧化而保护了其他还原性物质。

V_E 与人的衰老有密切关系。它能延缓细胞老化，使皮肤细胞新生增强，皮肤弹性纤维趋于正常。人体皮脂的氧化作用是皮肤衰老的主要原因之一，而 V_E 具有抗氧化作用，能抑制不饱和脂肪酸及其他一些不稳定化合物的过氧化。人体内的脂褐素是不饱和脂肪酸的过氧化物，V_E 则具有抑制它们过氧化的作用，从而有效抵制了脂褐素在皮肤上的沉积，使皮肤保持白皙。此外，V_E 还能促进人体对 V_A 的利用；可与 V_C 一起协同作用，保护皮肤的健康，减少皮肤感染的发生；能促进皮肤内的血液循环，使皮肤得到充分的营养与水分，以维持皮肤的柔嫩与光泽；还可抑制色素斑、老年斑的形成，减少面部皱纹，洁白皮肤，防治痤疮。此外，V_E 还可以促进血红素代谢，维持正常生殖机能、预防流产、改善脂质代谢的功效，辅助治疗心脏病、血管硬化等，防止溶血。V_E 缺乏时会导致系统功能降低，出现溶血性贫血等。但长期或大剂量使用 V_E，可导致免疫功能下降、腹泻、恶心、头晕等症状。

V_E 的分布很广泛，主要来源于植物性食品。富含维生素 E 的食物有芝麻油、芝麻、葵花子、菜籽油、葵花籽油、麦胚油、豆油、棉籽油、玉米油、花生油等，这些都是 V_E 良好的来源。卷心菜、菜花、菠菜、莴苣叶、甘蓝等绿叶蔬菜中的含量也很丰富，在肉、奶油、牛乳、蛋及鱼油中也有存在。

4. 维生素 K

维生素 K（V_K）又称凝血维生素，具有异戊二烯类侧链的萘醌类化合物，有 K1、K2 之分，区别仅在于 R 基团侧链不同。

V_K 为黄色结晶体，脂溶性维生素，耐热，在湿和氧环境中稳定，但易被光、碱破坏。V_K 是合成凝血酶不可缺少的物质，在医学上被作为止血药应用，所以它有"止血功臣"之称。V_K 不仅是凝血酶原的主要成分，而且还能促进肝脏凝血酶的合成。V_K 缺乏会引起出血凝固时间延长，还会出现皮下肌肉和胃肠道出血现象。V_K 分布广泛，各种蔬菜都含有。尤以菠菜、苜蓿、白菜中含量最为丰富，肝脏、瘦肉中也含有 V_K，此外还来源于人体大肠内细菌的合成，因此少有人缺乏 V_K。

（二）水溶性维生素

水溶性维生素可溶于水而不溶于脂肪或脂溶性溶剂，吸收后体内贮存很少，过量时大多从尿中排出。此类维生素包括维生素 B1、维生素 B2、维生素 PP、维生素 B6、维生素 B3、维生素 H、叶酸、维生素 B12、维生素 C 等。

1. 维生素 B1

维生素 B1（V_{B1}）因其分子组成中含有硫及氨基，又称硫胺素；还因其能预防和治疗脚气病，又名抗脚气病维生素。V_{B1}呈白色针状结晶，微带酵母咸味，易溶于水，在空气和酸性环境中较稳定，但遇碱易受破坏。所以一般烹调中，应尽量少放或不放碱以免造成V_{B1}的损坏。

V_{B1}能预防和治疗脚气病，促进生长发育，增进食欲，帮助消化，预防心脏肿大，促进糖代谢。如V_{B1}缺乏，在组织（特别是脑组织）和血液中丙酮酸积存多了，就会出现神经机能障碍，引起痉挛和神经炎。

V_{B1}在食物中分布较广。含量最多的是米糠、麸皮、糙米、全麦粉、麦芽、豆芽、豆类、酵母、干果、硬果及瘦肉、肝脏、蛋类、乳类等。长期食用碾磨过于精白的米和面粉，缺乏粗粮和多种副食的补充，就会造成硫胺素的缺乏而引起对称性周围神经炎。其症状是全身倦怠，肢端知觉异常，心悸，胃部有膨满感，便秘以至浮肿。

2. 维生素 B2

维生素 B2（V_{B2}）因色黄而含核糖，所以又称核黄素；又有人认为纯牛奶的微黄色是由于其所含的V_{B2}造成的，所以也有人称它为乳黄素。纯核黄素为橙黄色结晶体，易溶于水不溶于脂肪，在自然界分布虽广，但含量不多。

V_{B2}在中性或酸性环境中比较稳定，在酸性中加热到100 ℃时仍能保存，但在碱性溶液中破坏较快。

V_{B2}在体内是许多重要辅酶的组成成分，在脂肪代谢中起非常重要的作用。V_{B2}在体内缺乏会造成脂溢性皮炎，常见于皮脂分泌旺盛的部位，如鼻唇沟、下颌、眉间及耳后等处，在营养不够充足和均衡时，真皮内的毛细血管、神经、毛囊组织汗腺和皮质腺都有可能使皮肤表现出异常的状况。V_{B2}也是人类幼年时期生长发育、壮年时期延长青春、推迟衰老、精力旺盛的必需品，还能增进正常细胞活动，对癌细胞有压制能力。机体中若核黄素不足，则会导致物质代谢紊乱，将出现多种多样的缺乏症。常见的临床症状有口角炎（口角乳白及裂口）、口角溃疡、阴囊皮炎、睑缘炎（烂眼边）、角膜血管增生、畏光与巩膜出血等。

V_{B2}自然界分布很广，以动物性食品含量较高。特别是动物肝脏、肾和心脏中含量最多，乳类、蛋类、鳝鱼、螃蟹中含量也较多；植物性食品中绿叶蔬菜、酵母、菌藻类、豆类等含量较多。

3. 维生素 PP

维生素 PP（V_{PP}）又叫烟酸、尼克酸。因它具有防治癞皮病的作用，所以又叫抗癞皮病维生素。纯尼克酸为白色针状结晶，易溶于水，不易被酸、碱、热及光所破坏，是维生素中性质最稳定的一种，食物经烹煮后也能保存，在空气中也很稳定。

V_{PP}在人体内能转变成脱氢辅酶Ⅰ和脱氢辅酶Ⅱ，与其他酶合作能促进新陈代谢。其最重要的功能就是预防和治疗癞皮病。当人体缺乏V_{PP}时，将患癞皮病。其典型症状是导致皮炎、腹泻、痴呆。早期症状为食欲减退、消化不良、全身无力，继而两手、两颊及机体其他裸露部分出现对称性皮炎、双颊有色素沉着，这时并伴有胃肠功能失常、口舌发炎，甚至出现严重腹泻，有的患者还有明显失常的症状。V_{PP}在动物肝、肾、奶、蛋及酵母、花生、全谷、豆类中比较丰富，在有色蔬菜中也有一定的含量。人体需要的V_{PP}除了以食物为主要来源外，体内的色氨酸也可以转变成V_{PP}。因玉米中含色氨酸少，故玉米为主食而缺乏副食供应的地区，容易发生V_{PP}缺乏症。

4. 维生素 B6

维生素 B6（V_{B6}）包含三种物质，即吡哆醇、吡哆醛和吡哆胺。在大自然中是以吡哆醇形式存在的，而人体内则以后两种形式存在。V_{B6}为无色晶状粉末，略带苦味，易溶于水、酒精及酮，耐热、酸、碱，对光敏感。常与蛋白质结合，烹调能使之分离出来。

V_{B6}在维护健康及治疗多种疾病中可起到重要作用，可使V_{B1}、V_{PP}在人体内发挥作用，促进V_{B12}、铁、锌的吸收；可制止多余的V_C转化为草酸，预防肾结石；可预防X射线、镭射线照射及妊娠引起的呕吐；可作为多种酶系统的辅基，参与人体许多重要的生化过程，如参加氨基酸的脱羧作用、氨基酸转移作用、色氨酸的合成、含硫氨基酸的代谢和不饱和脂肪酸的代谢等生理过程，与糖代谢也有关系。婴儿的惊厥，小细胞型低血色素贫血及神经衰弱，眩晕（前庭器官功能紊乱）等都可用V_{B6}来治疗。V_{B6}还可防止动脉粥样硬化，降低血脂。

V_{B6}来源广泛，一般不易缺乏。在谷类、豆类、肉类、肝脏、牛乳、蛋黄、酵母、鱼中含量都比较多。体内肠道细菌也可以合成一部分V_{B6}，但只有少量被吸收利用。对V_{B6}的供给量，我国尚未制定标准，需要量一般应随蛋白质摄入量的增高而增加。

5. 维生素 B12

维生素 B12（V_{B12}）是唯一含有金属元素的一种维生素。因它的分子中含有金属元素钴，所以又叫钴胺素。V_{B12}为粉红色针状晶体，易溶于水，在中性和弱酸性条件下稳定，在强酸、强碱下易分解，在阳光照射下易被破坏。

V_{B12}在体内以辅酶形式参加多种代谢反应，故又称为辅酶B12，它的主要功能是提高叶酸的利用率，从而促进血细胞的发育和成熟。缺乏时会引起恶性贫血、脊髓变性、神经和周围神经退化以及舌、口腔、消化道黏膜发炎等症状。V_{B12}还参与胆碱的合成，胆碱是脂肪代谢中必不可少的物质，缺了它易产生脂肪肝，影响肝脏的功能。所以人在患肝炎时，常补充V_{B12}以防止脂肪肝。

肝和牛肉中V_{B12}含量较多，猪肉次之。此外发酵的豆制品如腐乳（或臭豆腐）、大豆、豆瓣酱等之中含量也较丰富。正常人肠道内的某些细菌利用肠内物质也可合成，一般情况不易缺乏。

6. 维生素 C

维生素 C（V_C）具有酸性，因为它能防止坏血病，故又称抗坏血酸。V_C为白色结晶状的有机酸，易溶于水，不溶于脂肪；在酸性条件下稳定，遇热和碱均能被破坏，在空气中易被氧化，失去功效，与某些金属特别是铜、铁金属元素接触时会更快地被破坏。V_C是所有维生素中最不稳定的一种，因此在烹调时宜短时间高温快炒，并切忌加碱，烧煮好后应立即食用，以免维生素被破坏。

V_C是人体新陈代谢时不可缺少的物质，参与机体重要的氧化还原过程，保护酶的活性，维持细胞代谢的平衡；参与细胞间质的形成，维持牙齿、骨骼、血管、肌肉的正常发育和功能，促进伤口愈合；能增加机体抗体的形成，提高蛋白细胞的吞噬作用；在众多的维生素中，只有它具有直接消毒的功能，也只有它能使血液产生抗生素、抗毒素和杀菌素；对铁有还原作用，能将难以吸收的三价铁还原成二价铁，促进肠道内铁的吸收，参与血红蛋白的合成，有利于治疗缺铁性贫血；促进胆固醇的代谢，对降低血清胆固醇，防治动脉粥样硬化、高脂血症、冠心病与胆石症都有良好效果。营养学家研究认为，V_C能减慢或阻断黑色素的合成，因此多食富含V_C的食物有助于使皮肤白皙。

V_C缺乏的典型症状是坏血病，骨骼容易变质，牙齿易坏，微细血管易破裂出血。严重时，齿脱、骨折、心肾也易发生病变以至死亡。一般轻微的症状比较普遍，主要为蛀牙、贫血、食欲不振、牙龈红肿易出血等。

V_C广泛存在于新鲜蔬菜、水果中，特别是绿叶蔬菜和酸性水果中含量丰富，有的野果、野菜含量更高。水果中以猕猴桃、鲜枣、山楂、柠檬、柑、橘、柚等含量最多。蔬菜含V_C多的有柿子椒、菜花、苦瓜、雪里蕻、青蒜、甘蓝、油菜、芥菜、番茄等。谷类和干豆不含V_C，但豆类发芽后，如黄豆芽、绿豆芽则含有 V_C，这是冬季和缺菜区 V_C 的来源。动物食品一般不含有 V_C，肝脏和肾脏仅含少量 V_C。

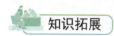

减少维生素 C 流失的方法

二、烹饪与储藏对食物维生素的影响

食物在烹饪加工与储藏过程中，损失最大的是维生素，在各种维生素中又以维生素 C 最易损失。按维生素的种类，其损失大小的顺序为维生素 C>维生素 B1>维生素 B2>其他 B 族维生素>维生素 A>维生素 E>维生素 D，即水溶性维生素比脂溶性维生素更易损失。维生素在烹饪中的变化，是由于维生素在原料中存在部位的改变和理化因素的变化，导致维生素化学结构变化而引起的。

（一）溶解性

水溶性维生素易通过扩散或渗透过程从原料中漫析出来。因此，原料表面积增大、所处环境水流速度加快、水量大和水温升高等因素都会使原料中的水溶性维生素由于浸出而损失增加，尤其是对叶菜影响更大。因维生素 C 会通过表面积较大的叶子引起损失，如将切好的叶菜完全浸在水中，烹制后菜中的维生素 C 可损失 80%以上。

（二）氧化反应

对氧敏感的维生素有维生素 A、维生素 E、维生素 K、维生素 B1、维生素 B2、维生素 B12、维生素 C 等，它们在食物的贮存和烹调加工过程中，特别容易被氧化破坏。因此，在烹饪时，可采取上浆挂糊、加盖锅盖等方法，以减少原料与空气接触的机会，从而减少这些维生素的损失。

（三）热分解反应

一般脂溶性维生素对热较稳定（易氧化的除外）。如果把含维生素 A 的食物隔绝空气进行加热，则在高温下也不易分解。维生素 B1 的水溶液在酸性条件下对热较稳定；但在碱性溶液中，加热对它的稳定性极为不利。维生素 C 是维生素中最不稳定的一种维生素，不耐热，温度可加速维生素 C 的氧化作用并增大其水溶性。因此，对富含维生素 C 的原料，加热时间不宜过长，否则维生素 C 全都会遭到破坏。如蔬菜煮 5~10 min，维生素 C 的损失率可达 70%~90%，如果挤去原汁再浸泡 1 h 以上，维生素 C 可损失 90%以上。

（四）光分解反应

光对维生素的稳定性也有影响，因为光能促使维生素的氧化和分解。对光敏感的维生素有维生素 A、维生素 E、维生素 B1、维生素 B2、维生素 B6、维生素 B12、维生素 C 等。维生素 B2 在碱性条件下，受到阳光照射易被破坏。夏季，若牛奶在日光下暴露 2 h，其维生素 B2 损失率可达 90%，阴天损失率会降至 45%左右，处在完全阴暗处损失率仅为 10%。即使在室内光照 24 h，

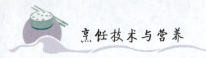

仍有30%的维生素被破坏。

三、维生素的膳食参考摄入量

根据《中国居民膳食营养素参考摄入量》，我们居民维生素膳食参考摄入量（RNI）的标准如下：

（一）维生素A每日摄入量推荐

成年人每天800 μg，可耐受最高摄入量每天3 000 μg。维生素A的功效有：增强免疫系统；帮助细胞再生，保护细胞免受引起多种疾病的自由基的侵害；保护呼吸道、口腔、胃和肠道等器官的黏膜；明目。副作用有：每天摄入3 mg维生素A，就有导致骨质疏松的危险。长期每天摄入33 mg以上的维生素A会使食欲不振、皮肤干燥、头发脱落、骨骼和关节疼痛，甚至引起流产。

（二）维生素C每日摄入量推荐

成人每天100 mg。维生素C的功效有：捕获自由基，因此能预防癌症、动脉硬化、风湿病等疾病。此外，它还能增强免疫，对皮肤、牙龈和神经也有好处。副作用：迄今，维生素C被认为没有害处，因为肾脏能够把多余的维生素C排泄掉。美国新发表的研究报告指出，体内有大量维生素C循环不利伤口愈合。每天摄入的维生素C超过1 000 mg会导致腹泻、肾结石、不育症，甚至还会引起基因缺损。

（三）维生素B1每日摄入量推荐

成年男子每天1.4 mg，成年女子每天1.3 mg。功效：促进神经细胞髓鞘磷脂合成，为神经组织提供能量，保持神经清醒。维生素B1参与体内辅酶形成，维持糖代谢以及消化系统功能，增加食欲。维生素B1对于人体生理功能、新陈代谢非常重要，减少丙酮酸、乳酸的堆积，还可以预防心律失常、心脏肥大，改善心慌、气短、胸闷等不适。副作用：食用过多，可能会出现乏力、腹泻、食欲减退、头痛、精力下降等症状。

（四）维生素B2每日摄入量推荐

成年男子每天1.4 mg，成年女子每天1.2 mg。功效：促进发育和细胞的再生；促进生长发育，维护皮肤和细胞膜的完整性；预防和消除口腔生殖综合征；促进皮肤、指甲、毛发的正常生长；促进机体对铁的吸收，可防贫血等。副作用：主要是皮肤会出现瘙痒，还有麻木、刺痛、灼热等感觉异常的情况，以及排尿会非常黄，长期大量口服维生素B2会导致肾脏功能有所损害，表现为肌酐升高，尿素氮升高。

（五）维生素B3每日摄入量推荐

妇女每天需要10 mg。功效：没有维生素B3，就不能获得能量，即体内脂肪和碳水化合物不能分解。它也参与大脑递质的合成并且调节着皮肤的湿度。此外，维生素B3还能扩张血管，降低血脂含量。副作用：每天摄入量超过100 mg就会对身体造成危害。症状：发高热、头痛、恶心、肌肉痉挛。长期摄入超过100 mg的大剂量维生素B3会导致心律不齐，伤害肝脏。人体内能自动合成维生素B3。

（六）维生素B6每日摄入量推荐

成年人每天需要1.2 mg。两片全麦面包加100 g熏火腿和一个辣椒、120 g鲑鱼片、150 g鸡肝或一个鳄梨、100 g烤火腿都可满足需求。功效：我们的身体需要维生素B6来制造大脑递质血清素，会带来"好情绪"。此外，它还是重要的止痛剂。副作用：日服100 mg左右就会对大脑和神经造成伤害。过量摄入还可能导致所谓的神经病，即一种感觉迟钝的神经性疾病。最坏的情况是导致皮肤失去知觉。

(七) 维生素 D 每日摄入量推荐

成年人每天需要 0.000 5~0.01 mg。只有休息少的人，才需要额外吃些含维生素 D 的食品或制剂。功效：维生素 D 是形成骨骼和软骨的发动机，能使牙齿坚硬。对神经也很重要，并对炎症有抑制作用。副作用：研究人员估计，长期每天摄入 0.025 g 维生素 D 对人体有害。可能造成的后果是：恶心、头痛、肾结石、肌肉萎缩、关节炎、动脉硬化、高血压。

(八) 维生素 E 每日摄入量推荐

成年人每天需要 14 mg。功效：维生素 E 能抵抗自由基的侵害，预防癌症及心肌梗死。此外，它还参与抗体的形成，是真正的"后代支持者"。它促进男性产生有活力的精子。副作用：每天摄入 200 mg 的维生素 E 就会出现恶心、肌肉萎缩、头痛和乏力等症状。每天摄入的维生素 E 超过 300 mg 会导致高血压，伤口愈合延缓，甲状腺功能受到限制。

以上为主要维生素日常推荐摄入量，以供参考。补充维生素一定要在合理的范围内，超过日常可耐受最高摄入量，极易导致维生素中毒。

任务六 了解矿物质的种类、加工及储藏

矿物质又称无机盐，是人体必需的七大营养素［蛋白质、脂肪、碳水化合物、糖类（含膳食纤维）、维生素、矿物质、水］之一，占人体重量的 4%~5%。矿物质是无法通过人体自身产生、合成的，必须经膳食补充。每天人体对矿物质的摄取量也是基本确定的，但随年龄、性别、身体状况、环境、工作状况等因素而有所不同。

一、矿物质的概念和种类

(一) 矿物质的概念

人体内的元素除去 C、H、O、N 四种构成水分和有机物质的元素以外，其他元素统称为矿物质元素，简称矿物质，又称无机盐。

体液

人体内的矿物质一部分是以无机化合物的形式存在（如 NaCl、KCl 等）。一部分是游离态的离子的形式存在（如 K^+、Na^+、Ca^{2+}、Mg^{2+}、HCO_3^-、CO_3^{2-}、Cl^-、HPO_4^{2-} 等）；还有少部分以有机物的形式存在（如血红素、甲状腺素等）。

(二) 矿物质的分类

1. 按其在人体中的含量或摄入量分

矿物质按其在人体中的含量或摄入量可分为常量元素和微量元素。常量元素是指体内含量较多（>0.01%体重）或每日膳食需要量在 100 mg 以上者，如钾、钠、钙、镁、氯、硫、磷等。微量元素又称痕量元素，是指体内含量较少（<0.01%体重）或每日需要量在 100 mg 以下，以微量计算者，如铁、锌、铜、碘、锰、钼、钴、硒、硅等。

2. 按其在人体的生理作用分

矿物质按其在人体生理作用可分为：必需营养元素（如铁、碘、锌、硒、铜等）、非营养非

毒性元素（如铝、硼、锡等）、非营养有毒元素（常见的有汞、镉、铅、砷等）。

各种矿物质在人体内的分布极不均匀，大多数矿物质在人体内会随年龄增长而增加。它们不会在体内代谢过程中消失，也不能转化为其他物质，只能通过一定途径排出体外。矿物质过量摄入对人体是有害的，即使必需元素也如此。摄取矿物质的唯一途径只有饮食。

二、食品中的重要矿物质

（一）常见食品中的矿物质

1. 动物性食品中的矿物质

肉：K、Na、Fe、P 含量较高，Cu、Zn 等也有少量。

蛋：含人体所需的各类矿物质。

奶：主要含 Ca，也含有少量 K、Na、Mg、P 等。

2. 植物性食品中的矿物质

水果：K 含量高，以磷酸盐、草酸盐的形式存在。

豆类：矿物质含量最丰富，K、P、Fe、Mg、Zn、Mn 等含量均较高，其中 P 主要以植酸盐形式存在。

谷物：矿物质含量较少，主要存在于种子外皮。

（二）常见的重要矿物质

1. 常量元素

（1）钠

钠（Na）约占人体重量的 0.15%。人体内 Na 的 44%～50% 存在于细胞外液，40%～47% 存在于骨骼中，仅 9%～10% 的 Na 存在于细胞内液。Na^+ 是细胞外液中的主要阳离子，约占细胞外液阳离子总数的 90% 以上。细胞外液的量及其酸碱平衡、渗透平衡主要由 Na^+、Cl^-、HCO_3^- 共同维持。

如果体内血液中 Na^+ 含量过高时，身体会保留更多的体液，其中的水分会更多地进入血液以维持其渗透压的平衡，从而导致血容量增加、心脏负担加重，严重时会导致高血压等。此外，摄入钠过多会导致体内钾的不足，引发高血压和心脏病等。研究证实，K 与 Na 的摄入量应保持在 2∶1 的水平。所以，饮食不宜太咸，成年人每天钠元素需要量为 5～6 g。

Na^+ 主要由尿液排出体外，小部分随汗液和粪便排出。人体内钠一般不易缺乏。

（2）钾

钾是细胞内液中的主要阳离子，约占人体重量的 0.20%，其中 70% 存在于肌肉，10% 在皮肤，其余在红细胞、骨髓和内脏中。全身钾总量的 98% 分布于细胞内液。当人体钾的摄取不足时，钠会带着许多水分进入细胞中，使细胞破裂导致水肿。成年人每天钾需要量大约为 4 g。钾广泛存在于各种物食物中，因此不必专门补钾。

（3）钙

①存在形式。钙是人体内含量最多的矿物质，在人体中的矿物质约占体重的 5%，钙约占体重的 2%。身体的钙大多分布在骨骼和牙齿中，约占总量的 99%，其余 1% 分布在血液、细胞间液及软组织中，这统称为混溶钙。血钙起着"蓄水库"的作用，当摄入的钙不足时，血钙降低，混溶钙池中的蓄钙就进入血液，骨骼中的钙不断地释放出来，进入混溶钙池，使血钙维持在稳定的水平，同时混溶钙也不断地沉积在骨骼中。正常情况下骨钙的释放和混溶钙的沉积是动态平衡的。

人体中的钙主要来自食物。含钙较多的食物有豆类、奶类、蛋黄、骨头、深绿色蔬菜、米糠、麦麸、花生、海带、紫菜等。食物中的钙主要以钙盐的形式存在，摄入后在胃酸作用下溶解，而后以离子形式在肠道中被吸收。钙只有在水溶液状态才能被吸收，吸收钙的主要部位是十二指肠。一般人对食物中的钙只能吸收20%左右，80%左右的钙都被排泄出去了。

②生理作用。钙在身体中能强化神经系统的传导功能，维持肌肉神经的正常兴奋，降低（调节）细胞和毛细血管的通透性，促进体内多种酶的活动，维持酸碱平衡，参与血液的凝固过程。缺钙会造成人体生理障碍，进而引发一系列严重疾病。日常生活中，如果钙摄入不足，人体就会出现生理性钙透支，造成血钙水平下降。膳食中的钙主要在pH较低的小肠上段吸收。钙的吸收与年龄有关，随年龄增长其吸收率下降，婴儿钙的吸收率超过50%，儿童约为40%，成人仅为20%左右。一般在40岁以后，钙吸收率逐年下降，老年骨质疏松与此有关。

③补钙过量对健康的危害。钙虽然重要，但并非多多益善，如果过量也会造成许多危害，主要表现为身体浮肿多汗、厌食、恶心、便秘、消化不良；同时还会使血压偏低、影响视力和心脏功能、增加肾结石的风险；肠道中过多的钙会抑制铁、锌等二价离子的吸收，造成继发性的缺锌和缺铁，引起孩子贫血。长期补过多的钙会造成血尿、高钙尿症，影响长骨发育（婴幼儿骨骼过早钙化，骨骺提前闭合等）。

（4）镁

镁是生命活动的激活剂。成年人体内镁含量为20~30 g，主要分布于骨髓（约70%）和脑、心、肝、肾、骨骼肌等组织细胞内，少量（约1%）分布于细胞外液。镁是人体内部分酶的辅助因子或激活剂（体内约有100个以上的重要代谢必须有镁参与）；也是人体细胞内非常重要的阳离子，有维持生物膜电位的作用，并影响钾、钠、钙离子细胞内外移动的"通道"。镁能维持神经肌的组成兴奋和心肌的组成生理功能。此外，目前研究发现，镁在碳水化合物代谢方面扮演着重要角色，患糖尿病的人，血中的含镁量特别低。镁缺乏的主要症状为虚弱、恶心、震颤及心律失常等。正常情况下，一般不易发生镁缺乏症。

镁的需要量一般成年人每天200~400 mg。食物中镁最好的来源是绿色蔬菜及水果，肉和脏器中也富含镁，奶中则较少。其中紫菜中镁的含量尤为丰富（大约460 mg/100 g）。此外含有镁离子的饮用水是镁的重要来源。镁在一般情况下不会缺乏，但膳食中钙、蛋白质及磷酸盐含量高时，镁的吸收会减少；慢性腹泻、蛋白质与能量同时缺乏及成年人的饥饿都可能导致镁的缺乏；一些药物，包括利尿剂，将增加镁的丢失。

（5）磷

磷是人体中仅次于钙的丰富矿物质，约占人体重量的1%，正常成人体内含磷为600~900 g。其中85%存在于骨中，与钙共同形成骨盐沉积。磷也是核酸、蛋白质、磷酸和辅酶的组成成分，参与非常重要的代谢过程。几乎所有的生物或细胞的功能都直接或间接与磷有关。一方面，磷可保护细胞，增强细胞膜的功能；另一方面，它作为一种生物性伴侣，帮助各种营养物质、激素及化合物发挥作用。有证据显示，磷可使B族维生素发挥最大效用。摄取过多的磷并没有直接的坏影响。但有些专家警告，长时期摄入过多的磷，可能阻止钙的吸收。现尚未确定这种情况会导致威胁骨骼健康的缺钙症。

磷在食物中分布很广，无论动物性食物或植物性食物，在其细胞中，都含有丰富的磷，动物的乳汁中也含有磷，所以磷是与蛋白质并存的。在瘦肉、蛋、奶、肉家禽、鱼、动物的肝和肾中含磷量都很高，海带、紫菜、芝麻酱、花生、干豆类、坚果、粗粮中含磷也较丰富。不含酒精的饮料，特别是各种可乐，往往含有大量的磷。但粮谷中的磷为植酸磷，若不经过加工处理，吸收利用率较低。

2. 微量元素（见表5-1）

表5-1　人体必需微量元素主要生理功能

元素	主要生理功能	缺乏症	日需要量	富含食物
铁Fe（血液中的运输兵）	参与能量代谢和血红蛋白、肌红蛋白、细胞色素、含铁酶等的合成，输送氧和二氧化碳，促使胡萝卜素转变成V_A，增强免疫力等，有研究表明铁与胰岛素的作用机制有关，可促进葡萄糖的利用率	贫血，免疫力低下，易疲劳，皮肤苍白、干燥等	15 mg	动物肝脏、全血、红肉、鱼类、虾米、贝类、以及一些深绿色蔬菜、蘑菇、豆类、黑木耳等（注意：吃含铁高的物质忌饮茶和牛奶；动物性食品铁较易吸收）
锌Zn（酶的辅助因子）	维持正常味觉，控制代谢酶的要害部位，促进食欲和人体生长的发育、组织修复，以及V_A的代谢；增强免疫力，促进皮肤、骨骼、性腺器官的发育；参与神经细胞的轴突传递过程，维持神经活动兴奋性；协同胰岛素增强机体组织吸收葡萄糖的能力，改善糖尿病症状	味觉减退，食欲不振、生长发育迟缓，免疫力低下，垂体调节机能障碍，第二性征发育障碍，性机能减退，易衰老、皮肤苍白、干燥、创伤不易愈合等	15 mg	海产品、瘦肉、动物肝脏、蛋黄、奶制品、干酪、花生、芝麻、大豆、核桃、小米、麦麸等
碘I	合成甲状腺素，促进体内蛋白质、脂肪和糖的代谢，维持机体能量代谢、促进体格和脑发育	影响幼儿生长发育，成人会引起大脖子病	0.1～0.15 mg	加碘食盐、海带、紫菜、海鱼、海虾等
硒Se	增强免疫力，预防癌症，抗氧化作用（组成谷胱甘肽过氧化物酶），延缓细胞衰老，预防心脑血管疾病和糖尿病，对甲状腺激素有调节作用，促进生长，保护肝脏和视觉器官，对有害重金属有解毒功能等	导致心血管病，还会导致溶血性贫血、克山病、大骨节病、癌症	0.05～0.2 mg	海产品、肉类、动物内脏、芝麻、大蒜、芥菜以及中药黄芪等，其中富硒大蒜最好（植物性食物的硒含量决定于当地水土中的硒含量）。注意：烹调加热时可造成硒挥发
铜Cu	促进铁的吸收和利用，很多酶的活性元素，可促进细胞成熟、清除氧自由基，并协同造血，协助DNA的复制	贫血，生长迟缓，中性白细胞减少，容易激动，冠心病发病机会增大，影响钙铁锌的吸收（很少出现缺乏）	2.5 mg	动物肝肾、绿叶蔬菜、牡蛎软体动物、粗粮、坚果、豆类等

人体所需要的各种元素都可从食物中得到补充，而且人体所需的微量元素的含量会随年龄的增长而逐渐减少。由于各种食物所含的元素种类和数量不完全相同，所以在平时的饮食中要做到粗粮与细粮结合以及荤素搭配，不偏食，不挑食，就能基本满足人体对各种元素的需要，微量元素一般也不会缺乏。但是，在特殊的情况下，人体某些微量元素可能缺乏。目前，在我国人群中，比较容易缺乏的微量元素有铁、锌。在特殊地理环境条件下，可能缺碘、硒等微量元素。

(1) 铜

铜是血、肝、脑等铜蛋白的组成部分,是几种胺氧化酶的必需成分。缺铜动物中出现的血管弹性硬蛋白、结缔组织和骨骼胶原蛋白的合成障碍,就是由于组织中胺氧化酶活性下降的结果。在铜缺乏后期,肝脏、肌肉和神经组织中,细胞色素氧化酶的活性显著减弱。人体缺乏铜的临床表现,首先是贫血,预计随着长时间、高营养静脉输液技术的应用,在成人中因铜缺乏引起贫血的例数可能增加。此外,铜缺乏也可发生腹泻和 Menkes 卷发综合征。但若是铜过量,其表现是 Wilson 氏症,是一种常染色体隐性疾病,疑似由于体内的重要脏器如肝、肾、脑沉积过量的铜所引起。人体对铜的需要量为:婴幼儿膳食中每日每公斤体重为 80 μg,少年儿童为 40 μg,成人为 30 μg。在牛羊肝、牡蛎、鱼及绿叶蔬菜中含铜较多。镉可明显减低铜的利用,饲料中的镉即使低至 3 μg/g,对铜的吸收仍有不利影响。

(2) 碘

海洋中的鱼类及海藻是含碘较丰富的食物。加碘的食盐,根据美国医疗协会证实,其中碘的含量与天然海盐相近。在日常饮食中加入含碘的食盐,就足够供给人体所需要的碘,并且不会有明显害处,因为碘会不断地从尿液、汗水甚至呼出的空气中流失。碘的生理功能其实就是甲状腺素的生理功能。它促进能量代谢:促进物质的分解代谢,产生能量,维持基本生命活动,维持垂体的生理功能;促进身体发育:发育期儿童的身高、体重、骨骼、肌肉的增长发育和性发育都有赖于甲状腺素,如果这个阶段缺少碘,则会导致儿童发育不良。促进大脑发育:在脑发育的初级阶段(从怀孕开始到婴儿出生后 2 岁),人的神经系统发育必须依赖于甲状腺素,如果这个时期饮食中缺少了碘,则会导致婴儿的脑发育落后,严重者在临床上面称为"呆小症",而且这个过程是不可逆的,以后即使再补充碘,也不可能恢复正常。

食物中含有的矿物质能有效地起到强身健体的作用,人们在日常生活中应该注意食用一些富含矿物质的食物。

三、矿物质在食品加工和储藏过程中的变化

食品中矿物质元素的含量主要受到食品原料和加工储藏方式的影响。首先是加工中,原料最初的淋洗及整理、除去下脚料的过程以及烹调或热烫过程,其中的矿物质会有大量损失,这是食品中矿物质损失的主要途径。谷物中的矿物质分布不均匀,使谷类在加工过程中随精度的增加,矿物质元素的损失也增大。当然不当的烹调方式也会产生这种效果。

对食品进行营养强化处理,也会带来矿物质变化。另外加工用水、加工设备、加工辅料以及添加剂也会影响食品中矿物质元素的含量。

食品与包装材料的相互作用也会使矿物质含量受到影响,如金属与食品中的含硫氨基酸反应,生成硫化黑斑,造成食品中含硫氨基酸和硫元素的损失;马口铁罐头食品中,铁和锡离子含量明显升高。

四、矿物质的生物有效性与烹饪中的变化

考察一种食物的营养质量时,不仅要考虑其中营养素的含量,还要考虑这些成分被生物体利用的实际可能性,即生物有效性。测定矿物质生物有效性的方法有化学平衡法、实验动物的生物检验法、离体试验及放射性同位素法等。

(一) 影响矿物质营养生物有效性的因素

1. 食物的可消化性

如果食物不易消化,即使营养成分丰富也得不到利用。如麸皮、米糠中含很多铁、锌,但这

些物质的可消化性很差,因而不能利用。

2. 矿物质的物理、化学形态

在消化过程中,矿物质必须呈溶解状态才能被吸收。矿物质颗粒的大小会影响其溶解度,进而影响消化性,因而也是影响生物有效性的因素。若用难溶物质来补充营养,颗粒大小特别重要。

3. 与其他营养物质的相互作用

饮食中一种矿物质过量往往会干扰到另一种必需矿物质的利用,如钙和镁。此外,草酸、植酸等会与钙离子形成不溶物而减少钙离子的吸收,而钙与乳酸成盐,铁与氨基酸成盐,都使这些矿物质形成可溶态,有利于吸收。

4. 加工方法

加工方法也能改变矿物元素的生物有效性。如:发酵面团中锌的有效性增加;磨碎、增加细度能够提高难溶性元素的生物有效性。一般来说,动物性食品中矿物元素的生物有效性优于植物性食品。

(二) 矿物质在食品加工中的变化

1. 烫漂、烹调和沥滤

食品加工中,原料的烫漂和沥滤对矿物元素的影响很大,这主要与其溶解度有关。烹调时矿物质主要是从汤汁中流失,由于很多矿物质能溶于水,水煮食物后将汤倒掉,大量的矿物质会流失。

2. 碾磨和丢弃

矿物元素在谷物种子中主要分布在谷物的胚芽、表皮或麸皮中,谷物在碾磨时会损失大量矿物质,碾磨得越细,微量元素损失就越多。因此加工精白米和精白面时会导致矿物质的严重损失。

某些食品的加工方法可明显影响最终产品中矿物质的含量,如在制作干酪时,钙会随着乳清的排出而流失。

(三) 接触金属材料

有时在加工过程中矿物质的含量不会减少,反而会有所增加,这可能是由于加工用水的加入而导致的,或接触金属容器和包装材料而造成的,如罐头食品中锡含量的增加就与食品罐头镀锡有关,而牛乳中镍含量的增加则主要是由于加工过程中所用的不锈钢容器所引起的。

习　题

一、名词解释

1. 结合水
2. 蛋白质变性
3. 焦糖化反应
4. 淀粉的糊化
5. 油脂酸败

二、填空题

1. 烹饪中接触较多的动物蛋白是_____和_____;植物蛋白是_____和_____。

2. 蛋白质在烹饪中的变化包括_____、_____、_____。

3. 根据糖能否水解及水解产物的不同，可将糖分为_____、_____、_____。
4. 烹饪中常根据食用油脂的制作方法及来源分为_____、_____、_____。
5. 油脂（脂肪）的主要物理性质是_____。
6. 油脂在烹饪中的变化主要有_____、_____、_____。

三、简答题
1. 食物中水的存在形式有哪些？水在烹饪中是如何变化的？
2. 烹饪与储藏对食物蛋白质、糖、油脂各有何影响？
3. 简述淀粉在烹饪、储藏中的变化与应用。
4. 简述单糖和低聚糖在烹饪、储藏中的变化与应用。

项目六　膳食平衡与烹饪安全

【项目介绍】

从化学科学的角度来看，人体是一个巨大而精巧的"化学反应器"，控制其反应速度是防范这部"人体机器"出现故障的核心，也是宏观上预防疾病和保健人体的重要内容。人体可以从食物中获取各种所需的营养素和能量，食物中的营养素与烹饪有密切的关系。膳食中营养、能量过剩和营养、能量不足都不利于人体生化反应的正常进行，从而有碍身体健康。已有资料证明，人类30%以上的疾病是由于膳食不平衡造成的。因此说，平衡膳食和安全烹饪是保障人们身体健康的基础和关键。

【学习目标】

1. 了解中国居民膳食指南及其发展变化，以及日常烹饪产生的有害物质。
2. 熟悉中国居民平衡膳食宝塔和不同人群的营养需求，以及减少烹饪有害物质产生的措施。
3. 掌握家庭膳食基础知识与食谱设计的原则方法，学会合理地选择和搭配食物。
4. 让学生运用所学知识，学会科学烹饪和对不同人群设计食谱，提高解决生活问题的能力。
5. 培养学生健康意识、完善而合理的膳食习惯，以及积极向上的心态和严谨求实、勤恳服务的职业素养。

任务一　熟悉膳食平衡

膳食平衡也叫饮食平衡、合理膳食，是指膳食（日常进用的饭菜）中所含的营养素种类齐全、比例适当，且数量充足而又不多余，使人体所获得的能量和营养素恰好能够满足机体在不同生理阶段、不同生活环境及不同劳动条件下的生理需求，确保各组织器官结构和功能的正常，能对促进身体健康发挥良好的作用。

人体的健康和膳食密切相关，平衡膳食（日常进用的饭菜），是身体营养平衡的物质基础，是达到营养平衡的手段。合理膳食是通过合理地选择与搭配食物，采用合理的加工与烹调方式，使各种营养素有利于人体的消化、吸收和利用，从而促进人体正常的生长发育，提高机体免疫力。为了保障身体健康，如何才能做到平衡膳食呢？本节会将膳食指南、平衡膳食宝塔等知识为大家一一呈现。

膳食平衡与烹饪安全

一、膳食指南

"民以食为天"，人们活动所需能量和40多种营养素均需要从食物中获得，吃是维持生命的最基本的行为，吃得科学、合理才可能让健康状态更持久。科学膳食是一门复杂的学问，膳食指南使用通俗易懂的语言，最直接地指导老百姓解决"吃什么、怎么吃"的问题。

膳食指南是根据营养学原理，结合各国食物生产供应、居民的饮食习惯和营养状况，以及现有的膳食营养与健康的证据研究而制定的，指导广大居民采用平衡膳食，科学选择食物，获得合理营养的指导性意见。膳食指南是从科学研究到生活实践的科学共识，它所提供的食物选择和身体活动的指导为人类健康起到了良好的促进作用。

（一）中国居民膳食指南

由于每个国家的膳食结构各具特色，基本国情各有不同，所以不同地域居民的饮食习惯等也会有所不同。中国营养学家根据中国的国情制定了适合于中国居民的膳食指南。

中国居民膳食指南是根据营养学原理，紧密结合中国居民的实际生活情况而制定的、适合中国人使用的膳食指导性意见，它是消除或明显减少慢性营养不良、微量营养素缺乏及膳食有关疾病的一项适宜的策略，是中国人的"吃饭指南"。中国居民膳食指南以促进合理营养、改善健康状况为目的，推行平衡膳食及健康生活方式，指导中国居民科学地选择与搭配食物，从而达到促进健康、预防和减少营养相关疾病的发生。

1. 中国膳食指南的发展

膳食指南是由早期食物指南，历经膳食供给量和膳食目标等阶段演变而来。其背景是工业化后群众体力活动减少、脂肪摄入增多及其他营养素摄入量的改变导致心血管等慢性疾病增加而对膳食模式提出建议。

世界范围内，膳食指南作为公共卫生政策的组成部分已有百年以上历史。膳食指南随时代发展、据实际情况而变化。1989年，中国营养学会首次发布《中国居民膳食指南》，把科学理论转化为对居民营养实践的指导。在1997年、2007年、2016年、2022年共计四次根据体力活动情况、脂肪摄入情况和其他营养素摄入情况进行了修改，在指导、教育人民群众采用平衡膳食、增强健康素质方面发挥了积极作用。

（1）《中国居民膳食指南（1989）》

> 《中国居民膳食指南（1989）》
> ①食物要多样；②饥饱要适当；③油脂要适量；④粗细要搭配；⑤食盐要限量；⑥甜食要少吃；⑦饮酒要节制；⑧三餐要合理。

1989年膳食指南的发布，在指导、教育人民群众采用平衡膳食、增强健康素质方面发挥了积极的作用。但随着我国改革开放和经济的发展，我国居民的膳食结构出现了新的问题。根据20世纪90年代以来全国营养调查资料和相关研究报告：全国多数地区已达到温饱水平，每日能量和蛋白质摄入水平已达推荐标准，部分居民膳食中谷类、薯类蔬菜所占比例明显下降，油脂和动物性食物摄入量过高；且有的城市和省已进入小康水平，能量过剩，体重超标在城市成年人群中日渐突出；与膳食结构不合理有关的慢性病如心血管疾病、脑血管疾病、恶性肿瘤等患病率日益增多。因此，修订了《我国膳食指南》（1989年）。

（2）1997年版《中国居民膳食指南》

> 《中国居民膳食指南（1997）》
> ①食物多样、谷类为主；②多吃蔬菜、水果和薯类；③常吃奶类、豆类或其制品；④经常吃适量鱼、禽、蛋、瘦肉，少吃肥肉和荤油；⑤食量与体力活动要平衡，以保持适宜体重；⑥吃清淡少盐的膳食；⑦如饮酒应限量；⑧吃清洁卫生、不变质的食物。

《中国居民膳食指南（1997）》经卫生部部务会讨论通过，由中国营养学会发布。与1989年相比，在推荐条目即一般人群膳食指南（通用于健康成人和2岁以上儿童）的基础上，增加了《特定人群膳食指南》作为其补充，同时制定了中国居民平衡膳食宝塔，宝塔内容包括各类食物图标、名称和合理的摄入量；强调运动和食物安全；对膳食指南进行了量化和形象化的表达。该指南通用于健康成人和6岁以上儿童。

（3）2007年版《中国居民膳食指南》

《中国居民膳食指南（2007）》
①食物多样，谷类为主，粗细搭配；②多吃蔬菜水果和薯类；③每天吃奶类、大豆或其制品；④常吃适量的鱼、禽、蛋和瘦肉；⑤减少烹调油用量，吃清淡少盐膳食；⑥食不过量，天天运动，保持健康体重；⑦三餐分配要合理，零食要适当；⑧每天足量饮水，合理选择饮料；⑨如饮酒应限量。

2007年《中国居民膳食指南》包括10条推荐条目（适合于6岁以上的正常人群）、特定人群膳食指南和中国居民平衡膳食宝塔，宝塔内容除了分类食物图标、名称和合理的摄入量外，又增加了饮水、运动的人的图标和"身体活动6 000步"的文字解释。

（4）2016年版《中国居民膳食指南》

2016年《中国居民膳食指南》与2007年相比，条目归纳为6条，简单明了，将"身体活动6 000步"改为"每天活动6 000步"，提醒每天活动的重要性。

《中国居民膳食指南（2016）》
①食物多样，谷类为主；②吃动平衡，健康体重；③多吃蔬果、奶类、大豆；④适量吃鱼、禽、蛋、瘦肉；⑤少盐少油，控糖限酒；⑥杜绝浪费，兴新食尚。

（5）2022年版《中国居民膳食指南》

依据国务院发布的《健康中国行动（2019—2030年）》《国民营养计划（2017—2030年）》要求和"健康中国2030"建设的需要，中国营养学会于2022年4月26日正式发布《中国居民膳食指南（2022）》。

《中国居民膳食指南（2022）》
①食物多样，合理搭配；②吃动平衡，健康体重；③多吃蔬果、奶类、全谷物和大豆；④鼓励摄入鱼、禽、蛋、瘦肉；⑤少油少盐、控糖限酒；⑥规律进餐、足量饮水；⑦会烹会选，会看标签；⑧公筷分餐，杜绝浪费。

《中国居民膳食指南（2022）》注意事项：

第一是食盐的摄入量，也就是钠元素的摄入量，日常饮食要低钠少油，食盐+味精的摄入量最好不要超过5 g/日。

第二是足量饮水，身体缺水会造成很多危害，有建议是每日"八杯水"，大约在2 000 mL

左右。

第三是多摄入全谷类食物，尤其是"粗粮"类的食物每周都要坚持吃几次，有利于营养的全面补充，增强抵抗力。

2. 中国居民膳食指南的变化解析

新《指南》强调进食量要与体力活动平衡，即膳食摄取的能量和体力活动所需能量平衡，维持或改善体重。进一步强调植物性食物。和以往的版本比较，《中国居民膳食指南（2022）》的核心信息进行了以下几方面的修改：

（1）"食物多样，谷类为主"更新为"食物多样，合理搭配"

"食物多样，合理搭配"是膳食指南的核心原则。谷类为主是中国平衡膳食模式的重要特征，也是合理搭配必须坚持的原则之一。"食物多样"并不是说"不再坚持谷类为主了"，而是突出合理搭配的重要性，因为除6个月内婴儿的母乳外，没有任何一种天然食物能够完全满足人体所需的能量及全部营养素，所以人每天膳食中的食物应多种多样，且要按照比例均衡摄取，即平衡膳食，以满足身体对各种营养素的需要，保障身体健康。

（2）新增6、7两条，强调规律进餐、足量饮水与会烹会选的重要性

《中国居民膳食指南（2022）》中新加入"规律进餐，足量饮水"，是因为有调查数据显示：近年来，我国居民规律进餐（每日三餐）比例有所下降，不吃早餐比例显著增加，零食消费率呈大幅增加趋势。进餐不规律的行为可能增加超重肥胖、糖尿病的发生风险。另外，居民在外就餐比例明显增加，经常在外就餐易导致能量、油、盐等摄入超标，增加超重肥胖发生风险。除食物外，水也是膳食的重要组成部分，但我国2/3居民饮水不足，含糖饮料消费量呈上升趋势。饮水过少会降低认知能力和体能，增加泌尿系统患病风险；过多摄入含糖饮料会增加龋齿、超重肥胖、2型糖尿病、血脂异常的发生风险。

新加入"会烹会选，会看标签"，是因为烹饪是合理膳食的重要组成部分，不合理的烹饪会降低食物营养含量，甚至产生有害物质；了解各类食物的营养特点，挑选新鲜的、营养密度高的食物，学会通过比较食品营养标签，选购较健康的包装食品。

大家如果在外就餐或选择外卖食品，应按需购买，注意适宜分量和荤素搭配，主动提出健康诉求。

（3）强调"分筷分餐"，倡导文明就餐

持续肆虐的新冠疫情提示人们保障公共健康，应重视公共卫生和个人卫生，推广健康文明用餐，坚持公筷公勺、分餐或份餐等卫生措施，避免食源性疾病的发生和传播，对具有重要意义。

（二）中国居民平衡膳食宝塔（2022）

1992年美国农业部人类营养信息处设计出版了美国的食物金字塔，以图解的形式宣传膳食指南，形象化的表达帮助人们每日合理安排膳食。中国居民平衡膳食宝塔（2022）（以下简称"宝塔"）是根据《中国居民膳食指南（2022）》的准则和核心推荐，以中国居民的膳食实践为基础，按照平衡膳食的原则，将各种食物的适宜摄入量和所占比例的图形化表示，以方便我国居民去理解和执行。

1. 平衡膳食宝塔的结构

中国居民平衡膳食宝塔形象化的组合，遵循了平衡膳食的原则，体现了在营养上比较理想的基本食物构成（见图6-1）。宝塔共分6层，各层面积大小不同，体现了各类食物和食物量的多少。食物量是根据不同能量需要量水平设计，宝塔旁边的文字注释，标明了在1 600~2 400 kcal能量需要量水平时，一段时间内成年人每人每天各类食物摄入量的建议值范围。

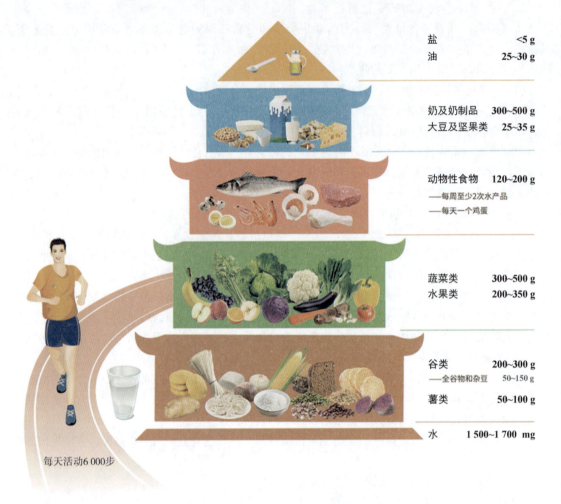

图 6-1　中国居民平衡膳食宝塔（2022）

第一层：水。水是膳食的重要组成部分，是一切生命活动必需的物质，其需要量与人年龄、工作活动、环境温度等因素有关。宝塔针对低身体活动水平的成年人，推荐每人每天至少饮水 1 500～1 700 mL；在高温或高身体活动水平的条件下，应适当增加饮水量。饮水过少或过多都会对人体健康带来危害。来自食物中的水分和膳食汤水大约占 1/2，推荐一天中饮水和整体膳食（包括食物中的水，汤、粥、奶等）水摄入共计 2 700～3 000 mL。

第二层：谷薯类食物。谷薯类是人体所需能量的主要来源（也是最经济、最好的能量来源），也是多种微量营养素和膳食纤维的良好来源。膳食指南中推荐 2 岁以上健康人群的膳食应做到食物多样、合理搭配。谷类为主是合理膳食的重要特征。在 1 600～2 400 kcal 能量需要量水平下的一段时间内，建议成年人每人每天摄入谷类（包括小麦、稻米、玉米等）200～300 g，其中包含全谷物和杂豆类 50～150 g；另外，薯类（包括红薯、土豆等）50～100 g，从能量角度，相当于 15～35 g 大米。

全谷类，是指没有经精细加工的，或者虽然粉碎了但仍然含有全部的麸皮、胚芽、胚乳等，例如糙米、黑米、燕麦、小米、全麦粉。谷薯类食物如图 6-2 所示。

图 6-2　谷薯类食物

谷薯类食物是中国传统膳食的主要食物，富含淀粉、各类维生素、植酸、木酚素、生物碱以及植物甾醇等营养成分，谷薯类是糖类的主要来源。谷类包括小麦、稻米、玉米、高粱等及其制品，如米饭、馒头、烙饼、面包、饼干、麦片等。全谷物保留了天然谷物的全部成分，是理想膳食模式的重要组成部分，也是膳食纤维和其他营养素的来源（见表 6-1）。

表 6-1　谷薯类食物（100 g）的主要营养素

食物	蛋白质/g	维生素B1/mg	维生素B2/mg	烟酸/mg	维生素E/mg	铁/mg	锌/mg	膳食纤维/g
精制大米	7.3	0.08	0.04	1.1	0.2	0.9	1.07	0.4
精制小麦粉	13.3	0.09	0.04	1.01			0.94	0.3
全麦	13.2	0.50	0.16	4.96	0.71	3.6	2.6	10.7
糙米	7.9	0.40	0.09	5.09	0.59	1.47	2.02	3.50
燕麦	16.9	0.76	0.14	0.96		4.72	3.97	10.6
荞麦	9.3	0.28	0.16	2.2	0.9	6.2	3.6	6.5
玉米	8.5	0.07	0.04	0.8	0.98	0.4	0.08	5.5
小米	9.0	0.33	0.1	1.5		5.1	1.87	1.60
高粱	10.4	0.29	0.1	1.60	1.8	6.3	1.64	4.3
青稞果仁	8.1	0.34	0.11	6.7	0.72	40.7	2.38	1.8
黑麦	9.0	0.37	1.7	1.7	1.15	4.0	2.9	14.8

　　杂豆包括大豆以外的其他干豆类，如绿豆、红小豆、芸豆、豌豆等。薯类包括红薯、马铃薯、芋头、山药等，可替代部分主食。我国传统膳食中整粒的食物常见的有小米、玉米、绿豆、红豆、荞麦等，现代加工产品有燕麦片等，因此把杂豆与全谷物归为一类。多种谷类掺着吃比单吃一种好。

　　2 岁以上人群都应保证全谷物的摄入量，以此获得更多营养素、膳食纤维和健康益处。

　　第三层：蔬菜和水果。蔬菜和水果富含维生素、矿物质、糖类（淀粉、膳食纤维、可溶性糖等），除鲜豆类外，一般蛋白质和脂类的含量极低。所以蔬菜水果是膳食纤维、微量营养素和植物化学物的良好来源，是膳食指南中鼓励多摄入的两类食物。在 1 600~2 400 kcal 能量需要量水平下，建议成人每人每天摄入蔬菜 300~500 g，其中深绿色蔬菜应该达到一半；水果 200~350 g。蔬菜和水果各有优势，不能相互替代，不可只吃水果不吃蔬菜，也不可只吃蔬菜不吃水果，果汁不能代替水果。按季节去采购新鲜的时令果蔬为佳。蔬果类食物如图 6-3 所示。

图 6-3　蔬果类食物

蔬菜包括嫩茎、叶、花菜类、根菜类、鲜豆类、茄果瓜菜类、葱蒜类、菌藻类及水生蔬菜等。深色蔬菜是指深绿色、深黄色、紫色、红色等有颜色的蔬菜（见表 6-2），每类蔬菜提供的营养素略有不同，深色蔬菜一般富含维生素、植物化学物和膳食纤维，推荐每天占总体蔬菜摄入量的 1/2 以上。

水果多种多样，包括仁果、浆果、核果、柑橘类瓜果及热带水果等。推荐吃新鲜水果，在鲜果供应不足时可选择一些含糖量低的干果制品和纯果汁。

表 6-2　深色蔬果

橙黄色蔬果	深绿色蔬果	红紫黑色蔬果
西红柿 胡萝卜 南瓜 柑橘 柚子 柿子 芒果 彩椒 香蕉 红辣椒	菠菜 芹菜叶 油菜 空心菜 莴笋叶 韭菜 荠菜 茼蒿 西兰花 萝卜缨	苋菜 紫甘蓝 红菜薹 干红枣 桑葚 樱桃 西瓜 醋栗

第四层：动物性食物。动物性食物是人体所需的动物性蛋白质和铁、钙、磷、钠、钾、镁和硫等矿物质的主要来源。肉类包含蛋、鱼、畜禽肉及内脏，重量是按生鲜清洗后的重量来计算的。肥肉、烟熏、腌制肉更要少吃。鱼、虾及其他水产品含脂肪很低，建议多吃一些。在 1 600~2 400 kcal 能量需要量水平下，建议成人每天蛋、鱼、畜禽肉等动物性食物摄入量共计 120~200 g。

新鲜的动物性食物是优质蛋白质、脂肪和维生素（脂溶性）的良好来源，建议每天畜禽肉的摄入量为 40~75 g，少吃加工类肉制品。畜禽肉蛋白质含有较多的赖氨酸，宜与谷类食物搭配食用，较好地发挥氨基酸的互补作用。但畜肉的脂肪和胆固醇含量较高（特别是猪肉），且脂肪中的饱和脂肪酸较多，食用过多易引起肥胖和高脂血症等疾病，因此膳食中少吃猪肉，尽量选择瘦肉或禽肉，同时应注意将畜肉分散到每餐膳食中，以便充分发挥畜肉营养作用。目前我国汉族居民的肉类摄入以猪肉为主，且增长趋势明显。猪肉含脂肪较高，应尽量选择瘦肉或禽肉。

常见的水产品包括鱼、虾、蟹和贝类，此类食物富含优质蛋白质、脂类、维生素和矿物质，推荐每天摄入量为 40~75 g，有条件可以优先选择。

蛋类包括鸡蛋、鸭蛋、鹅蛋、鹌鹑蛋、鸽子蛋及其加工制品，蛋类的营养价值较高，富含蛋白质，也是人体获取铁的一个重要途径，蛋黄中含有大量的卵磷脂、胆碱、胆固醇、维生素 A、叶黄素、锌、B 族维生素等，无论对多大年龄人群都具有健康益处。卵磷脂对心血管疾病有防治作用，对大脑发育也格外关键，还有降低胆固醇的作用，推荐每天 1 个鸡蛋（相当于 50 g 左右）。

第五层：奶、大豆和坚果。奶、大豆和坚果也是蛋白质和钙的良好来源，营养素密度高，是鼓励多摄入的食物。在 1 600~2 400 kcal 能量需要量水平下，推荐每天应摄入至少相当于鲜奶 300 g 的奶类及奶制品（奶粉 30 g、奶酪片约 50 g/3 片）；大豆和坚果摄入量共为 25~35 g，其他豆制品摄入量需按蛋白质含量与大豆进行折算。坚果无论作为菜肴还是零食，都是食物多样化的良好选择，建议每周摄入 70 g 左右（相当于每天 10 g 左右）。

奶类营养丰富，几乎含有人体需要的所有营养素，除了维生素 C 和铁含量较低外，其他营养素含量都比较丰富，是重要的钙、维生素来源。有些人饮牛奶后有不同程度的胃肠道不适，可以试用酸奶或其他奶制品。

大豆包括黄豆、黑豆、青豆，其常见的制品如豆腐、豆浆、豆腐干及千张等。坚果包括花生、核桃、葵花子、杏仁、榛子等，部分坚果的营养价值与大豆相似，富含必需脂肪酸和必需氨基酸。

第六层：烹调油和盐。油、盐是烹饪必不可少的调料，但建议尽量少用。推荐成年人平均每天烹调油不超过 25~30 g，食盐摄入量不超过 5 g。

从 1997 年至今，盐的推荐摄入量在 25 年中首次出现变化，从 6 g 下调到 5 g。因为大量研究表明，食盐摄入过多会增加高血压、脑卒中等疾病的发生风险，而目前我国居民食盐摄入量普遍过多，所以建议尽量少用盐。

烹调油包括各种动、植物油，植物油包括花生油、大豆油、菜籽油、葵花籽油、橄榄油、芝麻油等，动物油包括猪油、牛油、黄油等。不同油脂所含脂肪酸的种类有差别，植物油（特别是橄榄油）所含不饱和脂肪酸较多，动物油常常含有较多饱和脂肪酸，所以烹调油也要多样化，应经常更换种类，以满足人体对各种脂肪酸的需要。

按照 DRIs（膳食营养素参考摄入量）的建议，1~3 岁人群膳食脂肪供能比应占膳食总能量 35%；4 岁以上人群占 20%~30%。在 1 600~2 400 kcal 能量需要量水平下脂肪的摄入量为 36~80 g。其他食物中也含有脂肪，在满足平衡膳食模式中其他食物建议量的前提下，烹调油需要限量。按照 25~30 g 计算，烹调油提供 10% 左右的膳食能量。

我国居民食盐用量普遍较高，盐与高血压关系密切，限制食盐摄入量是我国长期的行动目标。除了少用食盐外，也需要控制隐形高盐食品的摄入量。酒和添加糖不是膳食组成的基本食物，烹饪使用和单独食用时也都应尽量避免。

提示：酒精和糖不是膳食组成的基本食物，建议添加糖的摄入量一般不超过 25 g/天。儿童、少年、孕妇、哺乳期妈妈不应当饮酒。

知识拓展

盐用量为什么下调至 5 g?

喝酒脸红不等于酒量好

2. 中国居民平衡膳食宝塔应用原则

膳食宝塔中的建议是一个较为理想的膳食模式,所以人们日常膳食应该灵活应用宝塔,不必生搬硬套完全照搬执行。

(1) 宝塔各类食物的大致比例和数量

因多种原因,人们难以每天都按"宝塔"中的推荐量来摄入食物,此时应遵循宝塔各类食物的大致比例和数量,灵活合理地安排膳食,以获得膳食平衡。例如:畜禽肉动物性食品宝塔推荐量:成人每人每天摄入 120~200 g,实际并非每天都一定吃 120~200 g 不可,而是可以一周或短时间内平均达到推荐量即可。

(2) 同类互换,丰富多彩

按照同类互换的原则,以粮换粮、以豆换豆、以肉换肉,在摄入量不变的前提下可以选择自己喜欢的食物品种,并通过不同的加工烹调方法,调整食物的色、香、味、形、质,以期在提高食物营养价值的同时增加食欲。

富含水的水果、牛奶、粥等食物可以部分替代饮水量,同一类或营养相近的食物可以经常互换。

(3) 根据实际情况,膳食宝塔可做适当调整,灵活合理地安排膳食

①要确定适合个人的能量水平,均衡分配三餐的能量。

膳食宝塔中建议的每人每日各类食物的推荐摄入量适用于一般的健康成年人,但在实际应用过程中,家庭成员要根据自己的年龄、性别、身高、体重、工作性质、劳动强度、季节等因素进行适当调整,确定自己每天的能量需要量。

三餐的能量分配,一般早餐与晚餐各占 30%,午餐占 40%。在特殊情况下,可适当调整。多吃糖有增加龋齿的危险,儿童、青少年不应吃太多的糖和含糖高的食品及饮料。

②根据个人的能量水平确定自己的食物需要量。

能量水平不同的两个家庭成员所需要的食物数量也不同。能量水平越高的人,在膳食宝塔推荐的摄入量范围内,其食物需要量也就越大。例如:劳动强度大时,能量需求水平高,食量可达宝塔上限,且应多吃些主食(谷薯类),提供足够的能量。从事轻体力劳动的中青年人第二层(谷薯类)和第四层(畜禽肉)的食物摄入量可在宝塔参数范围内取中间值。

一般情况下,人的进食量可根据自己的食欲和体重的变化来调节——在标准供给量的基础上可上下调整 10%。食欲得到满足时,对能量的需要也会得到满足。不同能量水平的各类食物参考摄入量如表 6-3 所示。

表 6-3　不同能量水平的各类食物参考摄入量

平衡膳食宝塔建议不同能量水平的各类食物参考摄入量/(g·d⁻¹)							
能量水平/kcal	1 600	1 800	2 000	2 200	2 400	2 600	2 800
谷类	250	250	300	300	350	400	450
大豆类	30	30	40	40	40	50	50
肉类	50	50	50	75	75	75	75
蔬菜类	300	300	350	400	450	500	500
水果类	200	200	300	300	400	400	500
奶类及其制品	300	300	300	300	300	300	300
蛋类及其制品	25	25	25	50	50	50	50
水产品	50	50	75	75	75	100	100
烹调油	20	25	25	25	30	30	30
盐	5	5	5	5	5	5	5

③灵活调整蛋白质需求量。

人对蛋白质的需求量，因年龄、体重身高、健康状况等因素的差异而有所不同。一般来说，身材越高大或年龄越小的人，需要的蛋白质数量越多。不同年龄的人体重（kg）乘以其所需蛋白质的指数（见表6-4）就是自己一天所需蛋白质的量。例如：体重20 kg的6岁儿童每天所需蛋白质的量为：20×1.49＝29.8（g）。

表 6-4　不同年龄的人所需蛋白质的指数

年龄	1~3 岁	4~6 岁	7~10 岁	11~14 岁	15~18 岁	19 岁以上
指数	1.80	1.49	1.21	0.99	0.88	0.79

一颗鸡蛋大约50 g，含蛋白质7 g左右，一两猪肉含蛋白质8 g左右，一两牛肉、鸡肉含蛋白质10 g左右，一杯牛奶250 mL含蛋白质8 g左右，以此类推。如果是包装好的，大家可以看包装上的食品标签。

在膳食中，除保证蛋白质的总摄入量，还要保证合理的蛋白食物搭配和一定数量的优质蛋白质。蛋白质食物的搭配一般遵循远属、多样、同餐的原则。[注：远属是指食物的生物学种属越远越好，如荤素合用。]因为不同蛋白质所含的氨基酸不同，所以食物蛋白要多样化，充分发挥蛋白质的互补作用，使其中所含的氨基酸取长补短，相互补充，达到较好的比例。豆类蛋白质的氨基酸组成比较合理，在体内的利用率较高。动物蛋白质是人体蛋白质的重要来源，其中蛋类蛋白、奶类蛋白都是优质蛋白质的重要来源，肌肉蛋白质的营养价值也很高。

（4）塔顶"盐油"可少食用且并不会对健康造成影响，因为下层的许多食物中都含有盐油，足以满足机体的需要。

（5）因地制宜，避免浪费。

我国幅员辽阔，各地的饮食习惯和物产不尽相同，我们应用膳食宝塔要因地制宜，充分利用当地的丰富物产资源，避免食物的浪费。

3. 平衡膳食的基本要求

①膳食中各种营养素和能量应能保证满足用膳者的要求，应以能达到膳食营养素参考摄入

量标准为宜。

②膳食中的各种营养素之间应保证平衡,以充分发挥各种营养素的功能,保证人体处在良好的健康状态。主要注意以下七方面的平衡:

　　a. 三大产能营养素供能比例的平衡;
　　b. 能量与维生素间的平衡;
　　c. 必需氨基酸的平衡;
　　d. 饱和脂肪酸、单不饱和脂肪酸、多不饱和脂肪酸的平衡;
　　e. 矿物质之间的平衡;
　　f. 维生素之间的平衡;
　　g. 矿物质与维生素间的平衡。

③食物对人体无毒无害,保证食物安全。如果被有害物质或致病微生物污染则会对人体产生危害或引起食物中毒,因此,合理膳食应由符合国家食品卫生标准的安全、无毒、无害的食物构成。

④合理的加工烹调可避免或尽量减少营养素的损失,并使食物保持良好的色、香、味、形等感官性状,促进食欲,提高消化吸收率。

⑤合理的膳食制度和良好的饮食习惯。膳食制度是指把全天的食物定时、定质、定量地分配给食用者的一种制度。制定膳食制度时要考虑用膳者的工作性质、年龄、生理状况以及季节、气候等因素。我国居民的饮食习惯为一日三餐,三餐能量的合理分配是:早餐占25%~30%,午餐占40%,晚餐占30%~35%。每餐之间相隔4 h为宜。

二、膳食结构

(一) 膳食结构的概念

膳食结构也称为食物结构、膳食模式,是指膳食中各类食物的数量及其在膳食中所占的比重,它表示膳食中各种食物间的组成关系。换句话说,膳食结构就是指人们消费的食物种类及其数量的相对构成。由于食物的种类、数量是随时代和社会发展在逐渐变化的,所以膳食结构不是一成不变的,人们可以通过均衡调节各类食物所占的比重,充分利用食品中的各种营养,达到膳食平衡。

一个国家或地区居民的膳食结构,需与居民的经济收入、食物生产能力、身体素质和饮食习惯相协调,所以居民膳食结构是衡量当地社会经济发展水平、膳食质量和社会文明程度的主要标志。

(二) 膳食结构的类型与特点

1. 分类

根据动物性食物与植物性食物在膳食结构中所占的比例,当今世界各国的膳食结构可分为四种代表性的膳食结构:一是以印度和巴基斯坦等国家为代表的植物性食物为主的膳食结构;二是以欧美国家为代表的动物性食物为主的膳食结构;三是以日本为代表的动、植物食物平衡的膳食结构;四是以意大利和希腊为代表的地中海膳食结构。这些饮食结构为我国饮食的发展提供了有益的参考与借鉴。

2. 特点

①植物性食物为主的膳食结构可称为温饱型结构,也称为东方膳食模式,该膳食结构以植物性食物为主,动物性食物为辅,谷类食物多、动物食物少。其主要特点:膳食能量基本能满足需要、膳食纤维充足、动物脂肪低,对奶类等富含动物蛋白质的食物摄入量也偏低,钙、铁、维

生素 A 等微量元素摄入不足，容易导致蛋白质、缺铁性贫血、维生素 A 缺乏等，不利于居民健康。大多数发展中国家属于此类型。

中国目前也基本属于这种类型。中国居民现阶段膳食结构的特点是以植物性食物为主，动物性食物为辅，即粮豆菜为主要食物，肉蛋奶为辅助食物的东亚型膳食结构（但是不少中国人的膳食观念也还停留在物资短缺的时代，还在追逐大鱼大肉等高脂肪、高能量食物）。这种膳食结构防止了西方国家高热能、高蛋白质、高脂肪、低谷物、低纤维素的膳食结构的弊病，但存在着动物性食品不足，蛋白质质量不高，某些微量元素和维生素不足的缺点。

我国居民每人每日的能量摄入量约为 2 320 kcal，蛋白质摄入量约为 68 g，脂肪摄入量约为 58 g。大多数发展中国家居民每人每日的能量摄入量约为 2 000 kcal，蛋白质摄入量约为 50 g，脂肪摄入量约为 35 g。

②以动物性食物为主的膳食结构也称为富裕型结构，该膳食结构以动物性食物为主，植物性食物为辅，其主要特点是高脂、高蛋白、高能量、低膳食纤维。这种"三高一低"的膳食模式容易导致肥胖症、糖尿病和心脑血管等慢性病。多数欧美发达国家属于此类型。

美国居民每人每日的能量摄入量约为 3 400 kcal，蛋白质摄入量约为 100 g，脂肪摄入量约为 150 g。

③动、植物食物平衡的膳食结构可称为营养型结构或日本膳食模式，以日本、新加坡为代表。该膳食结构中的是植物性食物和动物性食物的比例适当。其主要特点：膳食能量满足需要；各类营养素比例合适。蛋白质、糖类和脂肪的供给比例合理，动物脂肪摄入量不高，能量既能满足人体需要又不至于过剩，营养素均衡且充足。它是世界各国调整膳食结构的参考。

日本居民每人每日的能量摄入量约为 2 400 kcal，蛋白质摄入量约为 80 g，脂肪摄入量约为 60 g。

④地中海膳食结构是指地中海沿岸国家的传统膳食模式，此膳食结构是指以自然的营养物质为基础，强调多吃蔬菜、水果、鱼、海鲜、豆类、坚果类食物，其次才是谷类，并且烹饪时用含不饱和脂肪酸较多的植物油代替动物油（含饱和脂肪酸较多），特别提倡用橄榄油。以希腊、西班牙、法国和意大利南部等处于地中海沿岸的南欧各国为代表。

其特点：膳食中富含植物性食物，包括新鲜的水果、蔬菜、全谷类、豆类和坚果等；食物新鲜度高、加工程度低，以食用当季和当地产的食物为主，用油以橄榄油为主；其突出特点是不饱和脂肪酸摄入量高，饱和脂肪酸摄入量低，膳食中含有大量复合糖类。研究人员发现，该饮食结构不仅有益于心血管，还有助于预防糖尿病。地中海地区的居民心脑血管疾病和癌症的发病率和死亡率都比较低，平均寿命也高于其他西方国家。地中海地区的成年人有饮用葡萄酒的习惯。地中海饮食中最具神奇功效的是使用橄榄油烹调，海鱼、洋葱和大蒜也对心血管有着很重要的保护作用。美国的最新医学研究显示，高纤维、低脂肪的地中海式饮食习惯将减缓老年痴呆症的病情恶化，可使痴呆病患的死亡风险减少 73%。

三、食物种类平衡搭配

合理营养是指全面而平衡的营养，或是说全面地提供达到膳食营养素参考摄入量的平衡膳食。由于各种食物中所含营养素种类和数量有较大差异，因此，只有合理地搭配各种食物，机体才能获得所需的营养素。

（一）主食与副食的平衡搭配

合理搭配主食与副食才能保证人体生长发育和健康所需的营养素。因为人体内需要的必需氨基酸、必要脂肪酸和某些维生素等营养素，只能直接从食物中获取，不能由其他物质在体内合成。而自然界中，没有任何一种食物含有人体所需要的所有营养素。

一般说来，每天的食物中主食应占 40%，副食占 60%。主副食比例适当是保证营养平衡的前提，即热能大部分取自糖类。谷类与油脂、蛋白质食物的理想比例为：谷类占55%~65%，油脂占20%~30%，蛋白质占10%~15%。虽然蔬菜和水果中的营养素种类相近，但是两者不能相互替代，每日膳食中应当既有蔬菜类又有水果类，充分满足人体对各种营养素的需要。主食与副食的搭配如表6-5所示。

表6-5 主食与副食的搭配

以从事轻体力劳动的身高170~175 cm体重65 kg的成年男子为例				
主食200~300 g	动物性食品100~200 g	豆类食品50 g	蔬果500 g	食油20 g

主食中应该粗粮与细粮合理搭配、干稀合理搭配；副食中应荤素搭配，同时注意生熟的合理搭配，因为V_B、V_C遇热易分解破坏。荤食多属于酸性食品，多吃荤食容易造成酸碱失调。

随着经济的发展，食品工业迅猛发展，随着东西方饮食文化的交流、西餐的诱惑，再加上正确的营养科学知识普及的不够，一些人开始多吃鱼肉少吃粮食。这种打破主食与副食平衡的饮食模式，导致了现代文明病（高血糖、高血脂、高血压等）逐年攀升。

有些人特别是一些希望减肥的人，一日三餐很少吃主食。而有些人只吃主食，结果也是适得其反：主食中多余的淀粉在体内会分解成葡萄糖，转化为脂肪储存起来。也有些人效仿西方，以肉食替代主食。其实这些做法均缺乏科学性，也不符合养生之道。

饮食中不吃或少吃主食，危害很多：首先，糖类是机体最清洁的能源。如果主食不足，身体就会去消化蛋白质，以此来产生能量，这就影响了蛋白质承担的其他生理任务，而且蛋白质代谢供能会产生许多有害废物。其次，碳水化合物是大脑唯一的能量来源，主食类食物过少，会对大脑健康形成危害。再次，主食的主要成分碳水化合物（肝糖原）还具有解毒的功能，可促进血液中有毒废物的排除。

（二）粗食与精细食物的平衡搭配

1. 粗食

粗食也称为"多渣食品"。"粗"成分是指食物中的膳食纤维，包括纤维素、半纤维素、木质素、果胶等人体不能消化的物质。膳食纤维能够刺激胃肠蠕动，具有吸纳毒素、清扫肠道、预防疾病等多种功能。排泄体内代谢终产物使胃肠道"清洁"起来需求助于粗食。

2. 精细食物

精细食物主要分两方面：一是食物原料精细，如：一些多层次加工得到的精粮、精面，以及精加工得到的蔬菜瓜果；精选的鸡鸭鱼肉等。二是加工精细，指讲究工艺与作料，品味色香味形俱全等。精细食物由于"过于"精细使原有的营养消失殆尽或致使人体消化系统无法正常吸收。长期偏食精细食物会导致胃动力不足，胃体缩小，故日常饮食应注意粗食与精细食物的搭配平衡，适当吃些粗食。

3. 粗食与精细食物的平衡搭配

我国民间早就有"粗细搭配"的吃法，像杂面窝头、绿豆米饭、赤豆大米粥、二米粥、三合面等。这样的吃法，不仅增加了主食的风味，可口好吃，而且使粮食中蛋白质的营养价值得到了提高。其实，有些杂粮的营养价值比细粮要高。杂粮与细粮搭配，可以更好地发挥其营养功能。

用小麦精粉做的主食，口感好，颜色白，人人都喜欢吃，可是长期食用是不利于人体健康的。因为小麦中所含的维生素、矿物质、纤维和蛋白质，大部分都存在于籽粒的皮层和胚芽中，加工越精细，所含营养成分越少。所以我们制作主食时最好加入一定比例的杂粮粉。可以采取粗粮细作、粗细搭配、适当选择等方法来解决这些问题。相对于全部的精白米面，粗粮还是有不可替代的营养价值。不过粗粮虽好,也不能多吃(特别是胃肠功能较弱的人),否则加重胃肠的负担,影响其他营养素如钙、铁等的吸收,保证每天能吃到25~50 g就很不错了。

为了从主食中获得更多的营养素并达到预防慢性病的效果,中国营养学会建议一般成年人每天摄入全谷物和杂豆类50~150 g,占到谷物的1/4~1/3。

中国营养学会对2岁以内的婴幼儿没有推荐摄入全谷类食物。根据美国儿科学会的食谱建议,8~12月龄的宝宝每天可以摄入1/4~1/2杯(60~120 mL)的麦片、鸡蛋羹或炒鸡蛋,1/4杯(60 mL)全麦面条、米饭或土豆,1~2岁的幼儿每天早餐可以摄入1/2杯(120 mL)含铁的早餐麦片或一个熟鸡蛋,加餐一片吐司或全麦松饼,晚餐可以摄入1/2杯(120 mL)全麦面条、米饭或土豆;2岁以后的儿童的谷类食物应该有1/2的全谷类。

 知识拓展

主食新时代——粗粮细作

(三)五味与辣味食物的平衡搭配

酸、甜、苦、咸、鲜是食物五味。酸味具有敛汗、止泻、涩精、健脾开胃和提高钙、磷的吸收率等作用,如梅子、山楂子、酸杨桃、五味子等;甜味具有补气血、解毒、和中、缓急止痛等作用,如栗子、甜杏仁、南瓜、葡萄、大枣、饴糖、蜜糖、猪瘦肉、羊肉、牛肉、鸡肉、鸭肉等;苦味具有清热泻火、止咳平喘、泻下通便、调节肝肾的作用,如苦瓜、青果、枸杞苗、蒲公英、芥菜等;咸味(五味中的关键)能软坚化结、清热化痰、滋阴润燥等,如海带、海藻、紫菜、海虾、海马、海参、海胆、鱿鱼、章鱼等;鲜味可增加食欲。辣味具有发汗解表、行气、活血、化湿、增进消化等作用,可促进血液循环和代谢,如葱、生姜、辣椒、胡椒、玫瑰花、茉莉花、薤白等。

五味调配得当,才能相得益彰,增进食欲,有益健康。任何一种性味的食物过量食用都可导致百病缠身,例如:摄入过多咸味食物(食盐)可导致高血压、动脉硬化等疾病。膳食指南中建议成人每日食盐摄入量小于5 g,高血压患者根据具体病情每日食盐摄入量应该控制在0~3 g。

膳食结构的均衡还需要以调和五味为基础。调和五味指的是在食物选择上尽量做到五味搭配合理。在烹调方法上人为地加以调整,充分利用五味的制约和生化作用,这样既保证了营养的全面性,又调剂了口味。五味调和,脏腑得益,人体健康;五味偏嗜,或不遵宜忌,将导致五脏失调,形成疾病。

(四)食物的酸碱性

人体血液正常的pH总是维持在7.35~7.45,为弱碱性。临床上把血液的pH小于7.35时,叫酸中毒;大于7.45时,叫碱中毒。无论是酸中毒还是碱中毒,都会引起非常严重的后果,必须采取适当的措施将血液的pH纠正过来。日常膳食中,食物的酸碱度会影响人体体液的酸碱度。酸性食物与碱性食物合理搭配才能维持机体内酸碱平衡。

1. 科学认识食物的"酸碱性"

酸性食物和碱性食物不是一个简单的味觉或直接用 pH 值试纸（或类似方法）检测食物本身，而是指食物进入人体并代谢之后，其最终产物的酸碱性。食物中除含有水、糖、脂肪、蛋白质外，还含有各种矿物质，当人体吸收后，由于矿物质的性质不同，有酸性和碱性之分。

碱性食物又称为成碱性食物，是指含钙（Ca）、钾（K）、钠（Na）、镁（Mg）等元素较多的食物，其经代谢后产生的钾、钠、钙、镁等阳离子占优势。一般来说，绝大多数绿叶蔬菜、水果、豆类、奶类以及坚果中的杏仁、栗子等都属于碱性食物。如柠檬、柑橘、杨桃等味道虽酸，但它们经代谢后，有机酸变成了水和二氧化碳，二氧化碳经肺呼出体外，故剩下的阳离子占优势，属碱性食物。

酸性食物又称为成酸性食物，是指含磷（P）、硫（S）、氯（Cl）元素较多的食物，其代谢后产生的磷酸根、盐酸根（氯离子）、乳酸根等阴离子占优势。这类食物主要包括畜禽肉类、鱼虾类、蛋类等牛奶以外的动物性食品和谷类以及硬果中的花生、核桃、榛子等。它们虽无酸味，但因含硫（S）、磷（P）、氯（Cl）元素较多，在人体内代谢后产生硫酸根、盐酸根、磷酸根和乳酸根等阴离子较多。蛋黄、乳酪、白糖做的西点、柿子、乌鱼、柴子鱼等为强酸性食物。蔬菜中的白菜、茄子等亦属于酸性食物。

此外，还有一些既非酸性也非碱性的食物，如烹调油、黄油、淀粉及食糖等，被称为所谓"中性食物"。

2. 食物的酸碱性与人体健康

食物的确有酸性和碱性之分，它们对身体健康也的确有一点影响，但并不足以引起体液变酸，更与酸性体质毫无关系。正常人体具有强大的缓冲系统和调节系统，具有自我调节酸碱平衡的能力，只要身体状况正常，血液的 pH 都会保持在 7.35~7.45，而与吃酸性还是碱性食物并没有多大关系。因此，食物的酸性和碱性不足以作为我们选择食物的理论依据，虽然膳食指南都会推荐"多"吃蔬果和奶类、"少"吃鱼肉蛋和精制谷物，但这与食物酸碱性无关，只是巧合罢了。与其选择食物酸碱性，不如均衡饮食。

虽然目前种种证据显示，充分摄食蔬菜和水果会让人的身体更健康。但这并非因为它们是所谓的"碱性食物"，而是因为它们富含各类对维护人体健康不可或缺的维生素、矿物质、膳食纤维和植物化学物质。

同时，大量进食动物性食物等所谓"酸性"食物对人体可能产生不利影响，这也不是因为其是所谓"酸性食物"，而是大量吃动物性食物可导致能量、饱和脂肪酸、胆固醇等摄入超量，而部分矿物质、维生素和膳食纤维摄入不足，从而导致身体肥胖，血压、血糖、血脂等指标异常。

四、食物热量及营养素的平衡摄入

加强和保持能量平衡，需要通过不断摸索，关注体重变化，找到食物摄入量和运动消耗量之间的平衡点。身体活动是能量平衡和保持身体健康的重要手段。运动或身体活动能有效地消耗能量，保持精神和机体代谢的活跃性。鼓励养成天天运动的习惯，坚持每天多做一些消耗能量的活动。推荐成年人每天进行至少相当于快步走 6 000 步以上的身体活动，每周最好进行 150 min 中等强度的运动，如骑车、跑步、庭院或农田的劳动等。一般而言，身体低活动水平的能量消耗通常占总能量消耗的 1/3 左右，而身体高活动水平者可高达 1/2。

（一）食物热量（能量）

膳食是人类的生命之源，是影响人体生长发育和身体健康的重要因素。人们的一切行为活动（包括呼吸、心跳、保持体温、大脑运作等）需要从食物中获取热量。食物中的糖、油脂、蛋白质是产能的三大营养物质。

1. 概念

食物的热量是指食物所能提供的能量，所以也叫食物能量。

常用单位：卡（也叫卡路里）、千卡，符号为：cal、kcal。在1个大气压下，将1 g水提高1 ℃所需要的热量即为1 cal。

国际标准单位：焦耳，符号为：J、kJ。

在欧洲普遍使用焦耳作为食物热量的单位，美国则采用卡路里。

2. 常见食物能量的计算（见表6-6）

食物中的热量含量是该食品产生多少潜在能量的量度标准。食物供能物质主要是糖、脂肪和蛋白质，只要知道食物中这三种物质的含量，就可以知道食物的能量。蛋白质、油脂、糖可产生热能分别为：4 kcal/g、9 kcal/g、4 kcal/g（1 cal≈4.186 J）。我们的机体通过代谢作用"燃烧"食物中的热量，在酶的催化作用下糖类化合物分解为葡萄糖和其他糖类，脂肪分解为甘油和脂肪酸，蛋白质分解为氨基酸，而后这些分子通过血液被转运到细胞中，它们在这里可被立即吸收利用，也可进入最终代谢阶段，即与氧进行反应，释放其存储的能量。

一般来说，成人每天至少需要1 500 kcal的能量来维持身体机能。身体基础代谢（保持体温、心肺功能和大脑运作）消耗的能量会因个体间身高、体重、年龄、性别的差异而有所不同。

表6-6 常见食物能量

食物名称	稻米（粳，标一）	糯米（粳）	小麦粉（标准粉）	挂面（标准粉）	油面筋	高粱米	荞麦	燕麦	小米
食部/g	100	100	100	100	100	100	100	100	100
能量/kcal	345	344	349	348	493	360	337	367	361
食物名称	油条	鸡腿肉	猪肉（瘦）	牛肉（瘦）	鱼肉（鲤鱼）	鸡蛋（红皮）	鹌鹑蛋	鸭蛋	鹅蛋
食部/g	100	100	100	100	100	100	100	100	100
能量/kcal	388	262	143	106	202	177	186	207	225

（1）五谷杂粮类

中国作为粮食生产大国，自古以来粮谷类食物都是我国人民的主要食物，在生活中占有重要地位。中国居民约有66%的能量、58%的蛋白质来自粮谷类食物，此外，粮谷类食物还能为我们提供较多的B族维生素和矿物质。

谷类食品的能量主要为糖类化合物和蛋白质，含有少量的脂类，其中糖类化合物含量通常在70%以上，蛋白质含量一般在7%~12%，脂类根据品种不同含量一般在0.4%~7.2%。

薯类食品为谷类食品的补充食品，两者含有的营养素种类相近，不同的是薯类食品所含有的膳食纤维、胡萝卜素、维生素C等营养素要高于谷类食品，蛋白质含量低于谷类食品。

豆类可分为大豆类（包括黄豆、黑豆、青豆等）和其他豆类（包括蚕豆、绿豆、豌豆、红豆等），大豆类食品富含优质蛋白质（30%以上）和脂类（15%以上），糖（34%左右）含量较低；其他豆类食品富含糖（60%以上）和蛋白质（20%~25%），脂类含量较低（1%左右）。

(2) 蔬果类

蔬菜和水果含有大量水分、丰富的维生素、矿物质和膳食纤维，通常蔬菜和水果中蛋白质和脂类含量都很低，除少部分外，一般供能较少。蔬菜和水果中能提供热量的营养素主要是糖，蔬菜中的胡萝卜、南瓜、番茄等含有较多的单糖和双糖，藕类、芋头类则含有较多的淀粉；水果中大部分都含有丰富的单糖和双糖，如西瓜、葡萄、苹果等。

(3) 畜禽肉类

能为我们提供丰富的优质蛋白质（10%～20%）和脂类（因动物的品种、年龄、肥瘦程度、部位等不同，含量有较大差异），因此饱腹感非常强，此外畜禽肉类还能为我们提供大量的脂溶性维生素和矿物质，但是碳水化合物含量较低，含量在1.5%左右，主要以糖原的形式存在于肌肉和肝脏中。

(4) 蛋奶类

蛋类蛋白质含量通常在12%左右，脂类含量为8%～12%，糖含量较低，为1%～3%。动物畜奶中蛋白质、脂肪、乳糖的含量分别为 3.3～3.6 mg/100 g、3.6～5.7 mg/100 g、4.2～4.7 mg/100 g。

(二) 食物营养

1. 营养与营养素的概念

营养是人体获得并利用其维持生长发育等生命活动所必需的物质和能量的过程。营养表示的是一种作用和生物学过程。

营养素是维持正常生命活动生物体所需摄入的食物成分。人体所需营养素目前分为蛋白质、脂质、碳水化合物、维生素、矿物质、水和膳食纤维7大类。

2. 营养素的分类

食物中的营养素可分为常量营养素和微量营养素两大类。常量营养素每天需要量很大，提供机体生长、代谢和运动所需的能量和物质，包括糖、蛋白质、优质脂肪和钠、钾、铁等一些矿物质。微量营养素每日需要量很少，一般在 100 mg 以下，包括维生素和一些微量元素，它们对人体具有非常重要的生理作用，能催化常量营养素的利用。

3. 营养素的吸收

食物在消化道内进行分解的过程称为消化。食物经消化后，其营养素透过消化道壁进入血液和淋巴液的过程为营养吸收。

消化道是指由口腔至肛门粗细不等的弯曲管道，长约9米。包括口腔、咽、食道、胃、小肠（十二指肠、空肠、回肠）、大肠（盲肠、结肠和直肠）等部分。

消化道不同部位的吸收能力有很大差异。营养素在口腔及食管中实际上不被吸收；胃可以吸收乙醇及少量水分；结肠可以吸收水分和盐类；只有小肠是吸收的主要部位。小肠长约5米，是消化道最长的一段；肠黏膜具有环状皱褶并且拥有大量绒毛及微绒毛，使小肠具有巨大的吸收面积（总吸收面积可达 200～400 平方米）；加上食物在小肠内停留时间较长（3～8 h），所以，这些决定了小肠是吸收的主要部位。

碳水化合物、脂肪、蛋白质的消化产物，大部分是在十二指肠、空肠吸收，当其到达回肠时，通常已经吸收完毕。回肠被认为是吸收机能的储备，能主动吸收胆汁盐和 V_{B2}。

(三) 食物热量与营养素的平衡摄入

能量和营养素是维持机体生命的必需物质，很多营养素的生理功能都体现在机体的能量代谢上。但是，如果能量摄入过高而营养素摄入过低，就会造成多余的能量负荷，从而导致肥胖、各种慢性病发病率增加等现象。因此我们要把食物中的营养素与其提供的能量结合在一起，合理搭配，达到平衡膳食的目的。

1. 食物的营养价值

食物营养价值通常是指食物中所含的各种营养素和能量满足人体营养需要的程度。

（1）影响食物营养价值的因素

①食物营养价值的高低，取决于该食物所含的营养素的种类是否齐全、数量是否能满足人体的需要、各种营养素之间的比例是否适宜、营养素是否容易消化吸收并被机体利用以及食物的储存、加工和烹调的影响等。

②食物的营养价值有相对性，首先是能列为具有全营养价值的食品很少，只有适用于婴儿食用的母乳或配方奶粉、适用于病人的要素膳等极少数的种类；大多数食物都是某些营养素含量高，而另一些营养素含量低，如：谷类食物中富含碳水化合物、B族维生素，但蛋白质含量少且质量差，脂肪含量低；蔬菜和水果类食物中，虽矿物质、维生素含量高，但蛋白质、脂肪、碳水化合物含量低；其次是即使同一种食物，营养素含量由于品系、部位、产地、成熟程度不同而有较大差异。如苹果中，红富士品种含糖分较多、纤维较少，而秋金星品种含糖较少、纤维较多。

（2）食物营养价值的评价方法

①营养素种类和数量的测定方法。有化学分析法、仪器分析法、微生物法、酶分析法。实际工作中，常通过查阅食物成分表，计算食物中各种营养素的含量和他们之间的各种比值，初步评定食物的营养价值。

②营养质量指数（INQ）评价法。营养素的种类和营养素的含量越接近人体需要，表示该食物的营养值就越高，目前常用食物的营养质量指数来评价。

INQ＝1，表示食物提供营养素的能力与提供能量的能力相当，二者满足人体需要的程度相等；

INQ<1，表示该食物提供营养素的能力小于提供能量的能力，长期食用这种食物会发生营养素不足或者能量过剩的危险；

INQ>1，表示该食物提供营养素的能力大于提供能量的能力，为"营养质量合格食物"。

INQ 可以根据不同人群的营养需求来分别计算。同一种食物，对正常人群可能是合格的，但是对肥胖人群、老年人群可能是不合格的，因此要做到因人而异。

一般的成年人，根据劳动强度确定好每日能量需要量后，可以根据《中国居民平衡膳食宝塔》合理安排饮食，这样可以确保每日的能量供给和营养素需要，避免出现营养不良或营养过剩。

日常生活中还有部分人群的饮食需要特殊处理，例如一些慢性病患者或者肥胖人群，这类人群需要严格控制能量与营养素之间的平衡，通过饮食控制达到辅助治疗的目的。

2. 营养质量指数

（1）概念

①食物营养质量指数（INQ）是指营养素密度（该食物所含某营养素占推荐摄入量的比）与能量密度（该食物所含热能占推荐摄入量的比）之比，它是一种结合能量和营养素对食物进行综合评价的方法，它能够直观、综合地反映食物能量和营养素的需求情况。

$$营养质量指数（INQ）=\frac{营养素密度}{能量密度}$$

②食物的营养密度是指一定量（通常是 100 g）食物中所含营养素的量与该营养素日膳食推荐摄入量之比。

$$营养素密度=\frac{100\ g\ 食物提供的营养素含量（g）}{该营养素推荐摄入量（g）}$$

不同的食物所含有的能量差别比较大，按照食物所含能量由高到低排列，油脂、油料种子、干果、肉类、淀粉类食物都是能量密集型食品，而蔬菜、水果所含的能量则比较低。食品的水分含量高则能量密度低、脂肪含量高则能量密度高。为了直观显示食品所提供能量的多少，通常我们可以采用能量密度进行表示。

能量密度是指一定量（通常是100 g）食物中所提供的热量（能量）与单日能量推荐摄入量之比。

$$能量密度 = \frac{100 \text{ g 食物提供的能量（cal）}}{能量推荐摄入量（cal）}$$

说明：一定量食物提供的能量为该食物中所含糖、蛋白质、油脂所提供的总能量。

长期食用低能量或者能量密度比较低的食物，会影响儿童生长发育；长期食用高能量或能量密度比较高的食物，容易造成超重或肥胖。

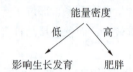

（2）INQ 的计算方法

第一步，查《食物成分表》，找出某种营养素含量；

第二步，查膳食中国居民营养素参考摄入量，确定某一人群能量与营养素膳食参考摄入量；

第三步，利用公式计算。

例：某营养师推荐王先生（能量水平 2 100 kcal）的营养素摄入量为：蛋白质 65 g、油脂 70 g、糖 315 g、钙 800 mg、铁 20 mg……试根据王先生的营养素需要，对鸡蛋中蛋白质、钙、铁的营养价值进行评价。

解：查《中国食物成分表2018 年（标准版）第 6 版》知：

100 g 鸡蛋（红皮）含蛋白质 12.8 g，脂肪 11.1 g，糖 1.3 g，钙 44 mg，铁 2.3 mg。

∵ 蛋白质、油脂、糖可产生热能分别为：4 kcal/g、9 kcal/g、4 kcal/g

∴ 100 g 鸡蛋提供的能量 = 12.8×4 + 11.1×9 + 1.3×4 = 156.3（kcal）

鸡蛋的能量密度 = 156.3/2 100 = 0.07

鸡蛋的蛋白质营养密度 = 12.8/65 = 0.197

鸡蛋的钙营养密度 = 44/800 = 0.055

鸡蛋的铁营养密度 = 2.3/20 = 0.115

100 g 鸡蛋中：

蛋白质营养质量指数(INQ) = 0.197/0.07 = 2.81(>1)

钙营养质量指数(INQ) = 0.055/0.07 = 0.786(<1)

铁营养质量指数(INQ) = 0.115/0.07 = 1.64(>1)

评价：鸡蛋的蛋白质、铁的 INQ 均大于 1，说明就蛋白质和铁来说，鸡蛋对王先生是合格食物；钙 INQ 小于 1，说明对于营养素钙，鸡蛋的营养价值不高，应该注意从其他来源补充。

（四）食谱设计的原则

1. 营养素均衡

按照《中国平衡膳食宝塔（2022）》营养素参考摄入量，选择各类食物，充分满足人体对营养素的数量、质量要求，达到平衡营养的要求。

（1）定时定量进餐

将每天的食物组成合理的每一餐，而且要按时定量用餐。

（2）食物富有变化

食品的种类和烹调方式经常调换，事物的色香味富有变化，有助于增进食欲，提高食物的消化吸收。

（3）合理搭配

在合理营养的基础上，应注意食物的粗与细搭配、固体与流体搭配，使用餐后人体产生的饱腹感能维持一定时间。提倡科学的饮食方式。

（4）因地适时调整

食物的选用要随地域、民风和季节而变化和调整，充分考虑地区特点和民族习惯，选择人们喜爱的食物和烹饪方式。一般在夏季膳食应清爽可口，而冬季可选择浓厚的饮食。

2. 营养食谱科学搭配

食物种类多样、颜色多样、口感多样，且尽可能新鲜、经常变换做法。主食类由于各种谷物、薯类等粮食中所含营养成分不尽相同，而且经过深加工的食品虽然口味较好，但营养素损失很多，因而对于粮食的摄入原则应该是粗、细搭配，并尽可能吃新鲜粮食。每天进食量的多少，可根据活动量而有所不同。一般以 400~600 g 为宜。其余热能由鱼、肉、蛋、奶等副食品提供。但总热能不能超过标准，否则将引起体重超标。

（1）蛋白质的搭配方法

来源广泛，不可偏食。鱼、瘦肉、蛋、乳制品、豆制品都含有丰富的蛋白质。食用时不仅要看食物中蛋白质的含量，而且要看它是否容易被人体消化吸收、利用，以及食物的营养质量指数。蛋、奶类是很好的蛋白质来源，但是蛋、奶不能代替肉类，因为动物肌肉中的血红蛋白型铁容易被人体吸收利用。因而从补铁的角度说，吃瘦肉的意义很大。豆类含有丰富的蛋白质，其蛋白质的氨基酸比例接近人体需要，是高质量的蛋白质，而且豆类还含有不饱和脂肪酸，对降低血脂有一定作用。

（2）蔬菜、水果类的搭配方法

人体中的维生素、无机盐、微量元素和纤维素主要来自蔬菜和水果。要经常变换蔬菜种类或几种菜炒在一起吃，可以使营养素相互补充。新鲜蔬菜含有大量人体必需的营养成分，但各种蔬菜的成分及其含量各有不同。水果含有丰富的有机酸和各种蛋白酶类，有助于消化。其中所含的果胶、纤维素等还可促进肠蠕动，减少胆固醇的吸收，有降胆固醇的作用。正常人每天摄入的新鲜蔬菜量应大于 400 g，水果量应大于 200 g。水果一般在饭后 1 h 左右吃比较适宜。

（3）油脂类的搭配方法

油脂每天摄入量按每公斤理想体重 1 g 为宜，其中 25 g 为烹调油。有人认为油脂中脂肪、胆固醇含量高，吃了容易得动脉硬化、冠心病，而害怕吃油脂类的食物。这是不对的。油脂有给机体提供热能、促进脂溶性维生素的吸收、提供不饱和脂肪酸等很多重要的生理功能。不饱和脂肪酸对改善血脂构成、防止动脉硬化有益。植物油中不饱和脂肪酸含量较高，所以要适当多吃植物油，少吃动物油。

知识拓展

特殊人群的配餐原则

任务二 掌握烹饪安全

一、烹饪操作安全

厨房内各种燃气和电器设备众多，极易发生火灾，因此了解如何防止厨房火灾的发生和火灾的正确扑救措施非常重要。

（一）燃气炉的安全使用与火灾扑救

1. 燃气炉的安全使用

①经常检查气路、阀门、燃气开关等设备，发现问题及时报修。

②使用时，遵守相应的操作程序，严格按照设备的开启、使用、关闭程序进行操作，不得随意改换顺序。

③烹饪时不得随意离开厨房，做到人走火灭。

2. 火灾扑救

火灾发生应立即断气，同时采取相应的处理。

如果炉灶热油着火，可采用锅盖、湿毛巾等盖上，断绝氧气灭火，或者用灭火器、沙子等。切忌用水灭火，也不能端锅乱走动，风速会加快火的燃烧。

如果火势较大时，需要及时报警。

（二）厨房电器的安全使用与火灾扑救

1. 安全使用

①经常检查电路、电源插座等设备，发现问题及时报修。

②避免过期超龄使用。过期超龄使用，容易引起安全事情发生，耗电量也会明显增大。电饭煲的使用年限一般在6~8年，电压力锅的使用年限一般在8年，电磁炉的使用年限是5年，微波炉的使用年限是10年，吸油烟机的使用年限是7年。

电饭煲：过期超龄使用加大的电阻会导致插头接口处发热，引起着火的情况发生。

电压力锅：过期超龄使用不但影响食物加工后的口感，而且还会引起安全事故发生。特别是电压力锅的密封胶圈的使用时间切记不要超过两年，一定要定期进行更换。

电磁炉：电磁炉的元器件会随使用时间增加而不断衰减老化，过期超龄使用，不但会导致安全事故的发生，同时也会导致耗电量成倍增加。

微波炉：微波炉里面的电机、风扇、定时开关等都会随使用时间增加而逐渐失效，因此超期使用时，不但加热食物的加热效果会明显降低，耗电量会明显增大，而且微波泄漏的系数也会增加。

吸油烟机：超期使用的吸油烟机，由于机器主要部件与各种元器件的老化，电机、风轮工作效率严重下降，无法把油烟排出厨房，导致大量的油烟滞留在室内，易引发呼吸系统的各种疾病，严重的会导致肺癌。如果电机过热还会引发起火等安全事故。

2. 火灾扑救

火灾发生应立即断电，同时采取相应的处理。

如果厨房电器着火，可采用湿毛巾、沙子等盖上，断绝氧气灭火，或者用干粉灭火器、二氧化碳灭火器。切记不能用泡沫灭火器，也不能用水灭火。

如果火势较大时，需要及时报警。

(三) 烫伤

厨房内的热锅、热锅柄（盖）、热油、热汤和热蒸汽等都可能造成操作者烫伤，甚至严重的烫伤。

1. 烫伤的预防

①确保所接触器具的温度在安全范围内。撤下的热烫的铁锅、烤盘等烹调设备要及时进行降温处理或及时搁放在安全处。接触时应预接触，确认不烫手再直接使用或清洗。不能直接将手伸入烤箱等设备中，需要用专用工具。

②打开锅盖时，应使自己身体尽量远离蒸气和热油，防止高温蒸汽、热油烫伤。烹制菜肴要控制好油温和投料量，防止油溢出燃烧。

③油炸的食品应事先控干水分，防止热油溅出伤人。

2. 烫伤处理

①被烫伤或烧伤后，如果伤情不重，应当立即用自来水冲洗或者用冷水浸泡烫伤部位，或者用被酒精（白酒）浸泡过的毛巾、脱脂棉等贴敷烫伤部位，或者用冰箱里的冰袋等来冷敷烫伤、烧伤处。这样处理不仅可以止疼，而且可以减轻伤害。

②冷水冲泡或用冰冷敷 15~20 min 后，如果皮肤只有轻度红肿或只有小水疱，可以在烫伤或烧伤处涂点儿烫伤膏或清凉油。如果皮肤水疱较大，可以用消毒过的针把水疱刺破，待疱液流出后，涂上烫伤膏，一般不用包扎，使伤处干燥、结痂即可。

③严重烫伤、烧伤，可按以下步骤救治：首先，尽快脱去伤者被烧或浸有热油等液体的衣服。在脱下烧、烫伤患者的内衣时，要注意保护患者的皮肤。遇到衣物和皮肤粘在一起不易分开时，不要强行拉扯，可等医生处理。接着，迅速用冷水冲洗伤处。在冲洗时，应注意水流不能过急，以免造成新的伤害。如果是被生石灰烧伤，应先清除石灰粒，再冲洗。最后，迅速送医院治疗。

二、烹饪食物安全

有研究表明：随着加热次数和加热时间的增加，油脂的酸价呈上升趋势（酸价越高表示游离脂肪酸越多）、饱和脂肪酸的百分比含量呈上升趋势、多不饱和脂肪酸的百分比含量呈下降趋势以及氧化程度增大，总维生素 E 含量呈明显下降趋势。

中低温（<200 ℃）下，脂肪、水、蛋白质发生乳化作用，形成乳白色的白汤；脂肪可发生水解作用生成醇、脂肪酸，与糖、酸类、醇类物质产生酯化反应，具有生香、去腻、爽口润滑作用。在高温（>200 ℃）加热过程中，食用油脂会发生一系列复杂的化学反应，产生许多有害人体健康的物质，如丙烯酰胺、油脂聚合物、多环芳香族化合物、N-亚硝基化合物等。因此煎炸等烹饪时应避免油温过高，一般控制在 200 ℃ 以下，同时尽量减少油的反复使用次数。

(一) 煎炸烧烤食物中可能存在的有害物质

1. 丙烯酰胺

高温加热过程中，油脂中的多不饱和脂肪酸易受高温影响，发生氧化、裂变、聚合等反应，产生烯醛类化合物。有研究表明，油炸食品会产生一种叫作丙烯酰胺的致癌物质，尤其是油炸土豆中的丙烯酰胺含量最高。丙烯酰胺可以通过皮肤、消化道进入人体，造成严重的伤害。丙烯酰胺不仅能够损伤机体的神经系统、生殖系统、遗传基因，而且还存在致癌性。

2. 多环芳香族化合物及过氧化合物

由于油脂中的碳碳双键等很容易发生氧化反应，油温在 200 ℃ 以上时，油脂中的不饱和的脂肪酸 C═C 双键断裂，油脂会发生氧化、分解、热聚合、热缩合反应，生成醛、醇、酸、多环芳香族化合物及过氧化合物等，使油脂变色、变味。故煎炸所用油脂温度不宜太高，且不能长时间反复多次使用。

3. N-亚硝基化合物

在制作煎炸烧烤肉、鱼等食物时，为增加食物的色、香、味等，常加入一定量的硝酸盐和亚硝酸盐。鱼、肉原料中含较多脯氨酸、羟氨酸、精氨酸的蛋白质，其高温分解可产生仲胺。亚硝酸盐与仲胺可生成 N-亚硝基化合物。N-亚硝基化合物会引起人体急慢性中毒，导致肝肿大、黄疸及肝实质病变，同时也具强烈的致癌性。

4. 杂环胺

在煎炸过程中若油温超过 200 ℃以上，蛋白质、肽、氨基酸便会分解出大量的杂环胺。杂环胺随油炸食物进入人体，可损伤肝脏，也可使生育功能减退，还具有致突变、强致癌作用。

5. 3,4-苯并芘

各种有机物、燃料燃烧和裂解过程可产生多环芳香烃。烤制时，食物与燃料（木炭、煤、焦炭、煤气和电热等）产物接触，除烟尘中的 3，4-苯并芘可使食物污染外，煎炸烧烤过程中，油脂反复循环加热，可使脂肪氧化分解而产生 3，4-苯并芘。当食物被烤焦或炭化时，3，4-苯并芘含量显著增加。炭火上直接烤的羊肉串中，3，4-苯并芘的含量较高。

随食物进入人体内的苯并芘大部分可经消化道被人体吸收，然后通过血液很快遍布全身。实验证明：多环芳香烃化合物大部分都具有致癌作用，其中 3，4-苯并芘致癌性最强，对机体各脏器，如肺、肝、食管、胃肠以及皮肤等均可致癌。

炸和烤能显著增加淀粉类食品和肉类食品中苯并芘的含量，使之达到其至超过国标规定的限量值，因此我们在日常生活中一定要尽量少摄入炸和烤的肉类及淀粉类食品，以减少强致癌物苯并芘的摄入量。

6. 人造反式脂肪酸

不饱和脂肪酸分子中碳碳双键的空间构象可分为顺式和反式：

$$\begin{array}{cc} \mathrm{H}\mathrm{H} & \mathrm{H} \\ \diagdown\diagup & \diagdown \\ \mathrm{C}=\mathrm{C} & \mathrm{C}=\mathrm{C} \\ \diagup\diagdown & \diagup\diagdown \\ \mathrm{H}\mathrm{H} & \mathrm{H} \\ \text{顺式} & \text{反式} \end{array}$$

反式脂肪酸是一大类含反式双键的不饱和脂肪酸的简称。反式脂肪酸可分两类：一类是天然的，一类是人造的。天然的反式脂肪酸主要存在于一些反刍动物（如牛、羊等）的脂肪和奶中。这类天然的反式脂肪酸不但对人体没什么害处，研究显示部分天然的反式脂肪酸可减少脂肪堆积，因此可以放心食用。

人造反式脂肪酸，一般在油脂的加工、烹调中产生，主要来源于人造脂肪。一般来说，市场上出售的面包、饼干、薯条、糕点等方便美味的食品都较多地使用了人造脂肪。由于生产工艺的差别，人造脂肪中反式脂肪酸的含量大不相同，有的高达 20%，有的则低于 1%。

每天摄取反式脂肪酸的含量应该少于 2.2 g。过量食用人造反式脂肪酸会对人体产生危害。医学研究证实，人造脂肪酸对人类健康的主要危害表现在：

①形成血栓，促进动脉硬化。反式脂肪酸会增加人体血液的黏稠度和凝聚力，容易导致血栓的形成，增加罹患冠心病的风险。

②容易发胖。反式脂肪酸是人体无法代谢掉的，容易在腹部积累，导致肥胖。

③影响生育。反式脂肪酸会对胎儿和婴幼儿的大脑发育和神经系统发育造成不良影响，减少男性荷尔蒙的分泌，对精子的活跃性产生负面影响，中断精子在身体内的反应过程。

注意：并不是所有的反式脂肪酸对人体的健康都有害，共轭亚油酸就是一种有益的反式脂肪酸，它具有一定的抗肿瘤作用。因此，在对待反式脂肪酸的问题上，人们不仅要有严谨的科学态度，还要有健康的发展眼光。

国家卫生部 2007 年 12 月颁布的《食品营养标签管理规范》规定，食品中反式脂肪酸含量≤0.3 g/100 g 时，可标示为 0。这也就是为什么有些食品配料表里明明有植脂末、氢化油，但是标签中标注反式脂肪为 0 的原因。

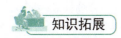

知识拓展

人造脂肪与反式脂肪酸的来源

(二) 减少煎炸烧烤食物中有害物产生的措施

①严格控制温度和加工时间。煎炸时火候不要过旺，油温不超过 150 ℃，不要连续高温煎炸（要采取间断的煎炸方法），防止多环芳香烃、油脂热聚物、杂环胺等有害物的产生。

②油脂反复使用次数不宜过多。

③避免火焰与食物接触。

用盐和砂粒为传热介质或直接利用空气和辐射热（电热法）、煤气炉等煎炸烧烤，少用煤炉、柴炉、草炉等烤制，可减少 3, 4-苯并芘的产生。

④选用脂类含量较低的原料烤制。

⑤不要滥用硝酸盐与亚硝酸盐。

⑥用日光、紫外线照射或臭氧等氧化剂处理，可使油脂中 3, 4-苯并芘失去致癌作用。

习 题

一、选择题

1. 《中国居民平衡膳食宝塔》最新版是（　　）版。
A. 2016 年　　　　B. 2020 年　　　　C. 2021 年　　　　D. 2022 年

2. （　　）食品属于中国居民平衡膳食宝塔要求的每日必需食品。
A. 牛奶　　　　B. 鸡蛋　　　　C. 水果　　　　D. 啤酒

3. 根据同类互换原则，可以与鸡肉进行互换的食品是（　　）。
A. 鸭肉　　　　B. 羊肉　　　　C. 鸡蛋　　　　D. 红薯

4. 下列说法错误的是（　　）。
A. 个人所需能量应该三餐均衡分配
B. 少食用"盐油"不会对健康造成影响
C. 人对蛋白质的需求量，可随年龄、体重身高、健康状况等因素而灵活调整
D. 减肥可以不食用油脂

二、简答题

1. 《中国居民膳食指南（2022）》的核心准则有哪些？
2. 《中国居民平衡膳食宝塔（2022）》每一层的内容分别是什么？
3. 中国居民家庭膳食食谱设计的原则是什么？
4. 烹饪时，如何减少有害物质的产生？

三、实践题

王女士，35 岁，身高 160 cm，体重 65 kg，为了减肥，日常饮食以蔬菜、水果、豆类及豆制品为主，极少吃谷类食物，不吃任何肉类，烹调用油选用的是橄榄油，近期出现经常疲劳、失眠等症状。请问如何帮助王女士进行膳食调整？

参考文献

[1] 杨爱民，范涛，李东文. 中式烹调工艺［M］. 武汉：华中科技大学出版社，2020.

[2] 王向阳. 烹饪原料学［M］. 3版. 北京：高等教育出版社，2015.

[3] 梅方. 烹饪大全——中国烹饪技术［M］. 南宁：广西民族出版社，1991.

[4] 张先锋，高颖. 中国饮食文化概论［M］. 武汉：华中科技大学出版社，2022.

[5] 戴桂宝，金晓阳. 烹饪工艺学［M］. 北京：北京大学出版社，2014.

[6] 周世中. 烹饪工艺［M］. 成都：西南交通大学出版社，2022.

[7] 孙玉民，朱炳元. 烹饪技术［M］. 北京：中国商业出版社，2016.

[8] 童光森、彭涛. 烹饪工艺学［M］. 北京：中国轻工业出版社，2020.

[9] 中国就业培训技术指导中心. 国家职业资格培训教程·公共营养师（基础知识）［M］. 2版. 北京：中国劳动社会保障出版社，2012.

[10] 中国就业培训技术指导中心. 国家职业资格培训教程·公共营养师（国家职业资格三级）［M］. 2版. 北京：中国劳动社会保障出版社，2012.

[11] 季兰芳. 营养与膳食［M］. 北京：人民卫生出版社，2019.

[12] 鲁彬. 家庭膳食与营养［M］. 北京：北京理工大学出版社，2021.

[13] 孙长颢. 营养与食品卫生学［M］. 北京：人民卫生出版社，2017.

[14] 王向阳. 烹饪原料学［M］. 北京：高等教育出版社，2015.

[15] 中国营养学会. 中国居民膳食营养素参考摄入量（2013版）［M］. 北京：科学出版社，2014.

[16] 中国营养学会. 中国居民膳食指南科学研究报告（2021）［R］. 中国居民膳食指南科学研究报告编写委员会，2021.

[17] 袁新宇. 烹饪技术实训教程［M］. 北京：北京旅游教育出版社，2016.